欧洲空间规划观测网（ESPON）
——体系·案例·启示

王 浩 宁晓刚 张翰超 等 译著

科学出版社

北 京

内 容 简 介

建设全国国土空间规划实施监测网络,是建立国土空间规划体系并监督实施的迫切需求,是推进国土空间数字化转型的重要举措,是实现国土空间治理信息共享、业务协同和科学决策的基础保障。欧洲空间规划观测网（European Spatial Planning Observatory Network,ESPON）通过开展应用研究和目标分析、提供地图展示工具、分享监测产品等方面的探索与实践,为政策制定者提供空间依据,可为建设我国国土空间规划实施监测网络提供经验借鉴。本书梳理了 ESPON 的产生背景和发展历程,详细介绍了欧洲空间规划的基本地理单元,并对 ESPON 的理念、工作内容、特点等进行了全方位介绍与归纳；此外,选择了 ESPON 6 个代表性案例,帮助读者更加深入地理解 ESPON 的特点；最后,给出建设我国国土空间规划实施监测网络的启示。

本书可供从事国土空间规划、人文地理、测绘地理信息等相关领域的政府人员、科研与技术人员参考。

审图号：GS 京（2023）2241 号

图书在版编目（CIP）数据

欧洲空间规划观测网（ESPON）：体系·案例·启示 / 王浩等译著. —北京：科学出版社,2023.11
ISBN 978-7-03-076748-6

Ⅰ.①欧… Ⅱ.①王… Ⅲ.①国土规划–空间规划–观测网–欧洲 Ⅳ.①TU984.11

中国国家版本馆 CIP 数据核字（2023）第 201393 号

责任编辑：李晓娟 / 责任校对：樊雅琼
责任印制：吴兆东 / 封面设计：无极书装

科学出版社 出版
北京东黄城根北街 16 号
邮政编码：100717
http://www.sciencep.com

北京中科印刷有限公司印刷
科学出版社发行　各地新华书店经销

*

2023 年 11 月第 一 版　开本：787×1092　1/16
2024 年 4 月第二次印刷　印张：18
字数：400 000

定价：228.00 元
（如有印装质量问题,我社负责调换）

序

当前，我国正在大力推进全国国土空间规划实施监测网络（CSPON）建设。这是根据全国生态环境保护大会精神和《数字中国建设整体布局规划》，落实党中央、国务院印发的《全国国土空间规划纲要（2021-2035年）》的重要举措。其目的在于支撑实现国土空间规划全生命周期管理的数字化转型，高效服务新发展格局构建和城乡高质量发展，推动美丽中国数字化治理体系构建和绿色智慧的生态文明建设。

总体而言，CSPON建设是一项复杂的系统工程，尚面临着一系列有待解决的科技难题。一是目前国土空间数据与日俱增，但相对分散，标准化程度不够，高频率监测和实时监测能力不足；二是缺乏对国土空间格局、风险和重大区域战略实施问题的高层次综合分析能力，对国土空间规划决策的支撑力度不够；三是相关的各方力量统筹不足，业务协同、联合攻关的机制尚未形成。为此，应充分吸收和借鉴国际先进成果，推动CSPON创新发展与业务化应用。在这方面，2002年成立的欧洲空间规划观测网（European Spatial Planning Observatory Network，英文简称ESPON）在应用研究、目标分析、地图展示工具、监测产品分享等方面做了有意义的探索与实践，已成为有效落实《欧洲空间发展战略》的关键平台，对CSPON建设有可借鉴的意义。

此书第一次系统梳理了ESPON的产生背景、欧洲空间规划的基本地理单元，归纳了ESPON的主题、工作内容和特点。作者还选取了6个与我国国土空间规划实践相关性较高、借鉴性较强的代表性案例，以便于读者深化对ESPON体系的理解。相信通过该书，将有助于更好地分享国际先进经验，提高CSPON的建设水平与应用成效。

中国工程院院士
2023年11月

前　言

国土空间规划是对国土空间资源保护和利用的科学谋划，是对人类生产生活活动以及自然生态系统的空间组织和布局。2018年3月，国务院新组建成立自然资源部，承担统一行使所有国土空间用途管制职责，标志着我国国土空间规划体系建立进入落地实施的新时期。2019年《中共中央 国务院关于建立国土空间规划体系并监督实施的若干意见》中提出建立"五级三类四体系"的国土空间规划体系总体框架，建立健全国土空间规划动态监测评估预警和实施监管机制。当前《全国国土空间规划纲要（2021—2035年）》已印发，该纲要明确要求建设全国国土空间规划实施监测网络，对资源环境承载能力、国土开发适宜性、国土空间开发保护现状和风险挑战实施动态监测评估，加强对重要控制线、重大战略区域、重点城市等规划实施情况和重大工程、重点领域、突出问题等的监测预警。构建全国国土空间规划实施监测网络，可为保障国家安全和高质量发展提供有力的空间决策支撑。

多年来，国土空间规划主管部门通过实施金土工程、数字国土、全国国土调查、地理国情普查和监测等重大专项，信息化建设和调查监测取得显著成效。然而与全面实施国土空间规划监测评估预警的需求相比，还存在以下问题：一是数据分散，标准化程度不够，国土空间数据的高频率监测和实时监测能力不足；二是各方力量统筹不足，业务协同、联合攻关的机制尚未形成；三是缺乏对国土空间格局、风险和重大区域战略实施问题的高层次综合分析研究能力，无法对国土空间规划决策提供有效的支撑。欧洲空间规划观测网（European Spatial Planning Observatory Network，ESPON）是欧盟重要的国土合作组织，成立于2002年，其通过构建具有多元共治合作、多样化主题、网络化监督、公众参与等特点的欧洲空间监测平台，为欧盟政策制定者提供空间依据，并在决策者、行政管理者和科研人员之间架起"桥梁"，现已成为欧洲地区空间规划调整的有力支撑。欧洲国土多样化的特征与中国的区域差异存在相似之处。因此，了解欧洲空间规划观测网的工作内容及特点可为建设我国国土空间规划实施监测网络提供成功的经验借鉴。

本书共包括11章。除第1章绪论外，分为3个部分，分别是体系篇、案例篇和启示篇。第1章绪论，包括本书的背景与意义、目标与内容、研究区介绍，以及本书框架。

体系篇包括第2～第4章。体系篇系统地介绍了欧洲空间规划的背景、主要研究内容、政策保障体系、基本地理单元、ESPON的主要工作内容与特点，为完善我国国土空间规划实施监测体系，建设标准统一、链接通畅的国土空间规划实施监测网络提供经验与启示，也为案例篇提供引导。

案例篇包括第5～第10章。案例篇围绕应用研究、目标分析、地图展示工具等主题，按照有价值、能借鉴、可借鉴等原则，选择ESPON 6个代表性案例，从研究背景、研究目标和内容、研究方法、结果分析、结论与讨论等方面对案例进行详细解读，旨在更深刻地理解欧洲空间规划的特点，以期为我国开展国土空间规划实施监测网络建设提供借鉴。6个案例具体为欧洲地区的可持续城市化和土地利用实践，欧洲内部边缘地区的特征、进程与趋势，大都市区的空间动态和战略规划，生活质量测度方法和工具，区域住房动态大数据研究，欧洲和宏观区域国土监测工具。

  启示篇包括第 11 章案例启示与展望。启示篇结合中国国土空间规划发展现状和存在问题，分别从 6 个案例和整个 ESPON 体系两个方面对启示进行了总结归纳，为中国构建国土空间规划实施监测网络提供借鉴。

  全书由王浩总体设计和统稿，宁晓刚对书稿质量给予了全程把控。张翰超、刘若文、蔡兴飞、刘娅菲、孙连泽、张校源、李光哲、常栋、张天阁、李嘉弈、马晓康、曹昌昊、马遥参与了部分资料收集、文本撰写和图表制作等工作。感谢中国测绘科学研究院燕琴院长、刘纪平副院长，自然资源部国土空间规划局王伟二级巡视员、罗杰处长给予的指导，感谢张丽君研究员、党安荣教授、刘瑜教授、岳文泽教授、匡文慧研究员、刘文超高级工程师对于本书提出的宝贵意见。在此也向所有关心、指导与帮助本书编写的各界人士致以最诚挚的感谢。最后感谢 ESPON 官方授予我们书稿的版权[①]，感谢 ESPON 联系人 Marjan van Herwijnen 女士多次为我们提供相关图表资源，感谢 ESPON EGTC 负责人 Wiktor Szydarowski 先生及 Marie Everat 女士与我们共同探讨遇到的问题。

  由于作者学识有限，书中难免存在不足之处，敬请广大读者不吝批评指正。

作者
2023 年 4 月

[①] 声明：本书中对 ESPON 相关材料的解读不代表 ESPON 监督委员会（ESPON Monitoring Committee）的意见。

| 目　　录 |

序
前言
第1章　绪论 ··· 1
 1.1　背景与意义 ·· 1
 1.2　目标与内容 ·· 2
 1.3　研究区介绍 ·· 3
 1.4　本书框架 ··· 4

第一部分　体系篇

第2章　欧洲空间规划的发展历程 ··· 9
 2.1　相关背景 ··· 9
 2.2　欧洲空间规划研究的主要内容 ·· 11
 2.3　欧洲空间规划的政策保障体系 ·· 16
 2.4　本章小结 ··· 17

第3章　欧洲空间规划的基本地理单元 ··· 18
 3.1　标准地域统计单元划分原则 ··· 18
 3.2　区域城乡划分原则 ··· 20
 3.3　四大宏观区域 ·· 21
 3.4　本章小结 ··· 27

第4章　欧洲空间规划观测网的主要工作内容与特点 ······················ 28
 4.1　政策主题 ··· 28
 4.2　主要工作内容 ·· 33
 4.3　特点 ·· 38
 4.4　本章小结 ··· 42

第二部分　案例篇

第5章　欧洲地区的可持续城市化和土地利用实践 ·························· 45
 5.1　研究背景 ··· 45
 5.2　研究目标和内容 ··· 46
 5.3　研究方法 ··· 46
 5.4　结果分析 ··· 57
 5.5　结论与讨论 ··· 95

第6章 欧洲内部边缘地区的特征、进程与趋势 ·········· 100
6.1 研究背景 ·········· 100
6.2 研究目标和内容 ·········· 102
6.3 研究方法 ·········· 103
6.4 结果分析 ·········· 121
6.5 结论与讨论 ·········· 141

第7章 大都市区的空间动态和战略规划 ·········· 146
7.1 研究背景 ·········· 146
7.2 研究目标和内容 ·········· 149
7.3 研究方法 ·········· 150
7.4 结果分析 ·········· 160
7.5 结论与讨论 ·········· 181

第8章 生活质量测度方法和工具 ·········· 188
8.1 研究背景 ·········· 188
8.2 研究目标和内容 ·········· 188
8.3 研究方法 ·········· 189
8.4 结果分析 ·········· 196
8.5 结论与讨论 ·········· 201

第9章 区域住房动态大数据研究 ·········· 205
9.1 研究背景 ·········· 205
9.2 研究目标和内容 ·········· 208
9.3 研究方法 ·········· 209
9.4 结果分析 ·········· 217
9.5 结论与讨论 ·········· 234

第10章 欧洲和宏观区域国土监测工具 ·········· 236
10.1 研究背景 ·········· 236
10.2 研究目标和内容 ·········· 237
10.3 技术特点 ·········· 238
10.4 未来发展趋势 ·········· 262

第三部分 启示篇

第11章 案例启示与展望 ·········· 266
11.1 案例启示 ·········· 266
11.2 我国国土空间规划实施监测网络建设的建议 ·········· 269

参考文献 ·········· 272

第 1 章　绪　　论

1.1　背景与意义

　　2019年5月以来，中共中央、国务院和自然资源部相继颁布了《中共中央 国务院关于建立国土空间规划体系并监督实施的若干意见》（中发〔2019〕18号）、《自然资源部关于全面开展国土空间规划工作的通知》（自然资发〔2019〕87号）等重要文件，明确建立健全国土空间规划动态监测评估预警和实施监管机制，推进自然资源数字化治理。当前，面向国土空间开发与保护的监测、评估、预警、决策等需求，迫切需要充分利用遥感（remote sensing，RS）、地理信息系统（geographic information system，GIS）和物联网、大数据等新技术，整合各类资源，在全国统一的国土空间基础信息平台上构建一套数据全面、智能分析、协同合作、响应迅速、支撑决策的国土空间规划监测体系，建设标准统一、链接通畅的国土空间规划实施监测网络，为国土空间精准管控与系统调控提供空间依据。欧洲空间规划观测网（European Spatial Planning Observatory Network，ESPON）自2002年成立以来，通过构建欧洲空间规划观测平台，在决策者、行政管理者和科研人员之间架起"桥梁"，通过开展应用研究（applied research，AR）和目标分析（target analyses，TA）、提供地图展示工具、分享监测产品等方面的研究探索与应用，为政策制定者提供空间依据，现已成为有效落实《欧洲空间发展战略》的关键平台，在欧洲空间规划发展中发挥着重要作用。欧洲国土多样化的特征与中国的区域差异存在相似之处。因此，了解ESPON的工作内容及特点，可为建设我国国土空间规划实施监测网络提供经验借鉴，也对未来我国开展国土空间动态监测评估预警具有重要意义。

　　欧洲国土多样化特征显著，面临的社会经济发展问题十分复杂，既有发达的北欧经济竞争力巨型集聚区，也有欠发达的衰退地区（张丽君等，2020a，2020b）。直到20世纪90年代，受欧洲一体化和欧盟扩大的影响，民众意识到有必要协调整个欧洲国土的目标和政策，跨国家空间发展和关注空间规划的倡议才被重视。在欧洲国家，国土空间规划一般被称为空间规划或空间发展，主要通过欧盟、各个区域、国家等多层级的空间规划体系来实现。根据《欧盟区域/空间规划章程》，空间规划是一个国家或地区经济、社会、文化和生态政策在地理空间上的反映，旨在依据国家或区域的整体战略，通过行政管理技术和多种政策形式，运用一种跨学科、综合性的规划设计和管理方法来实现区域发展目标。

　　欧洲国土空间规划起步较早，在100多年的发展历程中，空间规划体系一直与时俱进。自20世纪80年代以来，欧盟委员会提出空间规划（spatial planning）这一特定含义的专用概念（Council，1983），并先后启动实施多个不同的空间规划研究项目。1988年欧盟委员会正式启动欧洲标准地域统计单元（The Nomenclature of Territorial Units for

Statistics，NUTS）工作，逐渐成为欧洲空间规划的基本地域单元并沿用至今。1989年开始启动欧洲空间发展远景（European Spatial Development Perspective，ESDP）研究，于1997年形成首份官方草案。在 ESDP 发展过程中，政策制定的科学性明显不足，尤其需要对空间发展路径加以细化，因此在此基础上制定了欧洲空间规划研究计划（Study Program on European Spatial Planning，SPESP）。进入21世纪，为适应经济全球化的压力和国家内部环境变化，欧洲各国纷纷对其空间规划体系进行调整变革。SPESP 研究表明，网络化工作模式在学术方面对科学发展具有巨大的作用。但是，其有效性需要以稳固且持续的合作为支撑。因此，欧盟委员会于2002年成立 ESPON，其核心职责是为政策制定者提供空间依据，通过制定一系列政策保障措施、构建评估指标体系以及建设动态观测网络，在决策者、行政管理者和科研人员之间架起"桥梁"，更为有效地落实 ESDP 等计划并监测其实施情况。

国内学者针对欧洲空间规划相关内容也开展了一系列研究，但现有研究缺乏针对 ESPON 工作内容与特点的系统阐述和总结，也缺乏对我国国土空间规划实施监测网络构建启示的相应研究。因此，本书梳理了 ESPON 的主要工作内容并总结其特点，在此基础上结合我国国土空间规划现状与存在问题，为完善我国国土空间规划监测体系，建设标准统一、链接通畅的国土空间规划实施监测网络提供经验与启示。

1.2 目标与内容

1.2.1 本书目标

（1）理解体系：了解欧洲空间规划的背景、主要研究内容和政策保障体系，掌握欧洲空间规划的基本地理单元，全面理解 ESPON 体系，了解 ESPON 的主要工作内容与特点。

（2）解析案例：围绕 ESPON 的各项主要工作内容，选取能够反映 ESPON 特点，又与我国国土空间规划实践相关性较高、借鉴性较强的案例，进行深刻剖析，深化对 ESPON 特点的理解。

（3）经验启示：通过 ESPON 体系的梳理和案例研究，归纳总结可借鉴的理念和内容，为完善我国国土空间规划监测体系，建设标准统一、链接通畅的国土空间规划实施监测网络提供经验与启示。

1.2.2 主要内容

1. 体系梳理

概述 ESPON 的产生背景，回溯发展历程，介绍欧洲空间规划的基本地理单元，并对 ESPON 的构建理念、工作内容、主要特点以及主题进行系统总结，完成 ESPON 体系归纳。

2. 案例研究

按照有价值、能借鉴、可借鉴等原则，从 ESPON 2020 项目中分别选取欧洲地区的可持续城市化和土地利用实践，欧洲内部边缘地区（inner peripheries，IP）的特征、进程与趋势，大都市区的空间动态和战略规划，生活质量测度方法和工具，区域住房动态大数据研究，欧洲和宏观区域国土监测工具 6 个项目作为案例开展研究，从研究背景、研究目标和内容、研究方法、结果分析、结论与讨论等方面展开深入剖析，深化对 ESPON 特点的理解。

3. 启示凝练

分别从案例研究和 ESPON 体系两个方面，凝练总结 ESPON 对我国国土空间规划实施监测网络构建的启示。

1.3 研究区介绍

ESPON 项目的研究区主要集中在 32 个国家，包括 28 个欧盟成员国（截至 2019 年）和 4 个伙伴国（图 1-1）。不同项目根据需求对研究区有所扩充，最终的研究区会多于 32 个国家。为了保证案例分析统一，本书的案例篇选择在上述 32 个国家内开展分析。32 个国

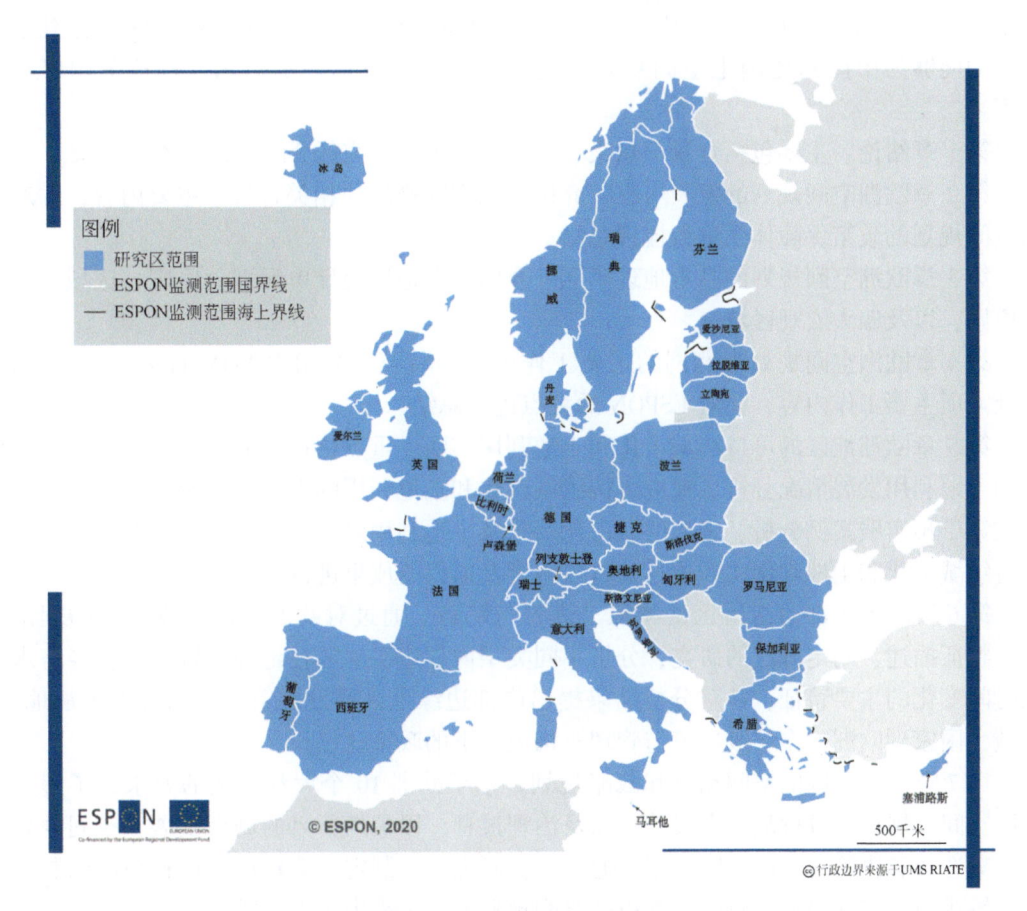

图 1-1 ESPON 研究区示意

本图仅展示 ESPON 项目研究区的专题内容，即 28 个欧盟成员国（截至 2019 年）和 4 个伙伴国，其余国家未做专题统计。本书其他同类型插图均适用。

家总面积约510万平方千米，约占欧洲总面积的50%。其中28个欧盟成员国分别为奥地利、比利时、保加利亚、塞浦路斯、克罗地亚、捷克、丹麦、爱沙尼亚、芬兰、法国、德国、希腊、匈牙利、爱尔兰、意大利、拉脱维亚、立陶宛、卢森堡、马耳他、荷兰、波兰、葡萄牙、罗马尼亚、斯洛伐克、斯洛文尼亚、西班牙、瑞典、英国；4个欧盟伙伴国分别为挪威、瑞士、冰岛、列支敦士登。

1.4 本书框架

本书设置了11章，主体为体系篇、案例篇和启示篇三部分。三项研究内容分别对应三项研究目标，将10个章节分解到三大篇章中（图1-2）。体系篇包括第2~第4章。体系篇系统地介绍了欧洲空间规划的发展历程、政策保障体系、基本地理单元、ESPON的主要工作内容与特点。案例篇包括第5~第10章。案例篇根据体系篇中梳理出的应用研究、目标分析、地图展示工具等4项ESPON主要工作内容，选取与我国国土空间规划实践相关性较高、借鉴性较强的ESPON的6个代表性案例进行剖析，深化对ESPON体系的理解。启示篇为第11章案例启示与展望，包括6个案例的启示分析，以及从ESPON体系建设中得出的能够为中国构建国土空间规划实施监测网络提供借鉴的启示。各章节内容具体如下。

第1章绪论。主要包括背景与意义、目标与内容、研究区介绍，以及本书框架。

第2章欧洲空间规划的发展历程。介绍欧洲空间规划的相关背景、主要内容，并对欧洲空间规划的政策保障体系进行梳理总结。

第3章欧洲空间规划的基本地理单元。介绍标准地域统计单元划分原则、区域城乡划分原则，以及四大宏观区域。

第4章欧洲空间规划观测网的主要工作内容与特点。介绍ESPON的4项政策主题，以及4项主要工作内容，并对ESPON的特点进行总结。

第5章欧洲地区的可持续城市化和土地利用实践。重点从技术方法、欧洲地区的城市化和土地利用发展情况分析、促进可持续城市化和土地利用的干预措施及其效果、欧洲相关政策干预实践案例分析、未来的城市化情景及土地利用路径探索5个方面对欧洲地区的可持续城市化和土地利用实践项目的具体内容及取得的成果进行详细介绍。

第6章欧洲内部边缘地区的特征、进程与趋势。通过对欧洲内部边缘地区的理论概念、特征描述、划定方法的研究，分析不同类型内部边缘地区在地理位置、社会经济水平和时间变化的主要特征，针对分析结果提出内部边缘地区的发展策略，同时提出从地方、区域、国家到欧洲的多层级决策与管理机构视角下的政策建议。

第7章大都市区的空间动态和战略规划。基于欧洲10个大都市区的要求，了解大都市区空间发展的关键挑战、发展趋势以及治理过程，以梳理新兴的城市发展、空间规划中的战略选择和决策之间的协同作用。通过比较研究方法制定政策建议，在相关部门制定应对关键挑战、实现协调一致的大都市区空间规划方法过程中提供支撑。

第8章生活质量测度方法和工具。设计一种能够评价区域生活质量的科学方法，通过定义生活质量（Quality of Life, QoL）的概念，运用潜在聚类和"以公民为中心"的方法，

```
                         第1章 绪论
        ┌──────────────┬──────────────┬──────────────┐
        │   背景与意义  │   目标与内容  │   研究区介绍  │
        └──────────────┴──────────────┴──────────────┘
                    ↓      剖析       ↓
                 体系篇   ←——————→   案例篇
                          深化
```

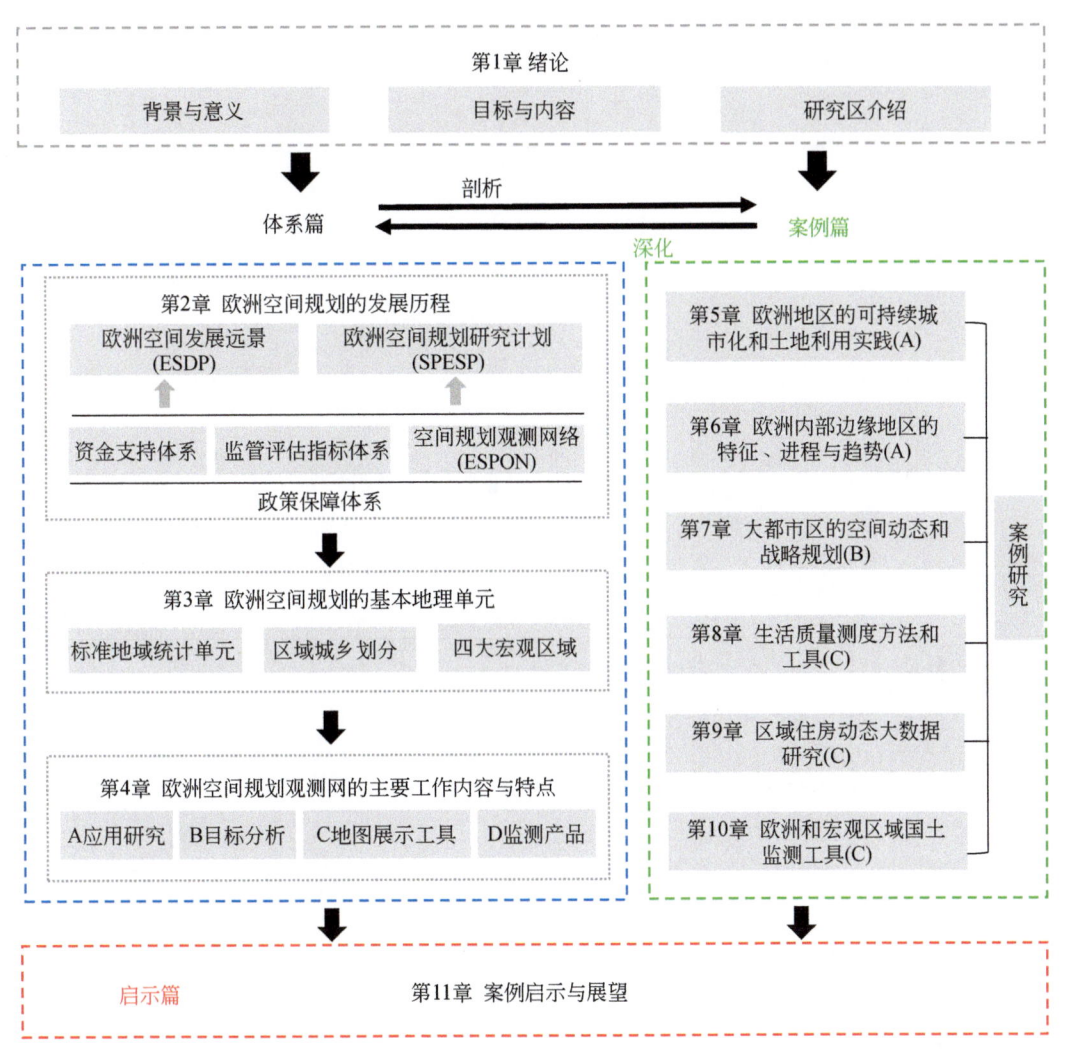

图 1-2 本书章节关系

从个人、社会经济和生态三个领域，选取美好生活的促成因素、生活维护、生活繁荣三个维度建立评价指标体系并形成工具，对生活质量进行评价。

第9章区域住房动态大数据研究。揭示欧洲 FUA 住房负担能力的空间模式，生成成本低、效益高且协调一致的数据集，提出一套可复制的大数据分析方法框架。

第10章欧洲和宏观区域国土监测工具。重点对该在线网络工具的技术特点、使用示例及未来发展趋势3个方面的核心内容进行梳理与介绍，包括波罗的海、多瑙河、高山、亚得里亚海和爱奥尼亚四大宏观区域以及欧洲地区的监测指标体系数据、地图、图表和其他资源的可视化工具等。

第11章案例启示与展望。基于前文对 ESPON 的介绍与案例分析，从6个案例本身，以及 ESPON 体系两方面对未来我国国土空间规划监测体系完善，建设标准统一、链接通畅的国土空间规划实施监测网络提供经验与借鉴。

第一部分 体 系 篇

第 2 章　欧洲空间规划的发展历程

2.1　相关背景

2.1.1　欧洲区域一体化进程

欧洲空间规划政策的演变是伴随着欧盟政治和经济区域一体化的进程发展而来的。因此，了解欧洲区域一体化进程是掌握欧洲空间政策的基础。欧盟的前身是欧洲共同体（European Communities，EC），它是一个集政治实体和经济实体于一身、在世界上具有重要影响的区域一体化组织。1991年12月，欧洲共同体通过《欧洲联盟条约》，即《马斯特里赫特条约》，1993年11月1日正式生效，欧盟正式诞生。欧盟总部设在比利时首都布鲁塞尔。欧盟的宗旨是：通过建立无内部边界的空间，加强经济、社会的协调发展和建立最终实行统一货币的经济货币联盟，促进成员国经济和社会的均衡发展，通过实行共同外交和安全政策，在国际舞台上弘扬联盟的个性。

欧洲共同体从6个创始国（法国、德国、意大利、荷兰、比利时和卢森堡）开始，经过6次扩盟后，到2007年1月欧盟成员国增至27个（法国、德国、意大利、荷兰、比利时、卢森堡、英国、丹麦、爱尔兰、希腊、葡萄牙、西班牙、奥地利、瑞典、芬兰、马耳他、塞浦路斯、波兰、匈牙利、捷克、斯洛伐克、斯洛文尼亚、爱沙尼亚、拉脱维亚、立陶宛、罗马尼亚、保加利亚）。截至2019年，欧盟成员国共有28个，增加了新入盟的克罗地亚。欧盟总面积超过510万平方千米，人口近5亿，生产总值逾10万亿欧元，成为多边关系中影响国际发展的重要力量之一，是当今世界一体化程度最高的国家联合体。在过去几十年间，欧盟实现经济、货币一体化，欧元成为欧洲的统一货币，欧盟内部取消了边境，实现了人员的自由流动。为了更好地推动欧洲一体化的发展，急需根据欧盟各个成员国不同阶段的政策目标及其不同空间载体上的发展诉求制定相应的空间政策，促进欧洲经济和社会的均衡发展。

2.1.2　国外空间规划发展的实践背景

空间规划的本质目标是指导社会实践，实践是空间规划发展的基本动力，其所关注的焦点是社会发展中存在的各种问题。20世纪90年代以来，世界社会经济发展发生了很多新变化，包括可持续发展战略的确立、全球化、信息化、对环境问题的广泛关注、政府机构的重组、公共参与的深化等，这些变化不仅使空间规划要解决的问题发生了很大变化，还会触发规划理论以及与规划理论相关的经济学、地理学、社会学及建筑学研究的发展，从而对空间规划实践产生更为根本性的影响。

1. 可持续发展战略的实施

20世纪90年代以来，可持续发展成为主流的发展观和发展战略，对环境和生态问题的关注从根本上改变了以增长为目标的社会发展方式，转而追求一种简约和协调的发展方式，区域经济发展的条件和过程发生深刻变化，同时使区域发展面临很多至今未能解决的难题，应对这些变化和难题为空间规划理论研究与实践探索带来了深刻变革。

2. 全球化与知识经济时代的到来

全球化与知识经济时代的到来对空间规划的内容体系以及制定和实施的过程产生了深刻影响。在全球化时代，随着资金和人才流动范围的扩大，区域合作正在取代个体企业成为创造利润的决定因素，这也突出了空间地域的重要性。

另外，地方发展与大的区域甚至全球背景密切相关，这使得不同时空尺度地域规划之间的联系更为密切和复杂。全球化对空间规划的影响在一体化的欧洲表现得最为明显，各成员国的区域和地方规划在制定与执行的过程中需要考虑到整个欧洲的空间发展。

知识经济凸显出人（而不是物质）的重要性，因此空间规划的核心内容不再仅对发展的物质性条件进行适宜性论证，或者对经济与环境的发展作出物质性安排，而是对发展过程中的关键行为主体之间的关系进行界定和协调。

3. 世界范围内各领域的制度变革

规划具有政治性特点，任何制度变革都会对规划体系产生影响。可持续发展战略实施的关键是增强地方的制度能力，而全球化更加突出强调地方能力和背景在社会经济发展中的作用，无论是可持续发展还是全球化都强调协调和合作的重要性，一个区域的发展已经不再是当地政府组织单独的责任，而是需要地方、区域、国家甚至是超国家的很多组织机构参与其中，需要公众、企业和非政府组织一起构成复杂的网络，通过平等的伙伴关系共同实现发展目标。

传统的管理体系正在发生根本性变化，从原来纵向的等级管理（government）向横向的伙伴关系治理（governance）转变，空间规划需要一种新的制度框架以适应这种转变，即基于治理的思想，在空间规划制定和实施的过程中更加关注各政府和社会力量的合作与协调。

2.1.3 欧洲空间规划背景

欧洲空间规划是世界上最早的跨国空间规划，其新的空间规划理念、跨国规划实践、新的规划方法与制度等，在世界空间规划领域产生了较大的影响。欧盟从20世纪80年代以来先后启动实施了NUTS、ESDP和SPESP 3个不同的空间规划研究项目，在空间规划理念、空间区域划分等方面取得了重要的研究成果。此外，欧洲区域发展基金（European

Regional Development Fund，ERDF)、社会基金、凝聚力基金以及监测评估网络的建立，是欧洲空间规划实施的重要政策保障体系。

欧盟的前身是欧洲共同体，其区域和环境政策均具有广泛的空间影响力。20 世纪 80 年代后期以来，随着欧洲单一市场的出现，全球化对空间发展模式的影响越来越大，欧盟成员国内城市与区域同时表现出更多的依赖和竞争。这种竞争可能导致空间发展的不平衡，威胁欧洲社会和经济的融合。90 年代以后，欧盟范围东扩，使欧盟内部区域不平衡性加剧，阻碍了区域平衡和可持续的空间发展。多数成员国之间的区域差异增加。这违背了欧洲一体化规章中规定的欧洲地域内均衡发展的最高目标。在国家和区域层次上，传统空间发展政策无法处理跨国、跨边界的规划问题，因此整个欧洲表现出以空间规划支持区域整合和政策制定的强烈需求。

空间规划设定的空间发展框架和原则，引导空间开发和基础设施的布局。它包括开发战略、规划项目、政策、规划时限和管制等，是可持续发展不可缺少的公共管理工具，具有战略性、综合性和地域性的特点。20 世纪 80 年代欧盟就提出了空间规划这一概念，并先后启动了多项空间规划研究计划。1988 年欧盟委员会正式启动 NUTS 工作，标志着欧洲空间规划的开始。1997 年启动 ESDP，1999 年通过。在此基础上于 1998 年制定了 SPESP。为了有效地落实和监测这些计划的实施，欧盟还制定了一系列的政策保障措施和评估指标体系以及动态观测网络（图 2-1）。

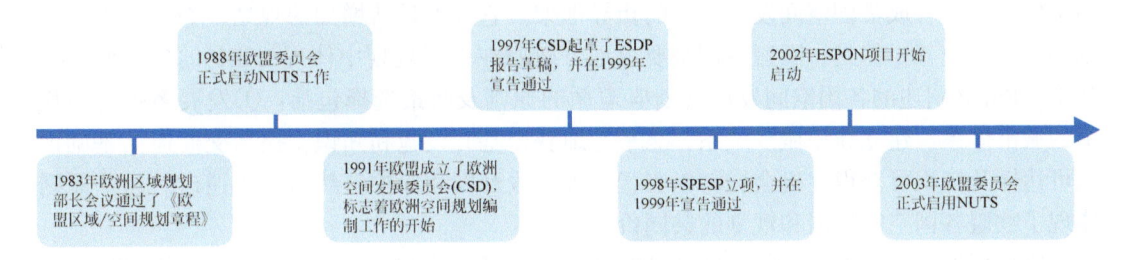

图 2-1 欧洲空间规划的启动与实施

2.2 欧洲空间规划研究的主要内容

2.2.1 欧洲标准地域统计单元（NUTS）

针对欧盟各国面积和人口等要素存在一定差别，标准划分口径不统一，具有完整时间序列且可比的数据难以保障等问题（蔡玉梅等，2015），为了进行欧盟范围内的区域统计分析工作，1988 年欧盟委员会正式启动 NUTS 工作。然而经过五年的精心筹划，直到 2003 年欧盟委员会才正式启用 NUTS。从 2004 年 5 月起，随着新加入的成员国也被纳入 NUTS 范围，2005 年欧盟进行了 NUTS 划分工作的重新调整。经过多年的实践、修正与完善，现如今 NUTS 是欧洲空间规划中区域社会经济状况分析和区域政策制定的基础，是欧洲空间规划的基本地域单元。

NUTS 是以行政单元为主，兼顾功能单元的 3 级体系，具有一定的稳定性和灵活性。所有成员国都被划分成 3 级 NUTS 区域，每个 NUTS-1 区域被细分为多个 NUTS-2 区域，每个 NUTS-2 区域又被划分为多个 NUTS-3 区域。欧盟政策越来越关注那些不是从这 3 级区域中衍生出来的地区，尤其是较小的区域（山地区域、贫瘠的农业区域、海岸地带、资源匮乏的城市地区），因此确定了较小的地方行政单元（LAU-1 和 LAU-2）。每一个成员国都必须向欧洲统计局提供 LAU 清单（蔡玉梅等，2015）。

2.2.2　欧洲空间发展远景（ESDP）

随着欧洲一体化进程的推进和 NUTS 工作的深入和完善，地域成为欧洲政策中一个新的空间维度。欧盟各成员国对建立欧盟层面的空间发展指导框架和整合各国的空间规划达成共识。1989 年开始启动 ESDP 研究，1997 年形成首份官方草案，1999 年 5 月在波茨坦召开的关于欧洲空间规划部长级非正式会议中正式通过了 ESDP，是自 1989 年欧洲空间规划部长级非正式会议启动以来长达 10 年的探索之后，欧盟各成员国和欧盟委员会共同合作的成果。

ESDP 并不是凌驾于各主权国规划之上的"欧洲总体规划"，而是一个非法定的指导性文件，作为各成员国空间发展规划的指导框架。它并不是新增加的规划，而是对现有规划的补充和完善。但是，欧盟各国都要求地方政府在发展规划中体现 ESDP 的各项原则和政策。ESDP 阐述的各国空间发展规划应遵循的原则及政策选择包括：①发展多中心与均衡的城市体系，建立新型城乡关系；②平等地获得基础设施和知识，提高交通通信基础设施可达性及知识可获得性机会；③以明智管理手段开发和保护自然与文化遗产。这些原则体现了欧盟各国空间发展和规划的共同价值取向。

ESDP 的运作强调规划政策的空间整合，它包括三个层面的空间合作，即欧盟层面、跨国/国家层面、区域/地方层面。从欧盟的角度看，跨国/国家层面最为重要。

ESDP 为欧洲共同体和欧盟成员国内具有空间影响的部门政策提供了一个非常适当的政策框架，也为区域和地方有关部门寻求平衡和可持续的发展空间结构提供了空间发展指导。通过制定 ESDP，成员国和欧盟委员会形成了有关欧盟地域未来发展的共同目标和理念，并为推动成员国之间以及在它们的区域和地方机构之间就区域发展合作，特别是未来跨国合作提供了一份很有价值的参考文件。

2.2.3　欧洲空间规划研究计划（SPESP）

ESDP 是一部指南性、概要性空间规划，其实施需要空间地域功能区的科学界定、标准地理统计方法和空间可视化等的支撑，更需要细化空间规划实施的具体制度的设计。在 ESDP 发展过程中，支撑政策制定的相关依据科学性明显不足，尤其需要对空间发展指向的选择加以细化。在起草 ESDP 的过程中，研究提出了区分欧洲区域构成的评价标准，但需要对这些标准进行细化，完善 ESDP 的科学基础。由此，1998 年 SPESP 立项，其主要目的是在现有研究的基础上，将空间发展的相关概念标准化并通过实践加以检验，进一步深化完善城乡合作的概念，并检验空间战略与政策基于地图可视化表达的可行性。基于上述内容，提高支撑政策制定中各项概念与依据的科学性。

SPESP 重点分析了四个相互关联的问题：①如何给出"城乡合作"概念的具体表达，并使其适用于政策的实施？②如何将 ESDP 中提出的用于空间区分的概念标准化？是否有可能运用现有的数据，依据这些标准进行全欧洲范围的分析？③如何使空间政策目标通过图表的方式可视化？④所有成员国共同参与的网络化工作组织是否是一种有效的合作方式？

（1）城乡合作伙伴关系。城乡合作伙伴关系的概念着重强调了城/镇及乡/村之间的完整性，与实际操作过程中城乡之间的功能性联系是相吻合的。传统城市和乡村的二分法被逐渐淡化，功能区的概念不断扩大，多种新型的城乡功能性关系也日趋成熟。SPESP 给出了 8 种城乡关系的类型，即居住-工作关系，中心地区关系，特大城市与位于乡村地区或过渡地带的城市中心区的关系，乡村与城市企业的关系，作为城市居民休闲、消费地的乡村地区，作为城市开放空间的乡村地区，作为城市基础设施承载体的乡村地区，作为城市自然资源供应者的乡村地区。

城乡合作伙伴关系战略研究探索了更为广阔的新领域。在此之前，欧洲并未做过该主题的研究，甚至对于大多数的欧盟成员国而言，这是一个新的议题。SPESP 针对该问题所进行的研究获得了重要的成果。目前所面临的挑战是，如何在 SPESP 研究成果的基础上，深入研究城市地区与乡村地区之间相互依存的途径。

（2）空间区分标准。为了能够监测欧洲的空间发展方向，跟踪政策措施的实施情况，需要建立一套完整的评价指标体系，如 EU 2020 战略评价指标体系（表2-1），欧洲和宏观区域国土监测指标体系。ESDP 为此做了首次尝试，建立了 7 项可综合表达空间发展特征的标准。SPESP 探讨了如何定义这些评价标准并构建了基于这些标准的空间发展评价指标。SPESP 在对欧洲进行科学空间划分的基础上，不断根据新问题和新知识来构建评价标准，并针对数据缺失、一致性不足等问题进行系统性修正。

表2-1　EU 2020 战略评价指标体系（European Commission，2011a）

类别	主题	分主题	指标
主要指标（Headline indicators）	就业（Employment）	—	按性别、20~64 岁年龄组分列的就业率（Employment rate by sex, age group 20~64）
	研究与开发（Research and development）	—	国内研发总支出（Gross domestic expenditure on R&D）
	气候变化与能源（Climate change and energy）	—	温室气体排放，1990 年基准年（Greenhouse gas emissions, base year 1990）
		—	可再生能源在最终能源消费总量中的份额（Share of renewable energy in gross final energy consumption）
		—	一次能源消耗（Primary energy consumption）

续表

类别	主题	分主题	指标
主要指标（Headline indicators）	气候变化与能源（Climate change and energy）	—	最终能源消耗（Final energy consumption）
		—	ESD部门的温室气体排放量（Greenhouse gas emissions in ESD sectors）
	教育（Education）	—	按性别分列的提前辍学的人（Early leavers from education and training by sex）
		—	按性别、30~34岁年龄组分列的高等教育程度（Tertiary educational attainment by sex, age group 30~34）
	贫穷和社会排斥（Poverty and social exclusion）	—	面临贫穷或社会排斥风险的人（People at risk of poverty or social exclusion）
		—	生活在工作强度非常低的家庭中的人（People living in households with very low work intensity）
		—	社会转移后面临贫困风险的人（People at risk of poverty after social transfers）
		—	严重物质匮乏的人（Severely materially deprived people）
资源效率指标（Resource efficiency indicators）	首要指标（Lead indicator）	—	资源生产率（Resource productivity）
	仪表盘指标（Dashboard indicators）	物质（Materials）	人均国内物质消费（Domestic material consumption per capita）
		土地（Land）	人工土地生产力（Productivity of artificial land）
			建筑区（Built-up areas）
		水（Water）	水资源开发指数（Water exploitation index）
			水生产力（Water productivity）
		碳（Carbon）	人均温室气体排放量（Greenhouse gas emissions per capita）
			能源生产率（Energy productivity）
			能源依赖性（Energy dependence）
			可再生能源在最终能源消费总量中的份额（Share of renewable energy in gross final energy consumption）
	经济转型（Transforming the economy）	垃圾利用（Turning waste into a resource）	废物生产量（不包括主要矿物废物）（Generation of waste excluding major mineral wastes）
			废物填埋率（不包括主要矿物废物）（Landfill rate of waste excluding major mineral wastes）
			城市垃圾的回收率（Recycling rate of municipal waste）
			电子废物的回收率（Recycling rate of e-waste）

续表

类别	主题	分主题	指标
资源效率指标（Resource efficiency indicators）	经济转型（Transforming the economy）	支持研究和创新（Supporting research and innovation）	生态创新指数（Eco-innovation index）
		掌握正确的价格（Getting the prices right）	环境税收入（Environmental tax revenues）
			能源税（Energy taxes）
			按支付部门分列的能源税（Energy taxes by paying sector）
	自然和生态系统（Nature and ecosystems）	生物多样性（Biodiversity）	普通鸟类指数（欧盟总量）[Common bird index（EU aggregate）]
			有机耕作面积（Area under organic farming）
			景观破碎化（Landscape fragmentation）
		保障清洁空气（Safeguarding clean air）	城市人口受颗粒物空气污染的影响（Urban population exposure to air pollution by particulate matter）
			接触 PM_{10} 浓度超过日限值（一年中超过35天，50微克/米^3）的城市人口 [Urban population exposed to PM_{10} concentrations exceeding the daily limit value（$50\mu g/m^3$ on more than 35 days in a year）]
		土地和土壤（Land and soils）	估计的水土流失——受严重侵蚀率影响的地区（来源：联合研究中心）[Estimated soil erosion by water—area affected by severe erosion rate（source：JRC）]
			农田总养分平衡（Gross nutrient balance on agricultural land）
	关键领域（Key areas）	解决粮食问题（Addressing food）	按来源分列的人均每日卡路里供应量（Daily calorie supply per capita by source）
		改善建筑物（Improving buildings）	家庭最终能源消耗（Final energy consumption in households）
			按燃料分列的家庭最终能源消耗（Final energy consumption in households by fuel）
		确保有效流动（Ensuring efficient mobility）	新乘用车平均每公里二氧化碳排放量（Average carbon dioxide emissions per km from new passenger cars）
			运输业的污染物排放（Pollutant emissions from transport）
			客运模式划分（Modal split of passenger transport）
			货物运输方式的划分（Modal split of freight transport）

（3）空间可视化表达。在 SPESP 研究过程中，不断积累可用的视觉化符号，以便在表达 ESDP 政策目标的过程中有更多可供选择的图解图像。在研究过程中，对于欧洲空间

政策可视化表达的任何一个成功的尝试，都需要突出欧洲地域范围的发展目标，并描绘出具有争议性问题。传统地图和信息化地图是将ESDP政策条款可视化的两种手段。研究表明信息化地图在传达与地域发展相关的信息方面是非常有效的工具。

（4）网络化工作。SPESP还为建立欧洲范围内的空间规划研究网络和未来欧洲空间规划观测网进行试验。有13个国家的200余名专家参与，通过最大程度提高电子媒介的使用效率，如在线论坛、交互式网络编辑和电话会议等，提高合作过程的效率。SPESP的组织模式包括若干并列的实体——国家主要权责机构、国家分网工作组和跨国工作组。在研究内容上，各工作组之间的协调问题突出，特别是对协调相关问题的理解。因此，需要从更广泛的视角对欧盟进行研究。SPESP还研究了各研究机构之间的合作问题，以及科学研究与政策制定之间的关系。

SPESP的研究表明，网络化工作模式在学术方面对科学发展具有巨大的作用。但是，这种网络化工作方式的有效性缺乏政策保障，需要在相关政策指引下建立稳固且持续的合作关系作为支撑。另外，各国家主要权责机构自身的组织情况和相关背景，对他们之间的交流合作也起到重要的作用。这种交流合作对多个工作组织之间的问题协调十分重要，同时还可以开发不同工作组之间的内在联系，更为重要的是要对欧洲尺度的问题有一个总体把握。

2.3 欧洲空间规划的政策保障体系

为了保障空间规划战略的顺利实施，欧盟还制定了一系列一体化发展框架下的政策措施，包括建立多渠道资金支持体系、建立项目监管评估指标体系、建立欧洲空间规划观测网等。

2.3.1 建立多渠道资金支持体系

区域发展基金、社会基金、凝聚力基金是实现欧洲区域均衡发展的基本资金支持。欧洲区域发展基金是欧洲共同体为了平衡各成员国间的经济发展，同时调和区域间的贫富差距而成立的一项发展基金。作为一种专门服务于新战略计划的基金，区域发展基金通过支持区域发展计划的实施，特别是支持成员国在跨国界、跨区域范围下一些重大社会问题的合作，实现区域协调与均衡发展。社会基金作为欧洲共同体用于解决社会问题的专项基金，主要用于国家就业推荐计划的实施，扩大社会包容。凝聚力基金主要用于NUTS-2区域中人均国民生产总值（gross national product，GNP）低于当时的欧盟成员国平均水平75%的区域以及人均GNP低于当时欧盟成员国平均水平90%的特别支持区域，主要用于支持欧洲交通网络及环境友好型能源及交通项目。总体上，区域发展基金、社会基金以及凝聚力基金促进了欧洲凝聚目标（可持续和均衡发展）的实现。区域竞争力和就业目标由区域发展基金和社会基金来实施完成。欧盟区域合作目标由区域发展基金完成。欧盟预算2007~2013年各类基金投入达到33.61亿欧元，其中78.54%用于凝聚目标，17.22%用于地区竞争力和就业目标，3.94%用于欧洲区域合作。

2.3.2 建立项目监管评估指标体系

对于负责管理欧洲结构性基金项目的国家和区域政府有关部门来说，项目监管与评估都不是一项新任务。近年来，监管委员会（隶属欧盟委员会）已经积累了一定的项目目标量化和中期评估的经验，这些经验将指导和改进未来的监管评估实践。为确保更为有效地配置结构性基金，新的规定拟对单纯的财务监管加以调整，使现有的监管、控制和评估程序得到扩充与完善。这一调整反映了项目规划与管理将采用进一步分权的方法，欧洲共同体、国家和区域层面的监管评估的职责界定将更加明确。在这一背景下，建立了一套项目监管评估指标体系，包括投入、产出、结果和成效等方面的指标（European Commission，1999）。项目监管评估包括中期监管评估和事后监管评估。根据基金干预项目的分类，将项目分为三大领域、16个二级领域和53个项目类型，对每一个项目类型从产出、结果和影响三方面分别设计不同的监管评估指标（European Commission，2006）。

2.3.3 建立欧洲空间规划观测网

为进一步推进ESDP的研究和执行，加深人们对空间发展的理解，保证欧盟成员国地域空间尺度上的政策实施，欧盟逐步建立起ESPON，提供欧盟成员国以及伙伴国人口、经济、基础设施、创新能力等方面发展均衡性测度。ESPON提出了多项具有创新性的分析方法。一个实例就是多级地域分析方法，该方法计算某区域相对于欧洲、国家和地区的偏离度，然后将这些不同等级的偏离度综合起来进行分析。区域不连续性分析（区域之间的差距，边界效应）可以作为多级地域分析的补充。

ESPON作为SPESP中提出的动态观测网络，主要研究欧洲区域发展的政策基础和实施办法，以及未来相邻国家的空间关系，包括：①以欧洲和跨国多个视角审视ESDP的观点与实施情况，并对现有国家研究项目进行评估；②为更好地理解和实施ESDP提供技术与组织帮助；③推进对凝聚力基金、一体化政策和其他社会政策的空间尺度理解；④探索行之有效的方法，使欧盟、国家和地方各个层面的区域决策更加协调一致；⑤在决策者、行政管理者和科研人员之间架起"桥梁"。

2.4 本章小结

空间规划是可持续发展不可缺少的公共管理工具，具有战略性、综合性和地域性的特点。本章梳理欧洲空间规划的发展历程，从相关背景、研究的主要内容、政策保障体系等多个方面展开。可以看出，经过20多年的实践，欧洲空间规划研究积累了比较成熟的理论方法和大量的研究成果。欧洲空间规划实践创造的新的空间概念、开展的跨国界的规划以及形成的新规划方法和制度极大地促进了空间规划实践与理论研究的蓬勃发展，给世界许多国家带来较大影响，也可以给我国当前空间规划发展提供有益的借鉴。

第 3 章　欧洲空间规划的基本地理单元

3.1　标准地域统计单元划分原则

NUTS 由欧盟委员会于 1988 年正式启动，目的是将欧盟国土划分为若干区域单元，以便编制区域统计数据，并针对区域一级进行政策干预。NUTS 分类自 1988 年以来一直在欧盟立法中使用，但到 2003 年才被欧洲议会和欧洲理事会确立为正式法规。NUTS 不仅适用于欧盟国家（成员国和伙伴国），对于英国、欧洲自由贸易联盟（European Free Trade Association，EFTA）和欧盟候选国，也同样适用这一划分原则，如图 3-1 所示。

NUTS 是基于地域功能、人口、兼顾行政区划的标准地域统计单元，也是欧洲空间规划的基本地域单元。NUTS 的划定目标有以下四个：①确保收集和传播区域数据的标准统一；②保证公布的区域统计数据具有可比性；③能够根据统一数据来分析和比较各区域的社会经济发展状况；④针对处境不利和竞争力较差的地区，有利于专门制定包括欧洲结构和投资基金等政策干预措施。NUTS 划分的依据主要包括以下方面（蔡玉梅等，2015）。

（1）以行政单元为基础。各国可以采用不同标准划分区域，通常包括正式标准和分析标准。其中正式标准指行政区域。鉴于数据是在成员国层面上产生的，而且地方行政部门在设计和实施欧盟资助的区域发展项目方面发挥作用，因此，将国家行政划分作为 NUTS 分类基础，即正式标准。分析标准按地理标准（高程、土壤类型等）或社会经济统计（区域经济的一致性和差异性等）。由于数据可用性和区域政策的实施要求，NUTS 以目前成员国行政划分为主要依据。

（2）考虑功能区域单元。除行政单元外，NUTS 也倾向于具有共性特征的功能单元，如矿业区域、铁路交通区域、农业区域、劳动力–市场区域等。这种针对特定领域的活动对地域单元进行的分类有时会在一些成员国中应用。特殊目标下的区域划分较具体，而且这种划分给成员国提供了较多的自由裁量权，大大减小了成员国之间区域的可比性，因此会适度考虑。

（3）以人口规模为主导划分单元。依据欧洲各国行政区的人口规模确定，由六个级别组成，其中 NUTS-0 是国家层面；NUTS-1 是人口在 300 万~700 万的州/大区域/地区的级别；NUTS-2 是人口在 80 万~300 万的区域/省/州/县级别；NUTS-3 是人口在 15 万~80 万的国家/直辖市/市的级别。

所有成员国都被划分成三层 NUTS 区域，每个 NUTS-1 区域被细分为多个 NUTS-2 区域，每个 NUTS-2 区域又再被划分为多个 NUTS-3 区域（图 3-2）。NUTS-4 和 NUTS-5 也称为地方行政单位 LAU-1 和 LAU-2，其中第一个代表地区，第二个代表社区。这两个级别由成员国根据情况自行划定，不由欧盟统一划分。为保持地域单元的稳定性，欧洲统计局要

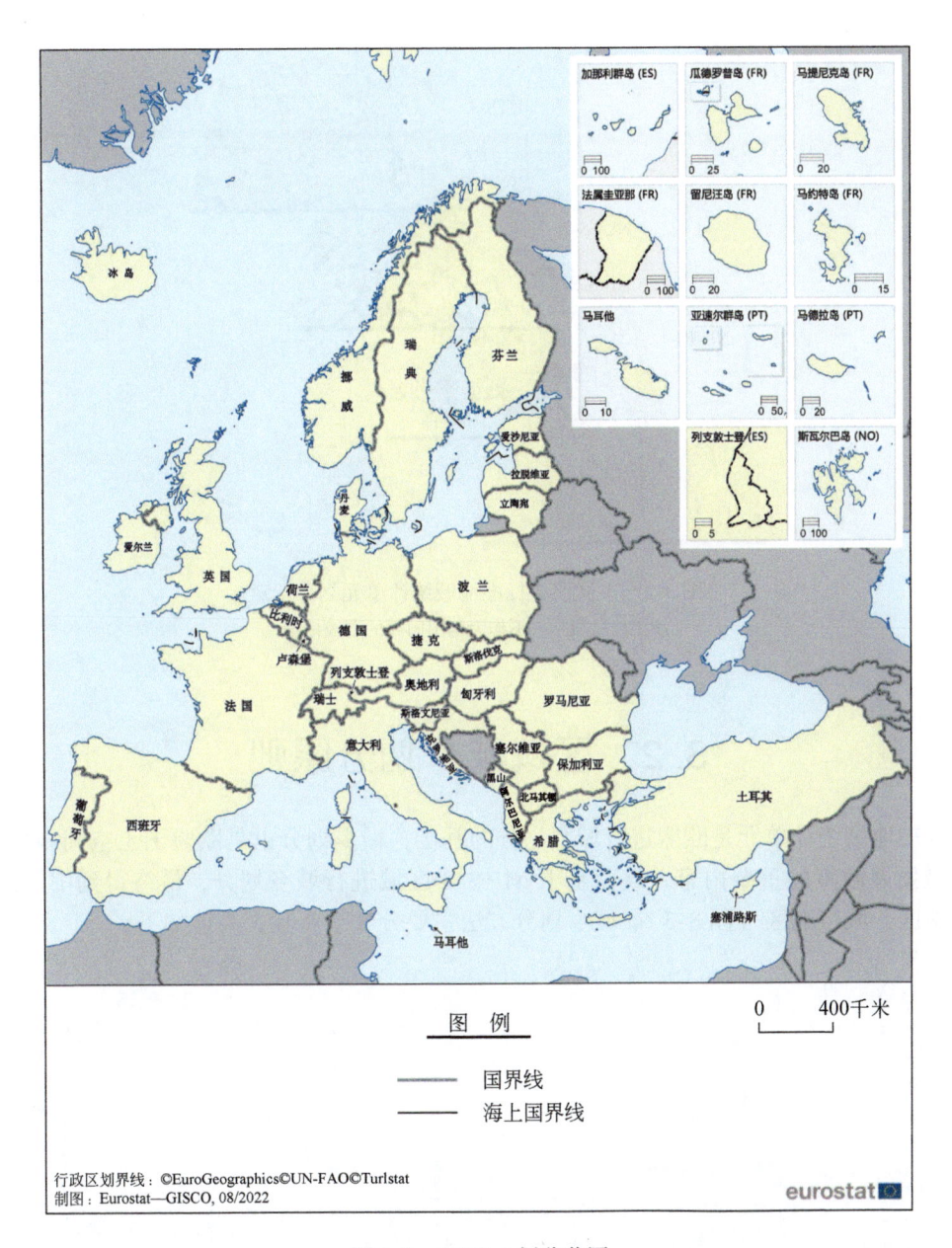

图 3-1 NUTS-0 划分范围

NUTS 划分原则不仅适用于欧盟国家（成员国和伙伴国），同时适用于英国、欧洲自由贸易联盟和欧盟候选国。

求 NUTS 单元体系至少在三年之内不改变。自 20 世纪 90 年代末推出欧洲 NUTS 划分以来，NUTS 体系先后已经发布过 NUTS 1995、1999、2003、2006、2010、2013、2016 共 7 个版本。2021 年 3 月发布了 NUTS 2021 的最新版本。欧洲 NUTS 与我国的行政区划区别在于不同级别的 NUTS 单元之间存在完全重合的情况，如一个地区在 NUTS-2 和 NUTS-3 两个层级中范围是允许完全重合的。

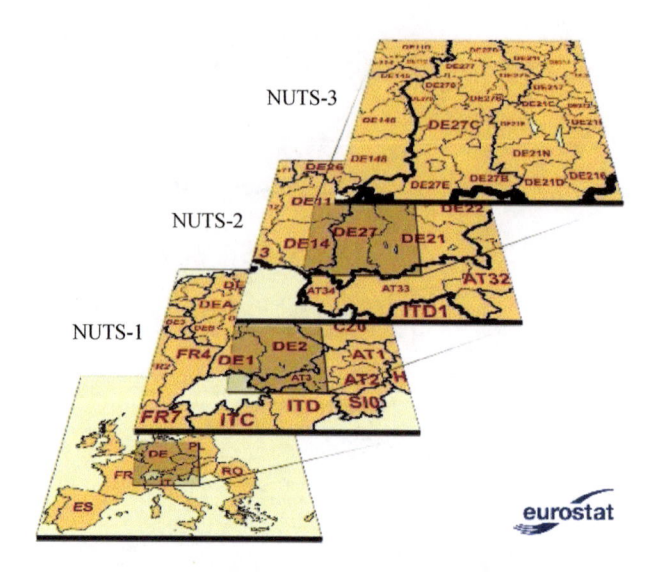

图 3-2　不同层级标准地域统计单元划分示意
该图仅做展示，不作为地图国界的划线依据

3.2　区域城乡划分原则

标准地域统计单元是欧盟进行城乡划分的基础，城乡划分也是欧盟国土空间规划中制定区域发展政策的重要内容。欧盟基于 NUTS-3 区域进行城乡划分，最终得到中间地区、农村地区、城市地区（图 3-3）。城乡划分方法主要分 3 个步骤，具体如下。

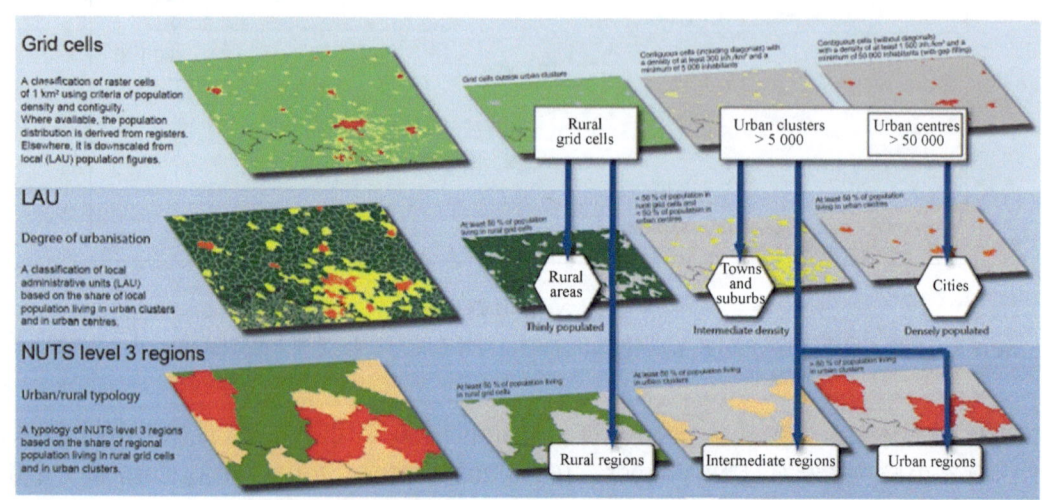

图 3-3　欧盟城乡统计划分标准示意
该图仅做展示，不作为地图国界的划线依据（资料来源：欧洲统计局）

（1）确定农村地区。农村地区是指城市集群以外的地区。城市集群是以 1 平方千米连续的格网单元为基底，满足每个格网上人口密度大于每平方千米 300 个居民，且每个集群总人口大于 5000 人的连续格网单元的组合。

（2）开展城乡划分。根据 NUTS-3 区域中农村地区的人口比例，对 NUTS-3 区域进行城乡划分，得到初始城乡划分结果。具体分类如下：①如果居住在农村地区的人口比例高于 50%，则划分为农村地区；②如果居住在农村地区的人口比例在 20%～50%，则划分为中间地区（城镇和郊区）；③如果居住在农村地区的人口比例低于 20%，则划分为城市地区。为解决 NUTS-3 区域太小造成的分类结果失真问题，需要将分类后小于 500 平方千米的区域与一个或多个相邻区域合并。

（3）优化城乡划分结果。根据城市中心的人口规模对初始城乡划分结果进行优化。城市中心是指人口大于 5 万的城市集群。初始城乡划分得到的农村地区，如果该地区的城市中心人口超过 20 万，且占到该地区人口总数的 25% 以上，则升级为中间地区；初始城乡划分得到的中间地区，如果该地区的城市中心人口大于 50 万，且占到该地区人口总数的 25% 以上，则升级为城市地区。

3.3 四大宏观区域

3.3.1 基本情况介绍

宏观区域合作作为欧洲理事会认可的一个综合发展战略，由欧洲凝聚力基金等予以支持，以应对同一地理区域范围内成员国和伙伴国所面临的共同挑战，从而有助于加强区域协作，促进实现经济、社会和国土凝聚力。迄今已通过了包括若干政策的 4 项欧盟宏观区域战略，分别为 2009 年提出的波罗的海地区战略（EU Strategy for the Baltic Sea Region，EUSBSR）、2010 年提出的多瑙河地区战略（EU Strategy for the Danube Region，EUSDR）、2014 年提出的亚得里亚海和爱奥尼亚地区战略（EU Strategy for the Adriatic-Ionian Region，EUSAIR）和 2015 年提出的高山地区战略（EU Strategy for the Alpine Region，EUSALP）。

所有通过的宏观区域战略还伴随着一项滚动行动计划，并根据不断变化的需求和情况进行定期更新。这四项宏观区域战略涉及 19 个欧盟成员国和 8 个非欧盟国家，空间分布情况如图 3-4 所示。欧盟正式成员国中只有荷兰、比利时、卢森堡、爱尔兰、西班牙、葡萄牙、塞浦路斯、马耳他 8 个国家未涉及。以下为四大宏观区域战略的简要介绍，相关数据来源于世界银行（https://databank.worldbank.org/home.aspx）。

1. 波罗的海地区战略（EUSBSR）

EUSBSR 是欧洲第一个宏观区域战略，于 2009 年由欧洲理事会批准成立。EUSBSR 的目的是加强相关欧盟成员国在波罗的海地区的区域一体化，合作重点是共同应对与波罗的海有关的环境挑战，加强区域联系和实现繁荣发展。EUSBSR 覆盖的区域主要是波罗的海盆地，从拉普兰延伸到德国北部，涉及 12 个国家，在四个宏观区域中是覆盖面积第二大也

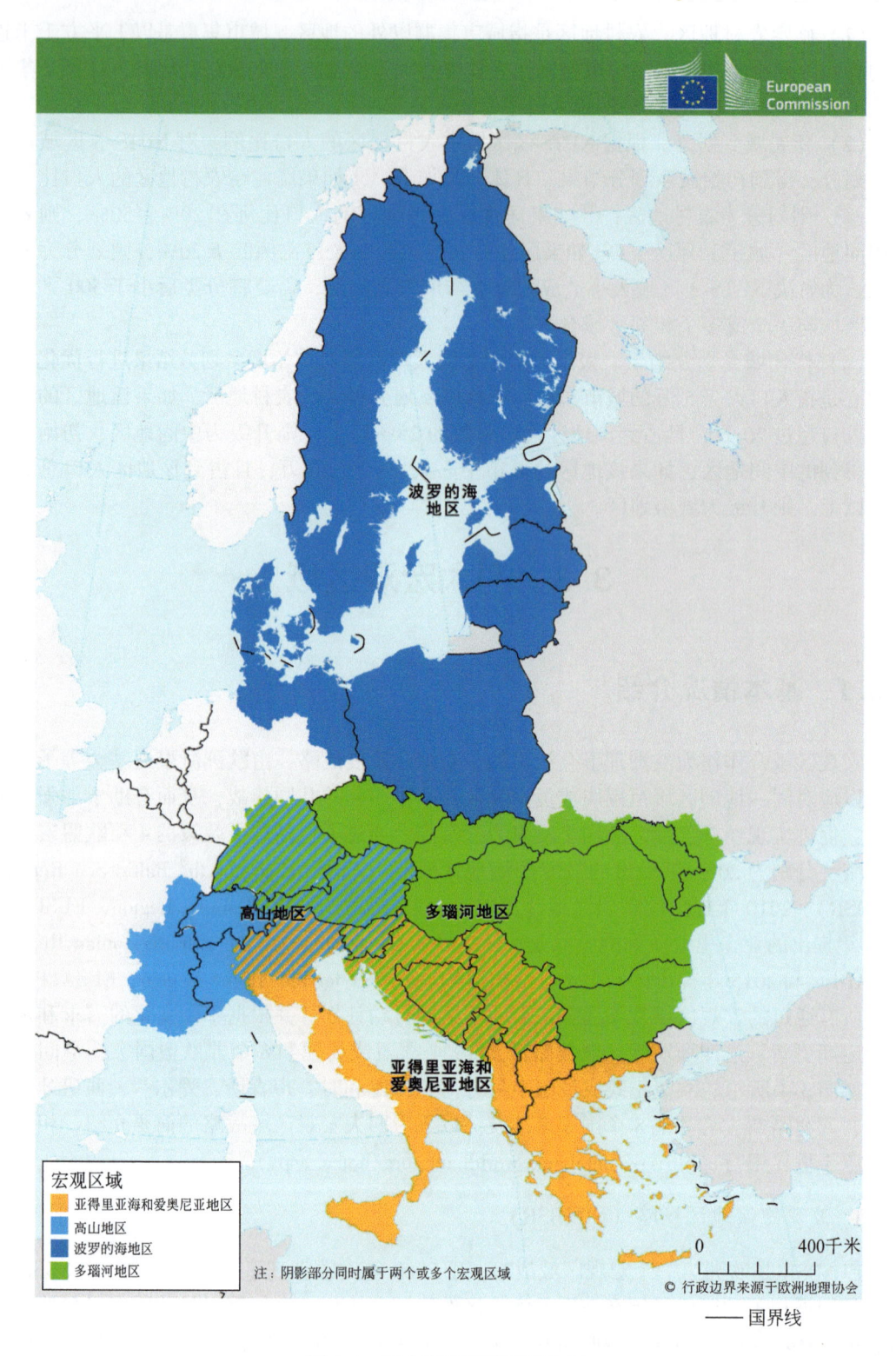

图 3-4 四大宏观区域空间分布

是最多样化的区域,其中包括 8 个欧盟成员国(丹麦、爱沙尼亚、芬兰、德国、拉脱维亚、立陶宛、波兰、瑞典)和 4 个邻国(白俄罗斯、冰岛、挪威、俄罗斯),涉及国家基本情况如表 3-1 所示。

表 3-1　波罗的海地区战略涉及国家基本情况

国家名称	是否属于欧盟成员国	2019 年面积（万平方千米）	2019 年人口（万人）	2019 年 GDP（万亿元）
丹麦	是	4.31	571.86	0.350
爱沙尼亚	是	4.52	132.66	0.032
芬兰	是	33.84	552.03	0.269
德国	是	35.70	8 313.28	3.861
拉脱维亚	是	6.46	191.28	0.034
立陶宛	是	6.52	278.68	0.055
波兰	是	31.27	3 797.09	0.596
瑞典	是	45.03	1 028.55	0.531
白俄罗斯	否	20.76	946.69	0.063
冰岛	否	10.28	36.13	0.024
挪威	否	38.52	534.79	0.403
俄罗斯	否	1 712.44	14 437.35	1.700
总计	—	1 949.65	30 820.39	7.918

注:世界银行是以国家尺度为统计单元,宏观区域战略中有些国家并不是全域覆盖,因此统计数据相较实际数据会大一些。

2. 多瑙河地区战略(EUSDR)

EUSDR 于 2010 年提出,是欧盟制定的第二个宏观区域战略。该战略为流域发展提供了强有力的综合框架,提出宏观发展战略和跨国合作方案,以协调各国对河流管理的职责。EUSDR 覆盖的地区主要是 2.86 千米长的多瑙河流域,还包括其支流发源地(如阿尔卑斯山或喀尔巴阡山脉)的部分山脉。从黑森林(德国)延伸到黑海(罗马尼亚—摩尔多瓦—乌克兰),居住着大约 1.15 亿居民。EUSDR 涉及 14 个国家,是面积最大的宏观区域战略。其中包括 9 个欧盟成员国(奥地利、保加利亚、克罗地亚、捷克、德国、匈牙利、罗马尼亚、斯洛伐克、斯洛文尼亚)、3 个加入国(波斯尼亚和黑塞哥维那、黑山、塞尔维亚)和 2 个邻国(摩尔多瓦、乌克兰),涉及国家基本情况如表 3-2 所示。

表 3-2　多瑙河地区战略涉及国家基本情况

国家名称	是否属于欧盟成员国	2019 年面积（万平方千米）	2019 年人口（万人）	2019 年 GDP（万亿元）
奥地利	是	8.39	887.71	0.4451
保加利亚	是	11.09	697.58	0.0686

续表

国家名称	是否属于欧盟成员国	2019年面积（万平方千米）	2019年人口（万人）	2019年GDP（万亿元）
克罗地亚	是	5.66	406.75	0.0608
捷克	是	7.89	1 066.97	0.2507
德国	是	35.70	8 313.28	3.8610
匈牙利	是	9.30	976.99	0.1635
罗马尼亚	是	23.84	1 935.65	0.2501
斯洛伐克	是	4.90	545.41	0.1051
斯洛文尼亚	是	2.03	208.79	0.0542
波斯尼亚和黑塞哥维那	否	5.11	330.10	0.0202
黑山	否	1.38	62.21	0.0055
塞尔维亚	否	8.84	694.50	0.0515
摩尔多瓦	否	3.38	265.76	0.0120
乌克兰	否	60.37	4 438.52	0.1538
总计	—	187.88	20 830.22	5.5021

注：世界银行是以国家尺度为统计单元，宏观区域战略中有些国家并不是全域覆盖，因此统计数据相较实际数据会大一些。

3. 亚得里亚海和爱奥尼亚地区战略（EUSAIR）

EUSAIR 于 2014 年 10 月得到欧洲理事会的批准。战略目的是解决该区域当前在经济和行政能力上的差异，旨在提高欧盟成员国与非欧盟国家之间的互联程度，同时加强欧洲一体化发展。亚得里亚海和爱奥尼亚地区是由亚得里亚海和爱奥尼亚海盆地定义的功能区，居住着 7000 多万居民。EUSAIR 涉及 9 个国家，其中包括 4 个欧盟成员国（克罗地亚、希腊、意大利、斯洛文尼亚）和 5 个加入国（阿尔巴尼亚、波斯尼亚和黑塞哥维那、黑山、北马其顿、塞尔维亚），涉及国家基本情况如表 3-3 所示。

表 3-3 亚得里亚海和爱奥尼亚地区战略涉及国家基本情况

国家名称	是否属于欧盟成员国	2019年面积（万平方千米）	2019年人口（万人）	2019年GDP（万亿元）
克罗地亚	是	5.66	406.75	0.061
希腊	是	13.20	1 071.63	0.210
意大利	是	30.93	6 029.74	2.004
斯洛文尼亚	是	2.03	208.79	0.054
阿尔巴尼亚	否	2.87	285.42	0.015
波斯尼亚和黑塞哥维那	否	5.11	330.10	0.020
黑山	否	1.38	62.21	0.006

续表

国家名称	是否属于欧盟成员国	2019年面积（万平方千米）	2019年人口（万人）	2019年GDP（万亿元）
北马其顿	否	2.57	208.35	0.013
塞尔维亚	否	8.84	694.50	0.052
总计	—	72.59	9 297.49	2.435

注：世界银行是以国家尺度为统计单元，宏观区域战略中有些国家并不是全域覆盖，因此统计数据相较实际数据会大一些。

4. 高山地区战略（EUSALP）

欧盟委员会于2015年7月通过了《关于欧盟高山地区战略的结论（EUSALP）》。EUSALP涉及7个国家：奥地利、法国、德国、意大利、斯洛文尼亚、列支敦士登和瑞士，居住着8000多万居民。战略主要目的是确保该区域仍然是欧洲最具吸引力的地区之一，更好地利用其资产，并在欧洲范围内抓住其可持续和创新发展的机会，扩大和深化现有的区域合作，涉及国家基本情况如表3-4所示。

表3-4 高山地区战略涉及国家基本情况

国家名称	是否属于欧盟成员国	2019年面积（万平方千米）	2019年人口（万人）	2019年GDP（万亿元）
奥地利	是	8.39	887.71	0.445
法国	是	64.38	6 705.99	2.716
德国	是	35.70	8 313.28	3.861
意大利	是	30.93	6 029.74	2.004
斯洛文尼亚	是	2.03	208.79	0.054
列支敦士登	否	0.02	3.80	0.007
瑞士	否	4.13	857.48	0.703
总计	—	145.58	23 006.79	9.790

注：世界银行是以国家尺度为统计单元，宏观区域战略中有些国家并不是全域覆盖，因此统计数据相较实际数据会大一些。

5. 小结

综上，四大宏观区域从覆盖国家个数来看，多瑙河地区（14个）＞波罗的海地区（12个）＞亚得里亚海和爱奥尼亚地区（9个）＞高山地区（7个）；从区域面积来看，波罗的海地区（1949.65万平方千米）＞多瑙河地区（187.88万平方千米）＞高山地区（145.58万平方千米）＞亚得里亚海和爱奥尼亚地区（72.59万平方千米）；从人口数量来看，波罗的海地区（30 820.39万人）＞高山地区（23 006.79万人）＞多瑙河地区（20 830.22万人）

>亚得里亚海和爱奥尼亚地区（9 297.49万人）；从GDP来看，高山地区（9.790万亿元）>波罗的海地区（7.918万亿元）>多瑙河地区（5.5021万亿元）>亚得里亚海和爱奥尼亚地区（2.435万亿元）。

3.3.2 四大宏观区域及与我国重点城市群对比

京津冀城市群、长三角城市群、粤港澳大湾区、成渝城市群作为我国社会经济重点发展地区，与欧盟四大宏观区域地位存在相似之处。本小节从区域面积、人口总量、经济体量等方面将四大宏观区域与我国重点城市群进行对比分析，旨在更加直观地理解欧盟四大宏观区域的经济发展状况。

通过对比分析（表3-5），从区域面积来看，四大宏观区域面积远高于我国四大城市群；从人口总量来看，欧盟高山地区（23 006.79万人）、多瑙河地区（20 830.22万人）人口数量与长三角城市群相当，亚得里亚海和爱奥尼亚地区（9297.49万人）与京津冀城市群、成渝城市群和粤港澳大湾区相当，波罗的海地区（30 820.39万人）人口数量远高于四大城市群；从经济体量来看，欧盟波罗的海地区（7.918万亿元）和高山地区（9.790万亿元）的GDP与我国京津冀城市群、成渝城市群差距相对较小，其他两个地区的经济体量均低于我国四大城市群。

表3-5 四大宏观区域与我国4个重点城市群基本情况（2019年）

地区	面积 （万平方千米）	人口 （万人）	GDP （万亿元）	人均GDP （万元）	地均GDP （万元/千米²）
京津冀城市群	21.6	11 307.40	8.51	7.73	3 939.81
长三角城市群	21.2	22 714.04	23.73	15.82	11 193.40
粤港澳大湾区	5.6	12 339.03	11.33	15.93	20 232.14
成渝城市群	18.5	11 499.32	6.51	6.60	3 518.92
波罗的海地区	1 949.65	30 820.39	7.918	2.57	40.62
多瑙河地区	187.88	20 830.22	5.5021	2.64	292.74
亚得里亚海和爱奥尼亚地区	72.59	9 297.49	2.435	2.61	334.76
高山地区	145.58	23 006.79	9.790	4.26	672.53

从人均GDP来看，四大宏观区域均低于我国四大城市群；从地均GDP来看，四大宏观区域均低于我国四大城市群。由于四大宏观区域面积广大，虽然人口较多，但人口密度相对我国来说较低，土地经济密度较低。

3.4 本章小结

地理单元是划定地理空间分区、制定区域政策的基础。在欧洲空间规划发展过程中，地理单元在制定、实施区域政策的过程中发挥了必不可少的作用。本章通过介绍欧盟空间规划中的基本地理单元，包括标准地域统计单元、城乡以及四大宏观区域，从划分原则、基本情况展开介绍，旨在更好地理解欧盟空间规划过程中基本地理单元的划定及发挥的作用。中国地域面积大，各类规划不同层级规划的衔接在地理单元上存在一定的问题，欧盟空间规划中的地理单元体系也为我国相关领域工作的开展提供了借鉴与经验。

第 4 章　欧洲空间规划观测网的主要工作内容与特点

4.1　政策主题

ESPON 提供欧盟现有成员国以及伙伴国的人口、经济、基础设施、创新能力等区域差异性的测度，衡量规划对部门政策和决策的影响力。

ESPON 从研究城乡合作出发，不断探索空间分区的标准、空间政策的可视化表达以及网络化工作模式，主要研究欧盟区域发展的政策基础和实施办法，以及未来相邻国家的空间关系。ESPON 平台的副标题 Inspire Policy Making Territorial Evidence（为政策制定者提供空间依据），这也表明服务决策是 ESPON 的主要使命。ESPON 自 2002 年成立以来已开展 ESPON 2006、ESPON 2013、ESPON 2020 多个项目，探索经济、社会、文化、生态等各项政策的空间化表达，逐步推动区域发展战略的实现，兼顾发展效率与公平，有力支撑了欧洲地区空间规划实施与调整，成为欧洲地区可持续发展的重要手段。

ESPON 2020 的政策主题按照分析目标的不同，可划分为以下四大类型（图 4-1）：一是问题类（WHAT?），包括区域经济（Regional Economy）、社会文化（Social & Cultural）、环境挑战（Environmental challenges）三部分；二是机制类（HOW? WHY?），包括流动与

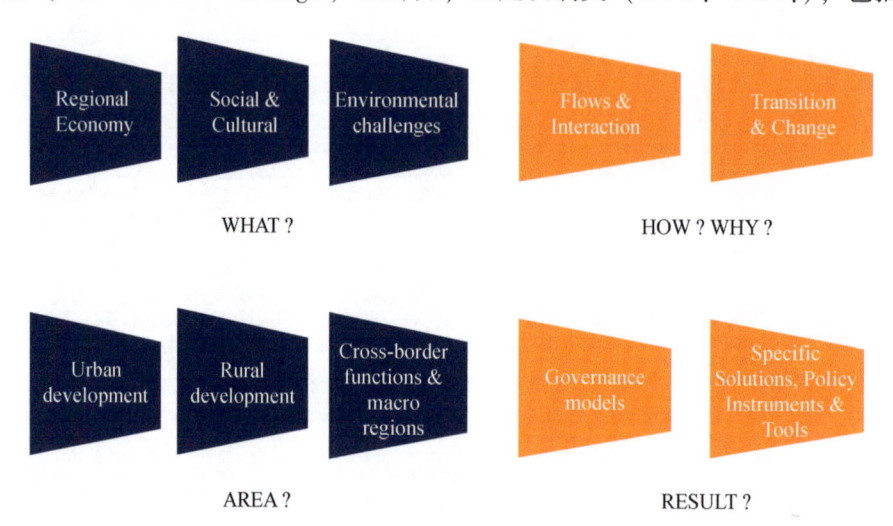

图 4-1　ESPON 2020 的各项政策主题
资料来源：https://www.espon.eu/programme/projects/espon-2020/policy-themes

相互作用（Flows & Interaction）、转型与变革（Transition & Change）；三是区域差异类（AREA?），包括城市发展（Urban development）、农村发展（Rural development）、跨境功能和宏观区域（Cross-border functions & macro regions）；最后是结果类（RESULT?），包括治理模式（Governance models）、政策制度和工具（Specific Solutions, Policy Instruments & Tools）。

在以上4类政策主题的指引下，主要开展四方面工作内容（图4-2）：一是开展应用研究；二是开展目标分析；三是提供地图展示工具；四是分享监测产品。其中四方面内容之间并非互相独立，而是相辅相成。通过开展多样主题、不同区域下的应用研究与空间分析，形成数据产品、专题地图、评价工具等一系列成果。基于已有成果，开发形成精美的可视化表达界面及多样化的监测产品，提升成果认知度与认可度的同时，也便于宣传从而提高社会各界参与度。其中，每项工作内容均对应不同的具体目标。工作内容1——应用研究对应目标1，旨在加强空间依据的产生；工作内容2——目标分析对应目标2，旨在促进知识升级转移和用户支持的分析使用；工作内容3和4——地图展示工具和分享监测产品对应目标3~5，旨在改善领土观察和领土分析的工具，更广泛地推广和利用空间依据，以及更为精简、高效的政策执行和更为熟练的项目支撑。表4-1为ESPON 2020开展的各类项目，共计65项。

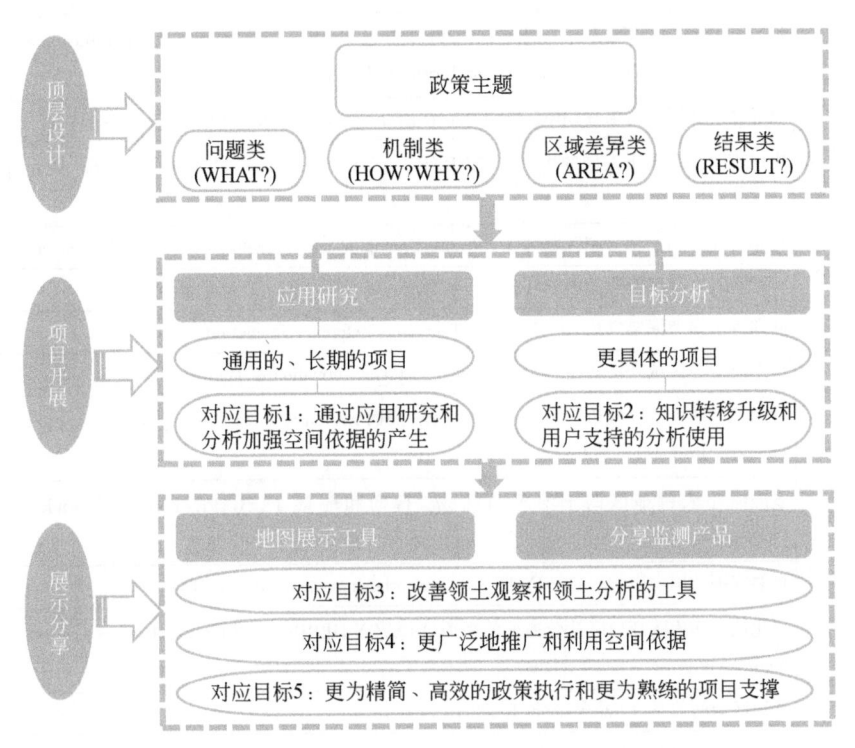

图4-2 ESPON 2020的主要工作内容

表 4-1 ESPON 2020 开展项目列表

序号	项目类型	项目名称
1		就业：欧洲新就业动态的地理（Employment：Geography of New Employment Dynamics in Europe）
2		外国直接投资（欧洲世界）：欧洲世界，全球 FDI 流向欧洲 ［Foreign Direct Investments（World in Europe）：The World in Europe, Global FDI Flows Towards Europe］
3		中小企业：欧洲地区和城市的中小企业（SMEs：Small and Medium-sized Enterprises in European Regions and Cities）
4		低碳经济（区位）：国土和低碳经济［Low-Carbon Economy（Locate）：Territories and Low-Carbon Economy］
5		内部边缘地区：国家国土在获得普遍关心的基本服务方面面临挑战（Inner Peripheries：National Territories Facing Challenges of Access to Basic Services of General Interest）
6		国土未来：可能的欧洲国土期货（Territorial Futures：Possible European Territorial Futures）
7		国土治理：欧洲国土治理和空间规划系统的比较分析（Territorial Governance：Comparative Analysis of Territorial Governance and Spatial Planning Systems in Europe）
8		财政工具：财政工具和国土凝聚力（Financial Instruments：Financial Instruments and Territorial Cohesion）
9		绿色基础设施：为国土发展增强生物多样性和生态系统服务（Green Infrastructure：Enhancing Biodiversity and Ecosystem Services for Territorial Development）
10		循环经济和国土后果（CIRCTER-Circular Economy and Territorial Consequences）
11	应用研究	难民潮对欧洲国土发展的影响（MIGRARE-Impacts of Refugee Flows to Territorial Development in Europe）
12		青年失业：国土趋势和区域韧性（Youth Unemployment：Territorial Trends and Regional Resilience）
13		桥梁：具有地理特征的国土（Bridges：Territories with Geographical Specificities）
14		欧洲国土参考框架（ETRF-European Territorial Reference Framework）
15		技术改造与区域经济转型（T4-Technological Transformation & Transitioning of Regional Economies）
16		欧洲地区的可持续城市化和土地利用实践（SUPER-Sustainable Urbanization and Land-Use Practices in European Regions）
17		欧洲缩小农村地区国土治理的挑战、行动和前景（ESCAPE-European Shrinking Rural Areas Challenges, Actions and Perspectives for Territorial Governance）
18		自然灾害的国土影响（ESPON TITAN-Territorial Impacts of Natural Disaster）
19		文化遗产作为欧洲地区社会福祉的来源（ESPON HERIWELL-Cultural Heritage as a Source of Societal Well-being in European Regions）
20		欧洲区域间关系（Interregional Relations in Europe）
21		COVID-19 的地理特征——欧洲地区的爆发和第一个政策答案（Geography of COVID-19—Outbreak and First Policy Answers in European Regions and Cities）
22		治理和公共服务方面的数字化创新（DIGISER-Digital Innovation in Governance and Public Service Provision）

续表

序号	项目类型	项目名称
23		区域战略——可持续和包容性国土发展的区域战略——区域相互作用和欧盟对话（ReSSI，Regional strategy—Regional Strategies for Sustainable and Inclusive Territorial Development—Regional Interplay and EU Dialogue）
24		国土合作领域——国土合作领域的思考和规划（ACTAREA，Territorial Cooperation Areas—Thinking and Planning in Areas of Territorial Cooperation）
25		大都市区-大都市区的空间动态和战略规划（SPIMA，Metropolitan Areas-Spatial Dynamics and Strategic Planning in Metropolitan Areas）
26		将保护区网络与国土发展联系起来（LinkPas，Protected Areas-Linking Networks of Protected Areas to Territorial Development）
27		移民流动——与移民和难民流动相关的国土和城市潜力（MIGRATUP，Migration flows—Territorial and Urban Potentials Connected to Migration and Refugee Flows）
28		BT2050，宏观区域空间规划——波罗的海地区的国土愿景（BT2050，Macro-regional spatial planning—Territorial Scenarios for the Baltic Sea Region）
29		高山2050，高山地区的共同空间视角——迈向共同愿景（Alps 2050，Common Spatial Perspectives for the Alpine Space—Towards A Common Vision）
30		欧盟未来的数字健康（eHealth，Future Digital Health in the EU）
31	目标分析	文化遗产——物质文化遗产作为战略性国土开发资源；通过一组共同的欧洲社会经济指标绘制影响图（CH，Cultural Heritage—Material Cultural Heritage as A Strategic Territorial Development Resource；Mapping Impacts Through A Set of Common European Socio-Economic Indicators）
32		跨境公共服务（CPS，Cross-border Public Services）
33		国土影响评估——跨境合作的国土影响评估（TIA CBC，Territorial Impact Assessment—Territorial Impact Assessment for Cross-Border Cooperation）
34		海洋空间规划——海洋空间规划和陆海相互作用（MSP LSI，Maritime Spatial Planning—Maritime Spatial Planning and Land-Sea Interactions）
35		大数据在欧洲增长走廊综合国土政策发展中的潜力（BIG DATA-Potentials of Big Data for Integrated Territorial Policy Development in the European Growth Corridors）
36		城乡——改善非大都市区的城乡连通性（URRUC，Urban-Rural—Improving Urban-Rural Connectivity in Non-Metropolitan Regions）
37		通过港口城市再生实现欧洲可持续城市化（ENSURE-European Sustainable Urbanisation Through Port City Regeneration）
38		使欧洲城市适应人口老龄化：政策挑战和最佳实践（ACPA-Adapting European Cities to Population Ageing：Policy Challenges and Best Practices）
39		城市循环协同经济举措类型的盘点和评估（SHARING-Stocktaking and Assessment of Typologies of Urban Circular Collaborative Economy initiatives）
40		大都市产业战略与经济扩张（MISTA-Metropolitan Industrial Strategies & Economic Sprawl）

续表

序号	项目类型	项目名称
41	目标分析	旅游承载力方法论（TOURISM-Carrying Capacity Methodology for Tourism）
42		欧盟外部边界的商业发展机会（BusDev-Business Development Opportunities at External EU Borders）
43		ESPON欧洲海洋经济集群治理战略研究（ERMES-ESPON European Research for Maritime Economic clusters governance Strategy）
44		在米兰—博洛尼亚市区发展大都市区域愿景（IMAGINE-Developing A Metropolitan-Regional Imaginary in Milan-Bologna Urban Region）
45		中欧功能区的空间动态和综合国土发展情景（CE FLOWS-Spatial Dynamics and Integrated Territorial Development Scenarios for The Functional Area of Central Europe）
46		使用数字规划数据评估空间规划实践（DIGIPLAN-Evaluating Spatial Planning Practices with Digital Plan Data）
47		城市地区的可持续交通基础设施（STISE-Sustainable Transport Infrastructure in the Strategic Urban Region Eurodelta）
48		凝聚政策在大都市区和城市规划中的作用和未来前景（METRO-The Role and Future Perspectives of Cohesion Policy in the Planning of Metropolitan Areas and Cities）
49		欧洲大湖区综合发展机遇地域分析（LAKES-Territorial Analysis of Spatial Progress and Integrated Development Opportunities of Large Lakes in Europe）
50		空间规划政策的定量温室气体影响评估方法（QGasSP-Quantitative Greenhouse Gas Impact Assessment Method for Spatial Planning Policy）
51	地图展示工具	欧洲和宏观区域国土监测工具（European and Macro-regional Territorial Monitoring Tool）
52		ESPON 2020数据库（ESPON 2020 Database Portal）
53		ESPON TIA 工具升级（2017~2020）[ESPON TIA（Territorial Impact Assessment）Tool Upgrade（2017~2020）]
54		欧洲功能性城市地区（Functional Urban Areas and Regions in Europe）
55		用于国土分析和住房动态的大数据（Big Data for Territorial Analysis and Housing Dynamics）
56		生活质量测量和方法论（ESPON QoL-Quality of Life Measurements and Methodology）
57		欧洲国土状况报告（SoET-State of the European Territory Report）
58		海洋指标可达性（Accessibility by the Sea Indicators）
59		海上、公路、铁路、航空和多式联运可达性方案（Scenarios for Accessibility by the Sea, Road, Rail, Air and Multimodal）
60		SDG本地化工具（SDG Localising Tool）
61		ESPON超级地图集3.0（ESPON HyperAtlas 3.0）
62		基于大数据的地域指标（Territorial Indicators Based on Big Data）
63		ESPON TIA 工具（2020~2022）[ESPON TIA Tool（2020~2022）]
64		ESPON ACTAREA 工具——绘制软国土合作领域和倡议（ESPON ACTAREA Tool—Mapping Soft Territorial Cooperation Areas and Initiatives）
65		ESPON门户网站——互动式地图和仪表盘（ESPON Portal—Interactive Mapping and Dashboards）

4.2 主要工作内容

4.2.1 开展应用研究

ESPON 2020 通过开展应用研究项目，获得一些欧洲国土分析证据对政策需求作出回应，并关注欧洲国土发展的关键优先事项，如欧洲 2020 战略。应用研究的开展过程中，ESPON 提出许多重要空间概念，同时通过开展城乡合作发展、空间分区标准、空间政策可视化表达以及网络化工作模式等方面工作，进行应用主题分析，研究地域空间变化，为欧盟政策的制定提供重要的参考依据。

1）空间概念

ESPON 提出的空间概念如"大城市走廊"（ESPON，2019）、"开敞空间"（Christopher et al.，2022）、"绿色基础设施"（ESPON，2018）等为后续地域空间变化分析提供了基础。

"大城市走廊"：传统的大城市拓展是同心圆模式，即城市中心区被与之相邻的郊区层层包围的模式；随着快速捷运系统的诞生，产生了沿铁路线发展起来的居住区，被称为"大城市走廊"。

城市开敞空间系统（open space system）作为城市绿色与自然空间组织的一种概念和方式，目前国内外有许多不同的定义。"开敞空间"是指城市或者城市群中，在建筑实体之外存在的开敞空间体，是人与人、人与自然进行信息、物质、能量交流的重要场所。其类型主要有城市公园、城市广场、城市步行街、城市滨水区等与人们日常生活息息相关的活动场地。

"绿色基础设施"：由生态网络组成，由自然植被区域、其他开敞空间或具有已知生态价值的区域组成，并将这些区域相互连接起来的生态网络。绿色基础设施由各种不同的要素构成，包括自然保护区、水域或景观保护区等大型"核心区域"或"枢纽"，Natura 2000 保护区，以及连接核心区域的较小规模的"走廊"。走廊可以由牧场、林地、森林、池塘、沼泽、河流和洪泛区、湿地、潟湖、海滩、树篱、石墙、野生生物带、河岸植被等组成。

2）项目主题

欧洲城市在社会、经济和环境等方面不断转型（包括郊区化），出现了新的城市形态和体制模式，这也使得城市中心和郊区之间必须建立区别于传统的空间关系。在此背景下，城乡合作发展成为 ESPON 应用研究的重要主题之一，欧洲地区的可持续城市化和土地利用实践（SUPER）项目及欧洲内部边缘地区（PROFECY）项目作为城乡合作发展的典型代表项目，受到社会各界广泛关注。

欧洲地区的可持续城市化和土地利用实践项目的主要目标是基于现有相关研究，就如何促进可持续土地利用、如何在欧洲及其他城市和地区避免土地占用、减少土壤密封和城市扩张等提出了相应措施，并介绍了一些国家在国土治理和空间规划体系中采取的可以有效改变其土地开发现象的干预措施实例。基于 Corine 土地覆盖数据、全球城市足迹（Global Urban Footprint，GUF）数据、全球人类住区层（Global Human Settlement Layer，GHSL）数据、人口数据、经济数据、就业数据等多源数据，通过开展城市类型划分，收集整理干预措施，开展城市化情景模拟等研究工作，提出可以有效地改变其地区土地开发利用的干预措施，以实现欧洲地区的可持续城市化和土地利用。

欧洲内部边缘地区作为一种特殊的区域类型和区域现象，能够在一定程度上提升公众对区域空间分析的认知和理解程度。从概念来看，内部边缘地区最为明显的特征并非它们相对于城市核心地区的偏远地理位置，而是它们与所在区域发展的"脱节"。内部边缘地区具体表现为地理上靠近城市中心，但难以惠及其基本的公共服务，与邻近地区相比，其总体经济表现、社会发展水平、获得基本服务的机会以及人民生活质量相对较差。某些地区由于某种边缘化导致了该地区的经济和社会发展存在障碍，但仍具有发展潜力。欧洲内部边缘地区项目通过选择典型内部边缘地区作为研究案例，结合内部边缘地区的三大主要特征（①可达性；②经济发展潜力；③学校、医院、超市等基础设施覆盖程度），对城市范围内的内部边缘地区进行识别。通过分析不同类型内部边缘地区的空间分布模式及特征，预测未来可能形成内部边缘的地区，探索内部边缘地区的发展趋势、存在问题及应对经验。

4.2.2 开展目标分析

目标分析是传播知识、分享经验和提升欧洲国土依据应用的有力手段。与应用研究相比，目标分析的主题更为具体和详细。目标分析的工作内容基于欧盟真实地点的政策发展进程，为利益相关方提供了与他们政策背景息息相关的欧洲视角。

现阶段城市和大都市地区在空间治理过程中发挥着不可忽视的作用，这一主题在欧盟委员会的政策议程中也处于重要地位。大都市地区在空间发展中面临一些重大的政策问题，如城市的无序扩张，影响其实现可持续和包容性增长目标的能力，因此空间规划政策评估和大都市层面的城市治理进程具有重要意义。大都市区的空间动态和战略规划（SPIMA）项目以欧洲十个大都市区的经验为基础，通过机构分析、访谈以及对主要城市趋势和空间尺度的评估对这些经验进行解析，同时采用比较研究方法更好地了解大都市区空间发展的关键挑战。针对这些挑战提出具体治理进程，并制定政策建议和工具。该项目主要目标是制定更为有效的空间规划政策，使大都市区发展中的关键挑战得到解决。

4.2.3 提供地图展示工具

ESPON 在可视化表达方面，通过建立一套空间政策和空间目标的可视化信息地图表达方法，提供地图展示工具，具有良好的可视化表达界面，更为清晰、客观地展示欧洲空间规划各方面的发展现状及空间分布，能够提高成果显示度，便于公众了解参与，在欧洲空间规划发展过程中发挥着重要作用。ESPON 的地图展示工具包括数据库及导航、在线地图、地图检索、国土影响评价工具等。

ESPON 数据库涉及农渔业、经济财政贸易、教育、环境能源、就业市场等多项专题（图 4-3），提供了关于欧盟和邻国的统一且准确的数据，使决策者、行业人员、研究人员和其他利益相关方能够解决当今快速发展带来的社会、经济和环境等国土问题。ESPON 数据库通过收集、管理和分享国际统计（以及地理空间）数据等内容，直接用于 ESPON 各项专题的分析，从而提出政策建议。数据导航通过关键词或专题检索，可实时获取相关数据。

图 4-3　ESPON 数据库主题分类
资料来源：https://database.espon.eu/

ESPON 开发了在线地图工具（图 4-4），帮助各级政府管理部门准确掌握现有区域的差异位置和差异程度，以便能够进一步调查其根源、后果和潜在的影响机制，并及时制定政策。该工具可以搜索、显示、放大和缩小、下载地图以及创建专题地图的比较列表。工具界面清晰明了，可让用户快速便捷地检索由 ESPON 项目和报告生成的特定主题地图，能够为决策者和社会公众及时提供关键的空间观测结果。

欧洲和宏观区域国土监测工具（MRS. ESPON）作为 ESPON 一项重要国土影响评价工具，用于持续观测欧洲及其四大宏观区域（波罗的海、多瑙河、亚得里亚海和爱奥尼亚、高山地区）的发展趋势和格局。其中监测指标体系包括欧洲国土监测系统（European Territorial Monitoring System，ETMS）指标体系，以及欧洲四大宏观区域监测指标体系。四大宏观区域指标在欧洲国土监测系统基础上，针对各区域发展现状、发展目标及政策方针

图 4-4 在线地图工具界面示意

资料来源：https://mapfinder.espon.eu/mapfinder/

分别构建不同的监测指标体系（图 4-5），旨在及时关注欧洲宏观区域的国土发展趋势。各项指标包括数据来源、时间尺度、地域覆盖、指标内涵、指标备注、指标适用区域等内容。数据主要来源于欧洲统计局、欧盟委员会和世界银行，ETMS 还包括联合国人类发展项目官网、欧盟委员会城市数据平台、国际移民组织在线平台、欧洲议会区域发展报告等组织机构，四大宏观区域的数据来源还包括波罗的海海洋环境保护委员会、经济合作与发展组织（Organization for Economic Cooperation and Development，OECD）官网、Knoema 数据库、多瑙河物流门户网站、河流信息服务网站、蓝皮书数据库、欧盟委员会城市数据平台、联邦统计局等组织机构。地域覆盖主要为 NUTS-1～NUTS-3 三级区域，还包括大都市和非大都市地区、海域、多瑙河地区等。

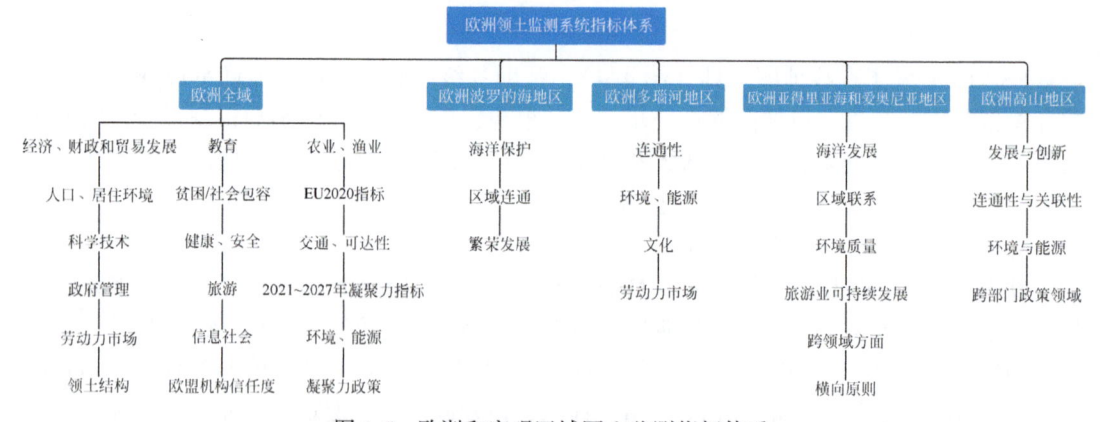

图 4-5 欧洲和宏观区域国土监测指标体系

生活质量测度与方法作为 ESPON 国土影响评价工具之一，是可以衡量国土生活质量的科学方法和工具，结合 2020 年欧洲凝聚力政策与联合国可持续发展目标（Sustainable Development Goals，SDGs）议程，定量描述欧洲地区和城市在生活质量方面的挑战、成就和发展趋势，为区域和国家一级的政策制定者将生活质量纳入国土发展战略提供依据，并为提升当地居民的生活质量提供指导。该工具的产生旨在实现以下目标：明确国家、地区、地方尺度下生活质量概念和测度的不同意义，判别生活质量的常见测度领域，筛选不同尺度下的共同测度指标，明确不同地域尺度下的衡量标准，明确生活质量测度的优先级指标和权重，通过应用实践确定衡量标准适用范围，选择公众参与测度指标等。

4.2.4 分享监测产品

ESPON 分享各类监测产品（图 4-6 和图 4-7）。这些产品以合作研究、签订项目合同等多种方式，由专业研究团队对 ESPON 数据库中的大量数据进行加工处理和分析研究生成。产品主要包括地图、监测工具、报告摘要、政策简报、海报、科学报告、研讨会报告、综合报告等。分享的各类监测产品反映了对空间发展的认识程度和战略实施的效果，从而可以对规划进行适时调整与更新。

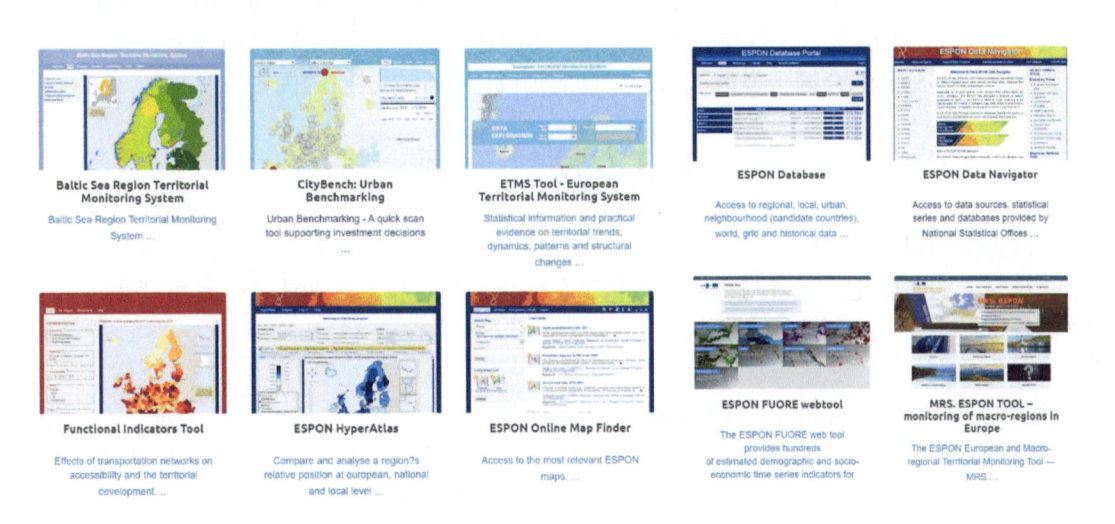

图 4-6 ESPON 地图工具及数据分享示意
资料来源：https://www.espon.eu/tools-maps

ESPON 通过开展各项研究活动获得了大量新的空间证据，涉及绿色基础设施和生态系统服务、金融工具、难民流动、青年失业、文化遗产、医疗健康等不同主题，覆盖整个欧盟国土以及冰岛、列支敦士登、挪威和瑞士，其中包括跨境和更大的功能区域等多个地理区域。上述研究成果是编制《欧洲国土状况报告》（State of the European Territory Report，SoET）的主要来源。《欧洲国土状况报告》作为 ESPON 中重要监测产品之一，通过对 ESPON 既有成果进行总结归纳，了解欧洲主要国土发展趋势，为制定国家、区域和地方综

图4-7　ESPON政策简报、杂志"TERRITORIALL"示意

资料来源：https：//www.espon.eu/topics-policy/publications、https：//territoriall.espon.eu

合国土发展战略并实施提供政策建议。报告从智慧欧洲、绿色低碳欧洲、更加关注民生的欧洲、联系更加紧密的欧洲、更加社会化的欧洲5个方面展开。最终的《欧洲国土状况报告（2019）》将为国家、区域和地方治理提供实用建议，以帮助主管当局和利益相关方有效地设计和实施其综合国土发展战略，以期实现欧盟和全球层面的优先事项（如SDGs）。

4.3　特　　点

欧洲空间规划观测网作为欧洲空间规划与发展的支撑和抓手，具有合作体系多元共治、研究主题多样化、监督与约束网络化以及公众参与度高、数据体系化且可视化形式丰富等特点。

4.3.1　多元共治的合作体系

欧洲空间规划观测网涉及对象范围较广，上至欧盟层面，下至区域地方层面。多元共治的合作体系是其实施运作的坚实组织管理保障，是推动跨空间合作的重要基础。在欧洲空间规划实施过程中，欧盟27个成员国均以ESDP作为各自空间发展的参照标准，并在欧盟为其提供的交流、合作、协调的整体运行平台上，有序地开展欧盟、国家及地方三个层面的横向合作与纵向合作（图4-8）。其中，在欧盟、国家、地方单个独立层面的横向合作中也包括三者的纵向合作，即欧盟、国家及地方三者间相互渗透、协调合作。跨国层面是合作的重点和政策实施的核心，它起着上承欧盟、下接地方的作用。各层面组织机构始终遵循自上而下的原则，坚持将ESDP作为制定、实施各自空间规划的准则，并将其从欧盟层面贯穿至地方层面，根据自身具体情况调整各自的空间发展战略，从而谋求可持续发展。

欧盟宏观区域战略是欧洲理事会认可的一个综合框架，由欧洲结构和投资基金等予以

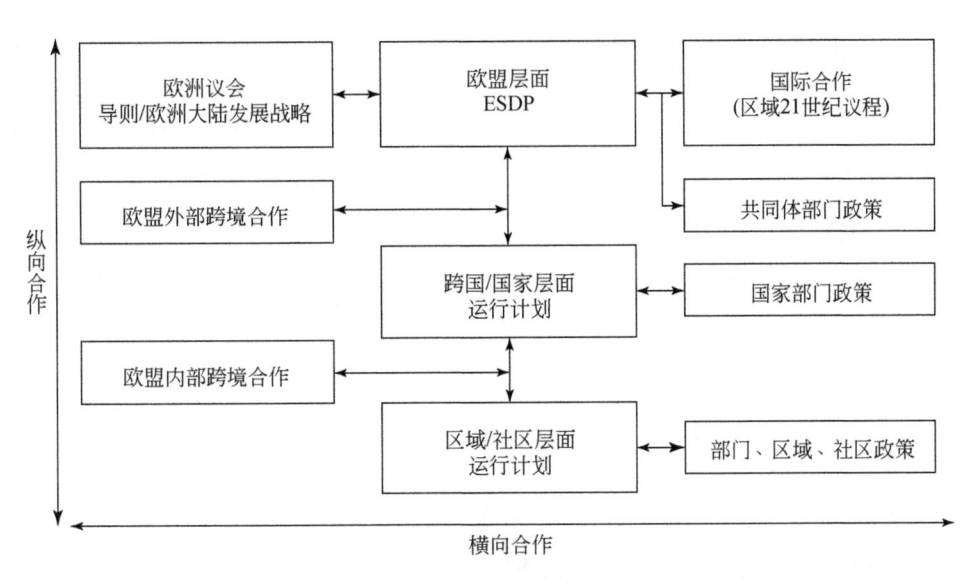

图 4-8　ESPON 多元共治的合作体系（Council，1983）

支持，以应对同一地理区域的成员国和伙伴国所面临的共同挑战，从而有助于加强合作，提升欧盟经济、社会和国土凝聚力。迄今为止，已通过了四项包括若干政策的欧盟宏观区域战略：2009 年提出的欧盟波罗的海地区战略；2010 年提出的欧盟多瑙河地区战略；2014 年提出的欧盟亚得里亚海和爱奥尼亚地区战略；2015 年提出欧盟高山地区战略。所有宏观区域战略的实施都由相应的滚动行动计划来支撑，并根据不断变化的需求和情况定期更新。这四项宏观区域战略涉及 19 个欧盟成员国和 8 个非欧盟国家。27 个欧盟正式成员国中只有荷兰、比利时、卢森堡、爱尔兰、西班牙、葡萄牙、塞浦路斯、马耳他 8 个国家未涉及。当前，欧洲一体化是全球区域一体化最高水平的代表，欧洲空间规划作为欧洲一体化不断加深的重要助推器，也是全球跨区域空间规划的典型代表。

4.3.2　多样化的社会经济主题

空间规划的本质目标是指导社会实践，实践是空间规划发展的基本动力，其所关注的焦点是社会发展中存在的各种问题（Hall，2005）。欧洲空间规划观测网关注多样化的社会经济发展，研究主题涵盖经济、社会、人口、环境、安全、文化等发展过程的方方面面（图 4-9），同时也体现在指标体系的构建上，其中国土状况评价指标体系涵盖了经济与财政和贸易发展、人口与居住环境、科学技术、政府管理、劳动力市场、国土结构、教育、贫困/社会包容、健康与安全、旅游、信息社会、农业与渔业、EU 2020 指标、交通可达性、环境与能源等，涉及社会经济各个领域的内容，还包括凝聚力政策、欧盟机构信任度等政策实施及政府公信力相关内容。这些研究主题不仅着眼于整个欧盟国土，也关注冰岛、列支敦士登、挪威和瑞士四个伙伴国，各个功能区域及宏观区域等多个地理单元。

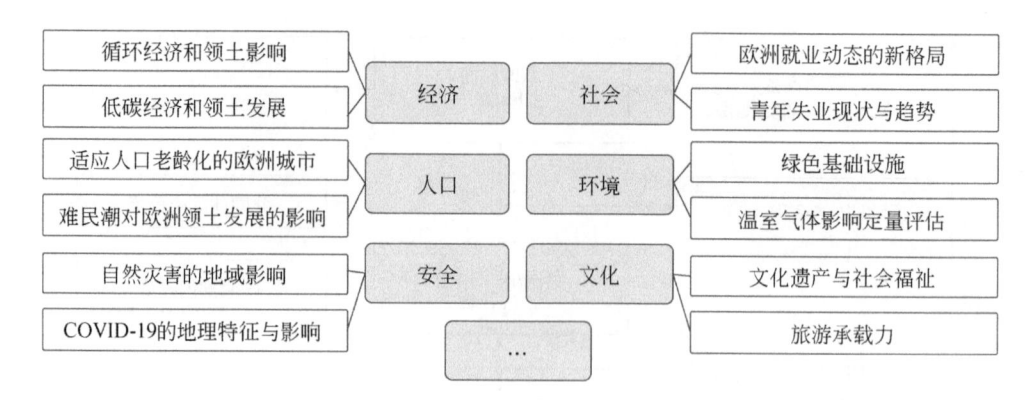

图 4-9 多样化的社会经济研究主题示例

4.3.3 网络化的监督与约束机制

欧洲空间规划观测网是一个综合性的监督工具，通过欧洲统计局、各成员国的空间研究机构及私人公司等多种部门获取数据信息，重点关注经济、社会、环境情况的专题性、政策影响性和跨国合作性项目，如各成员国地区的人口、失业、通勤、人均 GDP、气候变化等，分析欧盟成员国在多样化研究主题下的均衡发展程度。同时注重许多欧盟机构之间的相互合作协调问题，依托 ESPON 平台实时更新和在线共享的特点，在促进各部门联合开展工作和项目的同时，推进欧盟机构的横向、纵向监督。在此基础上，充分发挥约束机制和底线作用，根据不同区域的发展要求，建立标准的规章制度和预警手段，规范欧盟成员国在各级尺度下有序发展。其研究经费的 75% 由欧盟委员会支付，25% 由成员国及自由贸易联盟共同承担。其中 ESPON 2020 由欧洲区域发展基金赞助，计划总预算为 4867.89 万欧元，归欧洲事务司能源和空间规划部管理。研究成果以监测产品、监测工具、出版物和项目研究报告等多种形式公布在 ESPON 网站上，这不仅方便公民参与欧洲空间规划的实施，还有利于空间规划相关人员综合市民的反馈以便对欧洲空间规划开展更深入的调查分析，从而及时调整空间规划的具体内容，提高规划的可持续性（施雯和王勇，2013）。同时，ESPON 通过建立一套可量化的空间发展评价指标体系，为规划编制提供技术支撑，为规划实施提供评估基础，为规划调整提供依据。

4.3.4 公众参与度高，数据体系化且可视化形式丰富

ESPON 通过建立覆盖欧洲全域的国土监测数据平台，其中包括欧洲统计局、欧盟委员会、世界银行及多个世界组织机构提供的空间数据及统计数据。数据囊括了经济、社会、人口、环境、文化、安全等发展过程的方方面面，覆盖多个级别的 NUTS。数据属性丰富，如数据来源、时间尺度、地域覆盖、指标内涵、指标备注、指标适用区域等，实现了数据的体系化管理和在线共享。通过对区域发展关键信息进行监控和预警，使决策者和社会民

众能够实时获得最新信息，以快速、全面了解区域状况，从而作出恰当的响应与决策，也有利于帮助执政者更好地调整规划和优化国土空间，实现智慧治理。

ESPON 2020 数据库是由不同类型的统计指标组成的（图 4-10）。首先，ESPON 2020 数据库维护了一套尽可能高质量的基础指标，定期更新，可用于 ESPON 项目的开展。基础指标是官方来源（如欧洲统计局、国家统计局）的基础数据（如人口、GDP 等）时间序列，并在数据缺失的情况下进行插值补充。从 ESPON 项目中收集的数据（和元数据）作为项目的主要结果，也叫作关键指标。关键指标的继承关系描述了在创建一个关键指标的过程中使用的背景指标（原始数据或计算过程中的一个重要步骤）。

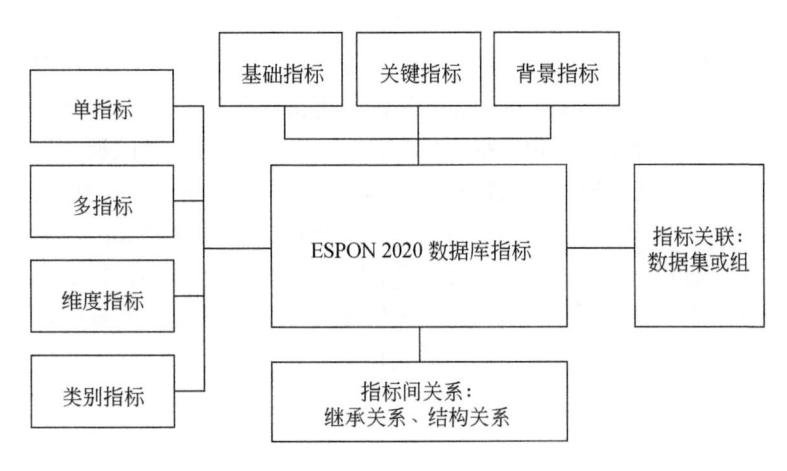

图 4-10 ESPON 2020 数据库中的指标

ESPON 2020 数据库包含 812 个统计指标（截至 2020 年 3 月 20 日）。表 4-2 为各类指标的分布情况。

表 4-2 ESPON 2020 数据库基础指标和项目指标的分布情况 （单位：个）

指标类型	总计	基础指标	项目指标		
			小计	关键指标	背景指标
单指标	211	29	182	122	60
多指标	44	18	26	20	6
维度指标	63	27	36	33	3
类别指标	601	300	301	273	28
总数	919	374	545	448	97

除了基础指标和关键指标、背景指标外，ESPON 2020 数据库还提供了其他数据：①项目档案，收集每个 ESPON 项目产生的全部数据内容，包括除上述项目指标外的其他数据；②资源，即各种类型的信息资源，如报告、地图等；③空间数据，其中包括国土命名法（NUTS、FUA 等）的定义，空间范围（EU 28、EU 28+4、国土合作区等）和几何图形（GIS 数据）。

可视化是地理信息的空间化和符号化表达（江山，2020）。欧盟自SPESP时期开始，不断积累可用的视觉化符号，旨在表达欧盟国土政策目标过程中有更多可供选择的图表。迄今为止，ESPON专题成果可视化形式丰富，且呈现方式多样。采用统计图结合空间分布图的模式，通过动态和创新的图形对各种要素空间发展趋势进行可视化表达，更清晰明了地展示专题数据，从而更加客观地传达相对复杂的地理信息。实践表明，信息化地图的可视化表达在传达与地域发展相关的信息方面非常有效。

4.4　本章小结

欧洲空间规划观测网自2002年成立以来，已经成为决策者、行政管理者和科研人员之间的"桥梁"，通过开展应用研究和目标分析、提供地图展示工具、分享监测产品等方面的研究探索与应用，为政策制定者提供空间依据，是有效落实《欧洲空间发展战略》的关键平台，在欧洲空间规划发展中发挥重要作用。欧洲国土多样化的特征与中国的区域差异非常相似，了解欧洲空间规划观测网可为建设我国国土空间规划实施监测网络提供成功的经验借鉴。本章通过梳理欧洲空间规划观测网的主要工作内容并总结其特点，列举ESPON 2020开展项目并举例介绍，旨在为完善我国国土空间规划监测体系，建设标准统一、链接通畅的国土空间规划实施监测网络提供参考。

第二部分 案例篇

第 5 章　欧洲地区的可持续城市化和土地利用实践

全球城市化的推进使得人类对自然资源和能源的消耗达到人类历史上空前的程度，导致气候环境恶化，全球可持续发展面临重大挑战。随着联合国 2030 年全球可持续发展目标的确立和巴黎会议通过应对气候变化的全球协定，可持续发展越来越受到世界各国的高度重视。面向可持续发展要求，中国实施了生态文明战略，并开启了国土空间规划改革探索（焦利民和刘耀林，2021）。在生态文明新时代和快速城市化背景下，探索可持续城市化发展路径是特定国情条件下可持续发展的必然要求，对我国的国土空间优化及战略转型具有重要的现实意义。鉴于此，本章从 ESPON 的应用研究项目中，选取了 SUPER 项目，对其形成的项目成果进行了翻译和深入研究，主要对该项目的研究背景、研究目标和内容、研究方法、结果分析，以及结论与讨论 5 个方面的核心内容进行了梳理，最后就该项目对我国的启示进行了小结，以期能够为我国城市化和土地利用的可持续发展研究及政府决策提供参考。本章用到的数据、图片及文字等资料均来自 ESPON 2020 中 SUPER 项目的各项成果（https://www.espon.eu/super）。

5.1　研究背景

SUPER 项目是由荷兰环境评估局牵头，德国联邦建筑、城市事务和空间发展研究所，以及奥地利、克罗地亚、意大利、波兰、西班牙等 6 个国家的公司及高等院校共同参与完成的，该项目的总预算为 71.9 万欧元，项目从 2019 年 1 月开始至 2020 年 8 月完成验收。

该项目基于以下两个方面的考虑开展相关研究：一方面，COVID-19 的爆发使得人们对所居住的地点和生活方式有了新的思考，如人们曾经想象居住的城市需要大量的停车场、机场或者度假胜地，但现在更愿意居住在适合步行的紧凑型城市或小城镇，又或是拥有宽敞住宅和花园的分散型城市。人类现在作出的关于城市发展和土地利用的决策会影响未来几十年甚至几个世纪的生活环境，即土地利用的转变会受到人类决策干预影响，因此越来越需要制定一些政策并付诸行动来解决土地利用可持续发展问题。

另一方面，近年来出现了一些关于城市蔓延的高水平研究（EEA and FOEN, 2016; OECD, 2018）和欧盟政策倡议（European Commission, 2011b, 2012; European Commission and Joint Commission Resources, 2019），如欧洲议会在 2019 年 11 月宣布进入气候紧急状态，这也是快速推进并实现土地利用可持续性目标规划工作的开始（European Parliament, 2019）。目前欧洲各个国家国土空间治理和空间规划系统通过各种政策干预来引导并实现土地利用的合理使用，且取得了不同程度的成功。但欧洲的政策环境是高度异质且分散的，这些干预措施在不同国家背景下有着不同的表现形式，服务于不同的目标，并在不同的规模水平上实施（Couch et al.，2008）。如果欧洲想要全面实现各个地区城市化和土地利用的可持续，就需要更深入研究以了解这些成功经验，确定具体是哪些干预措施取得了改变传统土地开发模式的成效。

5.2　研究目标和内容

5.2.1　研究目标

　　SUPER 项目的主要目标是研究并分析欧洲地区现有的可持续城市化和土地利用实践案例，以及部分国家在国土空间治理和空间规划体系中采取的可以有效改变其土地开发现象的干预措施实例。最终为促进全欧洲地区的可持续城市化和土地利用，并避免、减少或弥补不可持续的城市化提供决策依据和建议。

5.2.2　研究内容

　　SUPER 项目主要包括以下 5 项内容：
　　（1）提供一种简单明了的概念框架，用于理解城市化和土地利用动态变化；
　　（2）开展 2000～2018 年欧洲地区城市化和土地利用发展情况分析；
　　（3）收集并分析包括欧盟政策在内的有关可持续城市化和土地利用的相关干预措施，以及这些干预措施产生的可持续性效果和原因；
　　（4）通过广泛研究不同地域背景下的案例，分析干预措施是如何影响土地利用实践的；
　　（5）制定可持续性评估总体框架，并将其应用于 2050 年 3 种城市化情景模拟中（紧凑型、多中心型和分散型）。

5.3　研究方法

5.3.1　数据来源

　　该项目共使用了 6 类基础数据，分别为人口数据、经济数据、就业数据、Corine 土地覆盖数据、全球城市足迹数据和全球人类住区层数据。其中人口数据、经济数据、就业数据用于城市类型划分研究；Corine 土地覆盖数据可直观展现各种土地利用类型的变化情况，用于开展 2000～2018 年欧洲的城市和非城市地区土地利用变化分析；全球城市足迹数据和全球人类住区层数据用于开展 2000～2018 年土地利用可持续性分析，主要是辅助 Corine 土地覆盖数据开展相关分析以提高精度，根据土地覆盖类型变化讨论土地利用环境可持续性，并通过衡量人口、城市用地（主要是居住用地）及人类活动范围变化情况讨论土地利用社会可持续性。上述 6 类基础数据的详细情况如下。

1. 人口数据

人口数据来源于 ESPON 数据库,该数据库包括 2000~2016 年有关人口和经济水平的 NUTS-3 尺度的相关数据,但这些数据是基于 2013 版的 NUTS-3 区域边界生产,并不适用于 2016 版。而且,欧洲统计局的人口统计数据仅适用于 2016 版的 NUTS-3,许多国家之间存在巨大差距。为了弥补这些不足,SUPER 项目通过处理欧洲统计局现有和历史数据集,以及德国联邦建筑、城市事务和空间发展研究所、荷兰环境评估局和各个国家统计局的数据,编制了一套适用于 2016 版 NUTS-3 单元的数据集。

2. 经济数据

经济数据包括国内生产总值(gross domestic product,GDP)和国内生产总增加值(gross value added,GVA),来源于 ESPON 数据库和欧洲统计局。欧洲统计局近期更新了各项统计数据,导致其与 ESPON 数据库存在不匹配的情况。同时欧洲统计局数据库中一些国家存在数据缺失的情况,因此 SUPER 项目优先使用欧洲统计局数据,然后使用 ESPON 数据库对空缺数据进行补充。

3. 就业数据

就业数据来自欧洲统计局,其中 NUTS-3 尺度的就业数据较为完整,仅有少数国家存在缺失,缺失数据从德国联邦建筑、城市事务和空间发展研究所的已有数据中进行补充。

4. Corine 土地覆盖数据

Corine 土地覆盖数据由欧盟委员会与欧洲航天局合作管理的哥白尼计划提供,包括 2000 年、2006 年、2012 年和 2018 年 4 期数据,用于制作过去 18 年间土地覆盖变化图,分析土地利用结构、城市化和土地利用动态变化情况。Corine 土地覆盖数据有栅格和矢量两种格式,该项目使用了矢量数据。为了提高 Corine 土地覆盖数据的可靠性和适用性,将其与 GUF 和欧盟联合研究中心(EU Joint Research Centre,JRC)提供的 GHSL 等其他数据进行融合。

5. 全球城市足迹数据

GUF 数据用于建成区[①]提取。GUF 提供的 1200 米分辨率栅格数据整合处理后转换成矢量数据,然后再与 Corine 矢量数据进行合并,最后将合并后的 Corine-GUF 数据与 NUTS-3 边界进行结合,通过这种数据组合提供更加准确、完整的地表覆盖信息。

6. 全球人类住区层数据

GHSL 为 SUPER 项目提供了 GHSL 密度图,以便与 Corine 数据进行比较,通过这种方

---

① 建成区指具有垂直结构的人造建筑结构的区域。

法可以提高对土地利用发展形态的敏感性识别。GHSL 提供了 1975 年、1990 年、2000 年和 2014 年的建成区、人口密度和居住区的全球空间信息,SUPER 项目使用 2000 年和 2014 年 250 米分辨率的建成区密度数据与 Corine 土地覆盖数据在城市类别上进行比较分析。

5.3.2 研究区

对欧洲地区城市化和土地利用变化情况的研究主要集中在 32 个国家开展,包括 28 个欧盟成员国和 4 个非欧盟国家,研究区总面积约 510 万平方千米,约占欧洲总面积的 50%。此外,在开展可持续城市化和土地利用实践相关干预政策研究的同时,为了尽可能全面地说明公共部门影响欧洲城市化和土地利用的各种方式,将研究区进行了扩展,除上述 32 个国家外,新增了阿尔巴尼亚、北马其顿、黑山、塞尔维亚、土耳其、波斯尼亚和黑塞哥维那等欧盟候选国,研究区总面积达到 608 万平方千米,约占欧洲总面积的 57%。

时间尺度方面,该项目根据不同研究内容而有所不同,其中第 2 项研究内容(欧洲地区城市化和土地利用发展情况分析)的时间尺度是 2000~2018 年,共使用了 2000 年、2006 年、2012 年、2018 年 4 期数据,总结了 18 年间欧洲地区城市化和土地利用变化规律,并开展了可持续性分析;第 3 项研究内容(促进可持续城市化和土地利用的干预措施及其效果分析)和第 4 项研究内容(不同地域背景下政策干预实践案例研究与分析)的时间尺度是 2000~2020 年,其收集了包括欧盟政策在内的干预土地利用变化的措施,从 2000 年开始,截至 2020 年春季,共收集了 235 项相关措施;第 5 项研究内容(未来的城市化情景及其可持续发展路径探索)的时间尺度是 2020~2050 年,共设置 3 种城市化发展情景,通过模型模拟按照预设情景发展到 2050 年时的城市发展状况,并分别对 2050 年 3 种模拟情景下的发展现状进行可持续性分析。

空间尺度方面,第 2 项研究内容基于 NUTS-3 尺度进行;第 3 项和第 4 项研究内容基于 NUTS-0 国家尺度进行;第 5 项研究内容的城市发展情景模拟基于 NUTS-2 尺度进行。

5.3.3 方法介绍

1. 总体研究框架

SUPER 项目首先构建可持续城市化和土地利用的概念框架,然后依据该框架从 4 个方面分别开展研究和分析:①基于多期的土地覆盖数据,结合人口、经济和就业等数据,对城市类型和形态进行划分,分别从不同地区、不同城市类型、不同城市形态等角度对欧洲地区的城市化和土地利用发展情况进行分析,同时从经济、社会和环境 3 个维度分别分析欧洲的土地利用可持续性;②收集包括欧盟政策在内的有关可持续城市化和土地利用的相关干预措施信息,并从干预措施的类型、产生的效果及原因、欧盟政策及其影响 3 个方面开展分析;③在第 2 项内容的基础上,按照不同地域背景和尺度选取 11 项政策干预实践案例,进行干预措施的特征分析及可持续性评估;④依据上述 3 个方面的研究结果按照紧凑型、多中心型和分散型 3 种城市化发展模式,对未来的城市化情景进行模拟和可持续性

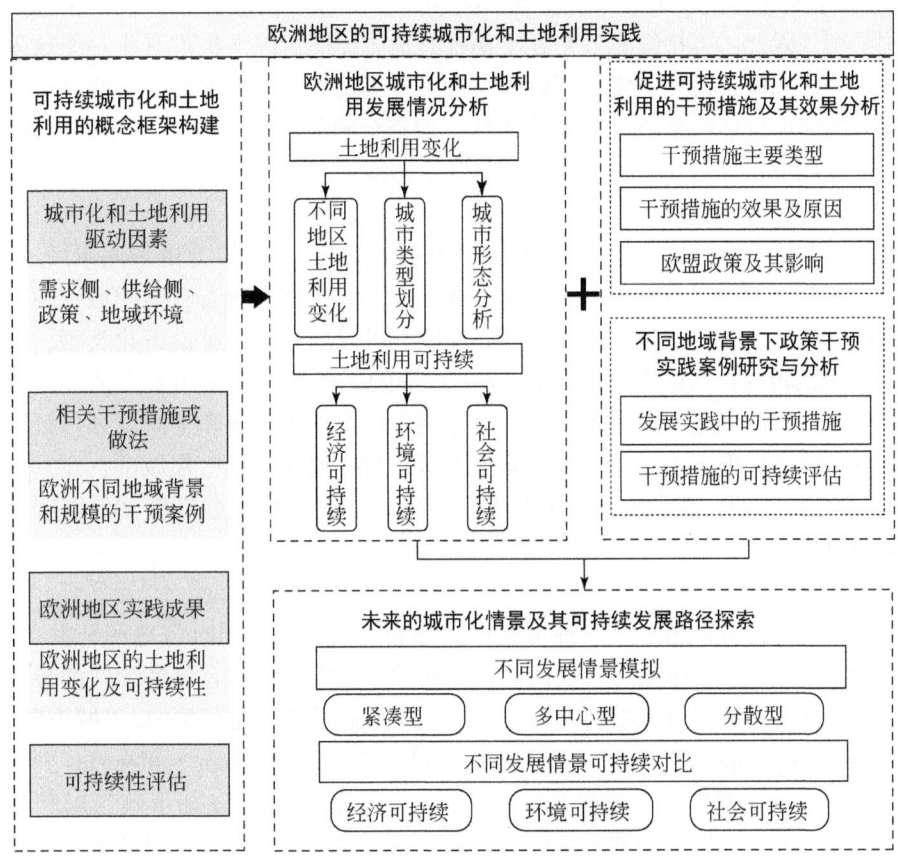

分析，为探索未来的土地利用可持续发展路径提供参考。总体研究框架如图 5-1 所示。

图 5-1 SUPER 项目总体研究框架

2. 相关术语及定义

SUPER 项目的标题"欧洲地区的可持续城市化和土地利用实践"中包含着概念框架构建的关键概念，具体包括以下 4 个重要概念。

1) 可持续性

该项目从时间、主题和制度 3 个方面来定义可持续性。其中时间是可持续性最传统的定义，即长期"维持"地球上各项生活质量的能力。这与代际公正的概念相关联，即人类在世代更替的过程中对利益的满足要保持公正或合乎正义，具体来说，就是要求当代人的发展不应以损害后代人的发展为代价。关于这一点人们通常使用"承载能力"的概念来评估资源消耗是否超过了恢复率（Neuman and Churchill，2015）。可能有人会说，土地作为一种有限的资源，从定义上讲永远不可能被可持续地"消费"，"土地占用"一词就隐含了这一点。该案例研究则反对这种观点，他们认为如果能开发一种更有利于保护环境的城市发展形式，就可以增强城市可持续性，即某些形式的城市化可能比其他形式更具有可持续性，如一些城市用途（如公园）确实可能比农业（如畜牧业）更具有可持续性。

主题方面的可持续,通常被称为"3E",即经济(economy)、生态(ecology)、公平(equity),又或是被称为"3P",即人类(people)、地球(planet)、利益(profit)3个方面的主题平衡。因此,可持续发展是在不牺牲其他方面的情况下推进其中一个或多个方面主题。城市规划和城市设计通常试图同时实现可持续发展在所有方面进步的目标。

制度方面的可持续性是指政策的持久性(如资金的稳定性,政治/经济周期的脆弱性)以及有效引导城市化等长期进程的管理质量和治理能力。

2)城市化与土地利用

该项目强调使用"城市化"这一更为中性的词来描述土地转为更多城市用地的现象,而不使用"蔓延"或"土地占用"。在这个概念中,城市化指所有有形的城市发展,而不仅仅指人口向城市的流动或建成区的扩张。在欧洲可以划分出多种城市化类型,甚至逆城市化(城市用地转为自然或农业用地)。鉴于欧洲的多样性以及使用基于地域差异的方法变得日益重要,城市化这一概念更符合、更适用于国土空间治理和空间规划传统。为了便于各种分析,该项目确定了3种主要的城市类型:紧凑型(大型密集城市,在其区域内占主导地位)、多中心型(集群发展,有良好的公共交通服务)和分散型(低密度交通导向的分散发展模式)。

3)发展实践

将农村土地转为城市用地是一种可获取高额利润的做法,同时房地产开发也是地方、区域甚至国家经济的主要驱动力。任何能够促使城市化实践更具有可持续性的想法都需要深入了解土地开发系统的组织结构,以及各方是如何通过城市化获益的。"城市发展博弈"(game of urban development)(Lord,2012;United Nations Human Settlements Programme,2016)是由正式(如产权和土地利益管理部门)和非正式机构(如市政当局和开发商的互动)共同发起的。政府部门通过税收、补贴计划、制定土地利用规划等手段在制定游戏规则方面发挥着关键作用,同时在某些情况下他们也是积极参与者。国土空间治理和空间规划系统除了制定法规、进行分区或者提供补贴奖励外,他们还很大程度上依赖宗教和政治信仰的力量,通常采取愿景或战略的形式对土地利用发展实践进行干预,所有这些行动统称为干预措施(Hood and Margetts,2007)。尤其欧盟政策以及国土空间治理和空间规划在不同层面实施的目标明确的干预措施所产生的效果是非常重要的。

4)欧洲地区

该项目提出城市化驱动力一般是在区域级别上才能表现出来,或者至少是在居住区或通勤区级别上。为了印证这种多样性,分析发现并非所有欧洲城市都在同一时间经历相同的城市化进程(Dembski et al.,2019)。一个欧洲地区在其发展轨迹中所处的位置对其经历的城市化压力,以及应对城市化压力干预措施的可行性均有重要影响。

3. 可持续城市化和土地利用概念框架

开展可持续城市化和土地利用实践研究的目标不仅要衡量欧洲城市化和土地利用变化进程,也要分析其驱动因素。城市化是无数次的集体和个人决策的结果,这些决策关乎他们在可承受的经济范围、时间范围和距离范围内生活、工作和娱乐的方式。为了更好地理解这一点,SUPER项目基于已有研究(Dallhammer et al.,2012;Evers and Tennekes,

2016；Farinós Dasí，2018；Colsaet et al.，2018；Pagliarin and de Decker，2018）设计了一个概念框架来说明支配城市化和土地利用变化的主要相关因果关系，如图 5-2 所示。该框架包括城市化和土地利用发展驱动因素、促进土地可持续利用的特定干预措施或做法、欧洲地区取得的成果以及可持续性评估 4 个方面，下面对各部分内容进行详细说明。

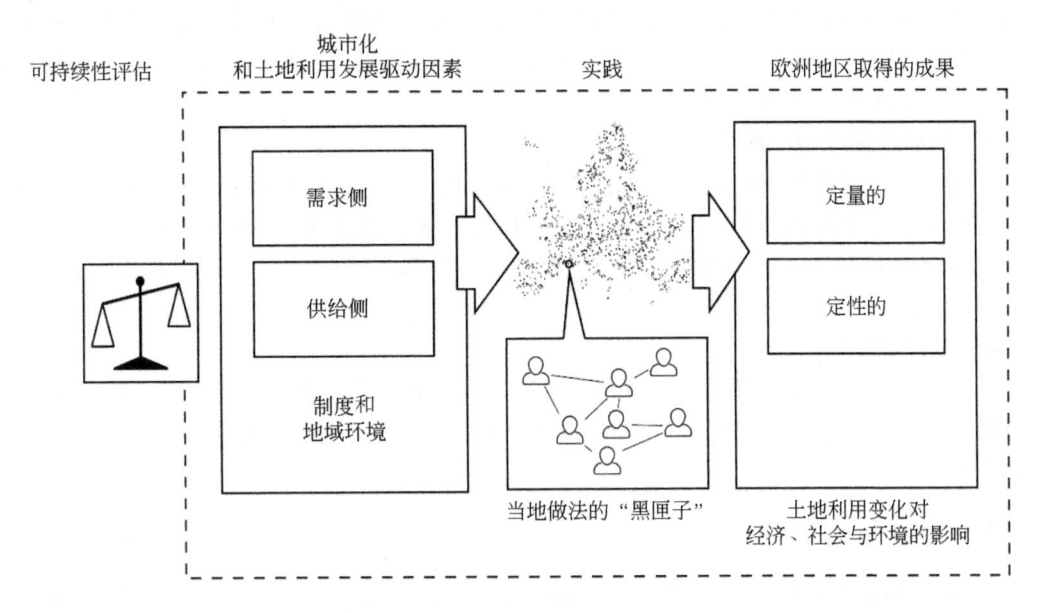

图 5-2　SUPER 概念框架

图的左侧部分是指引起城市化和土地利用发展的驱动因素。图的中间部分是指从与城市发展相关的参与者方面考虑为促进土地利用可持续制定的干预措施。图的右侧部分是指基于欧洲地区卫星遥感数据，分析中间部分提出的某些特定干预措施或做法是否引导欧洲地区的土地利用变化，以及是否达到预期效果

1）城市化和土地利用发展驱动因素

城市化和土地利用发展驱动因素主要包括需求侧和供给侧，以及制度和地域环境等其他因素。

（1）需求侧驱动因素：①人口因素，人口增长、家庭规模扩大、移民增加是决定城市空间需求的主要因素；②经济因素，GDP/GVA 增长（尤其是商业空间方面）、宏观经济趋势、国家福利制度、获得信贷的途径和家庭储蓄水平等；③社会和技术因素，住房偏好（公寓还是独立住房）、租期偏好、交通偏好、是否存在关于第二居所的社会规范等。

（2）供给侧驱动因素：①土地利用转换的盈利能力（Couch et al.，2008）、土地所有权和合法开发权（Buitelaar and Leinfelder，2020）；②财政方面的作用，政府对地方税收的依赖程度（Rothenberg，1977），以及政府的集中和分散程度（Evers and de Vries，2013）。

（3）制度和地域环境等其他驱动因素：①制度因素，制度对土地利用的规定（如规定哪片土地为工业用地，哪片土地为自然栖息地）会影响土地利用发展前景。鉴于每一个合法的土地利用变化都需要当地政府部门某种形式的规划批准，因此进一步了解这种情况的发生是极其重要的。②地域环境因素，一些天然的地形屏障（如山脉、水体）也在一定程度决定着土地利用变化的形态、强度和方向。

2) 促进土地可持续利用的特定干预措施或做法

大多数关于城市化和土地利用的研究主要集中在全球尺度的驱动因素（投入）和结果（产出）两个方面。而将一块土地由非城市用途转换为城市用途的决定性因素在一定程度上是存在不确定性的"黑匣子"。继 Lord（2012）之后，研究者逐渐从与城市发展相关的参与者和决策者所获得的利益方面进行考虑，而这要求必须非常了解当地的情况。SUPER 项目收集了 11 个不同地域背景的案例，以研究促进可持续城市化和土地利用的某些特定干预措施是如何影响城市发展的。

3) 欧洲地区取得的成果

精细的卫星影像数据可以用于衡量土地利用的引导政策是否达到了预期效果。SUPER 项目通过 Corine 土地覆盖数据监测欧洲过去 18 年不断变化的景观格局，从数量和质量上分析哪些土地利用变化对经济社会和环境有影响，并以此对欧洲地区土地是如何转化这一问题进行总体分析。

4) 可持续性评估

从广义的可持续性定义出发，评估特定的干预措施、实际做法和产生的结果（如紧凑或分散的城市形式）是否达到可持续的目标，能够为决策者得出政策性结论或提出方向性建议提供支撑。

4. 城市类型划分方法

土地城市化速度与土地利用结构密切相关，不同区域、国家的土地利用结构存在较大差异。为了探索不同土地利用结构的发展模式，该项目开展 2000～2018 年欧洲地区城市化和土地利用发展情况分析时，通过对 NUTS-3 区域的人工土地利用相关类型（包括城市用地、工业或商业用地、基础设施、城市绿地和采矿用地）以及从事农业、工业、服务业的人口密度和比例进行聚类分析，得出了区域层面上的城市类型，具体方法包括数据预处理、主成分分析和城市类型确定 3 个步骤。

1) 数据预处理

在 NUTS-3 尺度上，提取了 Corine 土地覆盖数据库中的 6 种类型：城市用地、工业用地、基础设施（包括港口和机场）、建筑工地、城市绿地（包括体育和休闲设施），以及非城市人工用地（包括采矿场和垃圾场）。将该数据与欧洲统计局的人口数据以及农业、工业、建筑业和服务业 4 个行业的就业数据结合起来进行分析，其中 2018 年的土地利用类型以各种形式的城市土地利用占整个城市总面积的比例来表示；2018 年城市人口密度以人口除以城市面积计算；2016 年的就业密度数据用城市中（工业、建筑和服务）的就业人员数量除以城市面积计算；城镇就业岗位构成以占城镇就业岗位总数的百分比表示。

2) 主成分分析

利用上述变量，首先选择可收集到所有数据的 1370 个 NUTS-3 区域。然后使用主成分分析方法解决变量间的多重共线性问题，降低变量的相关性并提取其中最重要的几个变量计算特征值和特征向量。最后选择特征值最大的 6 个成分，并采用最大方差旋转法对其成分矩阵进行归一化处理，得到主成分分析结果。

3) 城市类型确定

基于上述主成分分析结果，使用 Ward 方法进行标准化的层次聚类分析。为了确定聚类数量，使用聚类系数，它表示聚类过程中每一步完成后丢失的信息量。一般的原则是采用聚类系数大幅度增加之前的值。基于此原则，对欧洲进行聚类分析形成如下 7 个有清晰定义的集群类型。

（1）标准工业型城市（standard industrial cities，StInd）。集群 1 的特点是城市用地比例大，虽然工业区和商业区比例很小但工业部门发达。这个集群在很多方面都接近欧洲所有地区的平均水平，且由于它是最多的类型，将其称为"标准"，并且添加了"工业"以区别于集群 2。这种集群类型在中欧和东欧占主导地位。

（2）标准服务型城市（standard service-oriented cities，Stser）。集群 2 在城市土地利用方面与集群 1 非常相似，也是将其称为"标准"的原因。它与集群 1 的不同之处在于，它拥有发达的服务业和高于平均水平的基础设施。这种集群类型主要分布在法国、比利时、南欧部分地区和挪威北部。

（3）工作型城市（cities with extensive work areas，Work）。集群 3 的特点是工业和商业用地比例非常高，同时具有庞大的工业用地面积。这种集群类型主要分布在德国西部、意大利北部、西班牙部分地区、保加利亚和拉脱维亚。

（4）绿色城市（green cities，Green）。集群 4 的特点是城市绿化比例高，服务业规模大，是欧洲西北地区和奥地利部分地区的主要类型。

（5）建设型城市（cities under construction，Con）。集群 5 的特点是建筑和基础设施比例高，主要分布在西班牙南部。

（6）高密度区域（high density areas，HiD）。集群 6 由 15 个小型、高度城市化的 NUTS-3 区域组成，因此很难在地图上找到。迄今为止，这些地区的人口和就业密度最高，城市用地比例最大，服务业规模最大。可能由于不同国家大都市地区的 NUTS-3 区域大小不同，这类集群主要分布在伦敦、巴黎、布鲁塞尔和雅典等 NUTS-3 相对较小的大都市地区，而不是在其他大都市地区。

（7）低密度区域（low density regions，LoD）。集群 7 的特点是工矿用地和垃圾场的比例最高，人口和就业密度最低，工业用地的规模相对较大。它由 16 个地区组成，其中 1/4 位于斯堪的纳维亚半岛北部。

5. 城市形态划分方法

现有很多关于城市形态可持续性的文献都将相对可持续的紧凑型城市和不可持续的城市蔓延进行了区分，但这无法从上述土地利用类型变化或人口密度统计数据中轻易推断出来。为了提供更有力的证据，SUPER 项目根据城市形态人工手动对 NUTS-3 区域进行了分类，将城市形态分为紧凑型、多中心型和分散型 3 类，以便与可持续性评估框架联系起来。

城市形态分类所采用的方法原理类似于《蔓延指南》(*A Field Guide to Sprawl*) 一书中使用航空摄影的视觉信息来识别城市形态（Hayden，2004），即专家依据 NUTS-3 区域的遥感影像进行目视解译划分城市形态类型。一个重要的区别就是所依据的主要视觉元素，通常是依据较大的城市化地区（主体结构）和周边地区（次级结构）的构成情况来判别。例如，一个区域可能有一个紧凑的单中心城市，周围环绕着一个分散的腹地（次级结构）。

具体评估框架如图 5-3 所示。

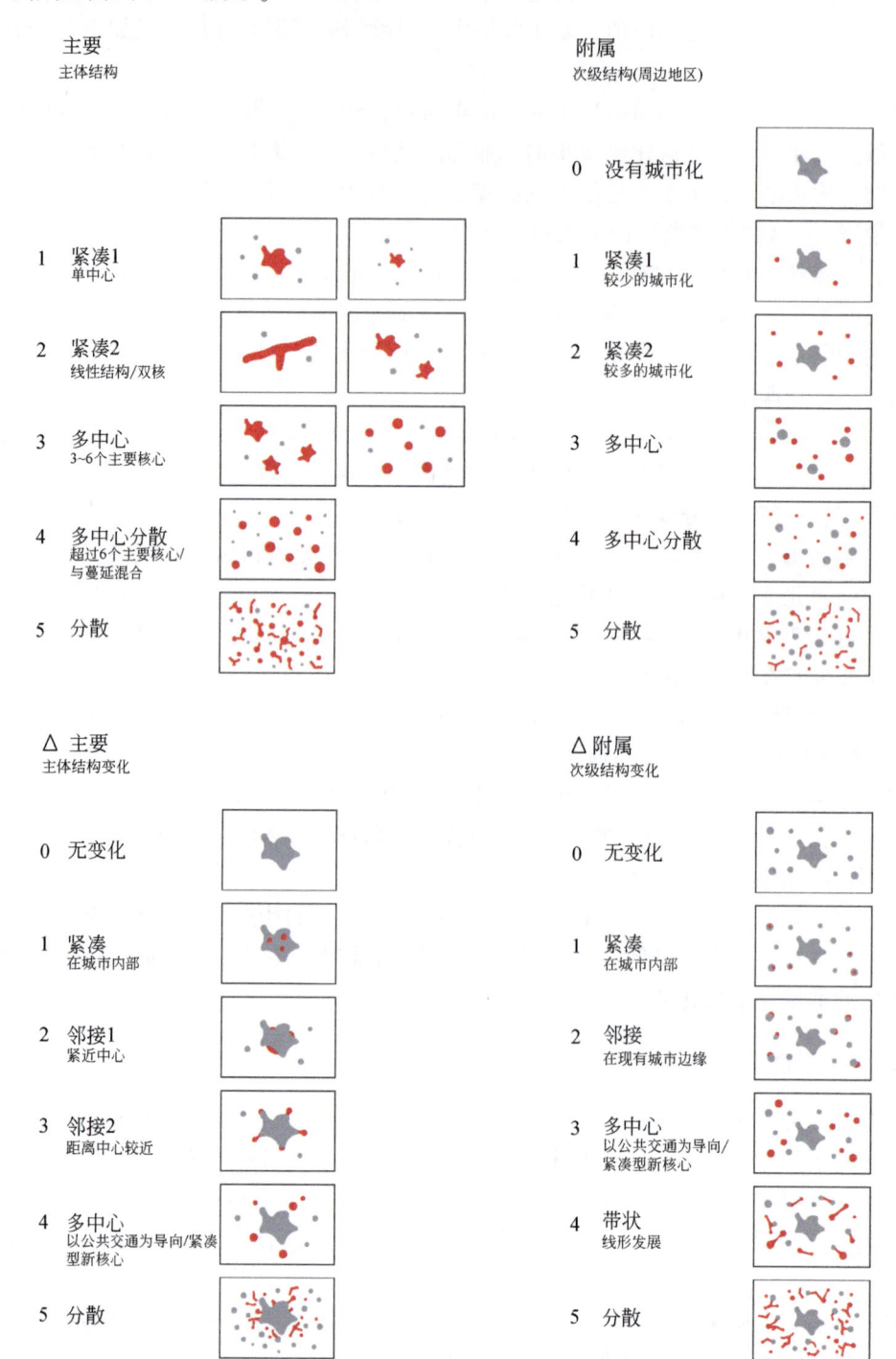

主要 主体结构		附属 次级结构(周边地区)	
0		0 没有城市化	
1 紧凑1 单中心		1 紧凑1 较少的城市化	
2 紧凑2 线性结构/双核		2 紧凑2 较多的城市化	
3 多中心 3~6个主要核心		3 多中心	
4 多中心分散 超过6个主要核心/ 与蔓延混合		4 多中心分散	
5 分散		5 分散	

△ 主要 主体结构变化		△ 附属 次级结构变化	
0 无变化		0 无变化	
1 紧凑 在城市内部		1 紧凑 在城市内部	
2 邻接1 紧近中心		2 邻接 在现有城市边缘	
3 邻接2 距离中心较近		3 多中心 以公共交通为导向/ 紧凑型新核心	
4 多中心 以公共交通为导向/紧凑 型新核心		4 带状 线形发展	
5 分散		5 分散	

图 5-3　城市形态评估框架

6. 干预措施收集方法

任何影响土地开发和土地使用权分配或诱导土地利用转换的干预措施均属于 SUPER 项目收集的范围。该项目主要通过 5 种方法来收集并创建相关干预措施数据库：①由 SUPER 联盟合作伙伴直接提供；②对 ESPON COMPASS 项目报告的分析；③在线问卷调查；④文献综述；⑤有针对性的搜索。总体上，以问卷调查提供的结果为主，而文献综述和有针对性的搜索主要用于补充。最后，对收集到的数据进行质量控制，并进行相应的微调和改进。详细收集过程如下。

首先，每个 SUPER 联盟合作伙伴都需要确定 5~10 个可能构成潜在案例研究的干预措施，该方法总共产生了 48 项干预措施。

其次，通过搜索由 ESPON COMPASS 项目专家编制的第二阶段国家调查表，以寻找影响城市化或土地利用的潜在干预措施。但该方法仅收集到了 5 项干预措施。

为了在整个欧洲收集更多相关的实际干预案例，研究团队设计并分发了一份在线调查问卷。该调查于 2019 年 3 月 14 日启动，并在多个渠道分发了调查问卷，以确保能涵盖到 ESPON 的所有国家以及欧盟候选国的专家。特别是，调查涉及了 ESPON 联络点和监测委员会成员，以及一些学术和专业协会的成员，包括欧洲规划学校协会（Association of European Schools of Planning，AESOP）、欧洲空间规划委员会（European Council of Spatial Planners，ECTP-CEU）、国际城市和区域规划师协会（International Society of Cities and Regional Planners，ISOCARP）等。同时还通过许多专家渠道传播，如 ResearchGate、ESPON 和 AESOP 通信。该调查共产生了 160 多条回复，随后与之前的数据收集工作得出的回复一起编入初步的调查结果列表，并对收集的数据开展了查重和错误等质量检查。

再次，研究团队的所有成员通过有针对性的搜索来补充该列表，以填补地域空白。同时，筛选了相关学术书籍和期刊文章，以获取更多案例。这两种方式相结合额外增加了 42 项干预措施，总共收集了 227 项影响土地利用可持续性的相关措施。将收集的所有信息系统地汇编到干预数据库中，每项干预措施均使用基本信息、干预特征和干预效果等字段进行描述。

最后，又通过以下 3 种方式对收集的数据开展进一步的质量控制和补充收集：①对数据库进行了质量检查与处理，通过检查校核和删除无意义、稀少或不相关的条目总共 34 项，并进行了空白信息填补等处理。②由 ESPON 监测委员会和 ESPON 联络点的选定成员对数据代表性不足的国家开展干预措施的补充收集。③对数据欠缺的国家通过文献检索进行额外的有针对性筛选。上述后两种方式分别产生了 10 项和 31 项新的干预措施，这些干预措施被输入到通过质量检查后的数据库中，最终总共形成 235 项干预措施。

7. 城市化情景模拟方法

为了探索政策的影响和城市发展趋势，SUPER 项目利用土地分配模型模拟了 3 种未来可能出现的城市化发展模式（紧凑型、多中心型、分散型）。情景模拟使用 JRC 提供的开源模型——LUISETTA，该模型是在其原有的土地利用综合可持续发展评估（Land Usebased Integrated Sustainability Assessment，LUISA）模型基础上删除了一些功能，但保留了与 SUPER 项目研究相关的土地利用、经济和人口统计模块。LUISA 模型是 JRC 为了模拟国家政府施行或废除城市化政策所带来的影响而开发的一个基于 LUISA 模型的平台，其本质上类似于荷兰的 Ruimte Scanner 模型（Barbosa et al.，2017）。利用 LUISETTA 模型进行情景模拟包括基础数据整合与处理、模型优化与运行、场景创建与模拟 3 个步骤。

1）基础数据整合与处理

LUISETTA 模型拥有独立的数据库，它可以在没有任何额外数据输入的情况下进行基础场景模拟。其数据库中包含约 40 个数据集，包括年龄、人口、到达道路和水源的距离、地形坡度、土壤污染、高标准农田等信息，以及人口格网（Rosina et al.，2018）、道路、水域、行政区划、火烧迹地和 Natura 2000 地区等数据。该模型的基础底图是 2012 年 100 米分辨率的 Corine 土地覆盖数据，同时使用 GHSL 数据对底图进行了校核（Rosina et al.，2018）。

2）模型优化与运行

LUISETTA 建模平台的核心是 100 米分辨率土地利用和土地覆盖地图，且将最小制图单元从 25 公顷升级到了 1 公顷（Rosina et al.，2018）。同时与坡度、可达性、1 千米人口格网（Batistae Silva et al.，2018）和经济预测等地理信息结合使用，以便在不同的社会经济和政策情景下计算土地利用变化。例如，可以对"一切照旧"和"自由放任"情景进行建模，与"非净地占用"和"紧凑开发"情景进行对比（Barbosa et al.，2017）。

荷兰环境评估局使用的 LUISETTA 版本自带一个基础场景。该场景包含 32 个已经在 LUISA 模型中被校准过的参数，也是实现城市发展情景模拟的基础。然而在 SUPER 项目中并不是所有相关输入数据均可用，而且也不可能对所有模块全部重新校准，因此通过赋予变量与现有人口接近度较强的权重，重新创建了一个较为合理的基础发展场景。调整后的场景主要模拟发生在现有城市地区周边的新城市化现象。

该模型从 2015 年到 2050 年每 5 年模拟一次，每次执行 3 个重要任务，分别如下：

首先，它考虑了对不同土地利用类型的固定需求，如城市用地面积，而这些需求来源于在 NUTS-2 尺度上利用其他模型预测的结果；

其次，该模型基于多种因素的组合（包括景观的特征和对土地利用类型的偏好），将这种需求分配到景观上，然后输出为可以反映土地利用变化压力的空间分布图；

最后，考虑不同类型土地利用相互转换的过渡成本，再决定是否改变土地利用类型。

3）场景创建与模拟

根据 LUISETTA 模型的架构，使用以下方法来创建场景：

（1）通过改变对城市用地的需求，生成不同需求下的发展压力空间分布结果；

（2）通过改变位置吸引力来改变区位特征（如提高火车站附近位置的吸引力，或降低农村地区的吸引力）；

（3）通过改变土地利用转换的成本，如降低工业或商业用地转变为城市用地的经济成本，从而增加土地转变的可能性。

该模型输出的结果是研究区 2015～2050 年每 5 年的 Corine 土地覆盖图的更新版本（100 米分辨率），用地类型分为城市、商业、农业和自然 4 种，因为场景模拟需要根据不同发展需求设置不同的城市功能用地需求,所以此处的城市用地指除了工业、商业用地和基础设施之外的所有城市用途区域。最终输出的结果可以用于可视化和统计分析。在统计方面,可以统计不同土地利用类型的总体情况,以及各个行政区单元的不同土地利用类型。统计结果可以显示土地利用的总体变化,以及每个区域和每种情景的平均人口密度变化,进而显示不同模拟场景之间的差异。

5.4 结果分析

5.4.1 2000~2018年欧洲地区城市化和土地利用发展情况分析

1. 2000~2018年土地利用变化总体情况

本节基于 Corine 土地覆盖数据分析 2000~2018 年 ESPON 地区的土地利用变化情况。结果显示约有 287 万公顷的土地利用类型发生了变化,约占项目监测区总面积的 0.6%。其中近一半的土地涉及城市用地的转换;人工地表由 1920 万公顷增加至 2260 万公顷,增加了约 340 万公顷,其中绝大部分涉及住宅、工业和基础设施建设等用地。

1) 城市化地区的土地利用变化

2000~2018年研究区范围内共计 116.6 万公顷的土地被用于城市化,其中 35% 转化为城市用地(主要是住宅),37% 转化为工业用地①(包括商业园区、购物中心和办公园区),17% 建设了基础设施(包括机场、车站),11% 转化为城市绿地。除了斯堪的纳维亚国家(不包括丹麦)以及克罗地亚、希腊、冰岛等国家的城市化是以牺牲自然景观为代价,其余地区约 78% 的城市用地均由农业用地转化而来。此外,在奥地利和英国(包括苏格兰)的一些 NUTS-3 区域新增城市用地也主要由自然景观用地转化而来。

从各类土地利用与城市用地之间的相互转换情况来看(图 5-4),2000~2018 年,研究区内约有 17.6 万公顷的逆城市化土地,其中约 69% 是由采矿用地、垃圾场等人工用地转化为农业用地和自然景观用地,仅有一小部分转为水域。上述变化中有一半以上发生在德国(21%)、西班牙(15%)、英国(10%)和波兰(9%)等国家。总体来说,转化为城市或人工用地的土地面积约是逆城市化土地面积的 8.6 倍,仅罗马尼亚(-0.8%)和保加利亚(-0.1%)的城市用地占比下降。

欧洲不同区域的土地利用转化类型和速度也各不相同,从一些国家的土地利用转移情况来看(图 5-5),土地利用变化与社会经济和政治发展密切相关。例如,在 2008 年金融危机之后的几年内,土地利用变化小了很多,尤其是西班牙和爱尔兰这两个国家的情况尤为明显;另外,波兰的城市化强度在加入欧盟后的几年内增加了近两倍。2000~2018 年,欧洲近 20% 的城市化发生在西班牙,其次是法国,占 15%。2012~2018 年,英国处于领

---

① 在哥白尼土地覆盖数据中,商业和工业用地被归为了一类,尽管这种组合所包含的土地用途差别很大,如在极端情况下,可以理解为将炼油厂或海港与城市中央商务区归为同一土地类型。

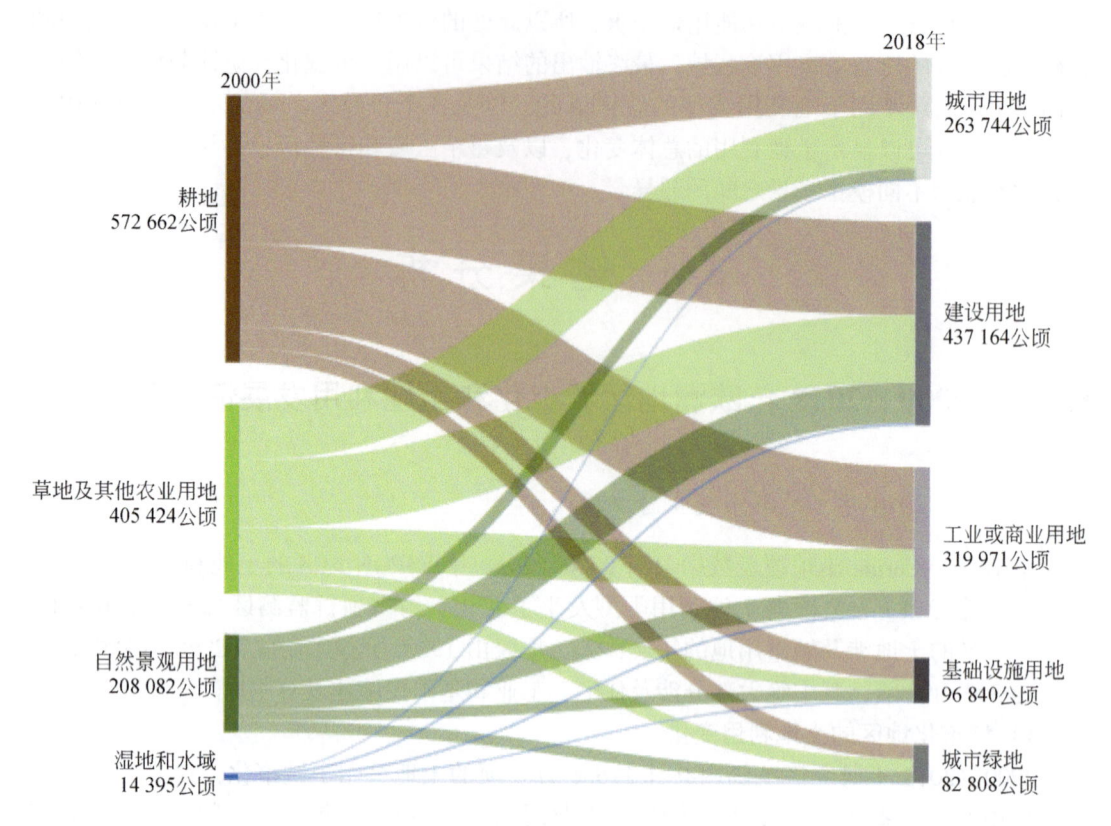

图 5-4 2000～2018 年 ESPON 地区土地利用转移情况
数据基础：欧洲空间观测，欧洲环境署，Corine 土地覆盖；LCC 2000～2018 年

先地位，超过 1/5 的变化是发生在这里的；其次是法国（15%）和波兰（约 13%）。

最后，城市化率存在显著的区域差异，图 5-6 显示了 NUTS-3 尺度上日均城市化速度，其中波兰、法国、西班牙等国家城市化率位居前列。同时，通过布拉格、布达佩斯等波兰城市周边相对较高的城市化速度可以看出明显的郊区化现象，以及 2000～2018 年的一些逆城市化区域。

2）非城市地区的土地利用变化

在非城市土地覆盖变化方面，新增农业用地主要来源于自然景观用地（71%），新增自然景观用地同样来源于农业用地（72%）。尽管两者相互转化，农业用地转换为自然景观用地的面积却是自然景观用地转为农业用地面积的 1.4 倍。因此农业用地面积由 2.088 亿公顷减少到 2.027 亿公顷，而自然景观用地面积基本保持稳定，18 年间变化量仅 80 万公顷。其他主要的非城市用地转化包括农业用地转为采矿用地（15 万公顷）、自然景观用地转为采矿用地（8.4 万公顷），农业用地转为湿地（9.7 万公顷）。

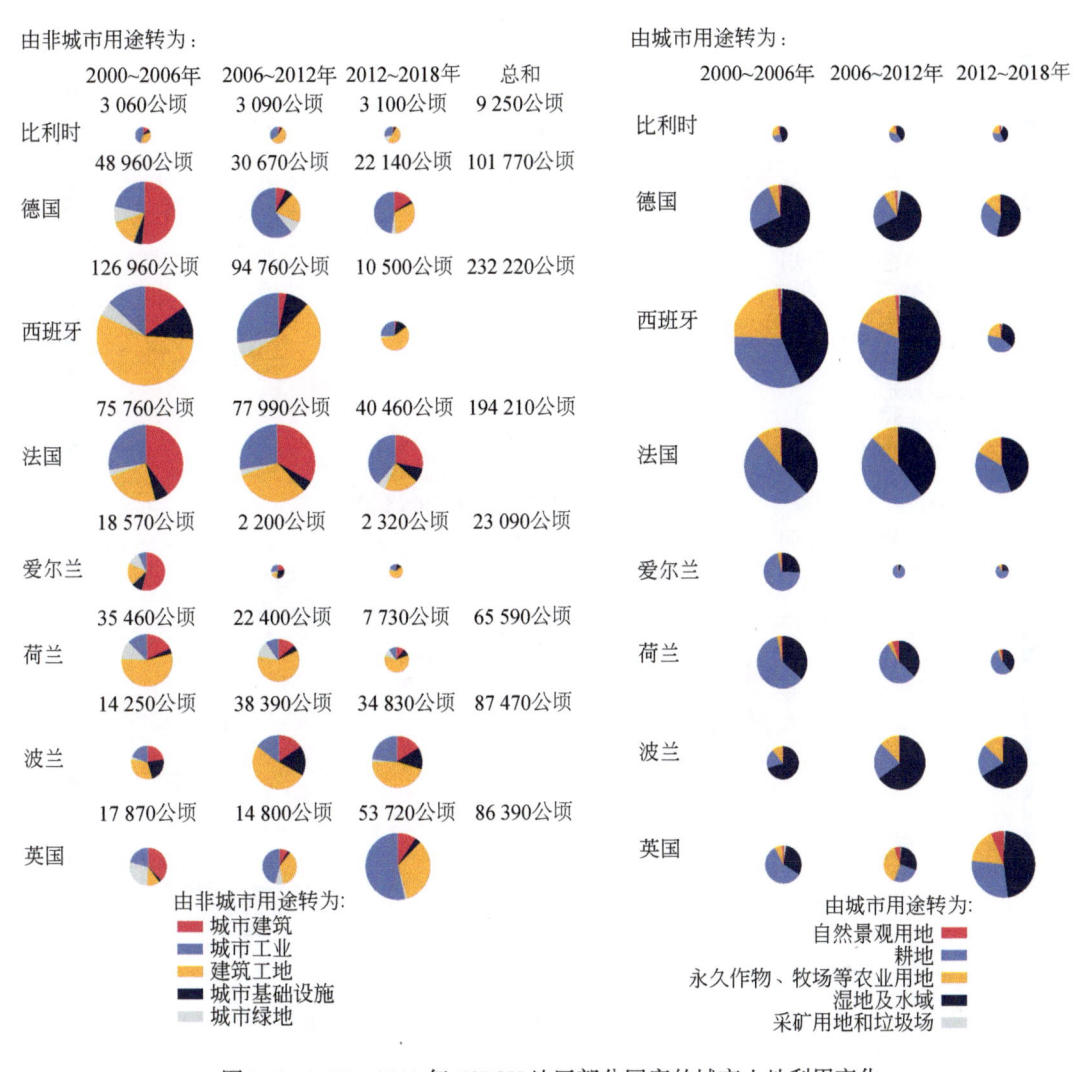

图 5-5　2000～2018 年 ESPON 地区部分国家的城市土地利用变化

从每个国家的农业用地与自然景观用地的相互转化情况可以看出（图 5-7），欧洲地区农业用地与自然景观用地之间相对平衡的转化掩盖了不同区域间的显著差异。研究区内大部分的土地动态变化只发生在少数几个国家，如西班牙、匈牙利、波兰和葡萄牙。此外，也存在一些单向转化的情况，如西班牙由自然景观用地向农业用地的转化尤为明显，但在匈牙利和爱尔兰、波兰的情况正好相反。最后，在非城市用地中也存在一些其他重大变化。例如，许多农业用地中存在耕地（作物生产）与专用牧场或种植永久性作物的土地（如果园、茶园）之间的转换。

3）基于土地利用的城市类型划分

根据欧洲地区的经济结构、地理特征、人口发展以及与人口密度划分的城市或农村类型对欧洲地区的城市进行了分组，城市类型聚类分析结果如图 5-8 所示，前 4 种城市类型最为重要，它们包含了 NUTS-3 区域约 90% 的土地面积、人口和经济活动。其中标准工业

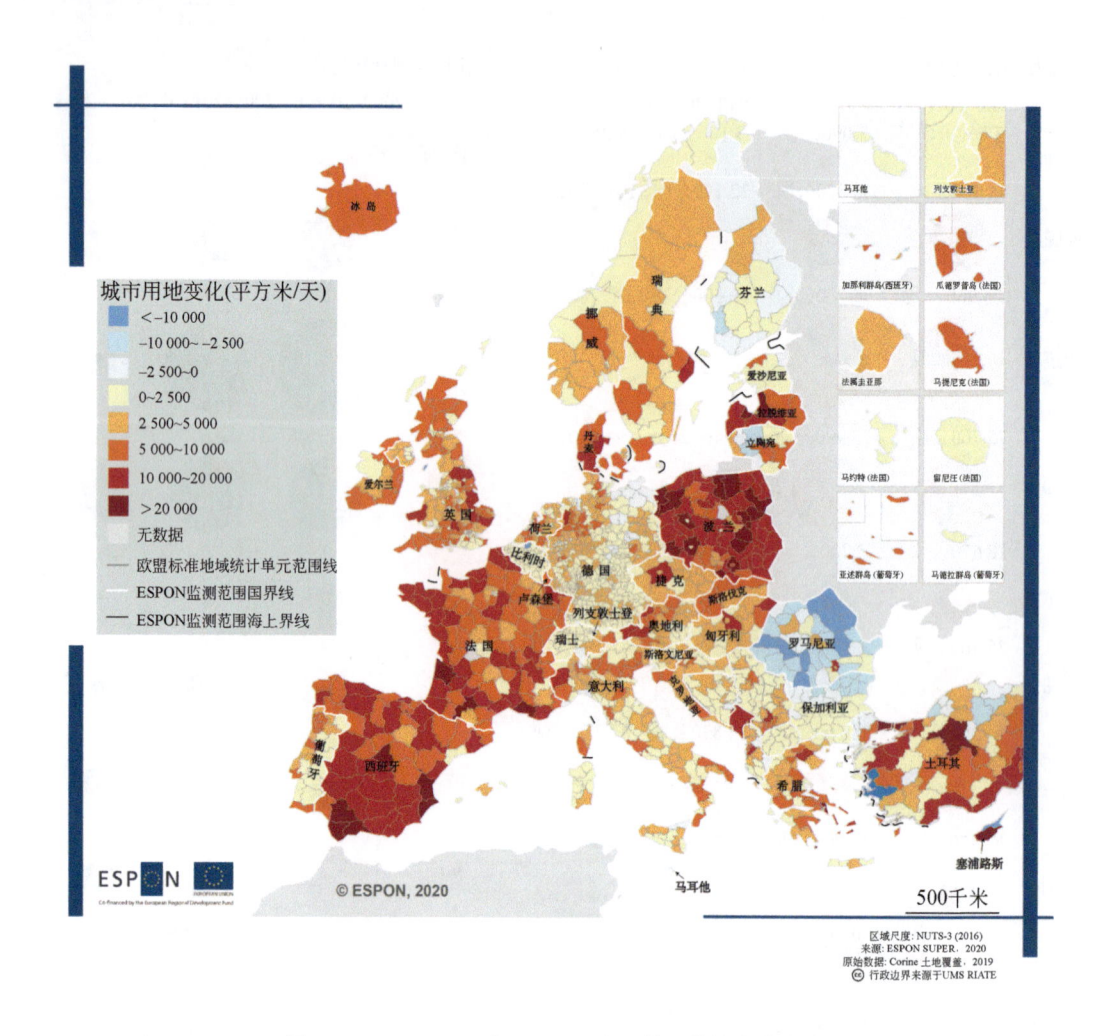

图 5-6 2000～2018 年 ESPON 地区的日均城市化速度

型城市所占的土地面积和人工土地面积最多,而绿色城市占有最多的人口、就业机会和 GDP。剩余其他 3 种类型与其他更为详细的土地利用类型有关,其中高密度区域值得关注,虽然它仅占区域土地总面积的 0.02%(占所有城市土地总面积的 0.4%),但容纳了 2% 的人口和超过 3% 的工作岗位,并且产出约占研究区 6% 的 GDP。由于对应的 NUTS-3 区域非常小,地图上几乎显示不出来。低密度区域拥有大量与城市土地利用没有直接关系的人工区域,是迄今为止所有城市类型中人口和就业密度最低的。

4) 城市形态分析

通过对城市形态划分结果进行统计发现(图 5-9),主体结构一般比次级结构更紧凑,次级结构普遍是多中心-分散型,而最常见的主体结构是紧凑型和多中心型。此外有 84 个地区无法确定其城市形态,因为这些地区通常分布在次级结构中,其发展极为紧凑或紧邻 NUTS-3 区域边界。

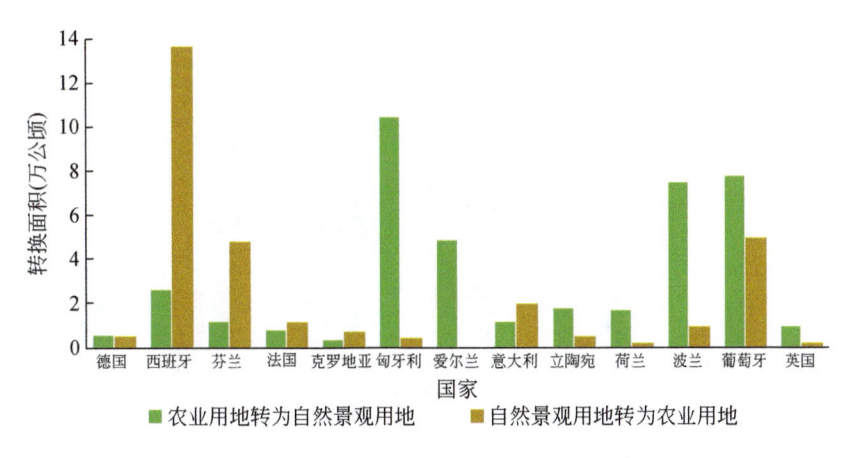

第 5 章 | 欧洲地区的可持续城市化和土地利用实践

图 5-7　2000～2018 年每个国家的农业用地与自然景观用地的相互转化情况
图中仅展示了转化总量超过 1 万公顷的国家

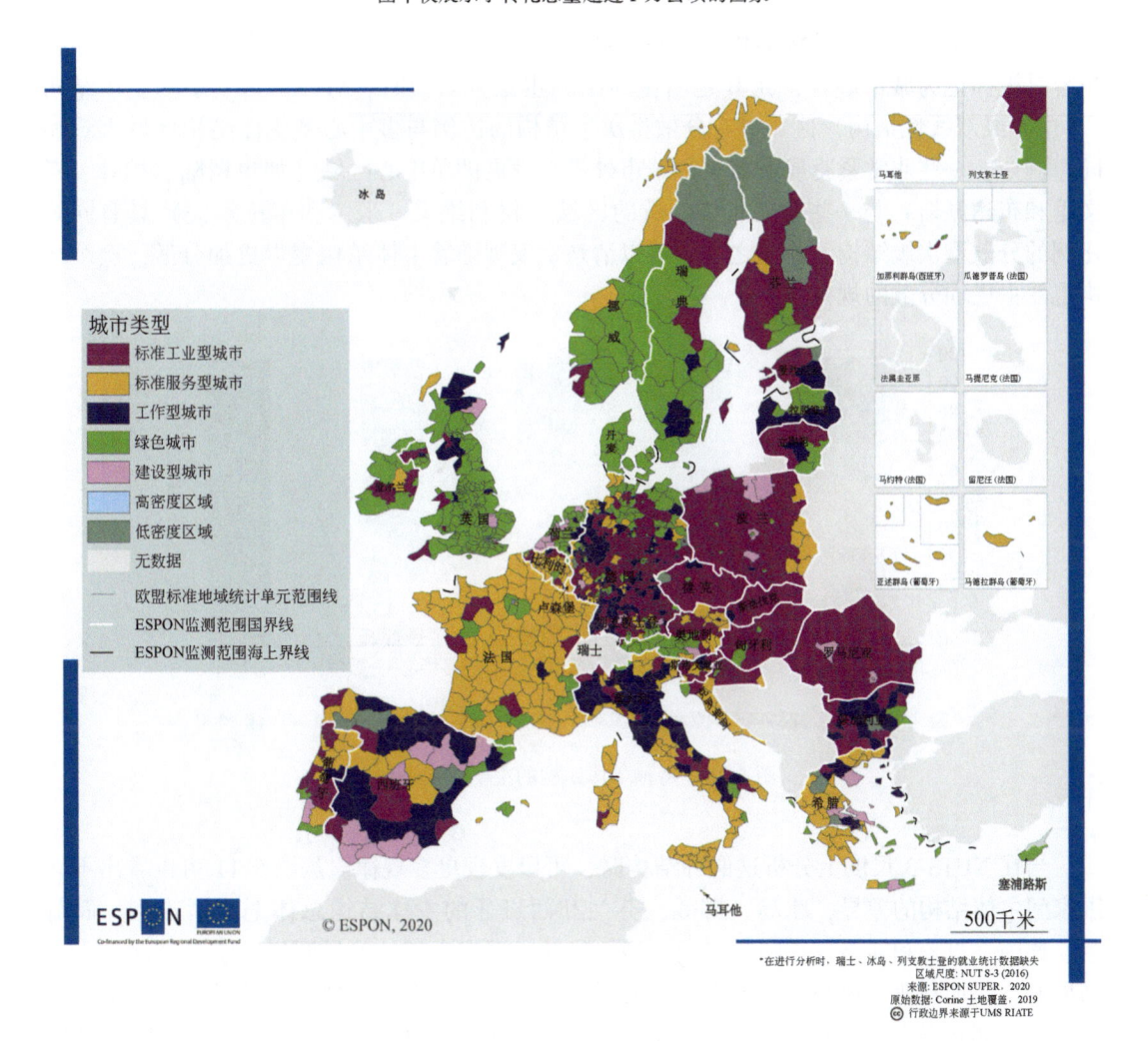

图 5-8　NUTS-3 区域城市类型聚类分析结果

| 61 |

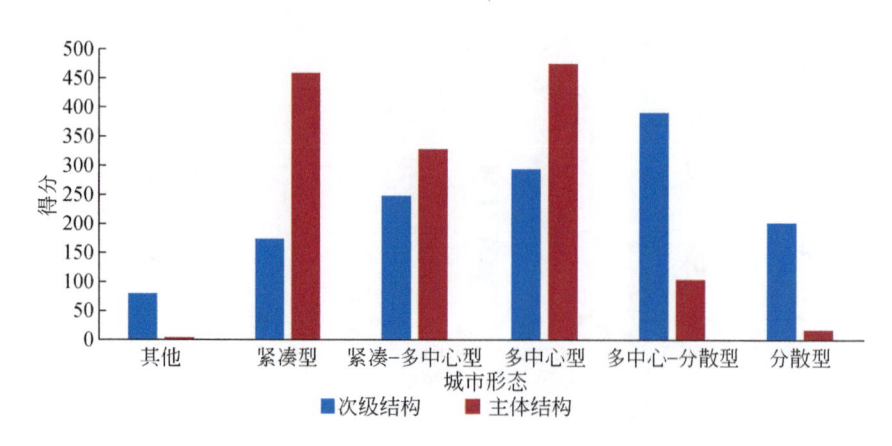

图 5-9 城市主体结构和次级结构得分结果统计

从主体结构和次级结构的相互关联关系可以看出（图 5-10），越分散的次级结构往往越容易被标记为城市蔓延，尤其是当主体结构也是分散型时。另外，紧凑型的主体结构（单中心或双线性结构）区域具有分散型次级结构的比例与多中心型主体结构区域大致相同。例如，一些非常紧凑或者在核心城市外没有发展的单中心区域（如奥斯陆、柏林、考文垂和布达佩斯）与一些发展非常分散的区域（格利维采、米兰和布拉索夫）具有同等比例的分散型次级结构。除此之外，可以清楚地发现随着主体结构变得更加分散，次级结构也变得更加分散的规律。

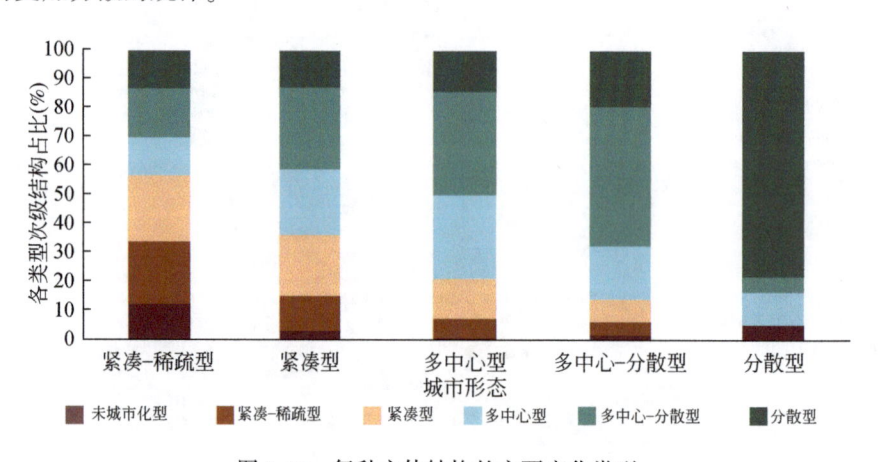

图 5-10 每种主体结构的主要变化类型

当在 NUTS-3 尺度上分析这两种结构时，可以发现更多规律。从图 5-11 可以看出不同国家间主体结构的差异，冰岛、挪威、芬兰和西班牙的主体结构总体上为紧凑型，而荷兰、德国、丹麦和斯洛伐克则为多中心型。另外，国家内部的差异同样很明显。法国、罗马尼亚、保加利亚、比利时、意大利和波兰的城市主体结构均呈现较大差异。瑞典呈现出紧凑的北部和多中心的南部，而葡萄牙和捷克则呈现出东西部差异较大。综上，欧洲地区主要城市形态的分布是非常多样化的，具有较大的异质性。

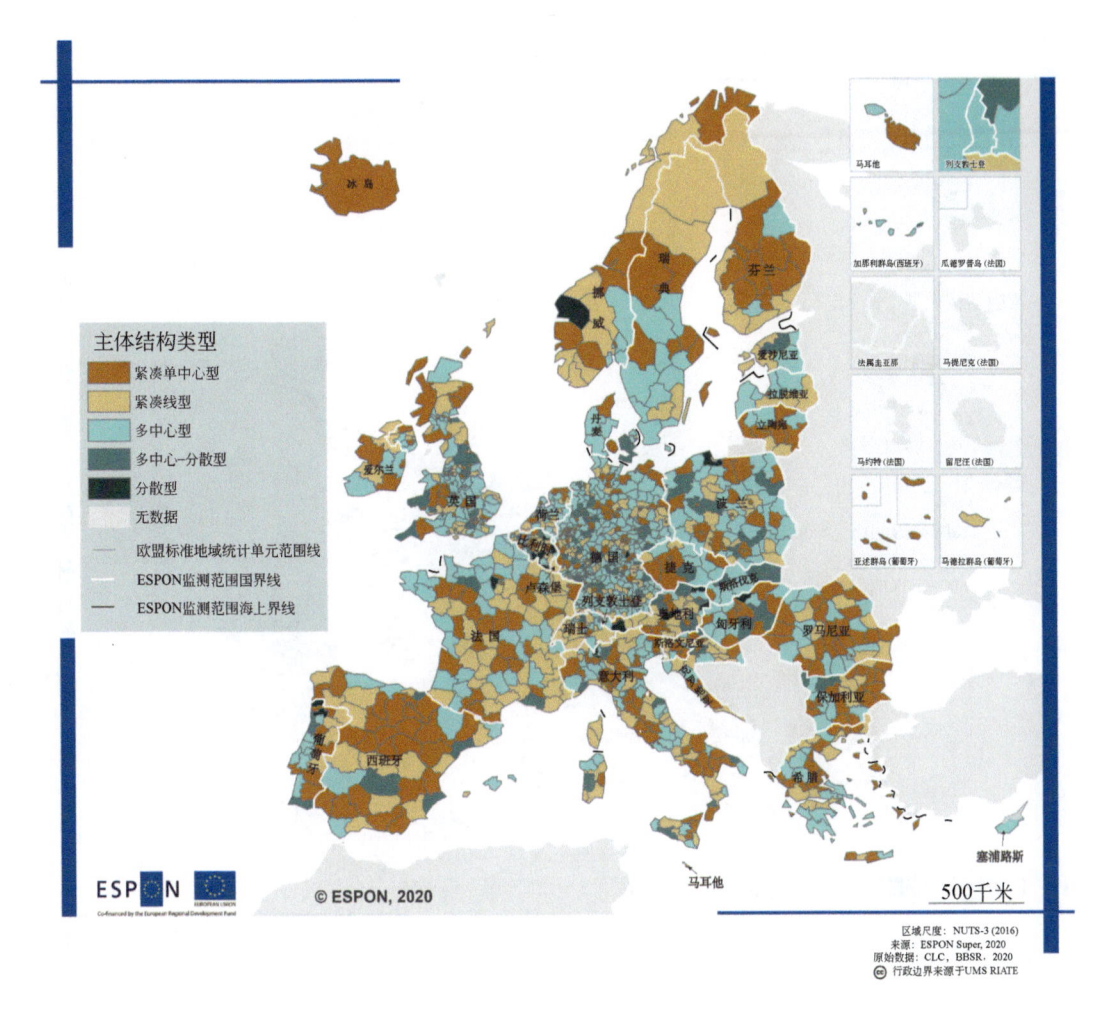

图 5-11 NUTS-3 的主体结构形态

从 NUTS-3 区域的次级结构形态可以看出（图 5-12），欧洲的多样性仍然十分明显。从多中心–分散型和分散型中可以明显看出，在欧洲层面，呈现出次级结构比主体结构更分散的形态。法国北部、意大利北部、爱尔兰、中欧和东欧的大部分地区（特别是波兰、匈牙利以及捷克和斯洛伐克）具有相对分散型的次级结构；而在西班牙、法国中部、克罗地亚、意大利中部、荷兰和斯堪的纳维亚北部更多的是紧凑型次级结构。正如可持续发展评估框架所指出的那样，城市形态对可持续性具有显著且复杂的影响。另外，它也是经过很长一段时间逐渐演变而来，而且是难以控制的，目前欧洲的大部分城市形态是数百年前甚至数千年前的决策结果。这对各个地区提高可持续发展能力产生影响。

城市化是一种动态现象，衡量城市形态随时间的变化规律可以更好地了解可持续性。在主体结构中，分析发现最主要的城市化类型是集中连片的：要么邻近中心城市，要么在城市边缘，远距离或分散式的发展形态并不常见。但是，如果一个区域的主体结构是分散的，即使连片发展也不可能发展成为一个更紧凑的结构，相反会再次呈现分散化。通过绘

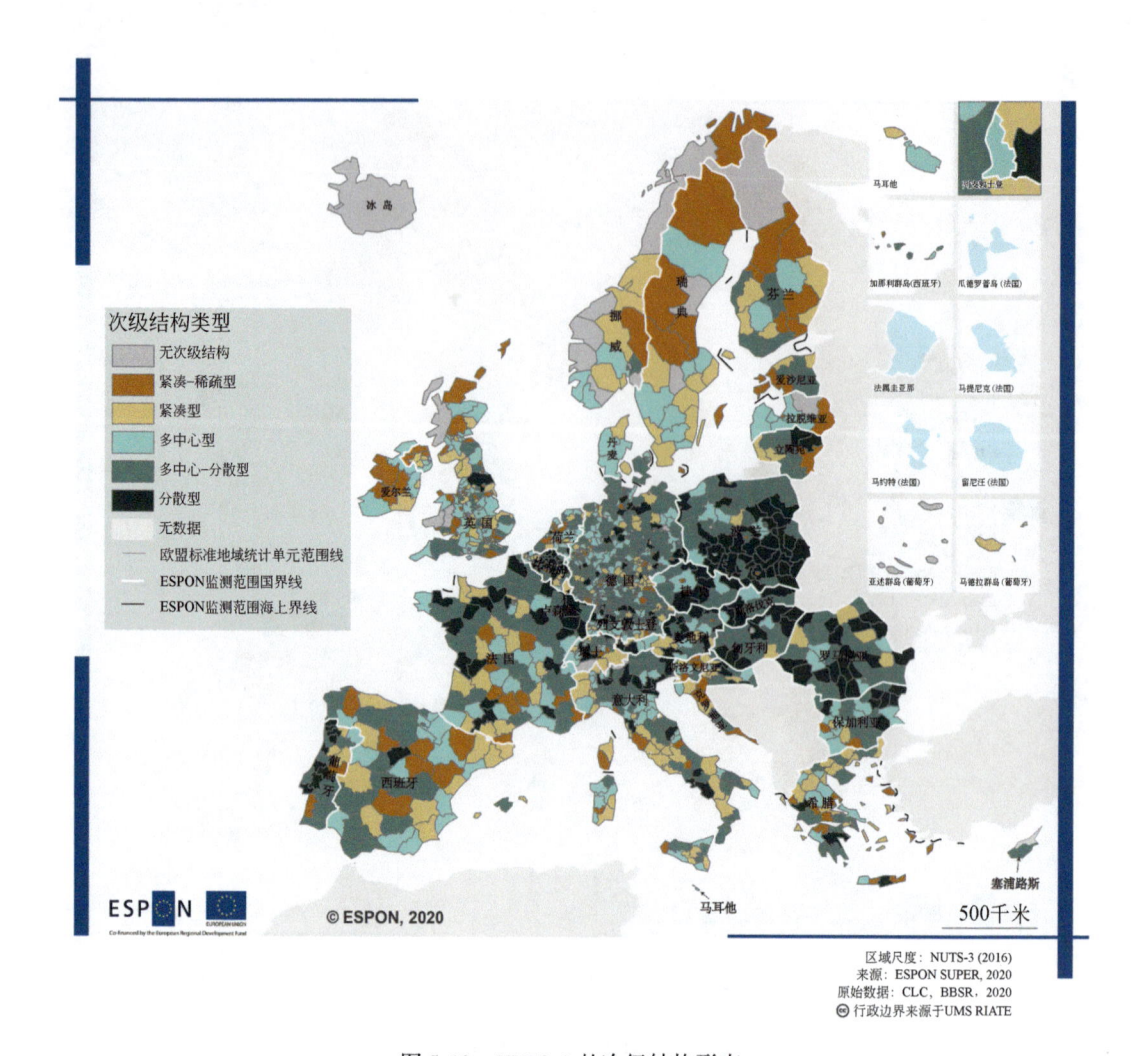

图 5-12 NUTS-3 的次级结构形态

制空间分布图可以发现（图 5-12），几乎没有哪种空间模式是显而易见的，尤其是在国家层面，几乎所有国家都存在发展为更紧凑或分散的区域。其中城市化发展最为显著的西班牙，城市化方式相对紧凑。荷兰、保加利亚和瑞典也是如此。

最后，鉴于大多数城市发展是发生在次级结构中，这也是判断城市蔓延普遍争论的焦点，因此对其进行进一步分析。分析结果显示（图 5-13），2000~2018 年，90% 以上的城市化是填充式或连片式发展，表明越紧凑的次级结构会以越紧凑的方式增长。分散式发展往往只发生在已经呈分散型的次级结构中，尽管这类地区与多中心的新区（分散发展）之间的界限相当模糊。与主体结构一样，如果相对分散的次级结构中新发展是连续发生的，这并不一定意味着正在形成一个更紧凑的结构。

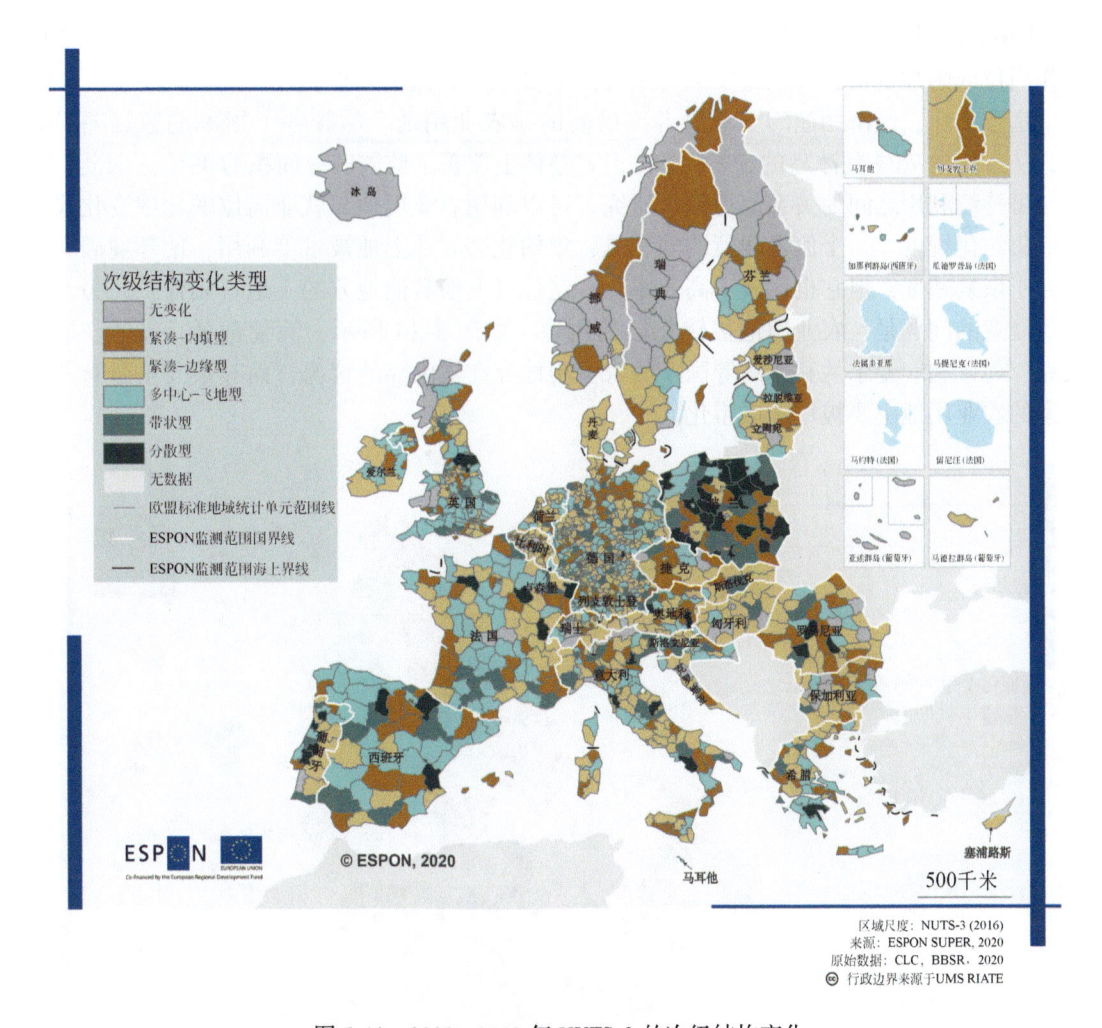

图 5-13　2000~2018 年 NUTS-3 的次级结构变化

除斯堪的纳维亚和波罗的海国家，大多数国家中都存在一个以次级结构分散式（或沿着道路）进行城市化的区域。更值得注意的是，除波兰以外一些具有分散型次级结构的国家，正以更紧凑的发展方式进行城市化，如匈牙利、捷克和斯洛伐克。这种情况表明城市蔓延是一种非常复杂的现象，并不一定依赖于某种发展轨迹。同时也说明有针对性的干预措施可以有效地将城市发展轨迹引导至更具有可持续性的方向上。

2. 欧洲地区土地利用可持续发展情况分析

根据 SUPER 项目提出的广义可持续性概念，可持续性既体现在时间方面，也体现在主题方面。关于时间方面，需要回答的问题是 2018 年欧洲的土地利用是否比 2000 年更具可持续性。为此，本小节从可持续性的经济、环境和社会三个维度来回答这个问题。

1) **土地利用经济可持续发展分析**

将土地用于经济产出是土地利用变化的一个重要驱动因素。经济价值有时源于位置

（如市中心或城市核心的消费区），有时源于土地利用本身，这体现在每公顷土地所承载的工作岗位或附加价值，甚至是资源开采方面（如农业或露天采矿）。

迄今为止，经济用途的土地中占比最高的是农业用地。尽管各个国家的数据差异较大，从丹麦的75%到冰岛的3%不等，但它整体上覆盖了监测区总面积的43%。因此，农业与可持续利用之间的关系值得深入研究。可以利用农业用地与就业岗位的比率变化代表用地集约化程度。一个值得注意的问题是，集约化会导致土地被过度利用，使环境破坏速度大于恢复速度，但它也代表了高效率，一定程度上使其他地方的土地得到保护；另一个值得注意的问题是，农业用地被转化后的用途。如图5-14所示，除葡萄牙、波兰、斯洛伐克、匈牙利、爱尔兰和冰岛等国家的农业用地存在被废弃的情况，而其余几乎所有其他国家的农业用地主要被用于城市化。

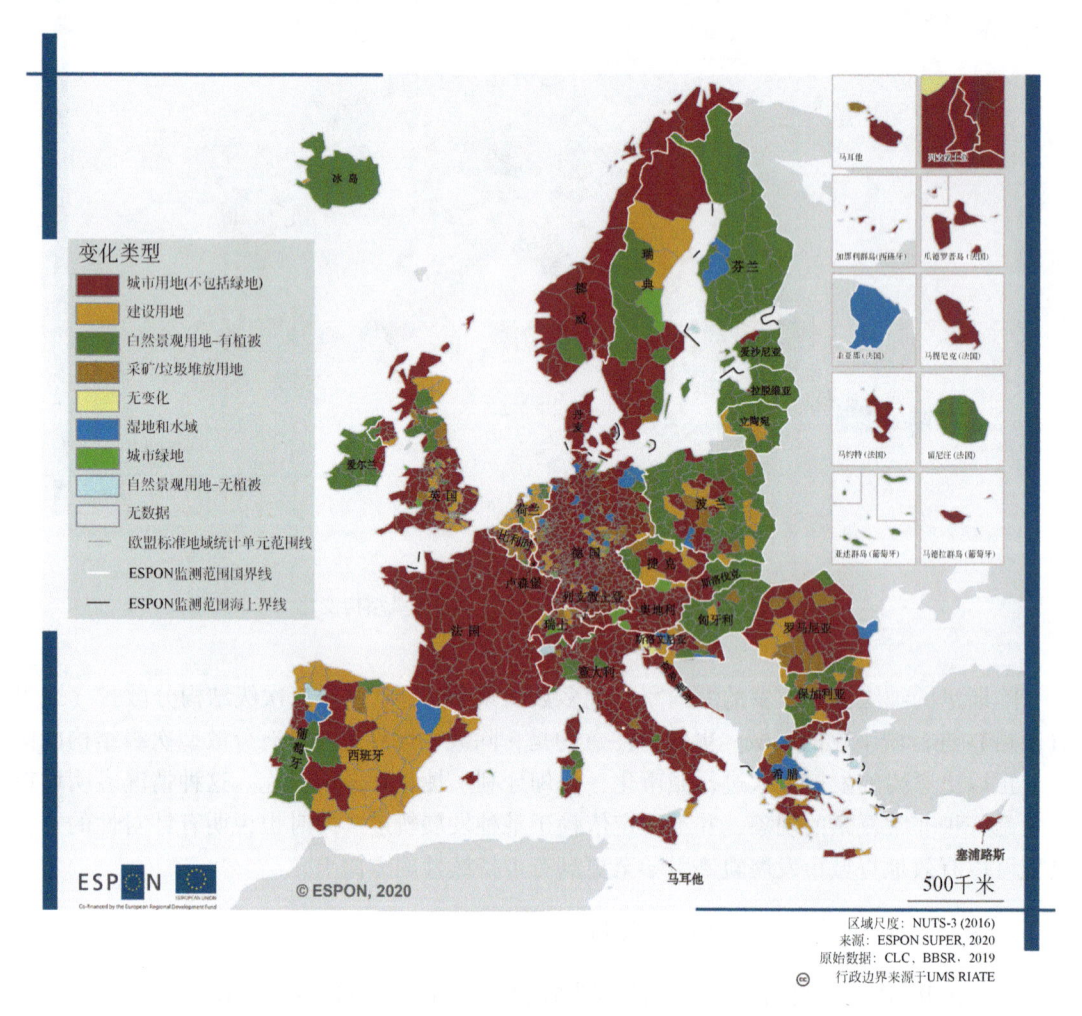

图5-14　2000~2018年农业用地变化中占比最大的变化类型

工业用地、采矿用地和垃圾场的比例相比农业用地要低得多，分别占欧洲土地总面积的0.6%和0.2%。然而，各地区也存在较大差异，如塞纳-圣但尼，其农业用地的

18.5%用于商业和工业用途。但一般来说,即使在人工用地比例相对较高的地区,商业和工业用地占比通常都不到 NUTS-3 区域总面积的 2%(通常为城市用地的 10%~25%)。总体而言,2000~2018 年,英国、西班牙、德国、奥地利、波兰西部、巴尔干西部和希腊的人均工业用地面积增幅最大,仅少数地区下降,包括立陶宛和罗马尼亚的大部分地区(图 5-15),这种发展形式可能与就业情况有关。

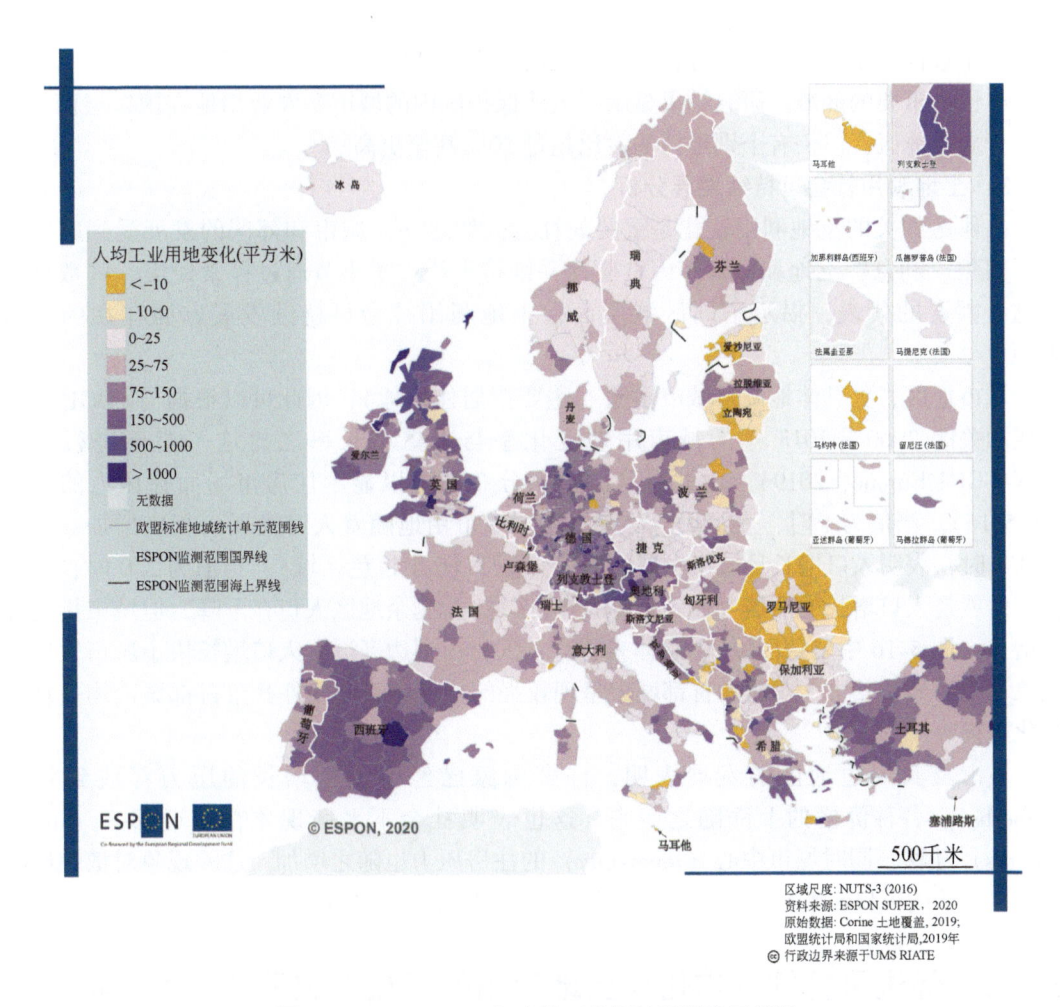

图 5-15 2000~2018 年人均工业用地面积发展情况

2) 土地利用环境可持续发展分析

2000~2018 年约有 116 万公顷土地用于城市化,即平均每天约 177 公顷。1990~2006 年的计算结果为每天 275 公顷(Prokop et al., 2011),由此看来,欧洲的城市化进程正在减速。目前的速率是否可持续是非常值得商榷的。直接给这种转变贴上"土地占用"的标签使其成为不可持续的做法并不科学。环境可持续性应与超出承载能力的土地利用方式有关。例如,农业与城市的可持续性充满复杂性,涉及动植物栖息地的完整性、农业生产中化学农药的使用、为保持盈利而做出的作物种植计划调整等,这些大部分都超出了 SUPER

项目的研究范围。

最后，农业会产生截然不同的环境可持续性结果。Corine土地覆盖统计数据显示，农业用地呈现显著的集约化，2012~2018年，大约65%的变化是由草地和牧场变为耕地，对应面积超过30万公顷。这种集约化可能会带来的生态后果包括生物多样性丧失、土壤侵蚀、生态保留区丧失以及土壤和地下水中农药和化肥（尤其是硝酸盐）污染风险增加等。

鉴于数据限制，该项目只分析了保护区内的土地利用变化，同时假设这些地区是对生物多样性最重要的区域。研究结果显示，虽然保护区内的城市和农业用地在国家层面上明显低于周边地区，但仍有个别地区的占比超过50%甚至更高。

3) 土地利用社会可持续发展分析

与住房相关的土地利用变化是重要的社会问题之一。城市和郊区的发展受到家庭收入、房租、利息、土地和房价等因素驱动并维持平衡。本小节通过探索使用一些数据作为这些因素的代表，揭示不同区域层面在土地利用社会可持续发展方面存在的巨大差距。

城市地区，更具体地说是城市用地（主要指居住用地），因此可以根据与SDG11.3.1直接相关的2000~2018年的城市用地变化率与人口增长率之比这一指标进行衡量（UN-GGIM Europe，2019）。由此得到的空间分布图可以显示住房市场面临压力的地区（图5-16）。当值为1时，表示平衡发展，其中城市用地随着人口发展而相应增加；当值为0.5时，表明人口增长是城市发展的两倍（图5-16中橙色区域）；当值为2.0时，表示城市发展是人口增长的两倍（图5-16中红色区域）；剩余地区人口在下降，但城市用地却在增长（图5-16中紫色区域）。总体来看，在大城市周边区域，人口增长快于城市发展的现象尤为明显。其中，东欧的首都城市呈现较强的差异，除波兰外其余首都城市均呈现郊区化进程。

城市及其周边地区的发展表明，许多国家已经将人口增长的压力释放到郊区（suburbs），各种价格的上涨随之而来。这也表明社会不平衡现象在向近郊区（inner-suburbs）迁移，同时城市中心（inner-city）的住房压力也随之增加。这一现象对依赖经济适用房生活的人口影响较大，同时也会刺激郊区以外的城市发展。

5.4.2 促进可持续城市化和土地利用的干预措施及其效果分析

1. 干预措施概述

关于促进可持续城市化和土地利用的干预措施有很多，从北美的新城市主义运动到欧洲空间发展规划、《欧盟国土议程》、《莱比锡宪章：欧洲可持续发展城市》、《欧洲区域/空间规划章程》等。但许多措施仅仅停留在理论层面，而没有进行实践。为了说明公共部门影响欧洲城市化和土地利用的各种方式，SUPER项目调查了欧洲国家实际正在执行的干预措施，同时还收集了欧盟政策对土地利用影响的数据，共收集到了235项干预措施，在各个国家的分布情况如图5-17所示。尽管研究区涉及的各个国家都包含在数据库中，但

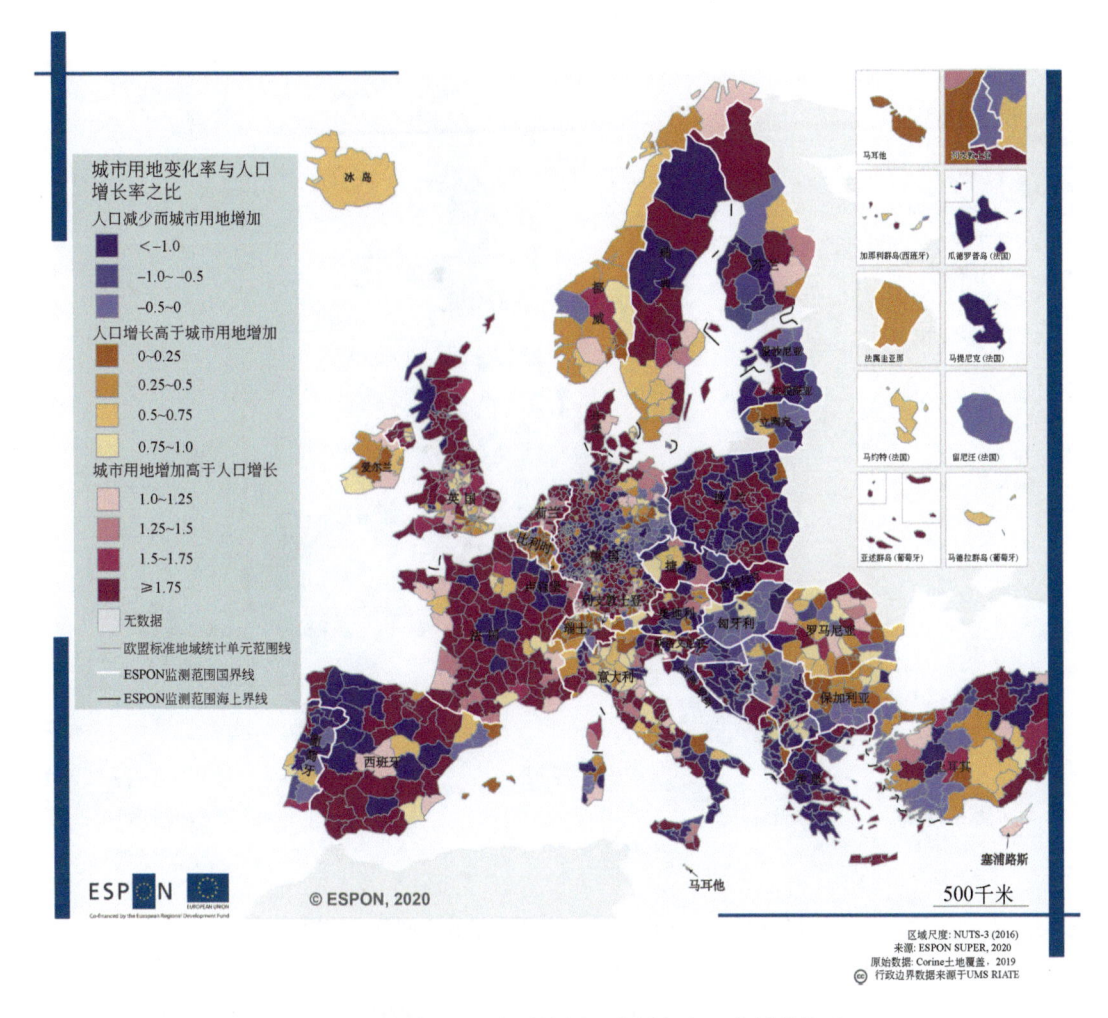

图 5-16　2000~2018 年城市用地发展与人口发展的关系

它们在数量分布上并不均衡，干预措施普遍分布在合作伙伴的母国。此外，不同的干预措施在规模、地域类型、干预措施类型和干预手段类型方面具有相当大的异质性（表 5-1）。

2. 干预措施产生的效果及原因

SUPER 项目进行了广泛的实证研究，以确保所收集的干预措施在影响可持续土地利用方面是相对成功的。本小节对截至 2020 年春季收集的 235 项干预措施进行了定性分析，首先将这些干预措施要达到的目标分为两类：一是措施本身要达到的目标，二是要实现的可持续目标；然后针对这两类目标统计了这些干预措施失败或成功的原因；最终确定了 41 项因素，并将其分成了 7 类。

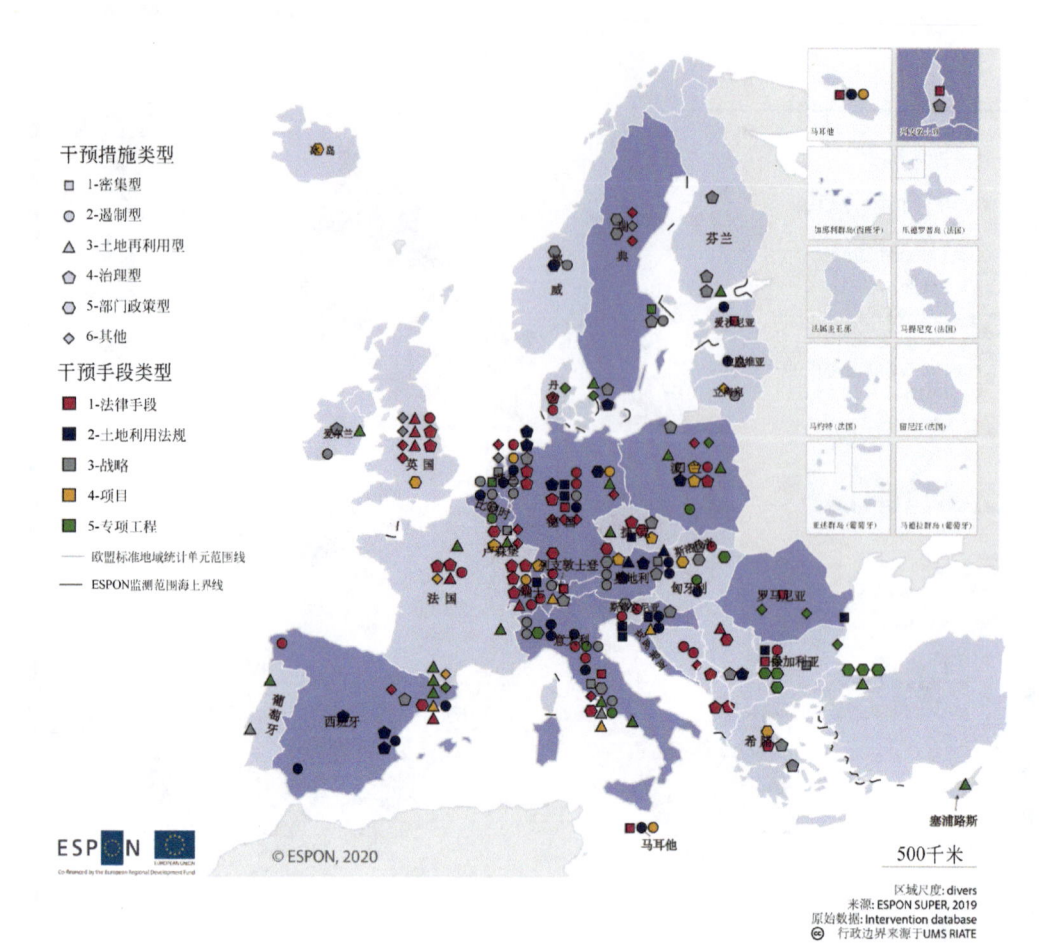

图 5-17　项目的研究案例和干预措施空间分布情况

表 5-1　每种分析类别的干预措施数量统计结果　　　　　　　　　　　（单位：项）

	规模	数量		地域	数量		类型	数量		工具	数量
	NUTS-0	112		城市	141		密集化	33		法律手段	75
	NUTS-1	9		乡村	69		遏制	72		土地利用法规	45
	NUTS-2	23		功能区	33		土地再利用	32		战略	58
关注的规模	NUTS-3	39	地域类型	沿海地区	16	干预措施类型	治理	57	干预手段类型	项目	23
	LAU-1	39		山区	12		空间质量	25		专项工程	40
	LAU-2	35		外围交叉地带	14		交通运输	11		其他	1
	其他	2		人口稀少地区	17		环境	14			
				其他	60		农村发展	4			
							其他	11			
	总计	259*		总计	362*		总计	259*		总计	242*

＊表示每一项干预措施可能被分为多个类别，因此总量有所不同。

第 5 章 欧洲地区的可持续城市化和土地利用实践

实现干预措施自身目标的成功因素主要是协调、协作、长远视角、资源再利用以及私人合作伙伴。研究结果显示（图 5-18），没有一套通用的因素可以保证干预一定成功，同一个因素可能在不同案例发挥相反的作用。但总体上，协调、协作、长远视角、资源再利用和私人合作伙伴是最常见的积极因素，而市场导向、自由化、地方自主管理和单一性是最常见的消极因素，且在可持续土地利用目标方面也发现了类似的规律，其中协调也是排名第一。

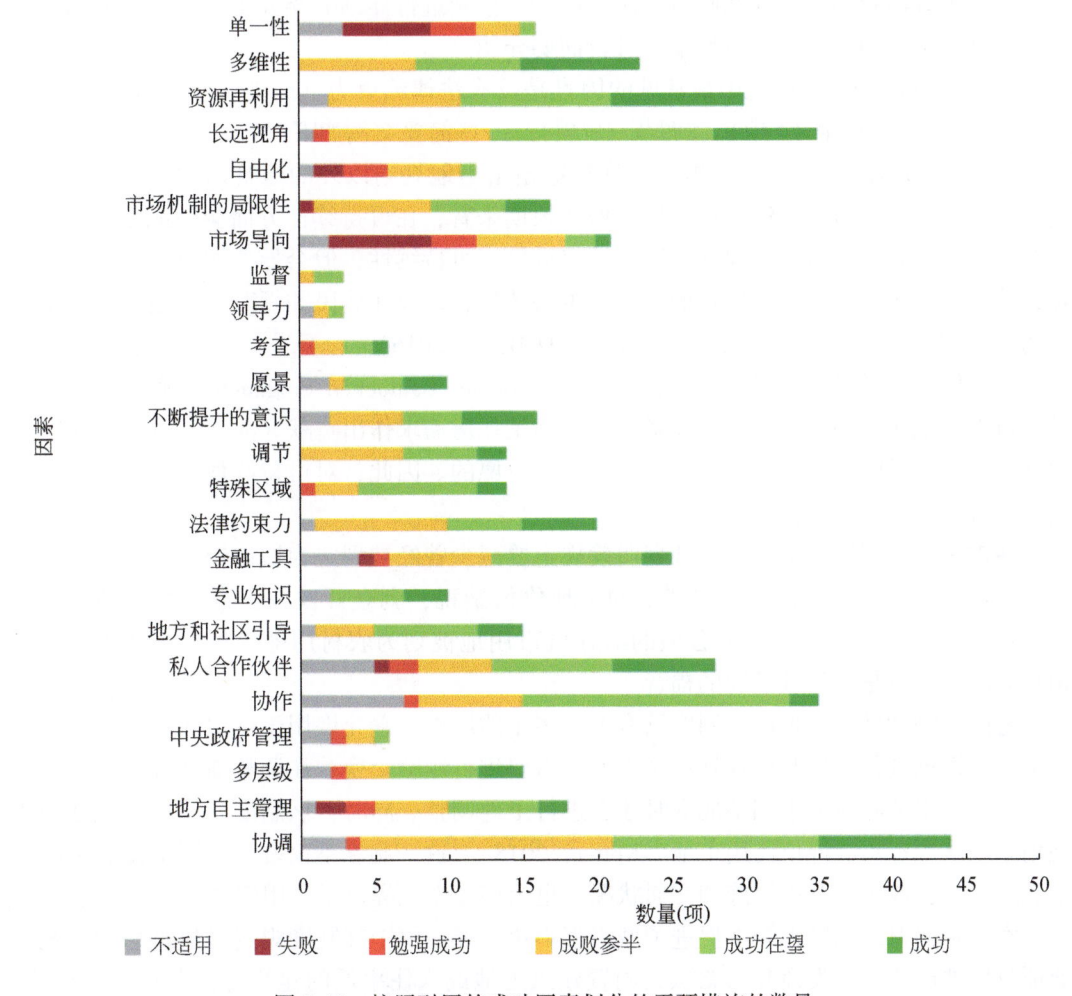

图 5-18 按照引用的成功因素划分的干预措施的数量

无论是中央政府管理制还是地方自主管理制的干预措施，在可持续性方面均得到相同的积极和消极分数，这表明要么两者完全呈相反效果，要么在某些情况下，中央政府管理是一种优势，但在同样多的其他情况下却是一种劣势。干预措施数据库中的信息表明，相比中央政府管理，更常被提及的地方自主管理对当地环境、实际状况和需求更加敏感和灵活，并能提高实现可持续土地利用目标的可能。但另外，自主管理所具有的灵活性也可能会导致相关干预措施不被执行、执行失败或为经济利益而牺牲环境和社会可持续发展目标，尤其那些对可持续性几乎没有政策或制度支持的特定文化中，不被执行的可能性更高。

总体上，旨在促进可持续城市化的干预措施可划分为多种类型，最主要的类型包括三种：①引导城市密集化发展的措施（如管制分区、财政激励），简称为"密集化措施"；②重建问题地区的措施（如棕地①、贫困区），简称为"再生措施"；③试图遏制城市扩张的措施（如划定增长边界、限制开发、振兴农村地区），简称为"遏制措施"。由于大多数干预措施都涉及多项目标和政策，对这些干预措施进行详细分类并不容易。下面对每种干预类型的主要因素和一些典型案例进行简要介绍。

（1）成功的密集化措施中最常见的因素是具有法律约束力（5项），其次是私人合作伙伴（4项）、多维性（4项）和调节（3项）。一些简要案例如下：

马耳他2018年从国家层面提出允许建造超出当地规划以外的建筑物楼层。尽管该规则出台时间较短，暂时无法衡量结果，但从预期来看，在可持续性方面会是成败参半。虽然想象中该规则可以减少对绿地的需求，促进生态可持续性，但会导致城市房地产市场过热，造成供过于求，最终产生负面的经济可持续性，以及让居民和驾车者因施工造成的干扰而感到不便，产生负面的社会可持续性（DeBono，2016）。

卢森堡2014年提出的国家填充计划（Nationales Baulücken Programm）确定了适合建设的市中心地块，并告知土地所有者如何为满足住房需求作出贡献（de Logement，2016）。但该措施不涉及财政激励和法律要求，完全是自愿的。因此，对可持续性的有效性和影响仍有待观察。

在雷焦艾米利亚，市政运营计划明确规定要减少曾经被划定为城市用地但仍未建设的用地数量。由于土地所有者需按划定的土地价值纳税，剥夺开发权会带来直接的经济利益，自2015年以来，超过200公顷的潜在城市用地被划为农村用地。各方都认为这种干预是成功的，也是可持续发展的福音。

德国强制性城乡土地调整制度已有100多年的历史，它允许用于城镇和村庄城市发展的土地，根据现行土地利用规划和城市发展需要进行调整交换。在调整前会进行成本收益分析，当获得的收益大于调整成本时才会进行土地调整。同时，该制度允许通过土地利用规划系统从生态角度谨慎使用土地（Kötter，2018）。这一制度不仅缓解了城市发展中的土地利用矛盾，改善了基础设施和交通状况，也为城市发展提供了可用资金。

意大利的财政制度无意中促进了城市密集化发展。由于其制度规定对建筑物和建筑工地征收房地产税，开发商开始意识到闲置建筑工地或入住率低的建筑物会存在财务风险，使得城市化压力减轻。同时由于农民获得税收豁免，也降低了他们将土地卖给开发商的动力。然而，一些政党试图通过将建筑工地注册为农业用地来规避这一规则（Croci，2013）。

（2）成功的土地再生措施中最常见因素是资源再利用（13项），其次是多维性（6项）、协作（5项）、私人合作伙伴（5项）以及长远视角（5项）。最常见的政府支持因

---

① 根据美国《环境应对、赔偿和责任综合法》的规定，棕地是一些不动产，这些不动产因为现实的或潜在的有害物和危险物的污染而影响到它们的扩展、振兴和重新利用。从用地性质上看，棕地以工业用地居多，可以是废弃的，也可以是还在利用中的旧工业区，规模不等、可大可小，但与其他用地的区别主要是都存在一定程度的污染或环境问题。

素是协调（7 项）。成功的空间质量干预措施是金融工具（4 项），成功的部门政策干预是长远视角（3 项）。一些简要案例如下：

在鹿特丹，市政府购买了贫困社区的房屋，赠送给任何愿意投资一定金额进行翻新并承诺在那里居住至少 5 年的人（Snel et al., 2011）。这项由国家主导的高层次行动在经济和生态方面取得了成功，因为它吸引了原本可能选择郊区住房的居民，并且鉴于其具有更好的宜居性和服务，也提高了社会可持续性。

柏林试图对核心城市中存在问题的地方进行改造。为此，一家国有公司成功地将有问题的地区重新改造为有吸引力的公园和充满活力的公共空间（Oppla, 2019）。

20 世纪 90 年代，英国在"城市复兴"的旗帜下专注于土地再生和密集化措施（Shaw and Robinson, 2010）。它制定了到 2008 年在全国范围内建在棕地中的新住房达到 60% 这一目标，并作为一项法律要求实施。结果超过了干预的目标，达到了约 80%。故该措施振兴了现有的城市地区（Schulze Bäing and Wong, 2012），被视为在生态和经济上是可持续的。然而，社会经济改善与高收入群体的涌入有关，因此实际的住房负担能力是下降的。

20 世纪 90 年代初，捷克的比尔森致力于重建工业园区。该战略以非正式方式开始，但很快转变为市政官方政策和具有约束力的规划文件。由于该战略成功实现了最初的目标，同时因为没有使用绿地，也实现了生态上的可持续。

拉脱维亚通过寻求欧盟资助的区域发展计划，为建筑物的建造和翻新提供支持以实现地区振兴发展（Republic of Latvia, 2015）。这一措施在自身目标（为这些领域创造就业机会）和可持续性方面都较为成功。

（3）成功的遏制措施中最常见因素是协调（11 项），然后是长远视角（9 项）、协作（7 项）、专业知识（6 项）、多维性（6 项）、市场机制的局限性（6 项）、地方和社区导向（5 项）。简而言之，过程引导和治理因素是最主要的因素。一些简要案例如下：

2000 年法国的《社会团结与城市更新法》提出通过协调公共交通基础设施和社会住房供应来控制城市化的条款。就遏制而言，这一条款是成功的（Guet, 2005; Aubert, 2007）。

2014 年克罗地亚的《实体规划法案》包含了对居住区边界外建筑的限制，规范了居住区扩张的条款和条件，并保护了生态脆弱地区（Uidan, 2014）。它的目标通常与可持续性保持一致，所以是比较成功的。

捷克通过要求提供需求证明来提高绿地建设标准。国家政策要求在对新的城市开发进行分区时，对新土地的需求（包括以前无法使用当前分区的城市土地）需要正式批准。这一干预措施已被纳入环境影响评估过程。它的效果成败参半，一方面它与可持续性保持一致，但另一方面因加重了规划过程的负担而受到批评。

1980 年，西班牙的安达卢西亚地区为大中城市引入了城市化上限，即 8 年内新增的城市化用地占现有城市用地的 40% 或城市化人口占现有人口的 30%，并对自然保护区管理系统进行协调。它被选为欧洲限制、减轻和补偿人工地表的最佳实践（European Commission, 2012）。

2012 年，奥地利引入了一种非强制性遏制措施。下奥地利州联邦规划局为各市提供了一个基础设施成本计算器，以帮助他们评估新城市开发的基础设施成本与税收。鉴于分散开发通常需要比紧凑开发需要更多的人均公共投资，它可能会影响地方决策（Humer et al., 2019）。

1997 年，丹麦限制利用大城市以外的绿地建设大型商店和购物中心，并在中小城镇推广小型零售。这种干预也被列为最佳实践（European Commission, 2012）。虽然存在争议，但国家层面和政治意愿是决定性的，因此这一措施取得了成功（Reimer, 2014）。

综上，引导城市密集化发展之所以成功，最主要的因素是"具有一定的法律效力"，如卢森堡的国家填充计划，明确了适宜进行建设的市中心地块；德国强制性的土地调整规则，通过土地利用规划体系提高了土地的环境可持续性。重建问题地区的举措成功之处在于极大实现了"资源再利用"，如德国一家公司成功地将许多有问题的地区转变为繁荣的公共空间（如公园）。遏制城市扩张的主要成功因素是"协调"理念，如法国《社会团结与城市更新法》规定通过协调公共交通基础设施和社会住房供应来控制城市化进程。

3. 欧盟政策及其影响

为探索欧盟政策对城市化和土地利用的影响，SUPER 项目团队收集并分析了 59 项欧盟各部门可能对城市化和土地利用产生影响的政策。为了了解这些政策如何在可持续性方面对城市化和土地利用产生潜在影响，将它们分为了以下 5 种类型：

（1）强烈直接积极影响政策，指直接以可持续城市化和土地利用为目标的政策或直接支持这些目标之一的项目。

（2）强烈间接积极影响政策，指来自交通、环境、农业或农村发展等密切相关部门，并在其各自领域促进可持续发展的政策。

（3）微弱直接积极影响政策，指仅包含很少的土地利用和可持续城市化条款和一般性的声明，对土地影响有限的政策。

（4）微弱间接积极影响政策，指其他不相关部门针对可持续发展施行的其他政策，如社会融合等。

（5）潜在的负面影响，指会出现潜在负面影响的政策。

上述分类主要采用专家评判法，但确定欧盟政策的影响并不容易，特别是它们经常与国家政策重叠。例如，一项关于法国洪水指令影响的研究发现，在其国家政策的强大作用下，欧盟政策的影响显得微不足道（Larrue et al., 2016），而在波兰，欧盟政策的实施具有更大和积极的潜在影响（Kundzewicz, 2014）。

关于欧盟政策潜在积极影响的调查结果显示（图 5-19），排名最高的类别是环境和气候行动。即便如此，在执行环境影响评估和欧洲航天局的指令等方面仍存在问题（Bruhn-Tysk and Eklund, 2002；de Montis et al., 2016）。在相对和绝对条件下，最有力和直接的政策是"可持续土地利用/土壤保护"和"城市发展"，表明这些政策特别适合作为欧盟层面的干预措施。

将各类政策按照其干预手段分类后（图 5-20），可以发现那些强有力的、直接的政策通常比环境政策更具随意性，大部分是无约束力的协议，而环境政策则有严格的立法支持。此外，就经济价值而言，凝聚力政策和农业发展政策最有潜力为可持续城市化和土地利用目标作出贡献，尽管它们的直接贡献是相对间接和微弱的，有时甚至是消极的。例

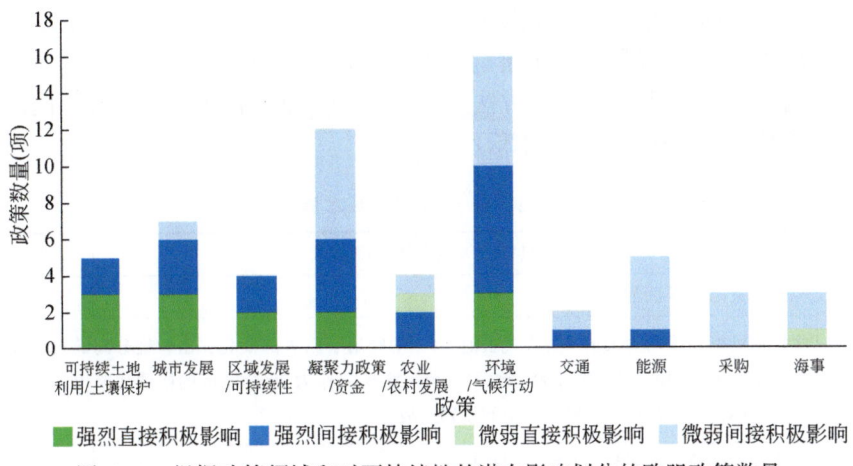

图 5-19　根据政策领域和对可持续性的潜在影响划分的欧盟政策数量

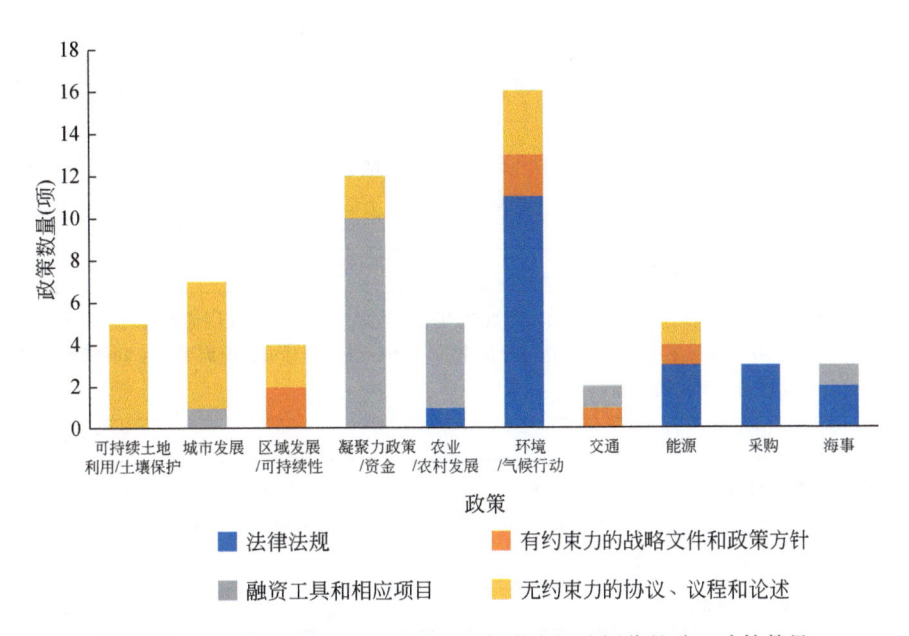

图 5-20　根据干预手段和对可持续性的潜在影响划分的欧盟政策数量

如，研究发现在波兰共同农业政策（common agricultural policy）对土地价值的影响很小，并没有明显改变农民将土地出售给开发商的意愿（Milczarek-Andrzejewska et al.，2018）。

5.4.3　不同地域背景下政策干预实践案例研究与分析

1. 案例概述

城市化和土地利用变化的驱动因素除了常规因素（如人口和宏观经济趋势）以外，还存在一些不确定性因素，包括发展实践中利益相关方之间相互影响而作出土地利用开发决策，如基于地点的投资和规划。想了解这些不确定因素就必须对当地情况有深入的了解，而案例研究是解决这个问题的最适宜方法。SUPER 项目从不同地域背景和不同尺度上选取了 11 个案例开展研究，各案例的基本信息见表 5-2。

表 5-2 11 个案例的基本信息

案例地区	案例中具体政策名称和详细信息	年份	尺度
奥地利的福拉尔贝格	福拉尔贝格"莱茵河愿景"	2004	LAU-1
	福拉尔贝格州境内的莱茵河谷在过去的 50 年中经历了巨大的变化，由曾经分离的村庄和小城镇发展为一个几乎封闭的居住带。2004 年，"莱茵河愿景"作为 29 个城市的协调战略出台，将该地区作为一个整体，通过跨社区协同应对空间规划挑战		
比利时的佛兰德斯	根特的综合政策规划与佛兰德空间规划法令	1996	NUTS-1
	1996 年，佛兰德空间规划法令要求市政府以城市发展为先导制定自己的空间结构规划。到 2003 年，根特的空间结构规划利用这个框架解决了城市无序扩张的问题		
瑞士的阿尔高州	《瑞士空间规划法》的修订	2014	NUTS-3
	城市无序扩张和土地占用一直是瑞士的主要问题。随着《瑞士空间规划法》的修订，联邦委员会和议会试图结束无序的土地消耗，并消除执行层面的不足		
德国	德国减少土地占用的目标	2002	NUTS-0
	2002 年德国可持续发展战略提出：到 2030 年，实现将每天用于居住用地和交通基础设施的土地占用减少到 30 公顷以下的目标。它是整个国家的一个平均最低要求，但需要在不同的行政级别被执行，如不同州的空间发展计划		
西班牙的巴伦西亚	巴伦西亚果园空间规划	2018	LAU-1
	巴伦西亚保护传统果园（蔬菜种植）土地景观的要求始于 21 世纪之交，但该倡议在 2018 年才被批准。在此期间，最初的愿景从绿色基础设施规划方法转变为更全面的干预措施，即将保护农村地区与支持农业活动相结合		
克罗地亚的沿海地区	物质规划法划定海岸保护区	2004	NUTS-2
	克罗地亚物质规划法定义了一个沿海保护区，包括了沿海自治单位的大片区域。为了保护和发展可持续，限制区域包括 1000 米宽的大陆带（包括陆地部分和岛屿）和从海岸线开始测量的 300 米宽的海洋带。对限制区的规划和使用规定了某些限制条件		
意大利的罗马涅	市政结构计划	2009	LAU-1
	罗马涅市政府联盟的十个市镇共同通过了一项市政结构计划。该计划的两个主要目标是反对城市无序扩张和支持可持续发展。本案例调查研究了市政结构计划在处理可持续土地利用方面的效率		

续表

案例地区	案例中具体政策名称和详细信息	年份	尺度
荷兰	可持续城市化程序	2012	NUTS-0
	荷兰可持续城市化程序的一项规则是要求所有城市化分区规划必须首先论证以下内容：①城市化发展的必要性；②如果要占用绿地，为什么不能在现有区域空间内容纳；③如果要占用绿地，是否属于多模式嵌入（多种用地混合利用）。它于2012年在国家层面被采纳，以促进紧凑的发展和防止过度供应。公民可以根据这些理由在法庭上对已有土地利用规划提出质询		
波兰	综合国土投资（Integrated Territorial Investments, ITI）	2014	LAU-1
	波兰有24个功能区（包括区域首都城市周围的17个地区和次区域城市的7个功能区）实施了ITI。2014~2020年，共有约62亿欧元被指定用于ITI的实施（经费由国家运营项目提供）		
罗马尼亚的康斯坦察	黑海沿岸地区的密集化	1991	NUTS-3
	在罗马尼亚黑海的康斯坦察沿海地区的密集化发展框架促进了经济发展和旅游度假区的经济增长，但也逐渐被认为是对生态可持续性的威胁		
瑞典的斯德哥尔摩	城市遏制战略	2017	LAU-2
	斯德哥尔摩城市遏制战略的重点是通过全局视角从经济、社会和生态层面来遏制城市的扩张，尤其是考虑了农村土地和可负担住房的提供		

2. 发展实践中的干预措施

1）干预措施的共性特征

案例研究结果的对比是在不同国家结构和规划文化等广泛背景下进行的，涵盖了联邦监管系统、中央政府管理系统，以及区域经济发展系统和一体化发展系统。因此，需要考虑不同的社会文化等环境因素对土地利用的影响。通过案例研究发现不同的社会文化背景产生了不同的实践效果，但也发现了一些共性特点。

（1）空间规划所起的作用有高有低。虽然德国、克罗地亚、荷兰和罗马尼亚等案例表明空间规划的影响力下降，但奥地利、瑞士、意大利和西班牙等案例却提供了相反的证据。

（2）简单化的监管工具越来越受欢迎。但也可能会产生副作用，如与其他政策部门（德国）的横向协调机制不足，或者相互矛盾（德国、克罗地亚），以及一些其他政策部门在纵向（多层次）协调方面存在不足（德国、西班牙、克罗地亚、罗马尼亚）。

（3）多种迹象表明空间规划责任逐步委托给咨询公司（比利时、西班牙、荷兰、罗马尼亚、瑞典），决定权逐步委托给法院（荷兰）。

2）干预措施成功的原因

对导致干预措施成功的因素进行系统的评估，可以为决策者在干预措施起草阶段提供帮助。实践案例分析结果发现，影响干预决策的主要因素包括以下三个方面。

（1）知识、数据和技术能力。先前的研究和现有关于制度创新的科学文献表明，技术能力对于成功的决策至关重要。案例分析发现，大多数研究都有足够的技术能力。然而，当土地开发成为经济驱动力时会影响对空间规划技术能力的需求。关于数据和信息，一些案例说明，政策中的一些可用信息在决策和公众参与方面的效用是非常重要的，更有针对性的信息和指标将使设计、实施和监测各项倡议变得更加容易。

（2）公众参与和愿景。欧盟成员国的公众参与是由《战略环境评估指令》（Strategic Environment Assessment Directive, SEA）监管的。案例研究表明，根据欧盟规则出现了标准化的正式参与。在传统的公众参与文化中，公众参与动力较为稳定（瑞士、德国、瑞典），被重新定位以最大程度实现多元化（荷兰）甚至有所加强（奥地利），尽管在某些情况下其有效性和公众接受度存在争议（如克罗地亚、罗马尼亚的案例）。

在制定长期愿景时也需要公众支持。案例研究表明，基于对当前实际情况的共同理解（即对问题的正确定义和认知）有助于各方就战略愿景达成一致。虽然几乎所有情况下普遍存在战略愿景，但其地位存在差异。在某些案例中愿景具有规范性和强制性（瑞士、德国、西班牙、克罗地亚、罗马尼亚），而其他案例采用了自愿性原则（奥地利、意大利、波兰）。同时，还有一些案例处于中间状态（比利时、荷兰、瑞典）。

（3）机构领导和利益相关方关系。通过分析每个研究案例的利益相关方，发现两种典型情况，一种是部分干预措施是在强有力的领导下实施的，另一种是其他干预措施是集体共同商议制定并实施的。该分析还测度了管理者与利益相关方之间的相关性，取值范围为 0~1（表5-3）。结果表明，是否存在强大的管理者与构建协调和规范的工作网络之间相关性不大。建设性的互动（合作和谈判）在奥地利、意大利、克罗地亚和瑞典等案例中占主导地位，但在瑞士、德国和西班牙等案例中影响力却是最低的。

表5-3 按类型划分的关系密度：高（绿色）—中（黄色）—低（红色）

关系	奥地利	比利时	瑞士	德国	西班牙	克罗地亚	意大利	荷兰	波兰	罗马尼亚	瑞典
合作	0.41	0.37	0.32	0.26	0.30	0.56	0.41	0.35	0.41	0.39	0.56
协商/谈判	0.47	0.23	0.11	0.13	0.08	0.14	0.37	0.12	0.06	0.07	0.08
对抗压力	0.00	0.18	0.00	0.16	0.12	0.02	0.03	0.17	0.00	0.21	0.07
无	0.12	0.23	0.57	0.45	0.50	0.27	0.19	0.37	0.54	0.34	0.29

3. 干预措施的可持续性评估

本小节包含两部分内容，第一部分是关于干预目标的可持续性评估报告，主要是研究人员的案例研究结果和专家评判结果。第二部分是对干预结果的可持续性评估，该评估基于对案例中干预政策的利益相关方的深度访谈调查和第三方的文献评估。

1）干预目标的可持续性评估

11个案例的干预措施均在制定法规、计划、战略、方案或倡议时涉及了可持续性问题。其中大多数案例明确涉及，因为他们认识到需要以平衡的方式处理经济、生态和社会动态问题。在罗马尼亚和比利时两个案例中，对可持续性的考虑较为隐晦，尤其是在旧文件中，可持续相关的术语出现频率较低。这表明新兴的可持续性范式对土地利用管理和规划工具的制定产生了重大影响。此外，大多数干预措施都在时间和制度平衡两个方面明显实现了可持续，因为它们希望产生持久的影响，如为后人延续可持续成果、应对未来可能出现的气候变化、实现设立的土地利用目标。然而，虽然表达了在可持续性的经济、生态和社会三个方面之间实现良好平衡并随着时间推移保持这种平衡的想法，但在实践中，三个方面并没有得到同等重视。

（1）经济可持续性。经济可持续目标在不同研究案例之间差异很大。一般而言，主要有两种方法：①将良好的经济发展作为关键目标。例如，在罗马尼亚的案例中，鼓励所有经济部门提高经济增长，尤其是旅游业。实际上支持这一点的土地开发应该"在环境保护的范围内"进行，但这些限制没有明确规定，这必然会导致"自然潜力的贬值"。这表明一种力求经济的干预目标也不能自动假定为努力实现经济上可持续的土地利用。而在荷兰的案例中，干预措施本身没有明确提及经济发展，但该法规确实试图通过防止房地产供过于求来纠正市场错误。因此，它可以被视为促进了经济可持续发展。②经济增长的公平分配。例如，在德国和意大利的案例中，少数几个经济方面的考虑与负担得起的住房有关。在西班牙的案例中，大都市区农业活动的可行性是其主要问题，特别是通过支持当地产品以增加就业并提高小规模家庭经营者的收入。其余案例综合使用上述两种方法，将经常被忽视的社会群体纳入干预措施的潜在经济目标受益者名单中，这些干预措施可以扩大他们的支持基础，也可以间接促进社会可持续性目标。

（2）生态可持续性。案例研究因地理差异和区域而异。众多案例中包括各种各样完善城市规划的方法，其中限制城市扩张、促进城市密集化、紧凑化发展和问题地区再开发三种方法是首选方案。分析发现，保持生态可持续性包括两种方法：①重视生态内在价值和生态系统服务功能；②保护并提升生态内在价值和生态系统服务功能。这一分析说明，不管生态可持续性状况如何，在大多数案例研究中，其都属于干预措施的主题，即这些干预措施的制定者希望通过加强生态可持续性的同时，也可以增强经济和社会层面的可持续性。

（3）社会可持续性。虽然11个案例都提到了社会可持续性目标，但程度与经济和生态相比差异很大。例如，在奥地利、比利时、西班牙、罗马尼亚和瑞典的案例中，均承诺减少各国土内的社区、城镇和社会群体之间的不平等问题。虽然有很多关于社会可持续性、责任、公平和正义的言论，但措施的明确性和具体性通常落后于可持续性的其他两个维度。

总之，虽然没有一个案例只关注一个维度，但大多数干预措施都倾向于生态可持续目标。11个案例中只有罗马尼亚和荷兰2个案例将重点放在经济维度，瑞典、西班牙、奥地利3个案例将干预措施的1/3或更多的注意力放在社会维度（图5-21）。这里无法就干预措施如何优先选择哪种可持续维度提出建议，因为这取决于它想要解决的问题类型或想要实现的改进目标。

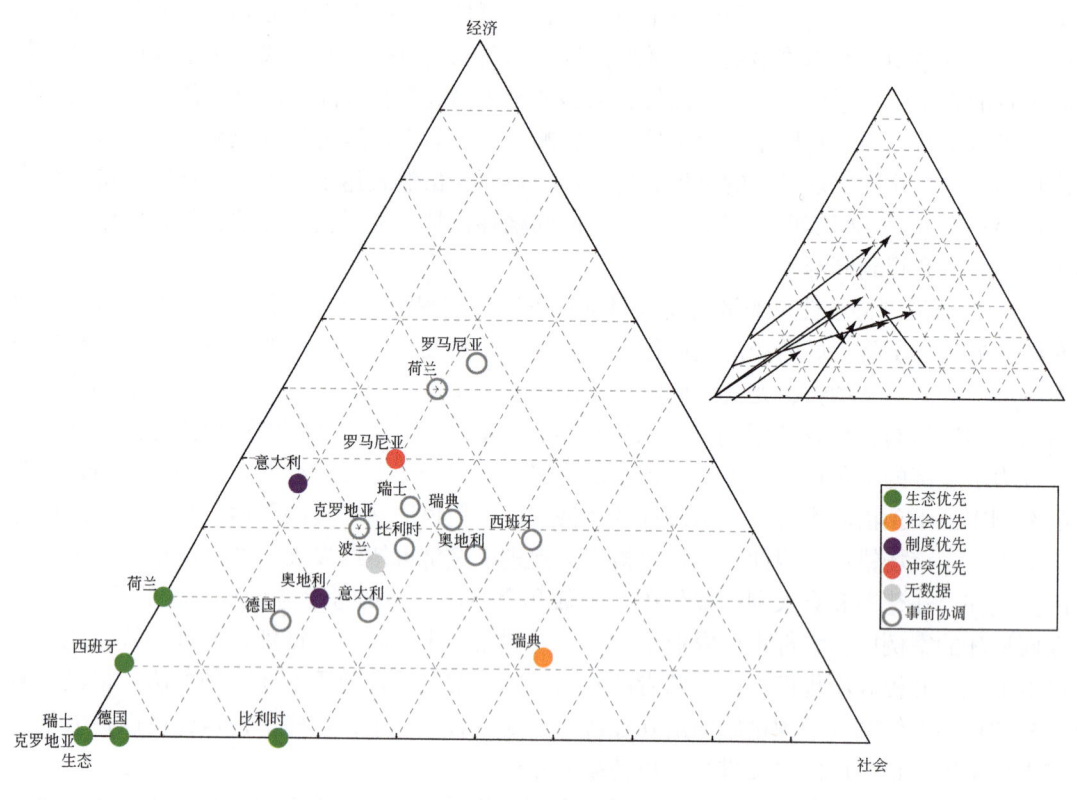

图 5-21 干预目标的可持续评估

2) 干预结果的可持续性评估

本小节基于两个数据源开展干预结果的可持续评估，一是土地利用变化空间分布图和统计图表，二是干预决策者的反馈。11 个案例各维度具体评估结果见表 5-4。

（1）经济可持续性。鉴于 11 个案例中只有两例侧重于经济优先，因此得出的相关结论可能存在一定局限性。积极影响主要体现在 4 个方面：①通过增强空间邻近性，减少对小汽车出行方式的依赖，创新产业和专业协同化，促进办公和住宅转换以平衡市场需求，以及优化税收等方式进行土地用途的优化分配和土地的有效利用（重新开发、再生等），从而产生间接经济收益；②发达经济体公司通过建设基础设施、公共服务设施来吸引技术和人才，利用高新技术又进一步带动当地的经济发展；③通过支持传统的农业活动，增加农业用地的经济价值，从而保护其免受城市化的影响；④发展文化由各城市之间追求自身利益最大化的竞争方式转变为合作方式，以实现公共成本和税收收入的更公平分配。此外，对经济可持续性的负面影响表现为越来越难以负担的高房价、批而未建的建设用地过剩、土地开发带来的利益分配越来越不均衡等。总体而言，决策者认为土地利用的干预措施如果得到充分实施，就证明其是有助于经济可持续性的长期实现，因为通常情况下，长期的经济可持续带来的收益远远超过投入成本。

第5章 欧洲地区的可持续城市化和土地利用实践

表 5-4 11 个研究案例的可持续性评估结果

案例名称		奥地利的福拉尔贝格	比利时的佛兰德斯	瑞士的阿尔高州	德国	西班牙的巴伦西亚	克罗地亚的沿海地区	意大利的巴萨罗马涅	荷兰	波兰	罗马尼亚的康斯坦察	瑞典的斯德哥尔摩
案例研究表征	地理范围	LAU-1	NUTS-1	NUTS-3	NUTS-0	LAU-1	NUTS-2	LAU-1	NUTS-0	LAU-1	NUTS-3	LAU-2
	开始年份	2004	1996	2014	2002	2018	2004	2009	2012	2014	1991	2017
	地域类型	城市农村	城市农村	城市农村	混合	城市农村	沿海和岛屿	城市	混合	功能区跨境	城市沿海	城市
	城市类型	多中心	单中心	多中心	混合	单中心	多中心	多中心	混合	混合	混合	单中心
	工具类型	策略	策略	法律手段	法律手段	土地利用法规	土地利用法规	策略	法律手段	规划	土地利用法规	策略
干预效果（干预结果的可持续性评估）	**经济绩效指标**											
	投资吸引力	+	+			+			+		+	+
	商业支持	−	+	+		−			−		+	
	易于测度	+	−		−	−		+		−	+	+
	经济文化变革	+			+	+		+			+	
	成本/收益分配均衡	+	+	−	+	+	+	+	+			+
	优化	+	+									
	生态绩效指标											
	减缓气候变化	+	+	+	+	+	+	+	+		+	+
	文化-意识	+	+	+	+		+	+	−	−	+	+
	密集化-填充-再生	+	+		−			+		−+	−+	+
	流动性	+	−	−	+	−+	+	+	+		−	−
	开放空间保护	−	−+	−+		+						
	持续性		+				−		−+	+	−	
	土地转换速度较慢	−+	−+	+			+					
	社会绩效指标											
	社区参与	+	+	+		+		+	+		+	−
	避免分配功能障碍	−	−		−			−		+	−	−
	避免中产阶级化	+			+							
	身份		+	−			−		−+	+	−	
	功能混合型社区											
	持续性	+	+					+				
	生活质量							+	+	−	−	−+
	社会住房							−+				−+

(2) 生态可持续性。11个案例研究结果表明,干预措施对可持续性生态维度的影响可以分为三大类:①对开放空间的保护;②对城市环境的改善,如更紧凑的城市发展,更低的碳排放、更健康的生活方式、更多地接触自然和提高能源效率等;③利益相关方和社会成员的环境意识得到加强。研究过程中,将通过问卷调查和访谈获得的定性数据与收集的定量化数据进行比较,发现他们之间没有很强的关联性,因此无法准确评估干预措施对土地利用变化的影响。但定性访谈数据与定量遥感数据之间的矛盾也恰巧说明,成功干预带来的所有生态方面的进步并没有消除不可持续的土地利用变化,甚至很多情况下反而改变了其发展轨迹。但从定性数据反映出的积极影响评估结果可以看出,如果没有干预措施,发展可能将更加不可持续。

(3) 社会可持续性。在所有案例研究中,决策者通常很少提及干预措施的社会影响,可能是因为社会可持续性目标在解决主要问题上只起到辅助作用。结果表明,最显著的社会影响包括以下方面:①经济适用房供不应求。住房短缺是引起社会可持续性目标略高于其他维度的主要问题之一,干预措施带来的社会住房无法满足总需求,同时限制城市扩张在一定程度上导致房价上涨。②人们生活质量的改变。无论是通过增加娱乐设施、提倡步行和骑自行车的低碳出行方式、提供高质量社会服务,还是促进接触自然或保持城市中心社会结构活力的干预措施所带来的环境和经济改善都有助于提高大多数人的生活质量。总之,对社会可持续性影响的评估证明了案例调查的情况,即社会维度的可持续性仍有待提高。因此为了提高当地社区的生活质量和社会凝聚力,可持续土地利用的干预措施需要在公共性住房建设方面进行更多投资。

总体上,所有研究案例中的干预措施或多或少都改变了利益相关方和公众对土地利用规划的理解和实践方式,这表明干预措施可以且确实会影响城市化和土地利用实践。

5.4.4 未来的城市化情景及其可持续发展路径探索

本小节借鉴前文对2000~2018年欧洲地区土地利用变化分析中的城市形态分析结果,根据对城市化机制的解读,提出了3种城市化情景:紧凑型、多中心型和分散型(图5-22)。每种情景都从描述城市增长的主要状态开始,从2020年开始将特定的干预措施应用于每个场景,以此确定到2050年哪些土地会转化为城市用地。最后,展示每个情景对可持续性3个维度的影响。

1. 不同城市化发展情景模拟

创建关于未来发展的情景假设是一种常见的空间规划方法,特别是对于战略决策层面的规划(Throgmorton, 1996;Albrechts et al., 2003;Zonneveld, 2007)。情景模拟的目的是对那些未来发展不确定性很高的区域探索未来可能出现的发展状况(Dammers and Langeweg, 2013)。一般来说,有两种情景类型:一种是具有一定数量的高度不确定性的外部变量(环境场景变量),但政策保持不变的情景;另一种是根据政策而变化的情景(政策场景变量)。SUPER的情景假设属于第二种类型,试图探索3种不同的政策导向如何产生不同的城市化结果和土地利用变化轨迹,从而实现可持续发展,该情景中假设人

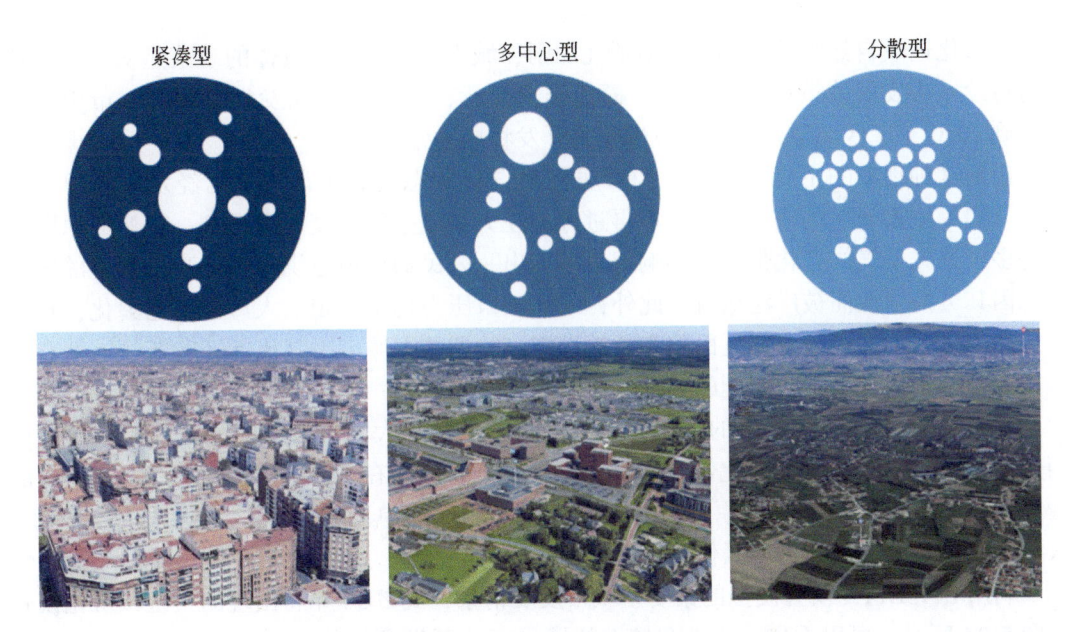

图 5-22　紧凑型、多中心型和分散型城市形态示例

口、宏观经济发展、技术和气候变化等都保持不变。基于不同情景模拟的卢森堡 2050 年的城市发展情况如图 5-23 所示，下面对每种情景模拟结果进行详细介绍。

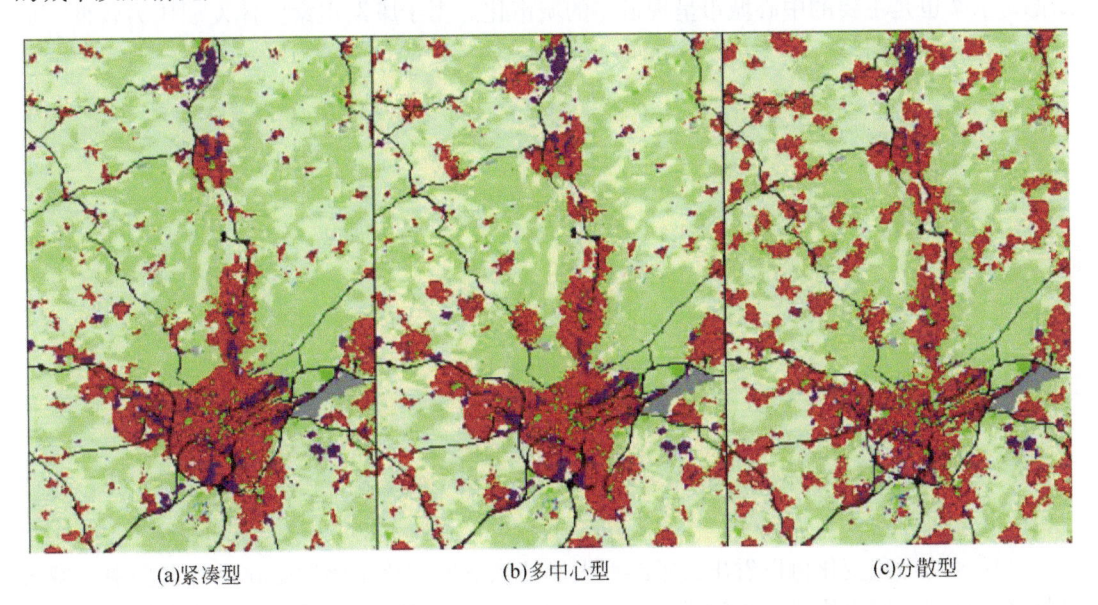

图 5-23　2050 年卢森堡在紧凑型、多中心型和分散型情景中的城市发展模拟结果

1）紧凑型发展情景模拟

A. 模拟结果

假设从 2020 年开始，全欧洲都在推行一种谨慎的城市化遏制政策，以避免铺张、随

意的城市化造成自然资源破坏、土地消耗加剧、城市活力削弱。具体的政策是从过去成功的可持续城市发展政策中选择获得。模拟结果显示，城市化往往发生在现有城市中或附近。到 2050 年，区域重建、再生或填充式开发将成为常态。

出现这种现象的主要原因是人们对居住地选择的态度和生活方式已经发生了很大转变，人们更注重居住的便利性，而不再过分关注大小或豪华程度。出现这一转变的原因也有许多，首先是气候变化带来的影响越来越突出，公民的环境意识得到提高，紧凑的城市形态因其可持续性而被广泛认可。此外，欧洲人口压力趋于稳定，人口显著老龄化；在突发疾病的情况下，更需要靠近医院和救护设施。欧洲的大城市因其比郊区的新住宅拥有更多服务功能、适宜步行和便利的公共交通而蓬勃发展。

到 2050 年，该类型城市的自然景观变化结果显示与大城市接壤的绿地因城市发展而消失，而更远的绿地（如绿化带内部）将不会受到影响。在城市内部，随着建筑物高度的增加和公寓的二次开发（将原有房屋划分为更小的房屋单元），未建空间变得越来越少，人口密度越来越高，农村地区仍然保留其农村特色。

利用 LUISETTA 模型模拟的紧凑型城市发展情景，到 2050 年将出现的典型城市化模式如图 5-24 所示。可以看出，通常在较大的城市新的开发项目依赖于现有城市地区。一些大型的多中心区域，如荷兰的兰斯塔德和鲁尔合并，而米兰和华沙等城市周围分散的郊区已经被填充式开发。在比利时，可以看到布鲁塞尔向南填充，以及沙勒罗瓦和蒙斯之间的空间也被填充。在意大利博洛尼亚和拉韦纳之间的地区，开发只发生在少数大城市周围。斯德哥尔摩也是主要的中心城市呈现最多的城市化。由于康斯坦察整体发展压力较低，城市化趋势并不太明显。

(a) 比利时布鲁塞尔—安特卫普地区　(b) 意大利博洛尼亚—拉韦纳地区　(c) 荷兰兰斯塔德地区　(d) 罗马尼亚康斯坦察地区　(e) 瑞典斯德哥尔摩地区

图 5-24　2050 年 5 个典型区域的紧凑型发展情景模拟结果
深红色区域代表新增城市区域；浅红色区域代表模拟开始时已经建设的区域

从城区的面积变化可以看出，紧凑型发展情景下城市化主要发生在具有大型中心城市的地区，许多大城市均是新增建成区最多的地区（图 5-25）。但是，由于建筑位置的吸引力或交易成本较低，一些地区扩展足够的空间来满足需求，并非每个人口增加的地区都获得了相同数量的额外城市空间。在这种情况下，现有的城市结构会进一步呈密集化发展，如通过重新开发公寓取代单户住宅，在现有建筑上增加楼层或将房屋细分为更小的（工作室）单元。从人口密度也可以看出，很多地区（西班牙、意大利和德国南部的大部分地区建成区人口密度增加）均呈现这种密集化发展，而不仅仅是大城市（图 5-26）。

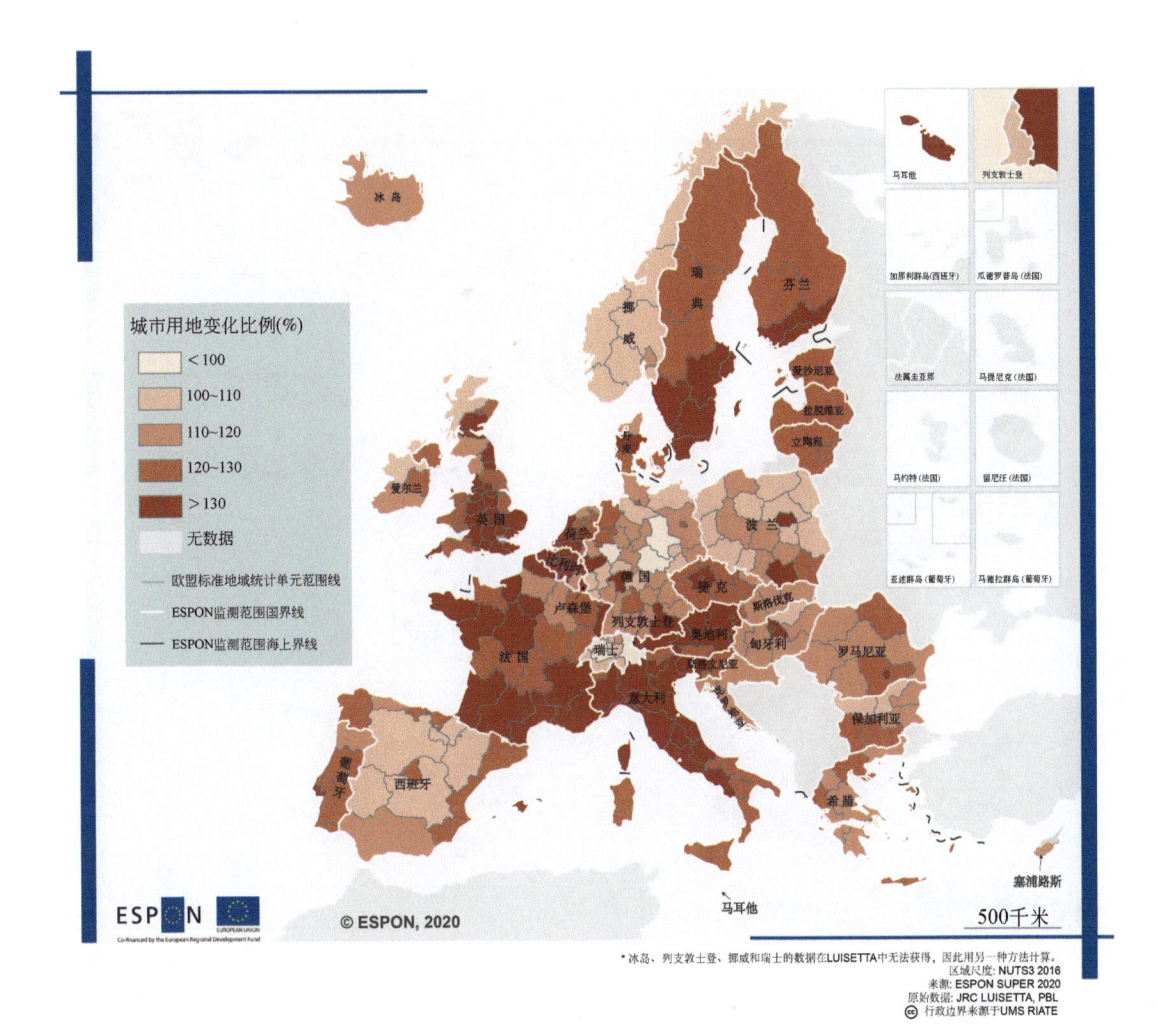

图 5-25　紧凑型发展情景下 2020～2050 年城区面积的变化

B. 紧凑型发展情景下的城市可持续性分析

（1）在经济可持续性方面，紧凑型城市具有明显的优势。正如预测的那样，房地产价格大幅上涨（Nelson et al.，2012；Nilsson and Delmelle，2018），城市经济因棕地重建提供的机会而蓬勃发展（Hall，2014）。紧凑型城市带来的地区邻近性能够降低通勤成本，促进经济体或公司之间的沟通、合作（Anas et al.，1998；Nelson et al.，2012），同时还创造了市中心的就业机会，促进了中央商务区的发展并提高了能源效率（Naess，2006；Boyko and Cooper，2011；OECD，2012）。由于效率提高，建筑物和道路基础设施所需的材料会更少（Naess，2006）。然而也有人认为如果考虑到中心城市以外的增长放缓，用地控制可能会导致净收益损失（Cheshire et al.，2018）。最后，在交通方面，紧凑的城市用地提高了高质量交通连接的可行性，但也增加了道路拥堵和公共交通过度拥挤的风险（de Nazelle et al.，2010；Litman，2019）。

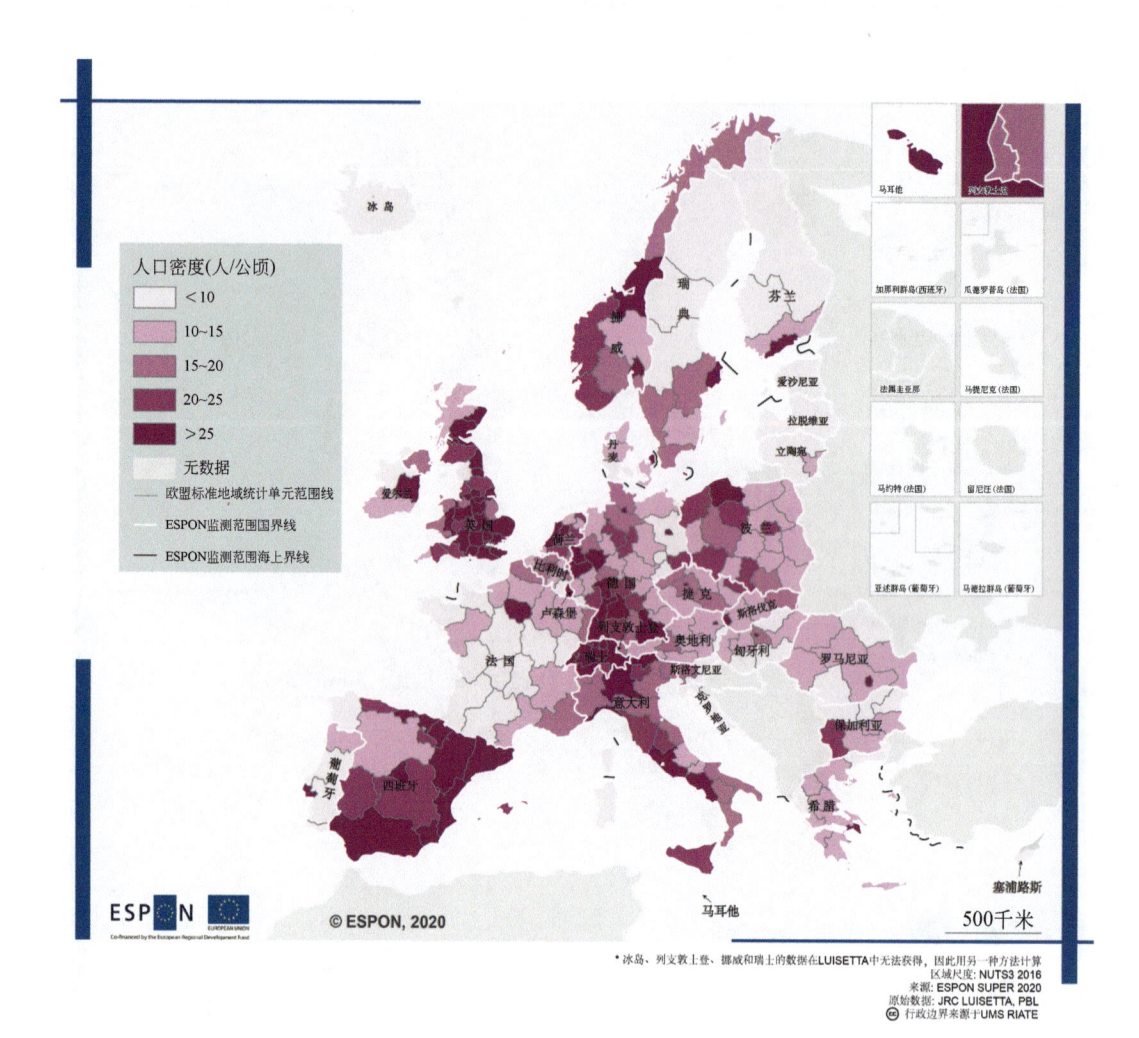

图 5-26 紧凑型发展情景下 2050 年每公顷城市用地上的人口密度

（2）在生态可持续性方面，紧凑型发展的政策在控制"郊区"发展方面成效显著。紧凑的城市形态减少了私家车的使用（Pooley and Turnbull，2000；Rajamani et al.，2003；Owen，2009），绿色屋顶、空中花园和小型城市森林等创新设施为紧凑型城市地区提供了生态服务。但该类型的城市发展通常以占用城市绿地为代价（Giezen et al.，2018；Hautamäki，2019），最终导致的结果是在紧凑型城市中越来越难找到可再生的生态资源空间。

（3）在社会可持续性方面，紧凑型城市有许多短板。房价趋于上涨，在没有实施有效的经济适用房政策的情况下，低收入家庭被排除在城市之外。在某些地区表现出很强的歧视性，如针对移民的做法，正如所担心的那样，传染病在人口稠密的地区传播得更快。此外，噪声和污染等问题增加，绿色空间减少（Giezen et al.，2018）。紧凑型城市的居民可能更健康，因为他们经常步行或骑车（OECD，2012），但同时生活中的空气污染也更严重，除非通过其他措施进行弥补。此外，更短的距离降低了社会隔离并改善了获得当地服务、工作和娱乐空间的机会（Nelson et al.，2012）。最后，人与人之间更近的空间距离增加了不同社会阶层间的历史、传统、习俗和文化交流（Jacobs，1961）。

2）多中心型发展情景模拟

A. 模拟结果

假设从2020年开始，欧洲开始推行城市集群政策，既要避免城市无序扩张造成的自然资源浪费和城市活力降低，又要避免城市拥堵的弊端，但这与许多市民的住房喜好背道而驰。这种情景模式下鼓励中型城镇及其周边地区城市化。到2050年，一种更加多中心的发展模式开始出现。

同样，这背后的原因是多方面的。人们喜欢附近有便利设施的城市生活方式，但也希望居住在开阔乡村周边，避免交通拥堵、噪声和空气污染等城市问题。在全球性传染病、气候变化和其他未知灾难的影响下，医疗设施健全、人口规模适度的中小型社区可能会是人们未来首选的居住地区。因此，虽然创新预测新技术和快速的社会变革将促使城市发展发生大革命，但2050年理想的城市形态是遵循欧洲传统的多中心城镇模式（Servillo et al.，2017）。

到2050年，该类型城市的自然景观变化显示，中型城镇附近的一些绿地因城市发展而消失，但其他绿地基本完好无损。城市沿着基础设施线路出现了新的居民区，特别是在火车站周边分布密集。这使居住在这些集群中的人们可以享受周围农村地区的环境，同时可以通过铁路获得高质量的城市便利设施。

利用LUISETTA模型模拟的多中心型城市发展情景，到2050年将出现的典型城市化模式如图5-27所示。可以看出，小城镇是外来新开发项目的首选地点，在兰斯塔德地区和博洛尼亚—拉韦纳地区，这种情景加剧了多中心城市形态的形成，但有时也促进了城镇协调发展。在罗马尼亚的康斯坦察地区也呈现类似的趋势，但受到整体低增长的抑制并不显著。斯德哥尔摩已经将多中心作为一项长期规划战略，其发展呈现沿着核心城市向外延伸的"条带状"。

| (a)比利时布鲁塞尔—安特卫普地区 | (b)意大利博洛尼亚—拉韦纳地区 | (c)荷兰兰斯塔德地区 | (d)罗马尼亚康斯坦察地区 | (e)瑞典斯德哥尔摩地区 |

图 5-27　2050 年 5 个典型区域的多中心型发展情景模拟结果

深红色区域代表新增城市区域；浅红色区域代表模拟开始时已经建设的区域

从城区面积变化来看（图5-28），城市土地利用的转变主要发生在人口较多的地区。由于这个原因，一些国家表现出内部分化，如法国、德国和意大利，而其他国家则更加同质化（如比利时）。同时，多中心发展情况也导致人口密度增加（图 5-29）。一些中心城市新增人口超过了新增城市用地，这种趋势在地中海沿岸地区尤为明显，在某些发展压力较小的地区则并不明显。

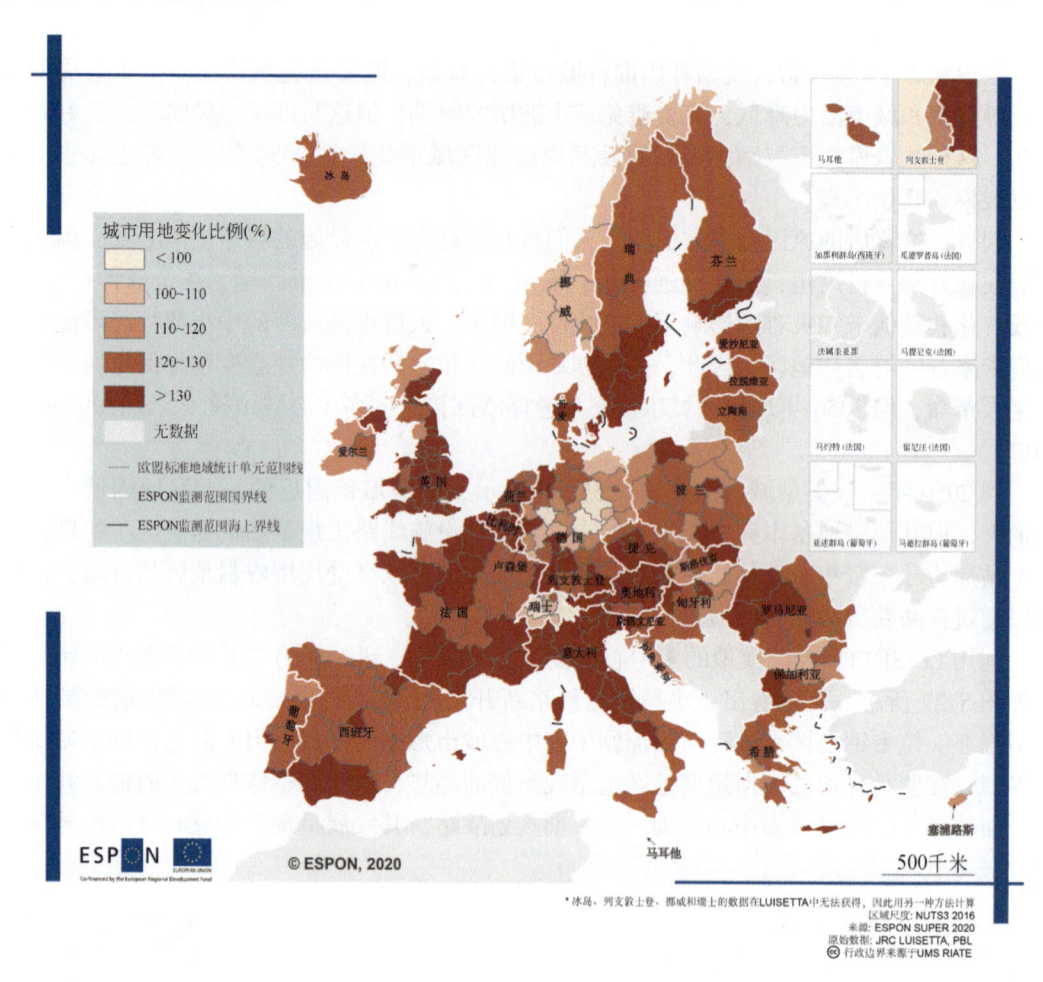

图 5-28 多中心型发展情景下 2020～2050 年城区面积的变化

B. 多中心型发展情景下的城市可持续性分析

（1）在经济可持续性方面，该类城市形态产生了积极影响。多中心模式为企业创造了空间，减轻了现有就业中心的压力（Knowles，2012），城市集群还推动了企业从聚集经济中获得更多收益（Storper and Venables，2004；Rosenthal and Strange，2008）。此外，许多城镇通过相互共享各自的居住环境进而减少通行时间相互受益，但也有一些城镇则继续相互竞争，破坏了这种协同效应（Meijers，2005；Balz and Schrijnen，2016）。以公共交通为导向的开发从整体上改善了许多住宅区的公共服务和就业可达性，而增加的房地产价值则用于提高便利设施的质量（Cervero and Murakami，2009）。最后，多中心型发展情景还同时为低收入和高收入家庭提供了良好的住房环境（Bartholomew and Ewing，2011）。

图 5-29　多中心型发展情景下 2050 年每公顷城市用地上的人口密度

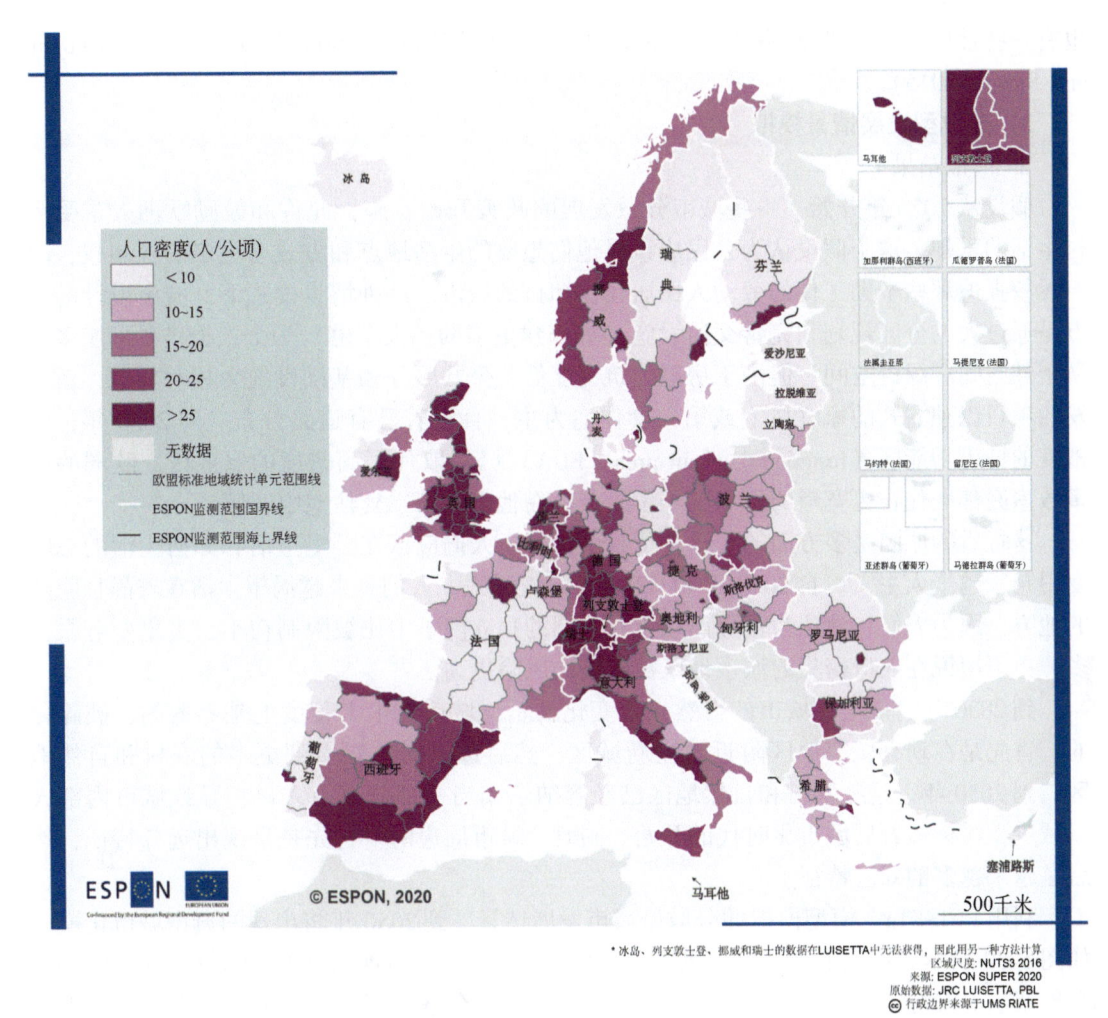

（2）在生态可持续性方面，多中心模式以产生积极影响为主。在许多城镇，密集型、适宜步行的区域和良好的公共交通间的交叉连接减少了停车问题、拥堵问题和污染物排放（Sider et al.，2013）。由于城市呈现多中心空间格局，住宅区通常靠近开放的绿地，无论是公园、休闲空间还是开阔的乡村（Papa and Bertolini，2015；Lierop et al.，2017），同时还有更多可用空间用于其他用途，包括改善气候和生产可再生能源等（van der Waals，2000；Kenworthy，2006；Westerink et al.，2013）。另外也产生了消极影响，某些社区仍然没有足够的空间实现能源自给自足，并且多中心型发展情景还可能导致新增建筑附近的生物多样性降低。

（3）在社会可持续性方面，多中心模式同时存在积极和消极影响。经济适用房是大多数集群式城市发展的重要主题，然而在某些情况下，提高可达性也意味着抬高房价（Nilsson and Delmelle，2018）。一些社区通过绿色公共休闲空间（Knowles，2012；Pojani and Stead，2015）、设计步行街区来提高住宅区的生活质量（Guthrie and Fan，2016），但也有一些社区由于靠近铁路轨道，享受便利交通的同时也受到噪声污染的影响（Pojani and Stead，2015）。

3）分散型发展情景模拟

A. 模拟结果

假设从 2020 年开始，一些城市分散发展的政策开始实施，允许和鼓励欧洲人享受乡村生活的乐趣。这个假设认为公民应该对他们想要的生活地点和方式有更多的控制权，政府无权强迫那些辛勤工作的劳动人民居住在拥挤的城市。这种情景模式下，城市设计的重点是通过大的分区规划和完善交通设施（如修建更多的私人车道）为个人提供尽可能多的私密性空间和绿色空间。但由于房屋建筑密度低，公共服务和基础设施会相对较少，新开发的项目以独立式的家庭住宅或第二套住宅为主，且沿着已有道路分布。到 2050 年，低密度的城市功能区（functional urban area，FUA）已经取代了高密度的农业区，欧洲的大多数家庭都居住在更宽敞的家和院子里，或者在他们的第二套住宅中度假。

这背后的原因是多方面的。这种情景下，关于人们应该在哪里生活和如何生活的态度变得越来越个人主义。自 2020 年 COVID-19 暴发以来，人们越来越渴望生活在安静且隐蔽的地方，因为人们一致认为被隔离在带有花园的独立院子中比被限制在小公寓里要舒服得多，更不用说在人口密集的城市地区被传染的风险更高。

到 2050 年，该类型城市的自然景观变化显示，城市在很大程度上是零散的、破碎化的，首先是在现有城市地区附近建立新城区，然后逐渐向外辐射到更多的农村和自然地区。到 2050 年，这些农村和自然地区已经容纳了相当一部分城市人口，导致城市内部人口减少，这标志着后城市化时代的开始。同时，城市周边的乡村先是呈现出远郊特征，然后是越来越多的郊区特征。

利用 LUISETTA 模型模拟的分散型城市发展情景，到 2050 年将出现的典型城市化模式如图 5-30 所示。可以看出，低密度城市化沿着道路扩散的现象在整个欧洲将随处可见。布鲁塞尔—安特卫普地区的城市形态变得比以前更加分散，罗马尼亚的分散发展变得更加明显。另外，兰斯塔德呈现广泛条带状发展，这在荷兰是少见的。在博洛尼亚—拉韦纳地区以及斯德哥尔摩，不仅农业用地被占用，丘陵和自然保护区也逐渐被占用。

(a) 比利时布鲁塞尔—安特卫普地区　(b) 意大利博洛尼亚—拉韦纳地区　(c) 荷兰兰斯塔德地区　(d) 罗马尼亚康斯坦察地区　(e) 瑞典斯德哥尔摩地区

图 5-30　2050 年 5 个典型区域的分散型发展情景模拟结果

深红色区域代表新增城市区域；浅红色区域代表模拟开始时已经建设的区域

第 5 章 | 欧洲地区的可持续城市化和土地利用实践

从区域层面来看，分散型发展情景是 3 种情景中城市化净增长面积最多的。大多数区域城区面积增长 120%~140%，甚至更多，增长较少的地区主要分布在德国、保加利亚、瑞士和挪威的部分地区（图 5-31）。虽然局部地区呈现分散状态且人口密度降低（图 5-32），但在区域层面，许多地区的人口密度均呈不同程度的增加趋势，这种现象在高增长的城市地区最为明显，其中包括从英国延伸到意大利和西班牙海岸的"蓝香蕉地带"（Blue Banana）①。

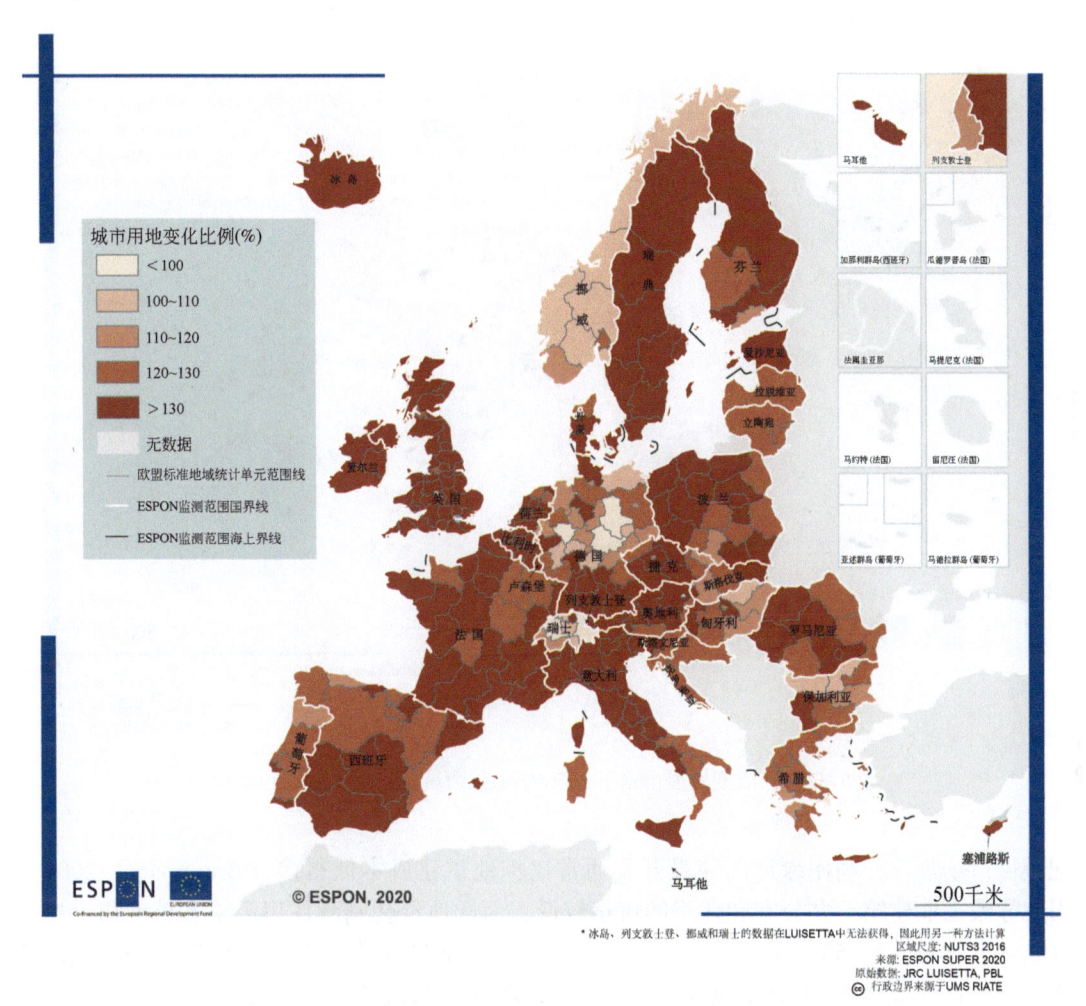

图 5-31 分散型发展情景下 2020~2050 年城区面积的变化

B. 分散型发展情景下的可持续性分析
（1）在经济可持续性方面，积极影响与消极影响并存。积极影响方面，城市土地的分

---

① "蓝香蕉地带"是指欧洲中西部人口较为密集的自意大利北部至英格兰西北部地带，约有 1.1 亿人（欧洲人口约为 7.3 亿），曾经是欧洲人口、经济或工业最集中的地区。

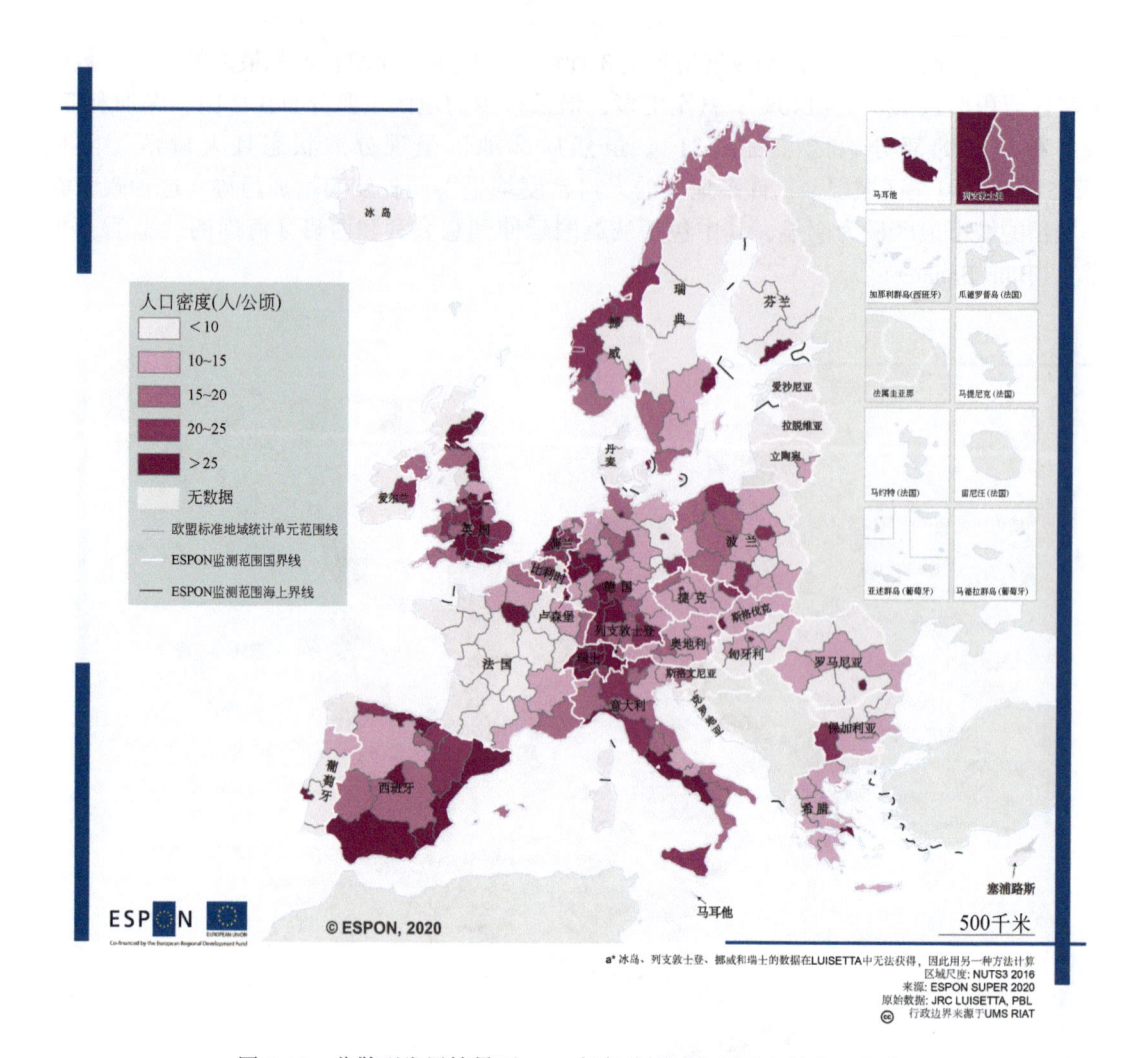

图 5-32　分散型发展情景下 2050 年每公顷城市用地上的人口密度

配遵循市场规律,利用绿地的建设开发通常比棕地重建成本低得多(Bruegmann, 2006),因此导致工业建筑、办公室和住房的价格较低,而低地价会刺激住房需求和就业机会增多(Oueslati et al., 2015)。消极影响方面,分散的城市格局导致许多地方无法与公共交通相连,因此自驾成为默认的交通方式,进一步导致交通成本增加(Longley et al., 2002; EEA and FOEN, 2016),出现交通拥堵,人们对加强道路基础设施建设的需求增加(Cinyabuguma and McConnell, 2013; EEA and FOEN, 2016; Hortas-Rico and Solé-Ollé, 2010; Klug and Hayashi, 2012)。同时,也导致警察、消防、垃圾回收、卫生、道路清洁和公共照明等地方公共服务的成本上升(Gielen et al., 2021)。此外,低密度生活也增加了能源消耗,导致人均生活成本增加(Newman and Kenworthy, 1999; Couch et al., 2008; EEA and FOEN, 2016)。

(2)在生态可持续性方面,主要产生消极影响。汽车使用的增加和监管力度的降低,碳排放水平整体上有所增加(Glaeser and Kahn, 2010; Norman et al., 2006),但由于生活空间更大，污染物显得并不集中。此外还会产生更多的噪声和光污染问题（Bennie et al., 2014）。由于土地的广泛利用，农业用地和空地大量流失，依赖这些土地的物种生物多样性减少，但同时更多绿色开放的城市空间（如未建成的地块、大型公园）为其他物种提供了新的栖息地。在气候变化方面，这种情景既有消极影响，也有积极影响。由于土地消耗率较高，向更可持续的能源过渡被证明是困难的，分散的空间格局增加了城市"热岛"的表面积（Stone et al., 2010；EEA and FOEN, 2016）。然而，一些分散型建设项目为建筑物和户外活动提供了更多土地，包括城市绿地（Wolch et al., 2014）和更好的气候适应策略，如保水空间（space for water retention）。

（3）在社会可持续性方面，也是积极影响与消极影响并存。由于房价低廉，人们可以随意居住在低密度郊区，这为大多数人提供了理想的居住场所（Longley et al., 2002；García-Coll and López-Villanueva, 2018），对于许多居民来说，亲近大自然可以减轻压力并带来幸福感，但也存在负面影响，尤其是在社会公平和公正方面（Kenyon, 2011；Morency et al., 2011；Montgomery, 2013）。在许多地区，种族隔离显得尤为突出，并且分散型发展会导致老城区发展衰退，使留在老城区生活的人处于不利位置（Xie et al., 2018）。

2. 不同发展情景下的可持续性对比

SUPER 项目假设的 3 种情景只是提供一种系统化的方式来反思欧洲发展过程中难以掌握的复杂性和多样性，以及在土地利用政策制定中需要考虑的各方面权衡和协调问题。同时揭示了一个事实：城市化的方向是人类决策的结果，因此会受到协同行动的影响，换句话说，这些假设情景虽然不会成为现实，但它们具有可靠的理论依据，可以激发关于可持续发展政策方面优缺点的讨论。

项目关于每种情景所产生的可持续影响并不是基于主观认识得出的，而是通过对北美和欧洲的大量文献进行广泛研究、分析和总结后得到的（表 5-5）。结果显示，就可持续性而言，上述 3 种情景都不是完美的，即使是通常被当作蔓延的分散式发展，也并非在所有方面都是负面的。每种情景对应着各种各样的结果，尝试利用各种科学的方式去平衡不同指标正负影响的做法被证明是徒劳的，无论从哪个层面都无法得出一个准确的可持续的评分。此外，一些模棱两可的结果（+/-）也被证实会导致最终结论出现错误。需要指出的是，SUPER 项目中对 3 种情景下城市的可持续性评估是根据研究人员的最佳判断给出的，并不能反映特定地区发展或政策制定中管理者的实际偏好。给每项指标赋予权重始终是一种政治选择。

（1）从经济维度的评价结果来看，分散型发展存在较多负面指标。但这一结论可能会存在一些偏见，所调查的为数不多的经济领域学者或"蔓延论支持者"认为，分散型的开发最接近市场分配，因此具有较高的经济价值；而大多数其他来源的结果均持反对意见，他们认为分散型发展错过了集聚效应，具有较高的能源消耗和运输成本并且面临较大的公共财政压力。同时，紧凑型和多中心型的得分大致相同，但属于不同的可持续类型，如住房开发停滞的地区可能更倾向于多中心，而住房用地有限的地区可能会倾向于紧凑型城市化。

表 5-5　不同城市化类型的可持续性

维度		紧凑型	多中心型	分散型
经济可持续性	GDP、财富	+/-	++	+
	公共财政	++	+	-
	工作	++	++	+/-
	可达性	+/-	++	+/-
	商业用地面积	++	++	+/-
	住房需求	-	+	+
	运输成本	+/-	+	--
	能源消耗量	+	+	--
生态可持续性	降低流动性（依赖汽车）	++	++	--
	减少污染，包括 CO_2	++	+	--
	城市绿地面积	-	+	+/-
	生物多样性	+/-	+/-	--
	土地消耗量	+	+	--
	自然灾害	-	+	+/-
	气候变化	+/-	+	+/-
	资源消耗	+/-	+	-
	可再生能源	+/-	+/-	+/-
	未来保水空间	+	+	+
	循环经济	+	+	-
社会可持续性	健康	+/-	+/-	+/-
	经济适用房	+/-	+/-	++
	权益	+/-	+	--
	公共和娱乐空间	+/-	+	+/-
	多样性（高层、郊区等）	+	+	+
	混合用地面积	+	++	-
	对家庭环境的满意度	+/-	+	+

（2）从生态维度的评价结果来看，呈现出与经济维度类似的规律，但指标内部存在较大差异。例如，紧凑型和多中心型总体较低的污染水平被较高的浓度所抵消。因此，决策制定时需根据当地实际情况进行权衡，如果当地已经达到不健康的浓度，则应该考虑分散型发展。同样，在紧凑型和多中心型发展情景中通过增加密度保护土地的生态效益也意味着生态服务和可再生能源的空间更少。至于到底哪条路径最具吸引力或最有利将再次取决于当地的政策目标。而分散型发展情景除未来保水空间外的所有环境指标都是负面的。

（3）从社会维度的评价结果来看，呈现出与上述两个维度截然不同的规律。分散型发展情景并不落后于其他情景，在住房负担能力和居住环境满意度等个人指标方面，与其他两种情景相比，显示出一些明显的优势。在混合用地和社会包容方面，它的表现较为负面。尽管城市遏制可能会导致房价升高，但此类政策通常与保障性住房政策一起实施，从而抵消了这种影响。此外，鉴于人们经历 COVID-19 大流行后，对居住环境的需求已然发生转变，因此究竟是哪种发展情景更好，无法得出确切的结论。

总之，情景模拟和评估框架为决策者和政策制定者提供了一种讨论城市化和土地利用决策的方式。它为政策制定者开辟了一个空间，让他们反思有哪些基本选择，而不会陷入纠结细节、合理性或可行性的概念中去。因此，它提供了一个结构化的讨论框架，可以促进对长期发展实践中遇到问题的共同理解以达成共识，并最终为致力于战略性集体行动奠定基础。

5.5　结论与讨论

5.5.1　主要结论

（1）城市化受多种因素综合影响，应避免"蔓延"这种二元化区分，城市可持续性在生态、经济和社会 3 个维度存在内部权衡和协同作用，无法同时实现所有维度的可持续性。

2000~2018 年欧洲城市化和土地利用发展情况分析表明，城市化是一个非常复杂的现象，受多方面因素的影响，可能形成各种城市形态类型（如城市用地结构和形态的组成），在今后的政策讨论中应该避免"非净地占用"和"蔓延"这种过于简单的二元化区分。城市化发展的可持续性可以用经济、生态、社会 3 个维度来表示，但各维度之间存在内部权衡以及协同作用，要同时实现所有维度的可持续性是一项艰难且复杂的任务。

（2）无论是中央政府管理制还是地方自主管理制的干预措施对实现可持续土地利用均有影响，且两者各有优劣，产生的影响不相上下。协调、协作、长远视角、资源再利用和私人合作伙伴是干预措施成功的最重要因素。

对收集到的 235 项干预措施及干预效果的分析表明，与实现可持续城市化最相关的欧盟政策基本都是非强制性的（地方自主管理制）；财政调控和具有约束力的法律法规等强制性政策（中央政府管理制）对土地利用产生的主要是间接影响。国家干预措施分析确定了 40 多个相关成功因素，其中，协调、协作、长远视角、资源再利用和私人合作伙伴被认为是最主要的成功因素。然而关于干预措施是中央政府管理还是地方自主管理存在很大分歧，两者在实现土地利用可持续性方面产生的效果相当。地方自主管理虽然对当地环境、实际状况和需求很敏感，更加灵活，并能增加实现可持续土地利用目标的可能，但地方自主管理所具有的灵活性也可能会导致相关干预措施不被执行、执行失败或为经济利益而牺牲环境和社会可持续发展目标，尤其在那些对可持续性几乎没有行政或制度支持的特定政治文化中，不被执行的可能性更高。

（3）干预措施确实会对土地利用发展产生影响，且不同的社会政治文化背景产生利益相关的实践效果有所不同，关于可持续性维度选择的优先级需要结合实际情况因地制宜。

通过具体实践案例的深入研究发现，干预措施或多或少在一定程度上都改变了机构和一般公众对土地利用规划的认识和实施方式，即干预措施能够而且确实会影响城市化和土地利用实践。当干预措施的制定有足够的知识、数据和技术能力，并获得公众参与和支持时，往往能够获得并维持对干预措施的政治支持。同时，虽然人们已经认识到需要以平衡的方式处理经济、生态和社会3个维度的可持续性，但现有大多数案例干预措施都倾向于生态可持续性目标，至于究竟应该优先选择哪种可持续维度，需要依据各个地方的实际情况，结合当地需要解决的问题或想要实现的改进目标决定。

（4）不同的城市化发展路径各有优缺点，且在可持续性方面也同样存在权衡和协同作用，情景模拟和可持续评估框架可为决策者提供决策支撑。

通过情景模拟将前面的分析结合在一起，将3条看似合理但截然不同的发展路径（紧凑型、多中心型和分散型）模拟到2050年。模拟结果和可持续性评估结果显示出3种不同发展路径各有优缺点，就可持续性而言，没有一种是完美的，即使是通常被当作蔓延的分散式发展，也并非在所有方面都是负面的。同时，不同发展路径的可持续性在经济、生态、社会各个维度存在权衡和协同作用。情景模拟和可持续评估框架只是为决策者们提供了一个不同方案优缺点的讨论框架，让他们认识到有哪些基本选择并最终达成共识，形成最优决策方案。

5.5.2　政策建议

1. 充分借鉴已有经验并探索未来发展路径

通过对欧洲2000~2018年的土地利用分析发现，欧洲土地利用的演变是以分散化的方式逐渐发生的，监测区内约0.6%的土地功能发生了变化。其中，大部分是农业和自然土地之间的转换或类别内部的转换，同时城市化几乎占据了土地利用变化的近一半，且不可逆，这一结果说明重视制定土地利用干预政策是非常必要的。

从欧洲的土地利用发展分析中得出的经验是，很难对泛欧层面的可持续性做出全面判断。因为欧洲的土地利用变化分布特征各异，如一些地区城市化发展迅速，一些地区甚至在逆城市化发展，一些城市呈分散型发展，一些城市呈紧凑型发展，导致城市类型发生转换；同时土地利用变化产生的影响也高度异质，在许多情况下，发展标志着可持续性不同维度之间的权衡，如人均城市用地面积的增加意味着更多的居住空间和住房负担能力的改善（社会可持续性），但在土地消耗方面效率较低（环境可持续性），甚至各个维度之间也相互制约，如农业活动的加剧意味着土地利用效率更高，自然空间更大，但土壤污染浓度也更高，从而破坏附近的栖息地。尽管如此，也发现了一些共性特征，即城市化在很大程度上可以用人口和社会经济发展等驱动因素来解释，如2008年的金融危机对欧洲土地利用产生显著影响。鉴于此，COVID-19大流行之后可预见的经济危机可能会对未来的土地利用决策产生影响，最终改变欧洲的版图。同时COVID-19大流行对公众舆论的影响，可能会带来全新的住房和商业地点偏好，从而将城市化压力转移到新的地点。这就证明了制定和使用政策情景模拟的重要性，通过制定不同的政策情景，可以探索不同城市化发展轨迹（如紧凑、多中心和分散）的优劣势，同时也为讨论可持续性各个维度的权衡取舍和协同作用奠定基础。

2. 制定干预措施以影响城市化和土地利用

通过对干预政策及其影响的分析发现，可以通过设计干预措施、调整权力机构并调整土地开发过程中的利益相关者所获得的收益，从而影响他们在土地开发过程中的行为以实现更可持续的目标。干预措施数据库涵盖了很多提高或降低绿地开发相关成本以进行再利用和填充式开发的案例，如禁止在某些区域建设或允许在某些区域进行更高密度建设。尽管此类干预措施不一定会对土地利用发展的宏观规律产生影响，但案例研究证明干预措施至少可以影响不同土地利用需求的空间分配，而干预后的土地利用混合开发会比不干预的传统开发具有更高的可持续性。因此，在国土空间规划与治理过程中，决策者可以通过制定干预措施影响城市化和土地利用。

3. 制定欧盟政策以影响土地可持续性

对欧盟政策的分析表明，尽管欧盟没有正式的空间规划权限，但欧盟政策依然会对城市化和土地利用产生了重大影响。例如，SUPER数据库中15%的干预措施受欧盟政策启发或欧盟资助。一些欧盟政策甚至是专门针对城市化和土地利用问题（如欧洲空间发展前景）而制定，但这些政策往往采取非约束性协议的形式。因此，如果欧盟希望实现可持续土地利用，那它至少应该尝试调整自己的政策以达到这一目的。例如，欧盟可以通过将可持续土地利用作为财政支持的先决条件来帮助减少结构性基金的土地消耗，同时在欧盟共同农业政策"绿色农业"中，也需要考虑土地利用问题。此外对于相关的立法提案，SUPER项目建议将可持续土地利用纳入事前影响评估。现有的《可持续城市化和土地利用指南》是朝此方向迈出的第一步。

4. 因地制宜制定相关政策

欧洲的发展存在高度异质性，很难在泛欧层面对可持续性做出整体判断。例如，在欧洲某些地区存在农业集约化的迹象，而在其他地区却存在农业用地被废弃的迹象。同时，欧洲某些地区的城市增长剧烈，而其他地区则下降。此外，这些发展的影响也是高度异质的，通常需要在可持续性的不同维度之间进行局部权衡。例如，人均城市用地的增加意味着更多的生活空间和更高的住房负担能力（社会可持续性），但在土地消耗（环境可持续性）方面的效率却较低。同样，干预措施在哪里有效以及为什么有效等方面几乎没有规律性。一些地区的成功干预在其他地区却失败，这表明通用目标或一刀切的政策法规对引导可持续城市化和土地利用的价值有限。因此，在政策制定时需要考虑当地的经济、生态或社会状况，以实现土地利用可持续目标。

5. 构建积极主动的长远全局性思维以促进政策实施

出于选举原因，欧洲的政客们往往倾向于关注可以快速解决的具体且紧迫问题，而不是需要通过更全面的方法解决的复杂长期问题。案例研究表明，应该将干预措施纳入清晰且全面的战略，或者是涵盖所有相关主题并涉及所有利益相关方的愿景中，这样实施起来会更加容易。此外，愿景可以使干预措施被视为更广泛战略的一部分，这些战略指那些不是基于机会主义、权宜之计或司法政治做出的土地利用决策。相反，它们是可以在主题可持续性方面优化土地利用并实现时间上的可持续性。此外，干预措施的规模等级越高越容易成功，如果制定愿景的级别具有立法权限（如国家政府或联邦州），则将比地方一级的单向干预措施的成功率或可持续性更高。但大多数干预案例中，如果是较低层级政府提出的干预措施，那么往往比国家层面提出的干预措施更全面、更具体，这表明需要做更多的工作来实现更好的多层次治理。

5.5.3 不足及展望

1. 土地利用发展研究方面

由于时间原因，SUPER 项目对 Corine 数据库的挖掘不够深入，未来应加入 Corine 数据库中更多的数据集，以揭示更多信息，尤其是可以加入环境指标方面的相关数据，以加强与可持续性的联系，或探索人类幸福指数和生态系统繁荣指数等指标的适用性。例如，可以考虑加入与 SUPER 项目并行的 ESPON QoL 项目数据，并结合 PROFECY 项目中开发的关于公共服务设施（如学校、医院）位置的数据以开展更综合的分析。此外，如果有其他可靠的数据出现，也可以将其整合到城市化驱动因素分析中。SUPER 项目能够创建两种划分城市区域类型的方法，一种基于聚类分析，另一种基于城市形态分析，但无法进一步分析如何规划这些区域类型。此外，可尝试将现有城市形态分析方法与其他欧洲城市形态测度方法进行比较，并将研究单元由 NUTS-3 区域转向格网单元，这是否会产生截然不同且更好的结果还有待验证。

2. 干预措施研究方面

SUPER 项目中干预措施的调查和分析数据库主要是基于发送给 ESPON、空间规划和国土空间治理相关协会的在线调查问卷收集的。因此，这些调查数据是有偏差的，因为它们可能反映了受访者的职业价值观，而且一些国家的代表性明显不足。更多关于干预措施影响的案例研究将有助于抵消一些偏差。项目主要根据数据库中相对粗略的信息确定成功因素，但有明确的案例表明，有关干预措施的实证研究有助于深入了解这些因素如何对干预措施的成败发挥作用。同样，有针对性地分析欧盟政策（特别是凝聚力政策）是如何促进可持续城市化和土地利用下一步需要开展的工作。

3. 实践案例研究方面

SUPER 项目仅对欧洲政策干预的相关实践案例开展了初步探讨，未来可在已有方法基础上，更深入地探讨干预措施对具体土地利用实践的改变程度，并与快速发展的土地开发实践制度进行对比。此外，新成员国的案例研究证明了欧盟政策对各国发展中的具体做法有深远影响。这为可持续城市化研究增加了一个多层次的讨论方向，应该进一步探索这一方向，以了解欧盟如何直接和间接地影响这一现象。

4. 政策方向研究方面

虽然SUPER项目使用的情景模拟模型（LUISETTA模型）是最先进的，但仍有许多问题需要解决，以取得更可靠的结果。鉴于该项目的目标是与利益相关方就不同发展模式的可取性展开讨论，LUISETTA是够用的。但是，作为土地利用影响评估的工具，该模型还需要进一步完善，特别是在需求模块方面需要加强。目前形成的模型在模拟未来的城市发展方面存在一些缺陷，如关于国家一级现有规划政策的信息有限，只能将城市发展作为大型项目而不是零星开发进行模拟。最重要的是，该模型不能模拟内部填充或密集化发展，甚至不能模拟由于办公和工业用地类型合并而产生的土地再利用。

此外，需要对与财政构成、产权和城市化进程有关的土地管理问题开展更多研究。由于数据限制，许多类似的科学问题无法在SUPER项目中解决，还需要更有针对性地研究空间规划系统要素与可持续成果之间的相互关系，如土地如何划分、如何获得发展权，有多少未建设的土地拥有发展权，以及减少此类权利的政治、法律和经济成本。

第 6 章　欧洲内部边缘地区的特征、进程与趋势

近年来，随着城市化进程加速和经济快速发展，我国在发生翻天覆地变化的同时，发展不平衡的问题更加凸显。区域发展差异不仅体现在城乡，城市内部发展差距也相对较大。目前我国发展不平衡的问题，体现在经济社会发展的多方面和多层次。除了经济差距外，城乡、区域之间基本公共服务水平的差距也较大，表现为教育公平的问题比较突出，医疗服务供给总量相对不足等。因此，及时识别社会经济发展过程中的问题区域，发现"脱节因素"，及时调整与治理，对我国社会经济可持续及区域协同发展具有重要现实意义。鉴于此，本章从 ESPON 的应用研究中，选取 PROFECY 项目，对其形成的项目成果在翻译的基础上进行总结归纳与深入研究，主要对该项目的研究背景、研究目标和内容、研究方法、结果分析及结论与讨论 5 个方面的核心内容进行梳理，最后就该项目对我国国土空间规划与城市发展的启示和建议进行了本章小结，旨在为我国逐步缩小区域发展差异、实现区域协同发展提供参考。本章用到的数据、图片及文字等资料均来自 ESPON 2020 中 PROFECY 项目的各项成果（https://www.espon.eu/inner-peripheries）。

6.1　研究背景

6.1.1　概念辨析

传统的边缘化主要是指在地理区位上远离国家、区域、地方经济的活动中心。这些地区失去了空间集聚的优势，并承受一系列与高运输成本、缺乏创新来源、劳动力短缺等有关的经济障碍。这一衡量标准的基本概念是"经济潜力"，相关研究也开发了各种公式来衡量不同地区的经济潜力。通过考虑整个欧洲的其他经济活动中心，并与规模（以 GDP、就业等代表）和距离（以千米数、通行时间或成本衡量）成反比，对其影响进行加权（Keeble et al., 1988；Porter, 1995；Schürmann et al., 1997；Wegener et al., 2000；Copus, 2001；ESPON, 2004；Schürmann and Spiekermann, 2014）。因此，"经济潜力"有着非常具体的含义，即一个地区相对于欧洲所有经济活动中心（不仅仅是邻近的中心）。在过去，发展不均衡的主要原因是地理因素，如今已经发生了变化，因为资源的缺乏现在被解释为缺乏社会经济和政治联系，因此，关系的"偏远"不一定限于地理位置。地理偏远不会导致绝对边缘化，中心位置也不能保证繁荣（Bock, 2016）。

内部边缘地区作为一个更加复杂的现象，是通过综合各种社会经济进程的影响所导致的与外部国土和网络脱节的现象。内部边缘地区的明显特征不是它们相对于欧洲"核心地

区"的地理位置，而是它们与所在国土的"脱节"程度。有些内部边缘地区落后于其他地区，而有些内部边缘地区根据劳动力市场和经济数据来看并非如此。在内部边缘地区是经济落后地区的情况下，很难区分这两个概念，因为随着时间的推移，落后的过程在某些情况下可能导致内部边缘化，反之，落后可能是边缘化过程的结果。然而，重要的是在理论上区分不同的概念，以采取不同的干预和补救措施。

内部边缘地区的共同点是：地理上靠近欧洲中心，但难以惠及基本的公共服务，与邻近地区相比，它们的总体表现、发展水平、获得服务的机会以及人口的生活质量相对较差。然而，内部边缘地区是非常独立的混合体，每一个都是由独特的历史因素、社会经济因素以及其他复杂因素导致。因此，理解内部边缘地区作为一种特殊国土现象的关键是要意识到地理位置不是唯一的驱动因素。与区域中心的距离、人口或经济活动的集聚程度以及获得服务的机会都会影响地区的边缘化进程。空间与非空间因素（如距离、人口经济活动、一般公共服务的可获得性）都会导致区域边缘化，甚至阻碍发展。

6.1.2 问题背景

所有欧盟成员国边境区域内甚至城市中心周边都会存在一些社会、经济十分落后的区域，这里的城市居民基本的社会保障（交通、就业、教育、社会福利等）覆盖率较低，但这些地区往往拥有丰富的自然、文化资源（如良好的住房环境，娱乐和休闲活动场所）。这些资源可以用来提高该地区对居民、公司和游客的吸引力。因此，这些内部边缘地区虽然由于某种边缘化导致了经济和社会的发展障碍，但仍具有发展潜力。

内部边缘地区在欧洲政策领域是较为创新的概念。但在大多数欧洲国家，内部边缘地区并没有得到足够的重视。内部边缘地区的特点似乎不仅仅表现在可达性，而且与社会、经济、制度和文化网络的配置以及长期历史发展相关的各方面因素有关。此外，定义内部边缘地区的尺度与规模也很重要，这使得内部边缘地区的准确划分成为一个挑战。在欧盟层面，许多成员国在考虑制定具体的国土政策措施时，需要更多的区域空间信息，因此内部边缘地区因其政治关注，愈发成为一个重要的问题。此外，内部边缘地区相比外部边缘地区来看，在欧洲国土结构中融合得更好，因此它们可以更好地发挥国土凝聚力的作用。

内部边缘地区作为一种地区分化的现象，难以用简单而独特的方法进行描述。相反，内部边缘地区的存在是欧洲所有国土的进程、特征和发展的多重组合的结果，几乎所有欧洲国家都有内部边缘地区。因此内部边缘地区需要欧洲、国家和地区层面的政治关注，以支持当地利益相关方应对相关挑战。该项目目标是对内部边缘地区的多种表现形式进行识别、划定和特征描述，并回答一系列关键的政策问题，通过对内部边缘地区特征的理解和经验总结，旨在欧洲层面为内部边缘地区制定战略，以克服区域内部边缘化的影响，扭转内部边缘地区发展趋势。

6.2 研究目标和内容

6.2.1 研究目标

该项目研究目标是通过对内部边缘地区特征的理解和经验总结，对内部边缘地区的多种表现形式进行识别、划定和特征描述，并回答一系列关键的政策问题。具体研究目标如下：

（1）明确内部边缘地区的定义、特点以及关键构成要素，并在地图上识别内部边缘地区。分析欧洲不同的国土背景下内部边缘地区的动态变化、预测未来可能的发展前景以及识别存在内部边缘风险的国家或地区。

（2）探索推动边缘化进程的因素，以及如何扭转或克服诸如人口下降、老龄化、经济衰退、就业减少、公共基础服务能力的变化、公共融资等边缘化进程。

（3）选择ESPON范围内部边缘地区作为研究案例，找出内部边缘地区的一般发展趋势、特征和应对经验，以克服区域内部边缘化带来的负面影响。

（4）提出能够解决内部边缘地区具体需求的有效措施，充分利用其自身的发展潜力，并在欧洲、国家、区域和地方各级层面开展自上而下的合作，为应对内部边缘地区提出战略规划。

6.2.2 研究内容

针对上述研究目标，该项目从内部边缘地区的理论模型、特征描述、驱动因素识别、案例分析与政策建议等多方面展开研究。具体研究内容如下：

（1）构建理论概念模型，明确内部边缘地区特征。该项目首先构建内部边缘地区的概念框架，明确内部边缘地区的不同特征。理论概念的提出对导致内部边缘地区的出现和发展过程有了清晰理解。概念和划分特征的清晰性也是后续分析以及提出适当的干预途径和有效策略的基础。

（2）识别内部边缘地区并进行可视化，明确发展进程与空间分布，判断主要驱动因素。通过识别欧洲内部边缘地区的空间分布模式和社会经济特征，利用交叉表和重叠地图，分析内部边缘地区的地理环境与欧洲落后地区及其他类型区之间的重叠和偏差。在受内部边缘影响的地区与欧洲其他类型区（滞后地区、农村地区等）进行社会经济特征比较，借助箱形图的直观说明和描述性统计，分析了各种社会经济指标的分布模式。

（3）案例研究与比较分析。欧洲内部边缘地区的复杂性、多维性过程进行案例研究，将之前和即将进行的活动联系起来。从整体情况和典型案例分析两个方面，对特定案例的研究结果进行分析，并在一般理论和具体特征的基础上制定欧洲相关政策。

（4）内部边缘地区的发展策略与政策建议。在内部边缘地区理论概念和特征描述的基础上，对上述分析结果和经验项目进行总结并提出一套政策建议，既包括针对地方/区域一级的建议，也包括针对国家/欧洲一级的建议。

6.3 研究方法

6.3.1 数据来源

本小节概述了欧洲内部边缘地区研究所需要数据的来源、格式和内容，主要包括不同类型的 GIS 数据集和统计数据，以及 OSM（open street map）数据、栅格数据等作为补充数据集，尽可能提供一个完整覆盖 ESPON 地理范围的数据集。其他数据集（大多是统计数据集），仅用于欧洲内部边缘地区的描述和分析，不一定收集整个 ESPON 空间，仅用于选定案例研究的区域。为了对这些案例研究区域进行小规模分析，需要收集这些额外的数据集，通常是从国家数据来源获得的地方一级（如 LAU-2）数据集。各项数据来源及详细介绍如下。

1. OSM 数据

OSM 数据库是一个创建自由、可编辑的世界地图合作项目，旨在建立一个包含所有地理对象的地理数据库。OSM 数据库覆盖了整个世界的空间范围，所有欧洲国家的数据集都可以从 OSM 获得。同时，OSM 收集关于所有真实世界的地理现象和地理对象的信息，涵盖了所有不同类型的一般公共服务点，具有高空间分辨率。而且，OSM 数据易于访问，可以通过网站直接访问或使用 GIS 软件产品中内置的特定接口。因此，在该研究中 OSM 数据也是一般公共服务位置的主要数据源（表6-1）。欧洲国家的 OSM 数据在完整性、准确性、真实性和正确性等方面存在较大差异，因此，需要在质量控制的前提下进行数据处理与验证。

表 6-1 OSM 数据库中一般公共服务相关的代码

序号	公共服务类型	OSM 类型代码
1	医生	2120
2	医院	2110
3	药店	2101
4	银行	2601
5	学校	2082（小学），2084（中学）
6	零售店	2501（超市），2511（便利店）
7	影院	2203

考虑到整个 ESPON 空间范围较大，需要从 OSM 数据库下载大量数据，因此 OSM 数据不是直接从网站下载的，而是从 GeoFabrik（http://download.geofabrik.de/）下载的，格式默认为 ArcGIS Shapefile。

2. GIS 数据集

表 6-2 对不同类型的 GIS 数据集的用途、数据来源及地理对象进行了描述。

表 6-2 GIS 数据集

序号	数据集	用途	数据源	地理对象
1	栅格数据	D（r）	RRGGIS 数据库	点、多边形、表格
2	区域中心	D（r）	RRGGIS 数据库	点
3	城市形态区	D（o）	ESPON M4D OSM	多边形
4	道路网	D（r）	OSM	线、点
5	铁路网	D（r）	RRG GIS 数据库	线、点
6	Corine 土地覆盖	A（cs）	EEA	
7	NUTS-3 图层	D（r）/A（r）	RRG GIS 数据库 ESPON M4D OSM	多边形
8	LAU-2	A	ESPON、EBM、GADM	
9	高速公路斜坡		RRGGIS 数据库	
10	火车站	D（r）		
11	医生		OSM，以及用于验证的其他数据源	
12	医院		OSM，以及用于验证的其他数据源	
13	药店		OSM，以及用于验证的其他数据源	
14	学校	D（r）/A	OSM，欧洲公共教育 Enicnaric. net，EuroEducation. net（用于区分小学和中学类型）	点
15	电影院		OSM	
16	超市		OSM	
17	便利店		OSM	
18	银行		OSM	

注：D 指范围、区域划定；A 指内部边缘地区分析；（o）指可选的数据集；（r）指所需的数据集；（cs）指案例区域的可选数据集。

3. 统计数据集

人口、就业情况、经济活动、可达性等相关数据主要来源于欧洲统计局、ESPON 数据库等统计数据，数据尺度大部分为 NUTS-3，具体信息见表 6-3。

表 6-3 统计数据集

序号	数据集	用途	数据源	数据尺度	时间
1	人口格网数据	A（cs）	欧洲统计局	在研究案例工作中，可以使用人口栅格来描述研究案例区域	2000 年，2003 年，2006 年，2009 年

续表

序号	数据集	用途	数据源	数据尺度	时间
2	人口总量	D（r）/A	ESPON/欧洲统计局	NUTS-3	1999~2015 年
3	人口的年龄和性别	D（r）/A			
4	按 5 岁年龄组和性别分列的人口	A（o）		NUTS-2，1999~2013 年；NUTS-3，2014~2015 年	1999~2015 年
5	按性别、年龄分类的 15 岁及以上人口	A（o）		NUTS-2、NUTS-3	2002~2016 年
6	总出生人口	A（o）			
7	地区人口平衡和粗比率	A（o）		NUTS-3	1999~2015 年
8	净迁移总数（+统计调整）	A（o）		NUTS-3	1999~2015 年
9	按 5 岁年龄组划分的净移民人数（+统计调整）	A（o）		NUTS-2，1999~2013 年；NUTS-3，2014 年	1999~2014 年
10	GDP 栅格数据	A（o）	ESPON 数据库	NUTS-3	2000 年，2003 年，2006 年，2009 年
11	按当前市场价格计算的国内生产总值	D（r）/A（r）	ESPON/欧洲统计局	NUTS-3	2000~2015 年
12	按基本价格计算的增加值	A（o）		NUTS-3	2000~2015 年
13	按性别、主要年龄组别划分的就业情况	A（o）		NUTS-3	2000~2014 年
14	按性别、年龄和 NUTS-2 地区分列的经济活动人口	A（o）	ESPON/欧洲统计局	NUTS-2、NUTS-3	2002~2016 年
15	按性别、年龄和 NUTS-2 地区分列的失业人数	A（o）	ESPON/欧洲统计局	NUTS-2、NUTS-3	2002~2016 年
16	长期失业（12 个月及以上）	A（o）	欧洲统计局	NUTS-2	2002~2016 年
17	未就业或未接受教育和培训的青年，按性别和 NUTS-2 地区分列	A（o）	欧洲统计局	NUTS-2	2002~2016 年
18	按教育程度、性别划分的 25~64 岁人口	A（o）	欧洲统计局	NUTS-2	2002~2016 年

续表

序号	数据集	用途	数据源	数据尺度	时间
19	NACE Rev.2 和 NUTS-3 地区统计的商业人口和高增长企业	A（o）	欧洲统计局	NUTS-3	2008～2014 年
20	房地产市场价格	A（o）		没有全欧洲数据；研究案例的区域/本地数据提供商	
21	工作	A（cs）		没有 NUTS-3 尺度的全欧洲详细数据集；用城市形态区域的数据集替换	
22	公路和铁路的可达性	D（r）	ESPON MATRICES 项目	在 NUTS-3 尺度上的标准化的指标值和未标准化的原始数据	2001 年，2006 年，2011 年，2014 年

6.3.2 方法介绍

1. 总体研究框架

该项目首先提出内部边缘地区的理论概念，每个理论概念都具有不同特点。基于此，对内部边缘地区的特征进行描述，包括 4 种不同的特征。每个特征对应不同的划定方法。选取不同研究区作为案例，利用理论概念和划定方法对欧洲、不同区域的内部边缘地区进行识别与分析。同时针对内部边缘地区的不同社会经济特征，提出相应的发展策略与政策建议。项目总体研究框架如图 6-1 所示。

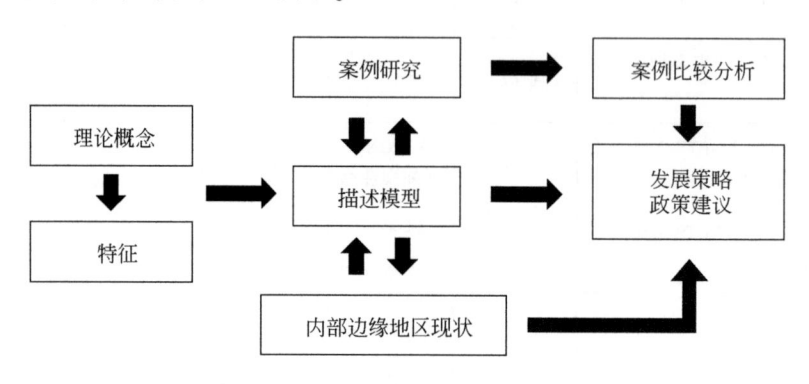

图 6-1 项目总体研究框架

2. 内部边缘地区划定模型

考虑到不同区域所涉及的过程和因素的多样性，以及边缘化的不同表现形式，该项目确定了内部边缘地区的三个理论概念。每个理论概念都有其自身的驱动因素、影响和干预的可能性等特点，这些因素由三个划定模型进行描述。这些模型以图解的方式说明了初级边缘化过程如何与一系列次级边缘化过程相联系，从而产生衰退的一个循环。需要强调的是，这些模型并不是为了复制单独的可观察到的内部边缘化现象，而只是为了通过因果关系的逻辑链，成为未来干预途径的基础。在现实世界中，描述性模型所说明的两个或多个过程通常是结合在一起的。

描述模型的价值在于帮助梳理和理解各种相互作用过程的逻辑，这些过程解释了内部边缘地区的负面社会经济特征。需要说明是，划定模型是理论的、抽象的、启发式的，在现实世界中可能无法找到一个完全符合的例子。可以观察到的内部边缘地区的驱动因素通常是相互作用的。所有这些都是由某种形式的连通性不充分造成的。这也是内部边缘地区与传统边缘地区的区别所在。同时，由于内部边缘地区是一个复杂多维的地理现象，以下这三种描述模型并不能够完全覆盖所有研究案例区域复杂的构成因素。

1) 理论概念模型

（1）经济潜力低的飞地。经济潜力低的飞地即周围是高经济潜力的地区，这些地方只是具有传统边缘性，但完全不是欧洲的边缘地区。该类内部边缘地区的理论概念如图6-2所示。与外部边缘地区的区别仅仅在于它们是一个被边缘化程度较低的地区所包围的飞地，而且公共服务普及程度较低。这样的飞地不具备集聚优势，本地企业必须为获取原材料支付高昂的运输成本。低水平经济活动减少了税收的收入，导致建设区域基础设施建设的资金短缺，这也严重削弱了区域服务设施的服务能力，如提供科学研究、教育和文化基础设施的能力。这会抑制人力和社会资本循环，最终进一步抑制创业和创新水平，并反馈到生产循环中。这些次级边缘化过程的多重"反馈"循环解释了在这种内部边缘地区，循

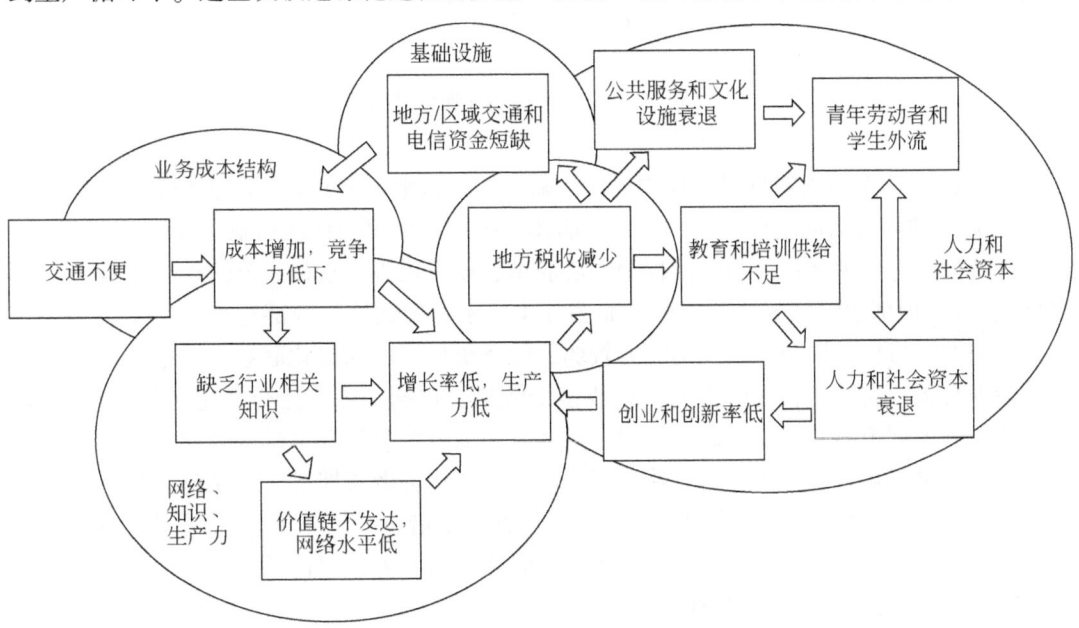

图6-2 第一类内部边缘理论概念

环一旦被触发，就很难扭转。这个模型需要注意的另一点是，驱动因素和结果是以经济活动和经济情况来定义的，而人力和社会资本的影响则是由经济和社会背景决定的。

(2) 公共服务普及程度低的地区。无法普及公共服务的地区由于地理位置偏远，无法顺利应对技术或者其他供应方面的变化，如设施的私有化，会影响基础服务设施的质量和数量。该类内部边缘地区的理论概念如图6-3所示。从根本上来看也是由地理距离驱动的。但在这一模型中，距离的影响主要体现在获得和提供公共服务方面。在这种情况下，只考虑最近的服务设施。与之前的模型不同，一般公共服务的获取对人力和社会资本循环有直接影响，对经济活动的生产力有间接影响，这将会导致区域税收提高。精简的公共财政影响基本公共服务的供给能力，包括教育和培训，后者对人力和社会资本有间接影响。

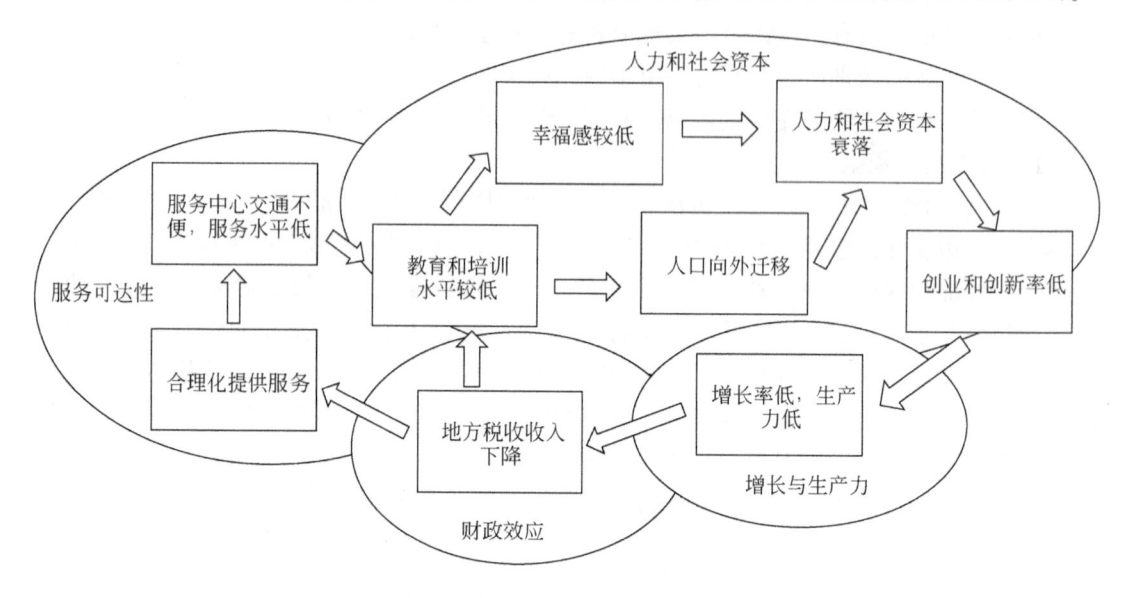

图 6-3 第二类内部边缘理论概念

(3) 缺乏联系而出现衰退趋势的地区。缺乏与邻近地区的联系，缺乏交互，而被排除在"主流"的经济活动之外。这是个人、团体、公司或组织的社会和制度特征，而完全不是地理特征。这些地区往往与政治权力中心脱节，缺乏治理。这种脱节的现象被称为"边缘化"。该类内部边缘地区的理论概念如图6-4所示。导致这种内部边缘化的主要因素是利益相关方和机构与周边地区互动能力较弱，缺乏更广泛的网络化联系，这也与权力中心缺乏治理有关。这些过程可以影响一个或多个领域，包括经济、社会文化以及政策领域。与前两种因地理距离而引发的影响不同，这主要由缺乏信息流和基础网络建设薄弱，或某方面基础建设上缺乏规划指导而导致。同时也与主要行为者长期过于依赖已有的资产优势有关。主要影响往往表现为缺乏应对挑战的有效应急措施。国家或全球范围内引发的变化、问题危机，表现为经济增长和创新能力下降或停滞，人口福祉减少。

2) 内部边缘地区的特征描述

上述提出的三个理论概念被转化为4个具有可操作性的特征描述，以便更好地涵盖可能导致内部边缘地区形成的各种因素。理论概念与特征描述间的关系如表6-4所示。4个

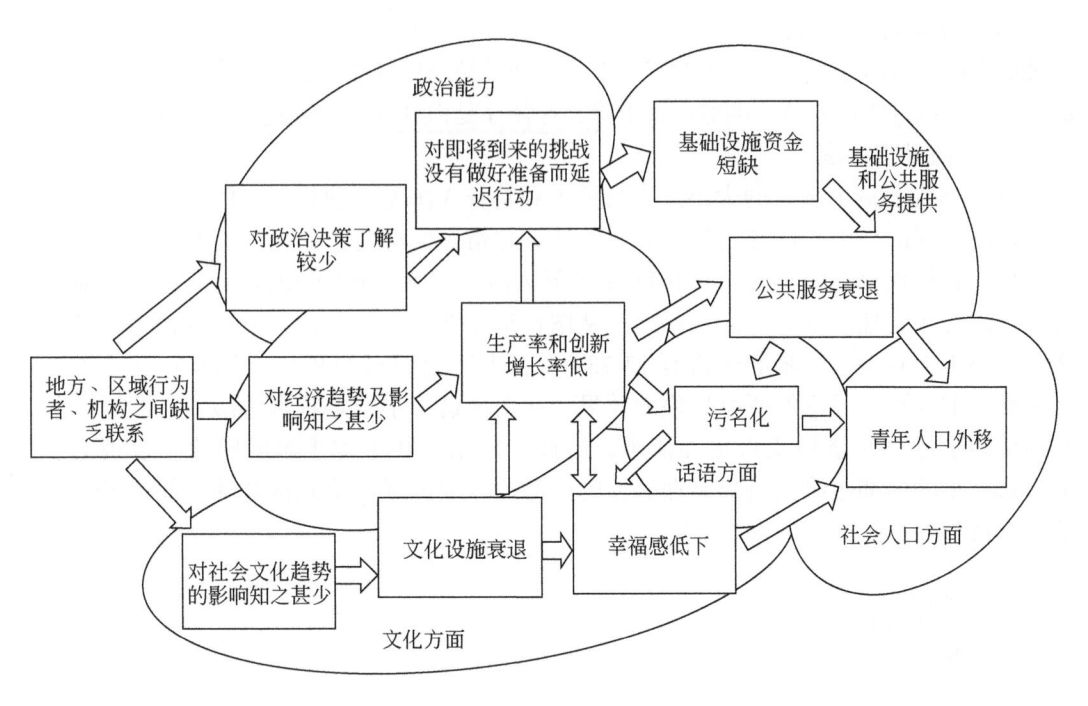

图 6-4 第三类内部边缘理论概念

特征具体描述如下。

表 6-4 内部边缘地区理论概念与特征描述间关系

	特征 1	特征 2	特征 3	特征 4
理论概念 1	√	√√		
理论概念 2	√		√√	
理论概念 3				√√

（1）特征1：前往区域中心时间较长。区域中心通常是行政、经济和一般公共服务以及所有社会和经济活动的中心。因此，无法进入这些中心的地区可以被定义为内部边缘地区。这一特征显示了到区域中心的通行时间高于其邻近的 NUTS-3 区域，解释了区域中心的地理分布，以及连接这些中心与周围国土的现有交通网络。

（2）特征2：经济发展潜力较低。这一特征确定了由边缘化导致的"间隙"区域，这些区域不在欧洲的地理边缘，而是被更大范围的具有中心性的区域包围。这种特征通过测算相对于地区或国家平均水平的人口和 GDP 潜力低于邻近地区来识别内部边缘地区。

（3）特征3：难以获得一般公共服务。充分提供和获得主要社会公共服务是衡量国土联系程度的指标。更好地提供一般公共服务确保更高的生活质量，并增加了该地区的吸引力，这可能有助于减少人口损失。这一特征确定了与周边地区和/或该地区的访问条件相对较差的地区。

（4）特征4：发展衰退。这一特征确定了与失业增加、人口损失增加和人均GDP下降有关的出现衰落的地区。在某个时间点上，即使区域与区域中心或一般公共服务有良好的联系，它们也可能进入负面的螺旋式下降，这往往是由外部冲击和趋势引发的。

3）一般处理方法

（1）格网上最小图斑的大小。在特征1和特征3中基于通行时间的划定方法是基于栅格尺度实现的。由于已经将通行时间的计算和指标标准化，会出现交通不便的细小条形区域。它们代表非常小的难以访问的局部区域。然而，PROFECY项目研究的前提是确定为内部边缘地区应有一定的规模。从图6-5可以看出，在14 700个内部边缘地区图斑中，小于100平方千米的图斑有13 734个，占所有图斑的93%。图6-6显示了移除面积小于100平方千米的所有斑块的效果。在去掉这些小的条状多边形后，欧洲内部边缘地区的整体空间格局变得更加清晰。因此，使用100平方千米的阈值是合理的。然而，这些小的内部边缘图斑只有在邻近的内部边缘地区栅格单元被合并，其边界被平滑后才会被移除。

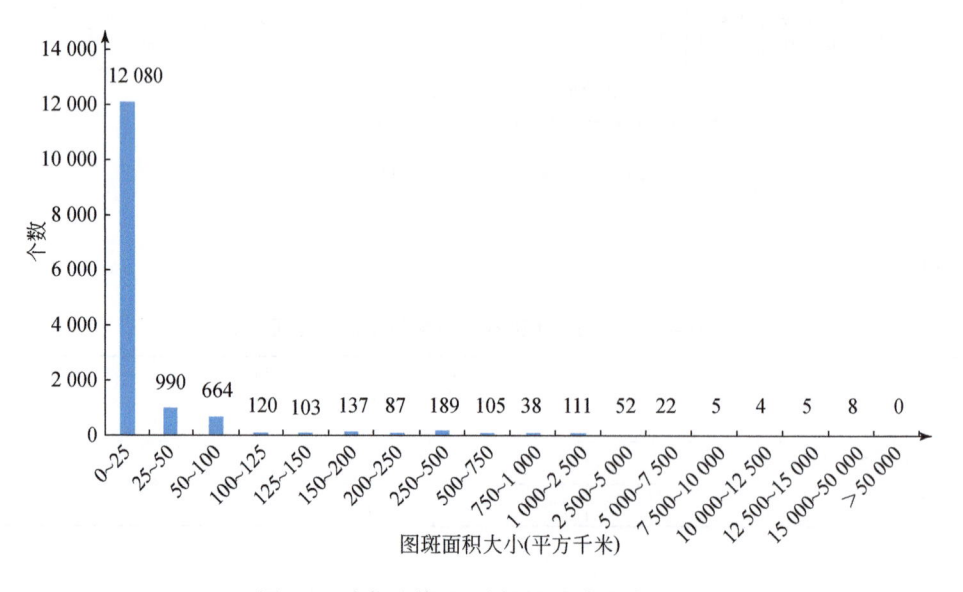

图6-5 内部边缘地区图斑面积大小直方图

（2）内部边缘图斑整合与平滑边界。由于特征1和特征3中的划定方法基于栅格的通行时间，并对其进行计算和标准化，在栅格尺度上确定了区域中心和一般公共服务可达性较差地区，即潜在内部边缘的单个格网单元。

为了识别更大范围的内部边缘地区，将相邻的格网单元合并成可达性较差的连续区域。进行合并的栅格需满足以下任一原则：①它们彼此相邻；②两个或多个栅格之间的距离小于5千米（两者之间有2~3个格网单元，则视空间情况而定）。通过对合并后的斑块进行边界平滑处理（图6-6），最终去除面积小于100平方千米的小条状多边形。

（3）特征3中不同变量的划定结果组合。该项目提出了四种不同描述方法来划定内部边缘地区，其中三种是由两个或更多的变量组成的，因此要解决如何将各个指标的划定结

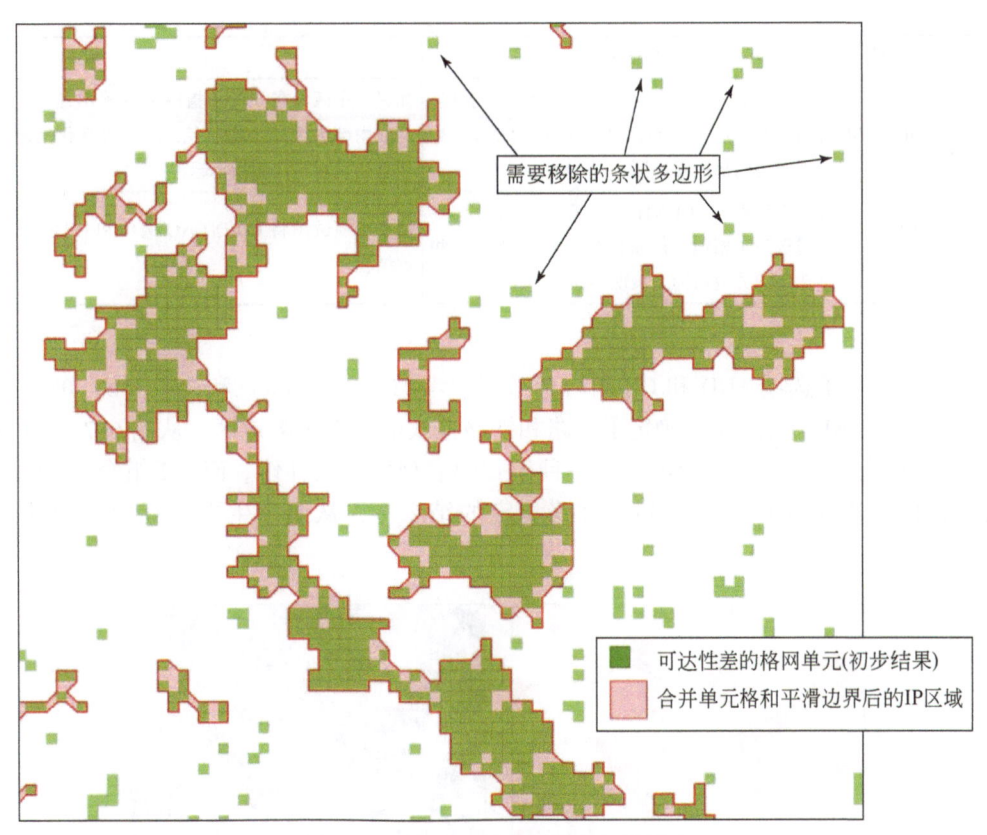

图 6-6 内部边缘图斑整合与平滑处理

果综合起来这一问题。如果一个地区仅符合一个指标划定的内部边缘地区，而不符合另一个指标划定的内部边缘地区，就要对此进行处理。表 6-5 展示了不同指标的多种组合结果。

表 6-5 不同指标组合结果的选项

选项	公式	具体解释	属性
1	AND	若某区域没有通过指标 1、指标 2 和指标 3 等所定义的阈值，将被划定为内部边缘地区。 指标 1 ∩ 指标 2 ∩ 指标 3…	只有在所有指标都不满足的情况下，才会是内部边缘地区。这会导致范围有限但非常集聚的内部边缘地区。一个指标表现不佳会被另一个指标表现出色所弥补
2	OR	若某区域未能通过指标 1 或指标 2 或指标 3 所定义的阈值，将被划定为内部边缘地区。 指标 1 ∪ 指标 2 ∪ 指标 3…	如果该区域不符合任何选定的指标，将被划定为内部边缘地区。与选项 1 相比，会导致更多的内部边缘地区（无论是数量还是大小）
3	WEIGHT	与选项 1 相似，但指标将被加权，假设并非所有指标都与内部边缘地区相关。 $\dfrac{指标1}{权重1} \cap \dfrac{指标2}{权重2} \cap \dfrac{指标3}{权重3} \cdots$	选项 3 表示选项 1 和选项 2 的组合；然而，权重需要进行试验来确定

续表

选项	公式	具体解释	属性
4	COUNTING	通过计算一个地区有多少指标表现不佳，当计数超过某一阈值时，这些区域都将被划定为内部边缘地区	如果一个区域在一两个指标上表现不佳，它就不构成内部边缘；问题越多，内部边缘化问题就越严重，表现不佳的指标越多
5	COUNT & WEIGHT	此选项表示 COUNTING 和 OR 选项的组合。与选项 4 相似，但条件是某些区域在某些选定的关键指标上表现不佳	这个选项试图将 COUNTING 选项和 OR 选项的优点结合

　　图 6-7 显示了选项 AND 和 OR 组合的效果。考虑到公路（a）和铁路（b）的内部边缘地区划分，AND 组合（c）确定了道路和铁路模式的内部边缘地区。从图 6-7 中可以看出，在一种模式中表现不佳会得到另一种模式中表现较好的补偿。而 OR 组合（d）将以铁路划定的内部边缘地区添加到以公路划定的结果中，从而产生更大范围的内部边缘地区。

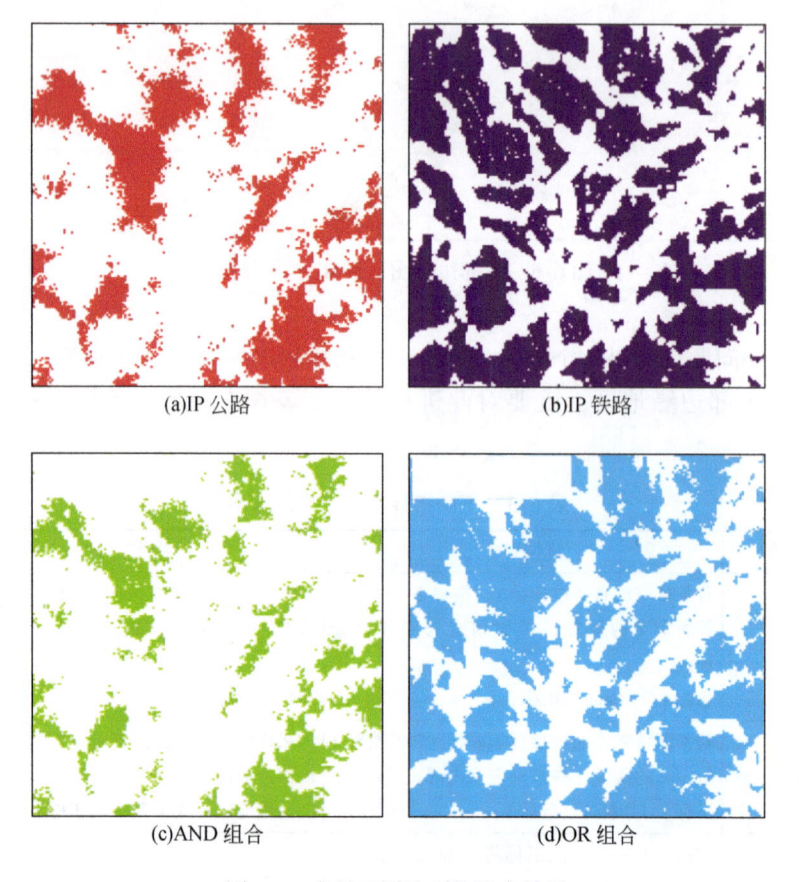

(a)IP 公路

(b)IP 铁路

(c)AND 组合

(d)OR 组合

图 6-7　变量不同选项的组合结果

（4）栅格尺度划定结果叠加至 NUTS-3 和 LAU-2 尺度。按照项目目标，特征 1 和特征 3 在栅格尺度上划定的内部边缘地区应与 NUTS-3 边界重叠，以识别 NUTS-3 尺度下的内部边缘地区。关于如何覆盖叠加的规则问题，存在以下不同选择：完全覆盖（100%覆盖）；大部分覆盖（覆盖率>50%）；部分覆盖（覆盖率>1%）；存在接触；百分比。

在栅格尺度可以识别非常详细的内部边缘地区。其中许多地区在地理上沿着 NUTS-3 边界和国家边界的延伸区域（图 6-8），延伸到两个或更多 NUTS-3 范围。因此，当将格网空间的结果聚合到 NUTS-3 尺度时，内部边缘图斑覆盖的 NUTS-3 区域的百分比相对较低。对于那些 NUTS-3 区域较大的国家来说尤其如此，如北欧国家、西班牙或法国。

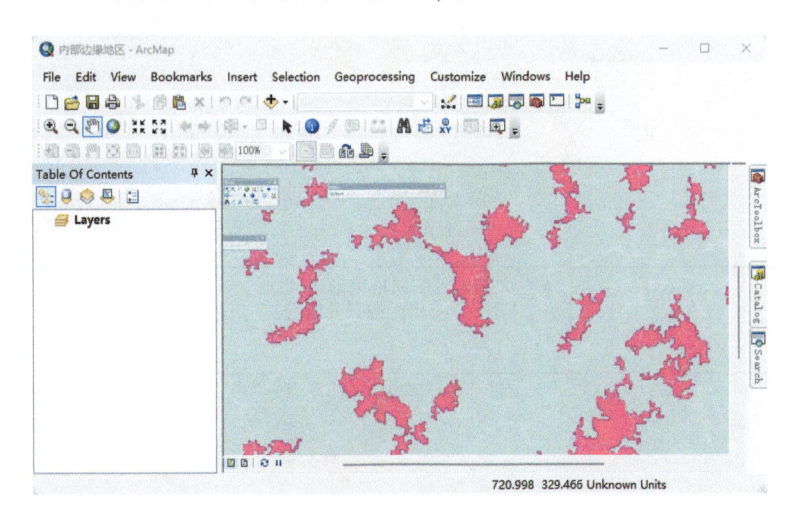

图 6-8　格网层面上由 NUTS-3 区域边界覆盖的内部边缘地区（红色）

从方法的角度来看，通过跨越 LAU 单元从栅格直接跳到 NUTS-3 尺度的空间跳跃似乎太大了。图 6-9 展示了在 NUTS-3 区域上叠加格网级 IP 区域的不同结果，并与意大利南部的 LAU-2 单元进行了对比。例如，在 NUTS-3 层面的西西里岛为内部边缘地区，马拉泰阿和波利科罗之间的区域以及罗萨诺南部的内部边缘地区几乎消失了，而在 LAU-2 层面的栅格级结果则以一种非常独特的方式保留了这些区域。为了解决这个问题，比较适当的办法是使用比 NUTS-3 规模更低的行政单位。因此从科学合理的角度来看，利用 LAU-2 单元覆盖比 NUTS-3 区域覆盖更可取。

（5）某些特定区域的排除。由于 PROFECY 是欧洲范围内第一个提出内部边缘地区划定方法的项目，需要解决的问题是，是否有任何特定类型的地区在概念上不能被称为内部边缘地区，因此应该在分析前排除在外。因此，从概念的角度来看，以下三类区域需排除在外。

最边缘地区：由于它们的地理位置，其不能被看作内部边缘地区。根据《欧洲联盟运作条约》（TFEU，第 349 条），最边缘地区的社会和经济特点是偏远、孤立、面积小、地形复杂、气候恶劣和经济上依赖少数产业。斯瓦尔巴群岛（挪威）被排除在外，它代表着最北端地区。

斯堪的纳维亚半岛最北部的地区：芬兰、挪威和瑞典最北部地区的特点是气候条件恶

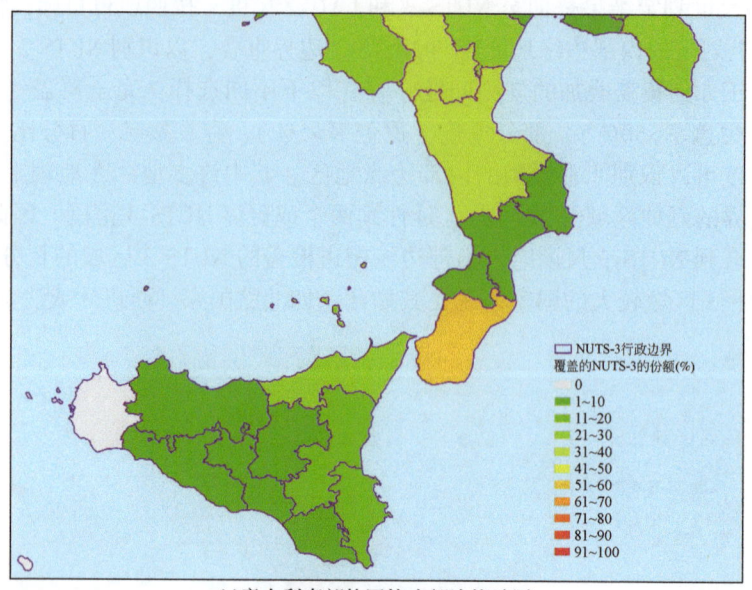

(a)意大利南部的网格内部边缘地区
与NUTS-3单元的重叠情况

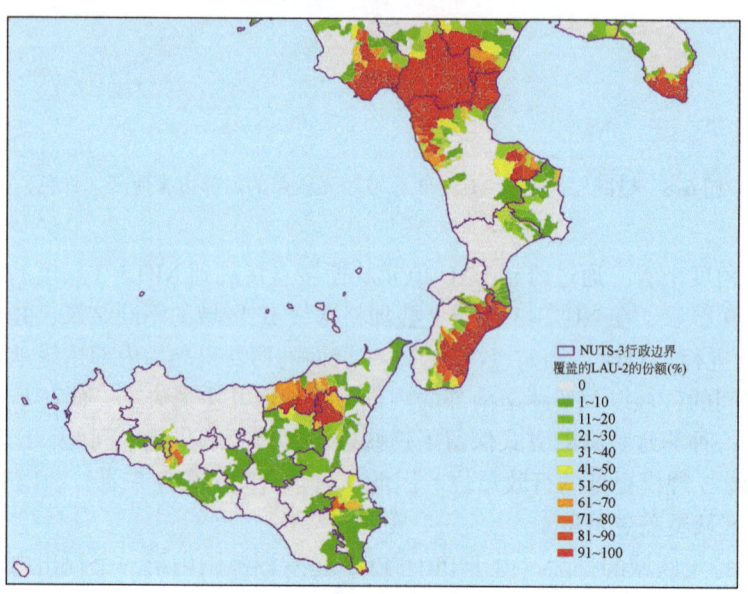

(b)意大利南部的网格内部边缘地区
与LAU-2单元的重叠情况

图6-9 栅格尺度结果覆盖NUTS-3区域和LAU-2单元对比

劣,人口密度极低,没有大的聚集和定居点,其极端边缘的地理位置导致区域内和到达其他区域的距离较远。由于没有区域中心,这三个国家的最北部地区被排除在外。

岛屿:岛屿可能会缺少城市和城镇体系,尤其是在岛屿面积较小的情况下。由于面积小和没有中心,可能不会发展出内部边缘地区,被排除在外。以下两种类型的岛屿将被保留,一是由多个 NUTS-3 单元组成的岛屿(如克里特岛、撒丁岛、西西里岛、科西嘉岛等);二是构成一个国家的岛屿(塞浦路斯、马耳他、冰岛等)。

4)特征划定方法

以上 4 种特征的划定,在考虑方法和变量方面尽可能地不同,以便考虑更多的因素或变量,而不是将所有影响因素都纳入某一种特征描述或划定方法中。表 6-6 详细介绍了内部边缘地区的 4 种划定方法。

表 6-6　4 种特征划定的指标

序号	特征类型	考虑指标
1	特征 1:前往区域中心时间较长	地理位置(城市位置); 人口(城市规模); 可达性(到最近区域中心的通行时间); 物理因素(交通网络); 交通系统的质量
2	特征 2:经济发展潜力较低	地理位置(即城市和大都市地区); 潜在可达性(人口和通行时间); 潜在可达性发展(2001~2014 年); 物理因素(交通网络); 交通系统的质量
3	特征 3:难以获得公共服务	地理位置(即医院设施的位置); 可达性(以距离最近医院的时间表示); 物理因素(交通网络); 交通系统的质量; 卫生:普通医生、医院和药店; 教育:小学和中学; 交通:主要车站和所有车站; 文化:电影院; 零售部门(超市和便利店); 工作:城市形态区; 商业:银行
4	特征 4:衰退地区	2001~2015 年人口变化; 2000~2015 年人均 GDP 变化; 2002~2016 年失业率变化

A. 基本原则

内部边缘地区理论概念的一个重要结论是,不能根据所选变量的绝对值来划定这些地区,而是要根据它们相对于周围地区的表现来划分(图 6-10)。因此在利用指标进行内部边缘地区划定工作之前,需将所有变量进行标准化处理。通过试验发现,按照 NUTS-3 尺度进行标准化处理,最好地反映如城乡关系、城市形态及区域城市网络等区域特性,而且与国家尺度相比数据最值范围的差异较小,因此最终按照相邻 NUTS-3 区域的平均水平对变量进行标准化。4 个特征划定的所有变量标准化方式保持一致。

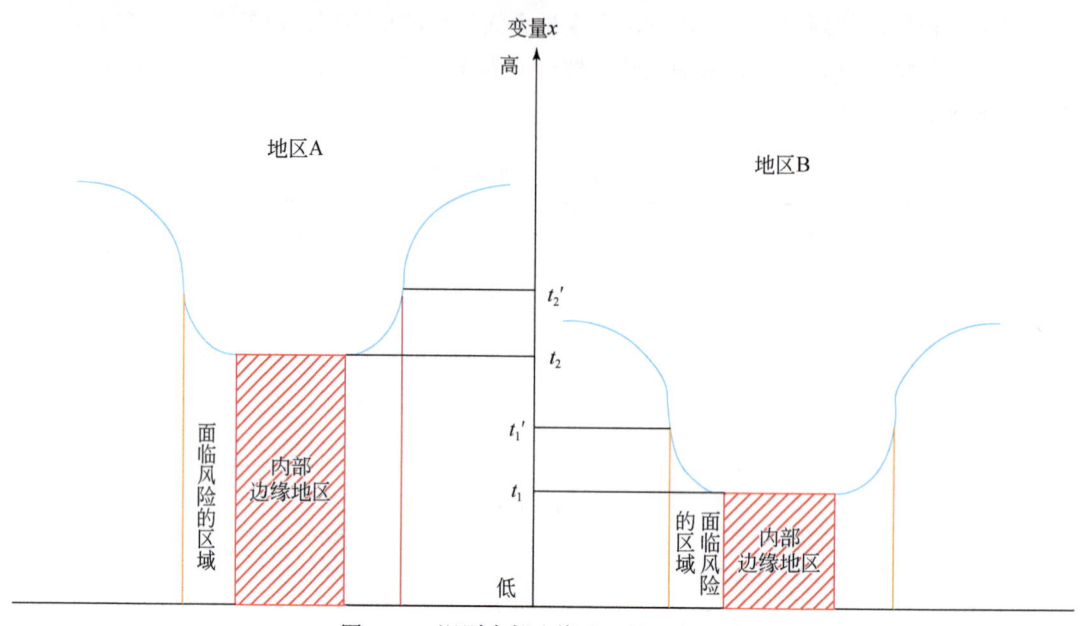

图 6-10　识别内部边缘地区的基本原则

B. 阈值判断

在对变量进行标准化之后,需要应用合适的阈值来区分内部边缘地区(即交通不便的区域)和非内部边缘地区(即无障碍区域)。

就通行时间变量而言(如到区域中心的时间,或到一般公共服务的时间,将适用于特征 1~特征 3),标准化指标值大于 100 表示与邻近地区相比可达性较差,而指数低于 100 表示与邻近地区相比可达性较高的地区。对于统计变量(应用于特征 4 中),标准化指标值小于 100 表示表现不佳(即潜在的内部边缘地区),而值大于 100 表示表现良好。

图 6-11 呈现了到区域中心交通时间的不同阈值测试结果。对于可达性变量来说,指标值大于或等于 150 的地区将被认为是可达性差的地区,这相当于通行时间比平均水平高出 1.5 倍的地区,即内部边缘地区。对于统计变量来说,所有低于 100% 或低于平均值 75% 的地区将被视为表现不佳的地区,即内部边缘地区。

C. 特征 1 划定方法

特征 1 利用对区域中心的通行时间较长这一指标来确定内部边缘地区。与周围地区相比,通行时间较长的地区被认为是内部边缘地区。通过计算每个格网单元到欧洲区域中心的通行时间,在栅格尺度上进行划定。

特征 1 划定方法涉及 6 个连续步骤,首先需要确定欧洲的区域中心。选择区域中心的标准需遵循以下几个原则:一是城市居民数量超过 5 万人;二是 NUTS-3 区域质心(不考

第6章 | 欧洲内部边缘地区的特征、进程与趋势

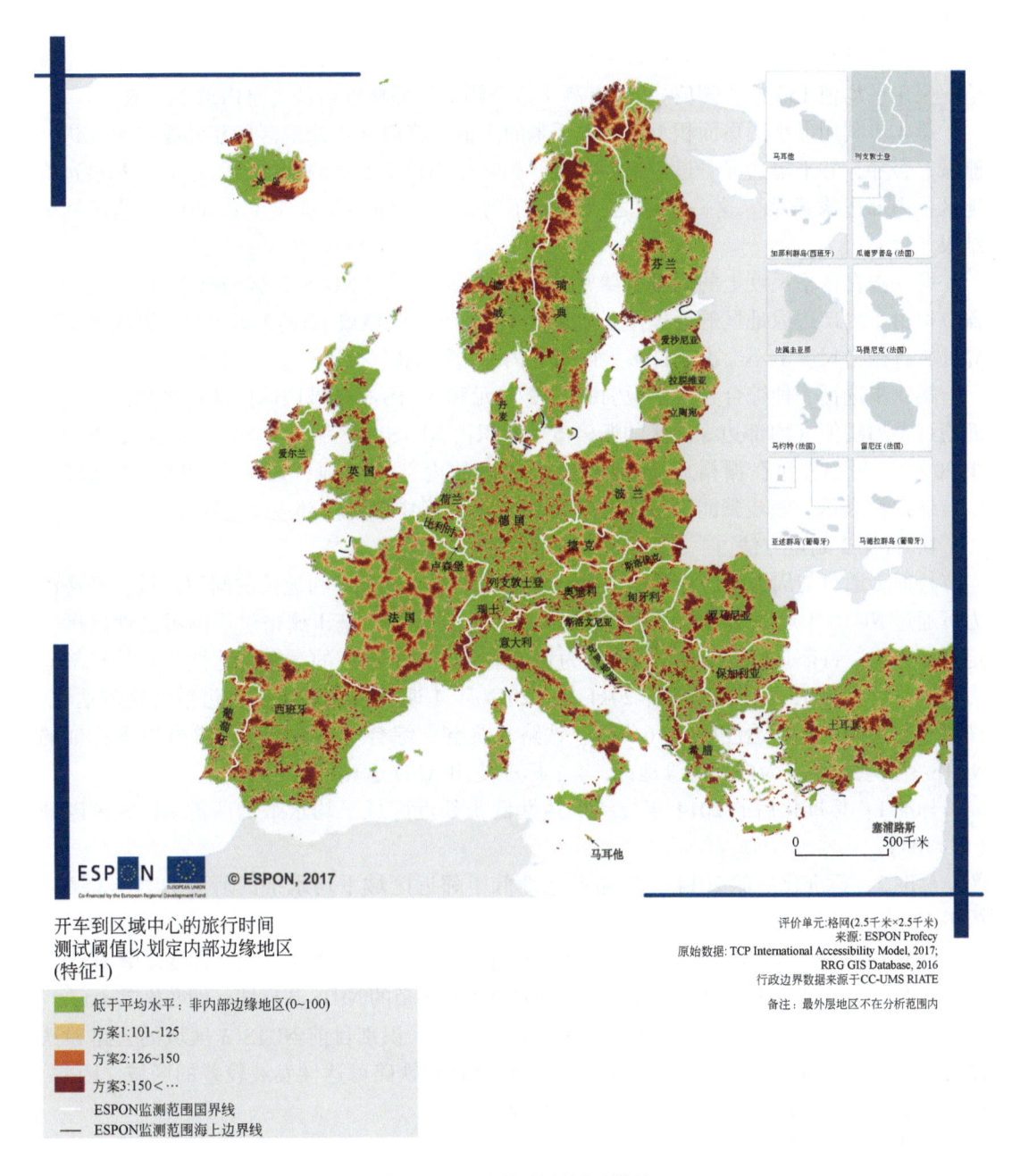

图6-11 不同阈值的测试结果

虑人口规模）；三是参与城市审计项目的城市；四是如果不满足标准1~标准3，需满足一个国家的十个最大城市；五是如果不满足标准1~标准4，需满足在NUTS-3区域（>1万平方千米）有超过15 000名居民的五个最大城市。

第1步计算从每个栅格单元到最近的区域中心的通行时间。

第2步将栅格尺度的通行时间标准化为邻近的NUTS-3区域的平均水平，包括栅格单

| 117 |

元所在的 NUTS-3 区域。

第 3 步进行标准化后，到区域中心通行时间较长的区域（即标准化后数值高于一定阈值，采用平均值 150 作为阈值），所有高于这个阈值的栅格都被认为是内部边缘地区。

第 4 步利用最小图斑面积 100 平方千米的阈值，将内部边缘地区的相邻栅格单元进行删减、合并，并平滑边界。最后根据定义，删除面积较小的岛屿（如希腊小岛）和最边缘地区的内部边缘栅格。这一步骤之后得到了特征 1 在栅格尺度上的内部边缘地区划分结果。

第 5 步在栅格尺度上的内部边缘地区划分结果分别被 NUTS-3 区域和 LAU-2 单元覆盖。但由于内部边缘地区的地理位置通常位于 NUTS-3 区域或 LAU-2 单元的边界或国家边界处，且栅格尺度上不会出现许多大面积的内部边缘地区。

第 6 步选择一种综合方法来识别 LAU-2 单元和 NUTS-3 区域内的内部边缘地区。一方面通过叠加阈值（内部边缘地区的栅格覆盖面积占 NUTS-3 区域至少 30%，LAU-2 单元至少 50%）；另一方面在栅格尺度上的 75 个最大的内部边缘地区斑块由 NUTS-3 区域和 LAU-2 单元表示。该步骤能确保在大多数 ESPON 国家中确定内部边缘地区。

D. 特征 2 划定方法

特征 2 通过与周边地区相比，识别经济潜力较低、处于不利地位的间隙区域。经济潜力可通过 NUTS-3 尺度的潜在可达性指标来衡量。与特征 1 基于栅格尺度的可达性指标划定方法不同，特征 2 以 NUTS-3 尺度作为划定单元。一个地区的潜在可达性代表其经济潜力。通过计算 2001 年、2006 年、2011 年、2014 年 4 期的可达性指标，包括公路可达性、铁路可达性、航空可达性以及（公路、铁路、航空）综合可达性，所有符合以下标准的 NUTS-3 区域被划定为内部边缘地区，4 个标准使用 AND 运算符。

标准 1：标准化后的 2014 年公路可达性低于邻近区域平均水平的所有 NUTS-3 区域（即<100）。

标准 2：标准化后的 2014 年铁路可达性低于邻近区域平均水平的所有 NUTS-3 区域（即<100）。

标准 3：标准化后的 2001~2014 年公路可达性发展为负的 NUTS-3 区域（即变化率<0）。

标准 4：标准化后的 2001~2014 年铁路可达性发展为负的 NUTS-3 区域（即变化率<0）。

这种划定方法的基本原理是通过与邻近区域相比，识别目前 NUTS-3 区域的公路和铁路可达性低于区域平均水平，且 2001~2014 年公路和铁路可达性发展较差的区域。因此，这些区域处于不利地位，被划定为内部边缘地区。

E. 特征 3 划定方法

特征 3 的划定是基于内部边缘地区的一般公共服务可获得情况不佳这一假设。通过确定一系列重要的公共服务类型（表 6-7），计算了从每个格网单元到最近的公共服务设施的所需时间。与邻近地区相比，所需时间较长的地区被确定为内部边缘地区。

特征 3 的划定方法遵循特征 1 划定方法的 6 个步骤：第 1 步计算到最近的公共服务设施的通行时间；第 2 步对通行时间进行标准化处理；第 3 步在栅格尺度上得到内部边缘地区划定结果；第 4 步消除不满足 100 平方千米阈值的多边形，合并内部边缘斑块并平滑边界；第 5 步分别与 NUTS-3 区域和 LAU-2 单元叠加；第 6 步在 NUTS-3 区域和 LAU-2 单元确定内部边缘地区。

表 6-7 公共服务类型列表

序号	公共服务类型	具体设施
1	医疗保健	医生、医院、药店
2	银行	—
3	学校	小学、中学
4	零售店	超市、便利店
5	影院	—
6	火车站	客运火车站
7	城市形态区	—

除了医疗保健部门和学校之外，对于所有其他的公共服务类型，允许无障碍模式访问国外的目的地，这意味着承认居民跨境去购物、工作、坐火车、去电影院或去银行。对于医疗保健和学校来说，由于受到国家指令的管制，相比之下，人们不太可能去国外接受一般治疗或基础教育。因此对于卫生和教育设施，可达性模型只考虑了国内目的地。

F. 特征4 划定方法

特征4 将内部边缘化现象视为一个过程，即缺乏与周边地区的联系（无论何种类型），导致社会经济发展滞后。内部边缘地区在某种程度上呈现负面发展，人口和经济发展出现螺旋式下降。这一特征通过确定发展衰退、枯竭的地区，识别内部边缘地区，同时发现一些正在经历边缘化过程的地区。该特征的划定方法使用三个主要变量，分别为人口、GDP和劳动力市场。对于每一个变量，都分析了最近一年的情况以及过去十年的发展情况。如果 NUTS-3 区域在最近的一年比相邻地区表现相对较差，并且在过去一年中呈现衰退趋势，则该区域被划定为内部边缘地区。采用以下标准来判别是否属于内部边缘地区，即一个变量的状态和趋势使用 AND 运算符组合，而三个变量使用 OR 运算符组合。

（1）人口发展：标准化后的人口密度小于周边地区平均水平的50% **AND** 2000～2015年人口年平均变化率为负值 **OR**。

（2）经济表现：2015 年标准化后的人均 GDP 小于周边地区平均水平的85% **AND** 2000～2015 年 GDP 发展水平低于 ESPON 监测范围的平均水平 **OR**。

（3）劳动力市场：2016 年标准化后的失业率大于周边地区平均失业率的125% **AND** 2002～2016 年失业率呈增长趋势的地区。

6.3.3 研究尺度

PROFECY 项目的基本理念是在尽可能精细的空间水平上监测和识别内部边缘地区。由于需要获取和处理数据，必须区分依靠分析前往目的地通行时间的划定方法（即特征1和特征3）和基于统计指标的划定方法（即特征2和特征4）。

该项目中特征1和特征3的划定方法建立在栅格尺度上。因此，ESPON 监测范围内的

32个国家的国土被划分为规则的栅格单元。不同于实际的ESPON参考（涵盖了陆地和水体），PROFECY栅格将只覆盖陆地（欧洲大陆和岛屿）（见一般处理方法中"某些特定区域的排除"）。

格网分辨率的选择在很大程度上决定了最终结果。一般来说，分辨率越高，即每个格网单元的面积越小，结果的精度就越高。但是，分辨率越高，格网单元总数越高，计算处理时间就越长。因此，需要在分辨率和计算时间之间找到一个好的折中。

三个栅格的分辨率分别为10千米×10千米、50千米×50千米和100千米×100千米（表6-8），从描绘欧洲内部边缘的角度来看，这三个参考栅格的分辨率都太过粗糙。另一个例子是欧洲环境署开发的人口栅格，它拥有极高的分辨率（100米×100米），这对PROFECY项目来说太过精细。之前的ESPON TRACC项目已经在两者之间找到了一个很好的折中方案，即在整个欧洲（包括俄罗斯西部）应用2.5千米×2.5千米格网。最终决定在整个ESPON空间中使用与ESPON TRACC相同的2.5千米×2.5千米格网，结果有近920 000个栅格单元（不包括俄罗斯）。

表6-8 ESPON参考栅格

来源	分辨率	栅格个数	空间覆盖范围
ESPON 参考格网	100 千米×100 千米	5 628	整个欧洲、高加索、北非，包括大洋（大西洋、北冰洋、地中海、黑海、里海）
	50 千米×50 千米	22 512	
	10 千米×10 千米	562 800	
ESPON TRACC	2.5 千米×2.5 千米	1 168 748	整个欧洲，包括俄罗斯和土耳其的西部，没有水体
EEA 人口格网	100 米×100 米	3 621 725	欧盟成员国，不包括水体
ESPON PROFECY	2.5 千米×2.5 千米	919 421	ESPON空间，不包括水体

相比之下，其他两种划定依赖于对现有指标的分析，这意味着由于缺乏数据，小规模空间范围（如LAU-2单元或格网单元）不能用于全欧洲的分析。因此，最终决定将特征2和特征4的划定方法在NUTS-3（按照2013年NUTS分类）尺度上应用（表6-9）。

表6-9 四种特征的时空尺度

空间尺度	时间特征	
	实际状况	状态与趋势
格网尺度	特征1、特征3	
NUTS-3 尺度		特征2、特征4

特征1和特征3这两种栅格尺度的划定方法最大优势是空间分辨率高，能够识别非常小的内部边缘斑块和区域。然而，它们的缺点是没有历史数据，只有当下这一个时间点的现状，无法进行时间序列的对比。相比之下，特征2和特征4两个基于NUTS-3尺度的划定方法虽然没有较高的空间分辨率，但可以同时分析实际状况和发展变化情况。特征1和特征3的栅格结果将整合到LAU-2和NUTS-3尺度下，以便与特征2和特征4的结果进行

比较，并进行进一步的统计分析。

6.3.4 潜在内部边缘地区识别方法

从概念上讲，潜在内部边缘地区是指未来有可能成为内部边缘地区，总体上可以获得良好或公平的大部分服务，但可能已经缺乏获得个别服务的机会，或者只依赖单一服务或设施。一旦设施关闭或停止服务，或服务质量下降，该地区可能存在变成内部边缘地区的风险。根据内部边缘地区的四种划定方法，识别风险区域的方法并不只有一种。因此，该项目通过以下方法来测试、识别潜在内部边缘地区。

（1）标准化通行时间。选择标准化通行时间介于平均值的100%~150%的栅格单元，在栅格级别定义每个变量的风险区域。因此，风险区域在地理上代表非内部边缘地区和内部边缘地区之间的过渡或缓冲区域。这些地区获得服务的机会低于平均水平，但没有内部边缘地区那么差。

（2）对特征3的划定结果进行比较。通过对比10种类型公共服务的可获得情况，所有在特征3中没有被划定为内部边缘地区，但在获得3类或4类服务方面遇到困难，都被视为存在内部边缘风险地区。

（3）内部边缘化过程。在这里，风险地区是指那些在过去十年中关键指标出现负增长趋势的NUTS-3区域，但由于其目前的社会经济状况尚可，没有被划定为内部边缘地区。这个方案的缺点是它只能在NUTS-3尺度上实施，因为在这个尺度以下的整个ESPON区域都没有社会经济状况的数据。

（4）对某一设施的依赖性。这种选择基于这样的想法：如果最近的服务设施被关闭，并且在合理的通行时间内没有其他同类型的设施，那么今天拥有良好或公平服务的地区可能会失去这种便利的可达性。因此，与那些拥有多种服务设施的地区相比，只有一种服务设施的地区在未来成为内部边缘地区的风险更高。

最终选择方案（2）以及方案（4），并应用于两个主要变量，即到达小学（评估基础教育）的时间和到达医院（评估卫生保健）的时间来确定潜在风险区。风险地区满足以下条件：在15分钟内只有一所小学；在60分钟内只有一家医院；在特征3中没有被确定为内部边缘地区，并且其国土面积大于100平方千米。

6.4 结果分析

6.4.1 内部边缘地区划定结果及其特征

1. 内部边缘地区划定结果

1）特征1：前往区域中心通行时间较长的划定结果

欧洲城市体系的一个突出特点是其精细的等级结构和普遍密集的城市、城镇和区域中心系统。这些中心提供行政功能、经济和社会活动，以及民众普遍关心的各种服务。它们不仅为居民提供服务，也为周边地区的居民提供服务。因此，无法进入这些中心的地区可以被认为是处于不利地位的内部边缘地区，因为尽管在地理上它们可能位于欧洲的中心，但却没有足够的短期机会获得各种服务。

在区域范围内，所面临的挑战不仅是最大限度地减少到区域中心的旅行时间，而且是最大限度地减少通行时间的比较差异。同时，欧洲范围内国家之间（如中欧国家与东欧国家，地中海国家与中欧国家等）和特定类型的区域之间（如山区和岛屿与中部地区）的交通差异更大程度上增加了区域中心通行时间的差异。

在 ESPON 的监测范围中，几乎所有国家都出现了因到区域中心的通行时间较长导致的内部边缘地区（图 6-12）。这些地区通常沿 NUTS-3 区域的边界，并穿越了地区边界的

图 6-12　内部边缘地区特征 1 划定结果（栅格尺度）

低可达性区域。有些地区相当小（如德国），有些构成较大的连续区域，覆盖多个 NUTS-3 区域和 LAU-2 范围（如挪威、瑞典、西班牙或意大利）。

2）特征 2：经济发展潜力较低的划定结果

这一特征将内部边缘地区理解为与邻近区域相比经济潜力低的区间地域，即公路和铁路的低潜力可达性，划定结果如图 6-13 所示。从图 6-13 中可以看出，在斯堪的纳维亚半岛、东欧（波兰、斯洛伐克、匈牙利、保加利亚、罗马尼亚、土耳其）和伊比利亚半岛存在大量连续的内部边缘地区；范围较小的内部边缘地区主要分布在比利时、荷兰、卢森堡三个国家，以及德国、意大利、法国和英国的个别区域。

图 6-13　内部边缘地区特征 2 划定结果（NUTS-3 尺度）

3）特征3：难以获得一般公共服务的划定结果

能够充分提供和获得主要的一般公共服务关系到区域联系程度，而且方便地获得许多不同类型的服务，可以确保更高的生活质量，为居民提供选择的机会（如果每种服务的两个或更多的设施都在附近），从而有助于将人口和工作留在该地区。划分这种类型的内部边缘地区可以识别出那些相对于周边地区而言，难以获得一般公共服务的地区。

欧洲该种特征类型的内部边缘地区往往是由多种公共服务的难以获得造成的，即多种公共服务都需经历较长的通行时间才能获得。同时通过详细观察发现，不同类型公共服务导致的内部边缘地区斑块边界形状不同，其数量和大小也各不相同。

在每类公共服务详细的划定结果基础上，综合划定一般公共服务，如图6-14所示。可以看出，除了塞浦路斯和马耳他之外，在所有ESPON国家都存在难以获得一般公共服

图6-14 内部边缘地区特征3综合划定结果（栅格尺度）

务导致的内部边缘地区。从传统的角度来看，内部边缘地区通常是边缘地区（斯堪的纳维亚地区和冰岛或与俄罗斯和白俄罗斯接壤的地区），但也出现在岛屿（如克里特岛、西西里岛或撒丁岛）、山脉（如阿尔卑斯山、亚平宁山脉或比利牛斯山脉的部分地区）等地，而且它们大多是农村景观区。另外，在许多国家（如奥地利、保加利亚、法国、波兰、斯洛伐克和西班牙），内部边缘地区占整个国土的很大比例，这也说明这些地区与集聚地区相比存在很大的发展差异。

4) 特征4：发展衰退的划定结果

内部边缘地区的出现也可以看作是一个过程。在某个时间点上，各地区可能会进入一个负面的螺旋式下降，通常是由外部冲击引发的，如重要产业的关闭或原材料的丧失。这种冲击可能会导致失业率上升，地区财富（如人均 GDP）下降，并进一步影响到外迁。人口流失可能会削弱进一步经济活动的基础需求，从而导致服务的关闭，因此进一步增加向外移民的风险。即使相关地区与区域中心或一般公共服务有良好的联系，这种现象也可能发生。因此，这种特征的划分思路不仅要考虑可达性变量，还要研究关键人口和经济指标的实际状况和近期发展情况。因此，衰退地区是指经济和人口表现水平低下的地区，由于它们在某种程度上被排除在其他地区经济活动的"主流"之外或与之脱节导致，也可以说它们正在经历一个"边缘化"的过程（图6-15）。

衰退地区的划定结果如图6-16所示，大多数衰退地区位于地中海周边，在西欧（比利时、荷兰、卢森堡、法国、德国和英国）也存在，甚至在斯堪的纳维亚半岛，而东欧国家只有极少数地区涉及。这并不表示东欧地区与欧盟创始成员国相比普遍更加繁荣；相反，这表明欧盟创始成员国的相邻地区（如城市和农村地区）之间的差距与新成员国相比要大得多。在欧盟创始成员国中，有一些极其繁荣的地区与面临巨大发展问题的地区相邻，而在欧盟新成员国，由于经济表现普遍较差，相邻地区之间的差距要小得多。

5) 特征综合划定结果

这四种特征划定是基于完全不同的理论概念，无法组合成一个单一的划定结果。因此将这四种划定的结果在空间上进行重叠，以确定不同特征下的内部边缘地区的重叠程度和重叠位置，最终结果是在栅格图层上呈现的划定结果，如图6-16所示。结果显示，ESPON监测地区中内部边缘地区占比约为45%，其中约29%的内部边缘地区是由一个主导因素划定，约16%的内部边缘地区是由两个或两个以上的主导因素划定，具体占比情况见表6-10。

表6-10　ESPON内部边缘地区总体情况统计　　　　（单位:%）

序号	地区类型	ESPON国土占比	内部边缘地区占比
1	无内部边缘地区	54.6	—
2	内部边缘地区	45.4	100
3	具备一个主导因素的内部边缘地区	29.2	35.3
4	具备两个及以上主导因素的内部边缘地区	16.2	64.7
5	主导因素为经济衰退的内部边缘地区	21.1	46.0
6	主导因素为缺乏联系的内部边缘地区	20.0	44.6
7	主导因素为以上两者皆有	4.3	9.4

图 6-15 内部边缘地区特征 4 划定结果（NUTS-3 尺度）

从图 6-16 中可以看出，斯堪的纳维亚半岛和冰岛的大多数内部边缘地区的主导因素不是交通不便，而是经济潜力差和社会经济状况差，从而导致缺乏需求。在德国东部、波罗的海国家、土耳其、意大利南部、葡萄牙和西班牙部分地区、苏格兰和东欧部分地区也有类似情况。总的来说，约 46% 的内部边缘地区主要受到经济潜力不足和人口状况不佳的影响，相当于整个 ESPON 空间的 21%。以缺乏进入中心和获取到公共服务的机会为主要驱动力的内部边缘地区（特征 1 和特征 3）占所有内部边缘地区的 45%（整个 ESPON 空间的 20%）。这些地区与其地貌状况之间存在着密切的联系。这些内部边缘地区涵盖了地

| 第6章 | 欧洲内部边缘地区的特征、进程与趋势

四个单独划定结果的叠加
内部边缘地区的主要驱动因素
(机会的缺乏与经济和人口状况)

- 非内部边缘地区
- 主要驱动因素:经济潜力差,社会经济状况差
- 主要驱动因素:缺乏进入中心和获取到公共服务的机会
- 主要驱动因素:交通不便,经济潜力差/社会经济状况差
- ESPON监测范围国界线
- ESPON监测范围海上界线

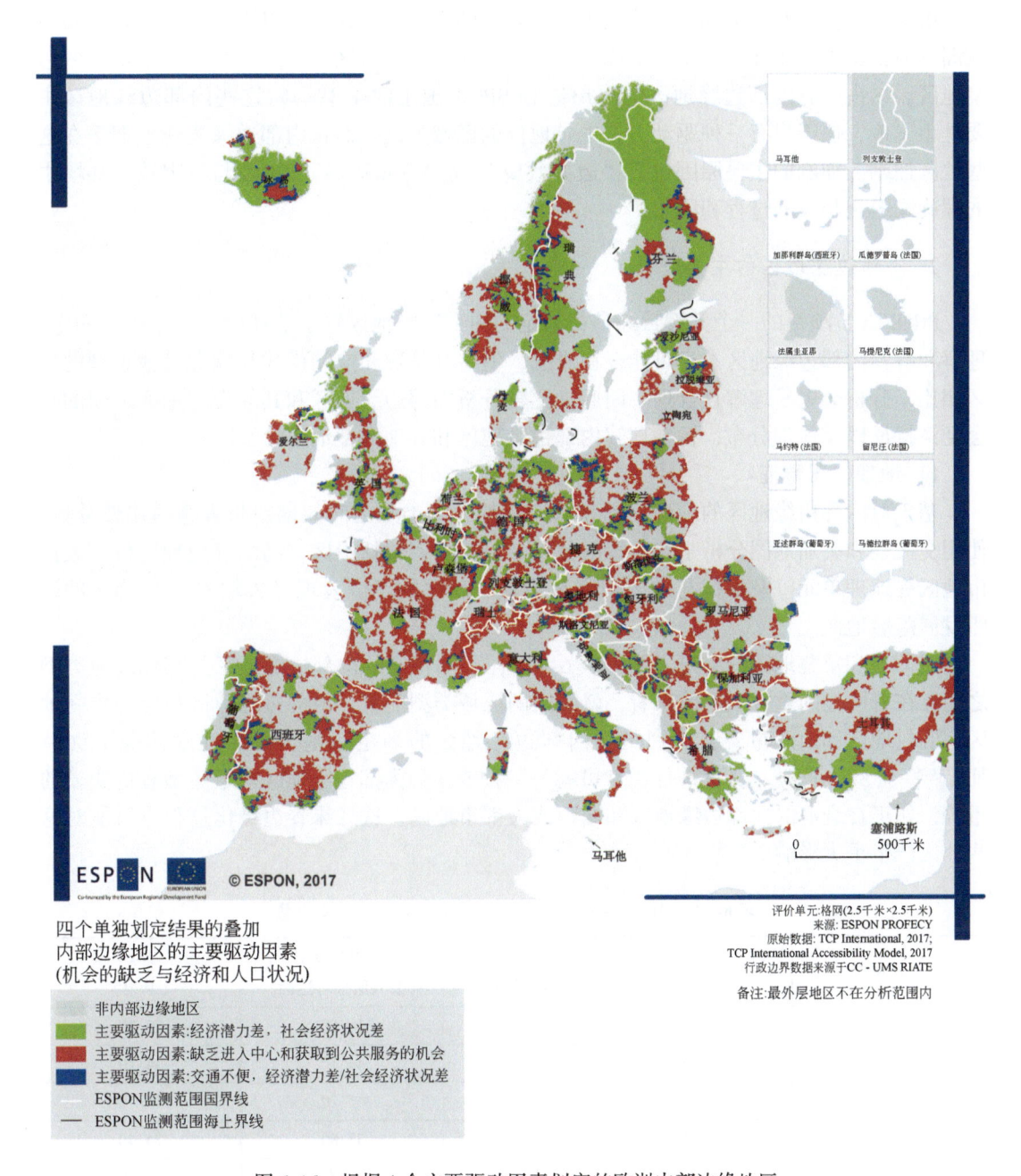

评价单元:格网(2.5千米×2.5千米)
来源:ESPON PROFECY
原始数据:TCP International, 2017;
TCP International Accessibility Model, 2017
行政边界数据来源于CC - UMS RIATE
备注:最外层地区不在分析范围内

图 6-16　根据 4 个主要驱动因素划定的欧洲内部边缘地区

中海盆地周围的山脉,从伊比利亚半岛的巴蒂奇山脉、伊比利亚系统和比利牛斯山脉到土耳其最东南部的金牛座山脉,以及阿尔卑斯山、亚平宁山脉和迪纳拉山脉。按照同样的逻辑,在欧洲的其他国土上,获得一般公共服务的机会少也是主导因素,这些区域要么是偏远山区,要么是山区。例如,法国中部高原的大片国土、中东欧国家的喀尔巴阡山脉,以及斯堪的纳维亚半岛南部。

由交通不便以及经济和人口状况不佳而导致的内部边缘地区,以小斑块的形式散布在欧洲各地,集中分布在波兰、斯洛伐克、塞尔维亚的部分地区,以及葡萄牙和西班牙的边境地区,约占所有内部边缘地区的9.4%(ESPON 国土的4.3%)。这些内部边缘地区主要是小飞地,位于只有一种驱动力占主导地位的区域附近,而且内部边缘化现象似乎在这些地区加剧。加剧的主要原因包括"边界效应"或"双重边界",以及与特定地方环境中的螺旋式退化相关的过程和因素。

2. 内部边缘地区的主要特征

PROFECY项目的一个关键目标是将划定的内部边缘地区置于欧洲的社会经济空间中。理解和解释内部边缘地区本身可能存在难度,但将其位置和空间模式与欧洲其他类型的地区相比,分析会更易理解且合理。因此,比较分析内部边缘地区和其他类型地区之间的社会经济特征以及地理分布,旨在理解内部边缘地区和其他类型地区的区别。

1) 地理位置特征

基于对内部边缘地区的地理位置和欧洲其他区域类型之间的偏差和重叠的比较分析,使用交叉表和叠加地图分析来获得特征信息。分析类型包括山区、岛屿等地理区位,大都市地区等地理单元以及根据与欧盟国家平均水平相比的经济表现(人均GDP)确定的欧盟发展落后地区。

交叉表和重叠地图的结果表明(表6-11),不同特征的内部边缘地区与其他区域类型之间存在着明显的重叠。总体来看,就欧盟的区域类型而言,内部边缘地区最常与中间地区、农村地区和山区重叠,特别是在内部边缘地区的划定是基于可达性的情况下(特征1~特征3)。此外,其他地区类型可能与一种或多种内部边缘地区划定类型有更明显的重叠,如正在衰退的内部边缘地区和城市或大都市地区,这意味着边缘化过程也可能对这些地区产生重大影响。

表6-11 内部边缘地区与欧盟区域类型之间交叉重叠 (单位:%)

地区	内部边缘类型1 (区域中心)	内部边缘类型2 (经济潜力)	内部边缘类型3 (公共服务可达性)	内部边缘类型4 (衰退)
城市地区	9.60	18.80	10.80	32.20
中间地区	48.60	40.00	44.10	34.10
乡村地区	41.80	41.20	45.20	33.70
山区	49.50	38.20	53.80	24.40
岛屿	0	1.20	1.10	2.60
大都市区	24.00	23.00	20.40	43.00
落后地区(<EU75%)	35.00	46.40	24.20	43.30
落后地区(<NAT75%)	46.10	53.00	34.10	60.50

在内部边缘地区范围内,落后地区的比例也可能很高。从国家和欧洲角度看,内部边缘地区与落后地区均有重叠,且在国家角度通常重叠占比更高。从表6-11中可以看出,

内部边缘地区和落后地区之间的重叠，更多地表现在经济潜力较低的地区（特征2）和衰退地区（特征4），也表明这些特征与经济发展具有更直接的联系。

图 6-17 显示了内部边缘地区（特征1）与落后地区之间的重叠。从图 6-17 中可以看出，中欧和东欧的内部周边地区非常突出，因为这里 95%～100% 的内部边缘地区都位于落后地区。在其他情况下，如在人均 GDP 值较高的欧洲地区（主要位于西欧和北欧），与

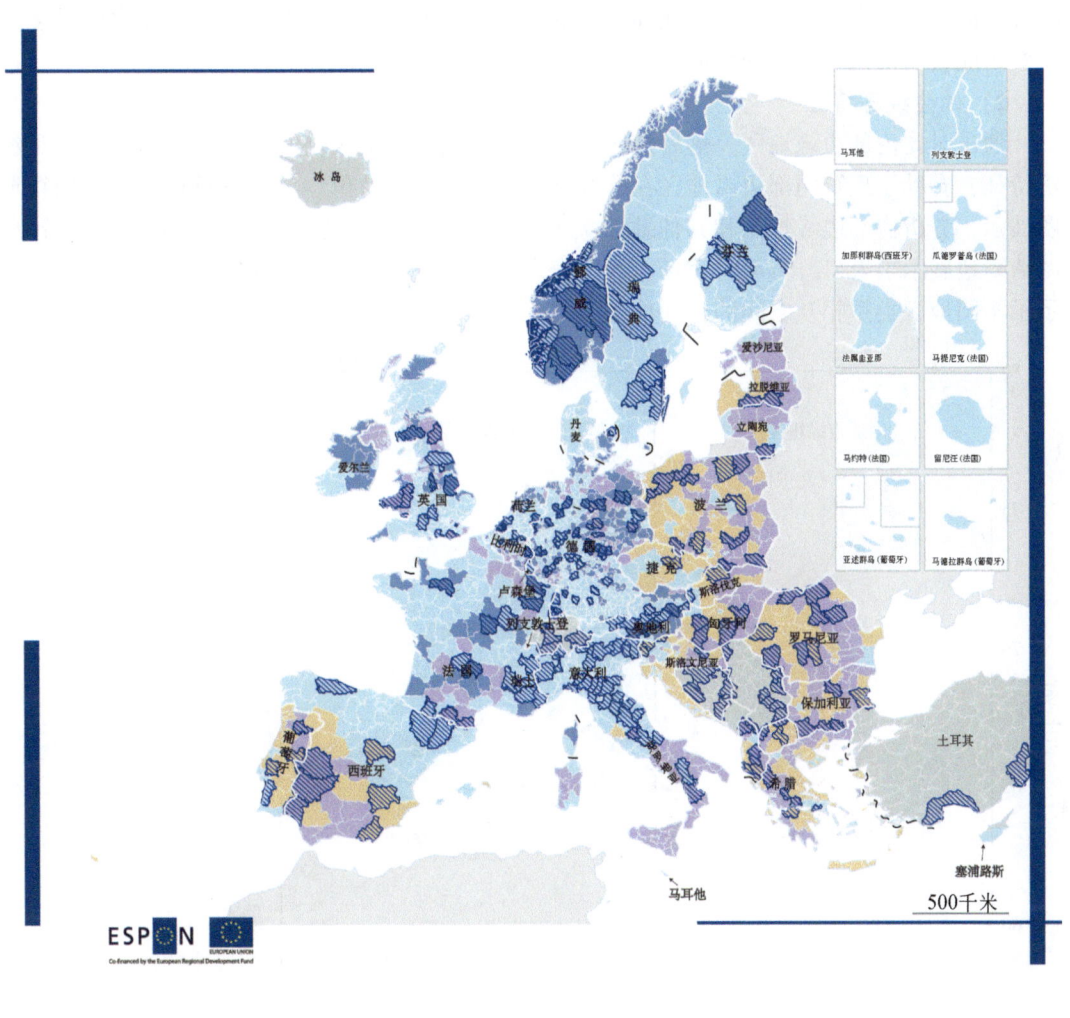

图例：
- 特征1（进入区域中心的机会）
- 落后地区
  - 人均GDP<欧盟平均水平的75%，且人均GDP≥全国平均水平的75%
  - 人均GDP<全国平均水平的75%，且人均GDP≥欧盟平均水平的27%
  - 人均GDP<欧盟平均水平的75%，且人均GDP<全国平均水平的75%
  - 滞后的NUTS-3地区
  - 没有数据

评价单元：NUTS-3 (2013)
来源：ESPON PROFECY
©原始数据：Eurostat, 2017
行政边界数据来源于UMS RIATE

图 6-17　内部边缘地区（特征1）与落后地区之间的重叠

落后地区的重叠出现在国家层面的落后地区。人均 GDP 值较低的国家（主要位于中欧、东欧和南欧），内部边缘地区与欧洲层面的落后地区重叠（其中大部分地区是国家层面的落后地区）。

了解内部边缘地区与其他区域类型的重叠情况对制定政策具有重要意义。重叠意味着内部边缘地区与一些农村、山区或落后地区存在社会经济特征上的相似之处，不仅有与边缘性方面有关的潜在挑战，而且还面临着这些其他类型的具体问题。这些类型之间的多重重叠可能会增加这些挑战的负面影响。

2）社会经济特征

通过对比内部边缘地区、落后地区以及欧盟其他类型地区之间的不同人口、社会和经济特征，有助于理解内部边缘地区在欧洲社会经济空间的地位。为了进行比较，利用箱形图展示，分析内部边缘地区和其他地区类型不同指标的分布情况，如图 6-18 所示。箱形图清晰地展示了人口、劳动力市场、经济表现、一般公共服务可达性等数据的分布，也显示了不同地区类型相互之间的空间位置。

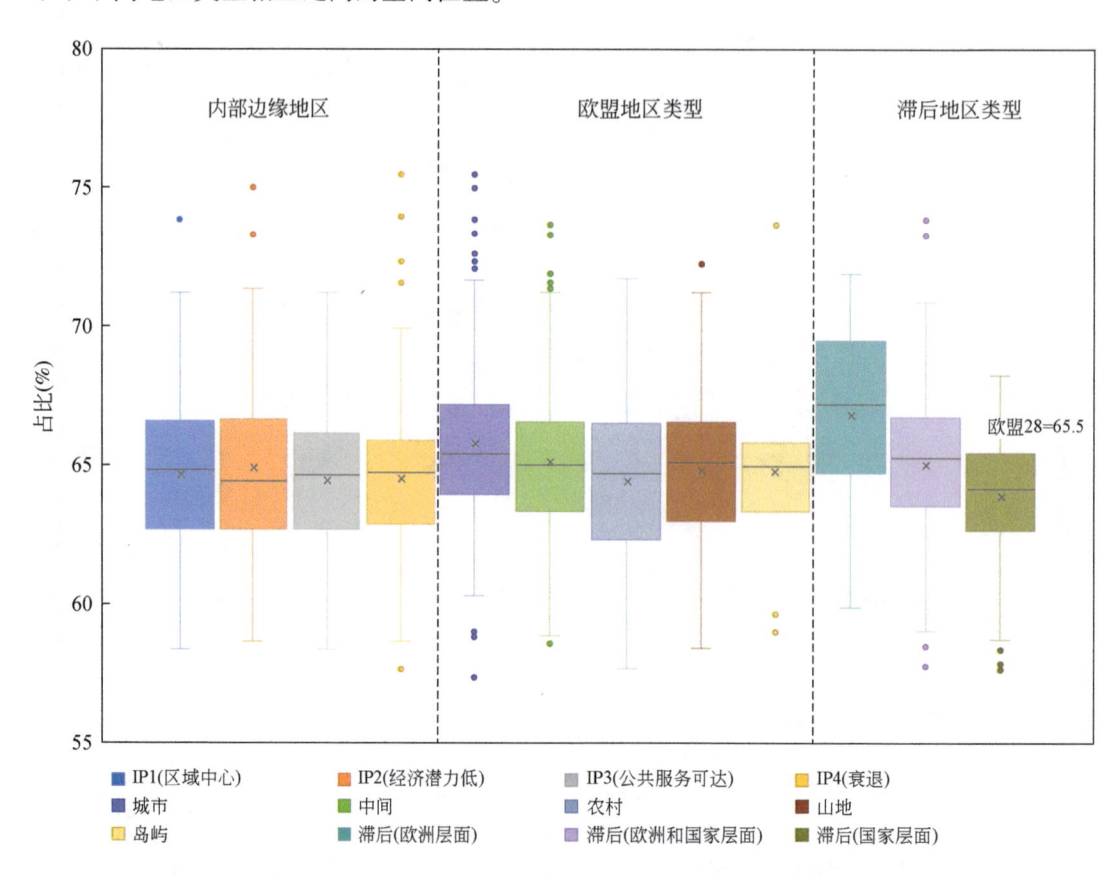

图 6-18　2015 年欧洲劳动年龄人口（15～64 岁）占比，按内部边缘地区划分和欧盟地区类型划分

从欧洲和国家层面来看，不同区域类型及不同划分特征的内部边缘地区，社会经济地位可能会有所不同。总的来说，在欧洲层面上，与其他区域类型相比，内部边缘地区在人

口特征方面往往处于不利地位。最明显地表现在与老龄化和年龄结构有关的趋势上（儿童和工作年龄人口的比例较低，存在老年依赖现象），这表明在其他各方面存在更多风险（如缺乏人力，或与内部边缘地区有关的贡献减少）。考虑到经济表现（如 GDP、GVA），内部边缘地区似乎也处于不利地位。同时在创业和一般公共服务可达性指标方面，以及劳动力市场特征（失业率、不活跃率）方面，欧洲层面与其他类型相比，内部边缘地区的不利地位并不明显。内部边缘地区的就业比例在制造业中普遍较高，该现象代表了一个结构性因素，可能影响其他社会经济层面。从国家层面来看，内部边缘地区的社会经济地位优于欧洲层面上的表现。与其他国家地区相比，尽管也可能有某种滞后（如人口、经济表现等），但总体来看表现是适中的。

尽管基于多个方面划分了欧洲内部边缘地区，但不同类型的内部边缘地区往往在各种社会经济维度上表现出类似的特征。从人口和劳动力市场、一般公共服务密度等方面可以看出，内部边缘地区的社会经济特征通常与其他区域类型更相似。然而，在经济指标（经济表现、企业发展）方面，这四组划定的内部边缘地区似乎更加分散，尤其是经济潜力较低（特征2）和衰退（特征4）的内部边缘地区在经济方面更为不利。

3） 时间变化特征

内部边缘地区某些社会经济特征的时间变化反映了内部边缘概念的动态性质，呈现出内部边缘地区社会经济地位的动态变化。本小节选取 2002～2016 年失业率这一指标来代表社会经济特征，反映在一定时期内部边缘地区社会经济地位的动态变化过程，如图 6-19 所示。

研究期内绝大多数欧洲 NUTS-3 地区的社会经济水平的绝对变化表现为老龄化加剧，低素质人群和制造业就业水平下降，但也有一些分散和例外情况，主要影响体现在经济和劳动力市场层面。内部边缘地区一定程度上也与这些趋势相吻合。考虑到相对水平的变化，这些地区中的大多数在过去的 15 年中显示出保持水平变化不大的迹象（没有明显的改善或不利因素的增加），这可能意味着从内部边缘地区来看，它们目前的地位和不利因素通常不是近期发展的直接结果。

内部边缘地区动态变化存在规律性。人口变化趋势特征主要有西欧（更频繁的积极动态）和中东欧（更高的向外移民和萎缩概率）两种类型。劳动力市场变化趋势突出了地中海范围内部边缘地区的脆弱性，其中经济危机导致的趋势变化或失业率的增加主导了这些进程的结果。经济表现的变化表明，中东欧内部边缘地区总体上正在追赶欧盟 28 国的平均水平。这些发展进程与国家的趋势相比似乎大多相似，但在某些情况下可能会出现一些"反常"现象。例如，几个中东欧内陆地区在欧洲层面的经济表现通常是积极的，而在国家层面上则是滞后的。

由于内部边缘地区存在四种划分类型，其社会经济特征也存在一定的发展差异，如经济潜力较差导致的内部边缘地区（特征2）和衰退导致的内部边缘地区（特征4）的经济表现或劳动力市场和人口进程往往表明，与其他内部边缘地区类型相比，其社会经济动态变化可能与边缘化导致的负面影响更相关。这也符合对它们的划分方法，即远离经济中心和社会经济水平相对较差。

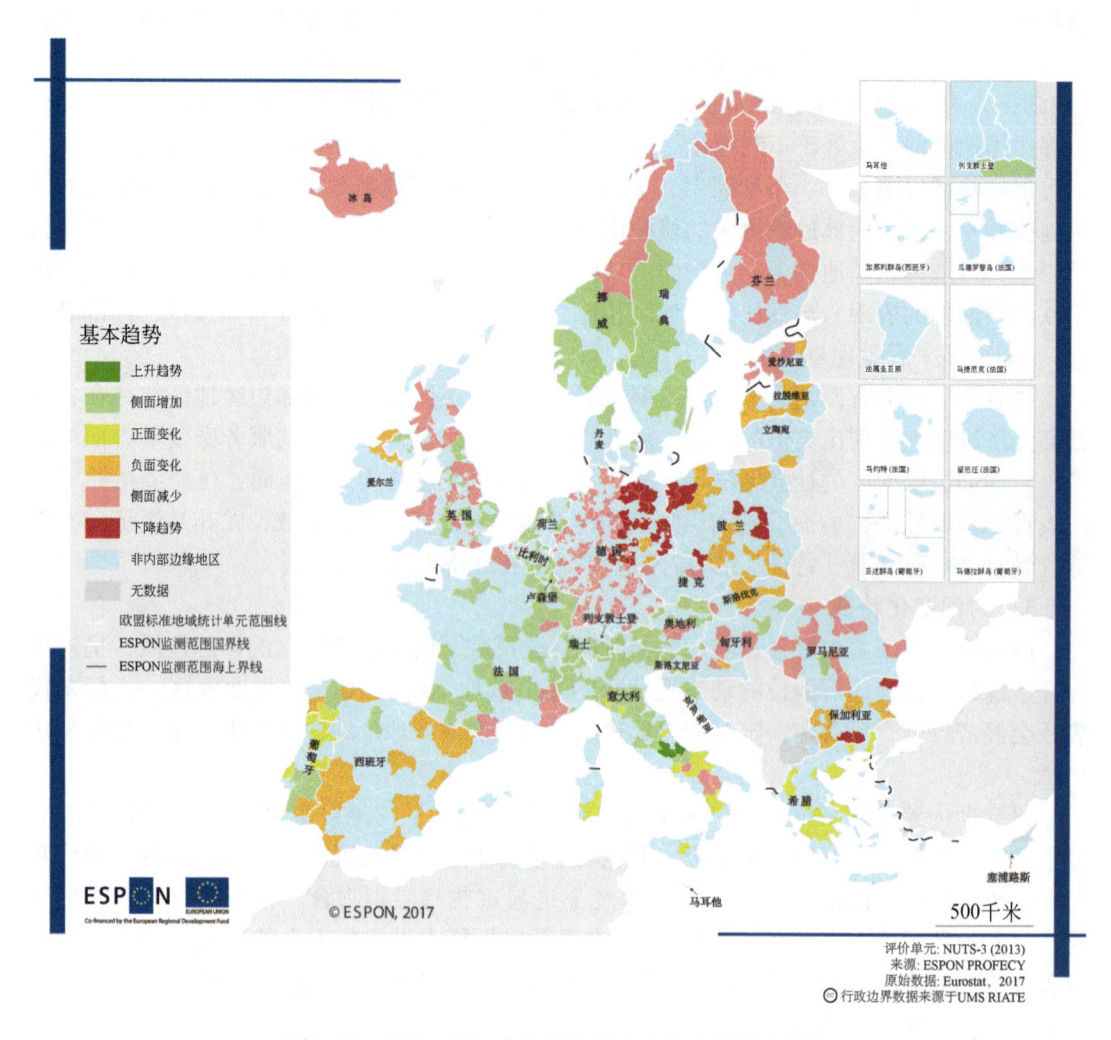

图 6-19　2002~2016 年内部边缘地区失业率变化趋势

3. 潜在内部边缘地区的识别

在特征 3 中难以获得 3 种或 4 种类型服务的所有非内部边缘地区都被视为潜在风险地区。识别结果如图 6-20 所示，实际上，所有欧洲国家都存在潜在风险地区，这些地区大多面积较小，分散在各个国家。尽管面积小，每个地区的重要性可能相当低，但总体来看它们占国家国土的比例很大，因此如果它们开始出现边缘化趋势，将大大增加国家内部边缘地区的数量和规模。

图 6-21 说明了小学和医院两种情况合并划定的风险区结果。就小学而言，欧洲东南部、波罗的海国家、冰岛、土耳其和伊比利亚半岛的大片地区，以及德国东部、法国南部、意大利、苏格兰、威尔士和爱尔兰的部分地区是风险地区，因为它们在合理的通行时间内只能到达一所小学。然而，由于许多国家的学校系统在国家层面上受到规范性法规的

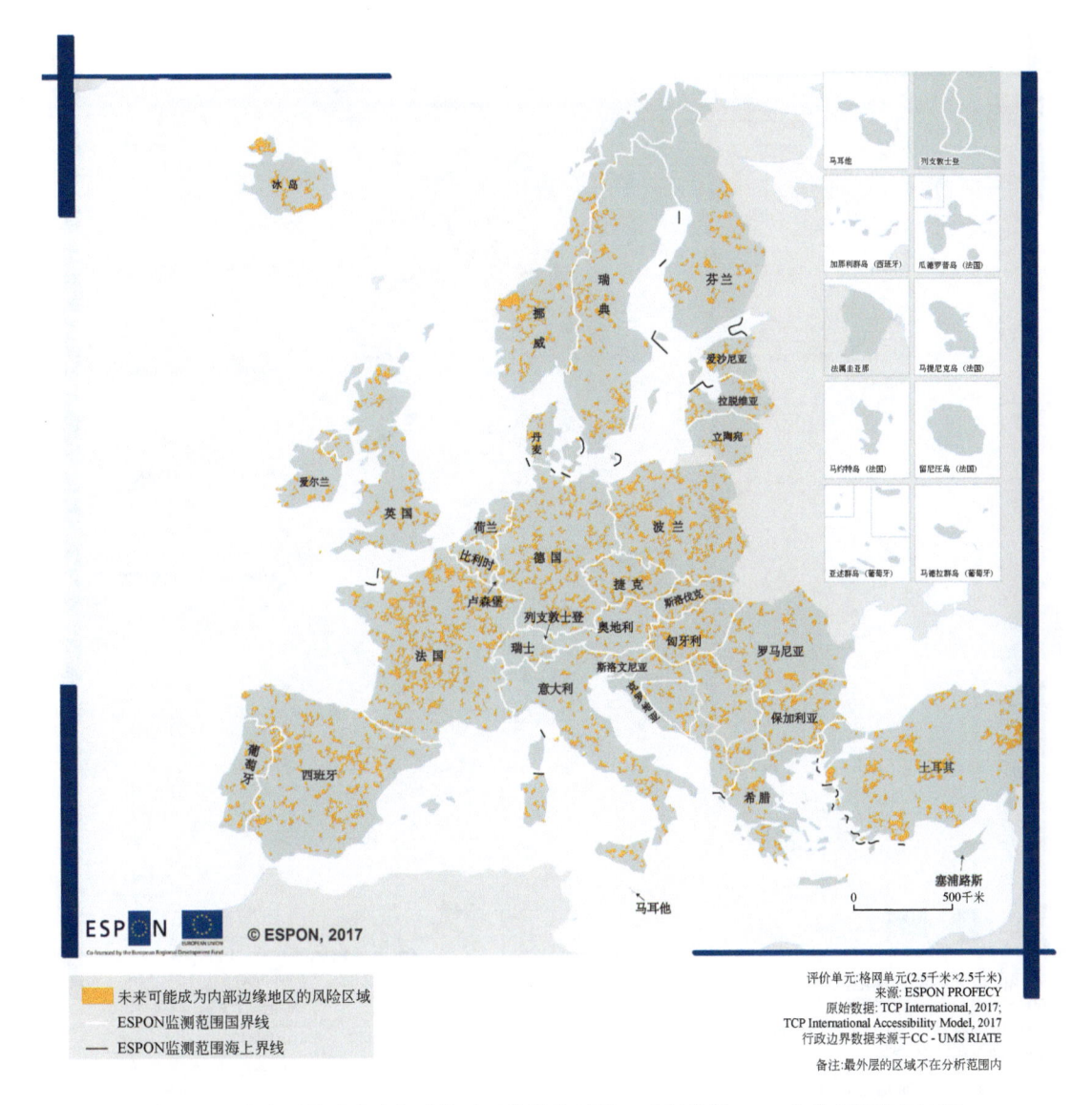

图 6-20　未来可能成为内部边缘地区的风险区域：难以获得 3~4 个公共服务的地区

制约，其中包括确定固定的学校区域，也反映了这些地区只有一所学校提供服务。然而，当小学被关闭时，这些地区就有可能进入边缘化的过程，因为没有其他的选择。

依据医院确定的潜在风险地区显示，斯堪的纳维亚、冰岛、苏格兰、土耳其、巴尔干半岛以及西班牙和葡萄牙的许多地区在未来有可能成为内部边缘地区。与小学的情况相比，这些地区医院覆盖的范围和数量要少得多，因为采用了更长的通行时间门槛，但如果唯一可以到达的设施关闭，这些地区的医疗服务仍然面临风险。依据小学和医院组合确定的潜在风险地区（图6-21）与医院的结果相似，主要位于斯堪的纳维亚半岛、冰岛、苏格兰、土耳其的部分地区、西班牙和葡萄牙以及巴尔干地区。

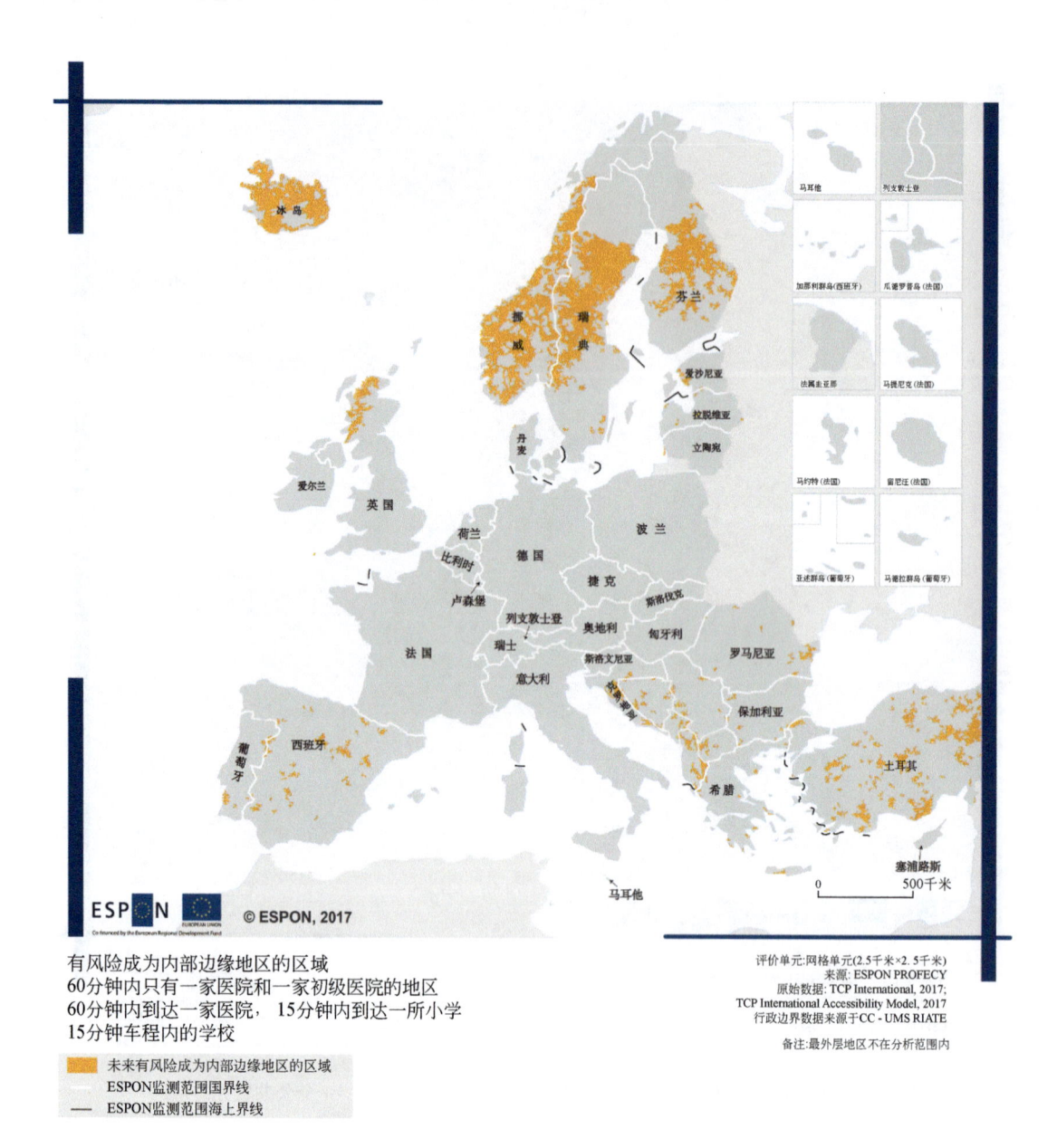

有风险成为内部边缘地区的区域
60分钟内只有一家医院和一家初级医院的地区
60分钟内到达一家医院，15分钟内到达一所小学
15分钟车程内的学校

■ 未来有风险成为内部边缘地区的区域
— ESPON监测范围国界线
— ESPON监测范围海上界线

评价单元：网格单元(2.5千米×2.5千米)
来源：ESPON PROFECY
原始数据：TCP International, 2017;
TCP International Accessibility Model, 2017
行政边界数据来源于CC - UMS RIATE

备注：最外层地区不在分析范围内

图6-21　未来可能成为内部边缘地区的风险区域：小学与医院

4. 案例研究结果

该项目在欧洲的七个地区进行了案例研究，包括奥地利（沃尔夫斯堡）、德国（锡根–维特根斯坦）、西班牙（蒙特西亚）、匈牙利（塔马西区）、意大利（格雷卡尼卡–卡拉布里亚）、波兰（维鲁舒夫）和瑞典（维默比），旨在以更加定性的方式，在其现实生活背景下，深入探讨内部边缘地区问题的复杂性和多维度特征。这些案例的选择涵盖了内

部边缘地区的不同划定方法,以及应对这一社会空间问题的政策经验。在划定欧洲内部边缘地区的过程中,因为内部边缘化问题往往只涉及行政区域的某一部分,NUTS-3 似乎并不是最适合进行这种分析的层级。此外,欧洲国家有不同的行政结构,NUTS-3 并不是主要的区域规划和执行发展战略的行政单位。因此,除德国和奥地利的研究案例是在 NUTS-3 尺度进行的之外,其他所有案例都是在 LAU-1 或 LAU-2 的较小尺度下进行的。

1)案例研究区特征划定结果

内部边缘地区的概念有一个关键的组成部分,即与相邻地区相比的表现。因此,它不是以绝对值显示的现象,而是与周围环境相关的现象,特别是在放大到 NUTS-3 单元及其内部多样性时。案例研究地区与周边地区相比相对较差的地区通常是在与区域中心的距离和通行时间(特征1)、经济水平(包括个人收入、地方税收和创新能力)(特征2)、公共服务的获取及其质量(特征3)和社会经济进程(特征4)等方面进行描述。根据这四类特征划分,案例研究代表了不同的划定组合。根据案例研究地区的划定结果对其进行比较,考虑了两个不同的空间参考层级。表 6-12 显示了 7 个案例研究地区在 NUTS-3 尺度的划定结果。在划定方法部分已经清楚地提到,NUTS-3 区域的规模在不同国家存在较大差异,因此在 NUTS-3 尺度上监测、识别内部边缘地区存在一些局限性。尤其是面积较大的 NUTS-3 区域,差异尤为明显。

表 6-12 案例研究区域在 NUTS-3 尺度的划定结果

国家	存在内部边缘地区的 NUTS-3 区域	最终划定结果(NUTS-3)			
		特征1	特征2	特征3	特征4
奥地利	沃尔夫斯堡				
德国	锡根–维特根斯坦	✓		✓	
西班牙	蒙特西亚				
匈牙利	塔马西区				
意大利	格雷卡尼卡–卡拉布里亚				
波兰	维鲁舒夫		✓		
瑞典	维默比	✓			

表 6-13 是案例研究区域在不同尺度下的划分结果(大部分是小于 NUTS-3 尺度的空间单元)。

表 6-13 案例研究区域在不同尺度下的划分结果

国家	PROFECY 案例研究区域	划定尺度	最终划定结果(NUTS-3)			
			特征1	特征2	特征3	特征4
奥地利	沃尔夫斯堡	部分 NUTS-3			✓	✓
德国	锡根–维特根斯坦	NUTS-3	✓		✓	
西班牙	蒙特西亚	LAU-1				✓
匈牙利	塔马西区	LAU-1			✓	

续表

国家	PROFECY案例研究区域	划定尺度	最终划定结果（NUTS-3）			
			特征1	特征2	特征3	特征4
意大利	格雷卡尼卡–卡拉布里亚	LAU-2	■		■	
波兰	维鲁舒夫	LAU-1		■		
瑞典	维默比	LAU-2	■			

比较案例研究区域的不同尺度可以看出，从瑞典和意大利案例中的LAU-2单元到波兰、匈牙利和西班牙案例中的LAU-1单元，再到奥地利和德国案例研究中的NUTS-3（部分），存在较大差异。同时，各国的NUTS-3规模也有很大差异。这也与内部边缘地区在治理和管理水平中的地位不同有关，因此，在探讨内部边缘地区进程、干预战略和机会时也需关注。

根据内部边缘地区的分布状况，PROFECY研究了具有代表性的划定组合案例。这些案例涵盖了不同类型的划定和不同的划定组合，占ESPON国土的38.1%，其中大约有83%的空间在一种或多种特征下划定为内部边缘地区。这些不同划定组合的特征如下。

特征3和特征4：难以获得一般公共服务，且正在衰退的地区（奥地利）。

特征1和特征3：区域中心以及公共服务的可达性较差，但仍有良好的经济潜力且还没有衰退的地区（德国、意大利）。

特征4：可达性和经济潜力较好，但正在衰退的地区（西班牙）。

特征2：可达性较好且人口稳定，但未来经济潜力低的地区（波兰）。

特征1：区域中心的可达性较差，但仍然有良好的经济潜力，一般公共服务可达性较好，人口稳定的地区（瑞典）。

2）案例研究区的国土和社会经济特征

在欧盟现有区域类型的背景下研究这些案例区，可以看出这些区域主要集中在农村地区和中间地区（表6-14）。其中，奥地利、匈牙利、波兰、瑞典4个地区以农村为主，德国、西班牙和意大利3个地区属于中间地区，接近城市，但仍处于边缘状态。另外3个地区（匈牙利、意大利和波兰）不仅属于内部边缘地区，还属于滞后地区。

表6-14 以欧盟区域类型为特征的研究案例

区域类型	奥地利(D3/D4)	德国(D1/D3)	西班牙(D4)	匈牙利(D3)	意大利(D1/D3)	波兰(D2)	瑞典(D1)
城市							
中间地区		■			■		
农村地区	■						
山区	■						
岛屿							
大都市区			■				

续表

区域类型	奥地利 (D3/D4)	德国 (D1/D3)	西班牙 (D4)	匈牙利 (D3)	意大利 (D1/D3)	波兰 (D2)	瑞典 (D1)
落后地区 (<EU 75%)				■	■	■	
落后地区 (<OnlyEU 75%)				■			
落后地区 (<EUNAT 75%)						■	
落后地区 (<OnlyNAT 75%)						■	
落后地区 (<NAT 75%)						■	

注：<EU 75%指欧洲层面的落后地区，人均GDP低于欧洲平均水平的75%；<OnlyEU 75%指仅落后于欧洲水平的地区；<EUNAT 75%指欧洲和国家层面的落后地区，人均GDP低于欧洲和国家平均水平的75%；<OnlyNAT 75%指仅落后于国家水平的地区；<NAT 75%指国家层面的落后地区，人均GDP低于国家平均水平的75%。

统计数据可以对一个案例的总体特征有一个初步了解。因此，每个案例研究都收集了一些社会经济指标的数据，如人口发展、失业和劳动力市场结构，以便与上级行政单位、所属国家和欧盟28国进行比较。为了便于比较，收集的所有数据都是2013年的。图6-22和图6-23展示了七个案例研究地区与内部边缘地区最相关的两个社会经济指标的比较情况。

图6-22　18~30岁人口变化率（1999~2013年）

从图6-22可以看出，选定的案例区域人口稀少，面临人口总数减少，人口增长较慢的情况，特别是青年人口。经济和劳动力市场统计数据显示，七个研究案例相对于其所在区域或国家情况而言表现较差。这类案例出现在德国，其GDP低于德国的平均水平，奥地利和瑞典也存在相似的情况，它们的失业率与它们所处的区域和国家情况相比处于较低水平（图6-23）。此外，研究案例通常更侧重于农业和工业，而不是第三产业。它们的高等教育人口比例低于全国和欧盟28国的平均水平。同时，从图6-22和图6-23可以看出欧盟不同地区案例之间的差异。由于所研究案例的内部边缘地区状况主要取决于周边地区的情况，虽然某些区域可能比其他研究案例表现得要好很多，但它们往往落后于其所在区域或国家的水平。

图6-23 20~64岁人口失业率

综上，根据案例研究发现内部边缘地区具有以下共同特征：一是距离区域中心较远；二是距离一般公共服务距离较远；三是年轻人和高技能人才出现外流；四是人口减少；五是较高的老年赡养比；六是缺乏熟练的劳动力；七是区域主导产业通常是以传统活动为基础的经济部门。

6.4.2 内部边缘化的干预途径与关键因素

内部边缘地区并不总是意味着表现不佳或绝对边缘化。如果及时识别、划定内部边缘地区，并实施适当的策略，这一问题是可以被干预和克服的。

克服内部边缘地区的首要问题，应该基于对造成和维持衰退周期过程的仔细调查。这很可能是由三个"初级边缘化"过程中的一个或多个驱动的结果，这些过程与一系列的"次级边缘化"效应捆绑在一起。6.3.3节中提到的三个描述性模型清晰地揭示了内部边缘地区的动态发展过程和驱动因素，形象地说明了主要的边缘化过程如何与一系列次要的边缘化过程相联系，从而产生了一个衰退的循环。这些模型有助于区分和理解各个因素的组合，以及每个因素的类型和作用强度。因此，指定一套单一的内部边缘地区关系是误导性的，因为大多数内部边缘地区都表现出描述性模型中确定的边缘化过程的组合（由远离经济活动中心、联系不畅或缺乏互动驱动的过程）。

在第一个描述性模型中，可达性差导致到经济活动中心的通行时间长，经济潜力低。应对措施需要通过改善常规基础设施、物流系统或降低通行成本，以改善与主要运输网络的连接。在第二个描述性模型中，重点是提供/获取区域内服务，或许可以采取基于信息技术的新解决方案。为寻求规模经济而进行的行政区域重组，可能会导致或加剧这种类型的内部边缘化。在第三个描述性模型中，重点是加强联系，建议采取干预措施，以加强当地行动者之间的互动。

这些描述性模型构成适当干预途径的基础（图6-24）。它们中的每一个都可以在不同的空间范围内实现，第一个通常通过国家层面的治理来实现，第二个可以在区域实现，第三个可以在地方社区实现。例如，在第一种边缘化过程中，根本原因可能是交通基础设施不足，因此，将交通网络的改善纳入战略是有意义的。如果主要过程是由获取服务不足导致的，那么应该探索采用新技术的策略，或促进社会创新解决方案来应对。第三种边缘化过程在战略设计方面最具挑战性，需要努力提高各种行为者的互动能力，包括个体经营者到成熟的企业、机构和地方的共同治理。

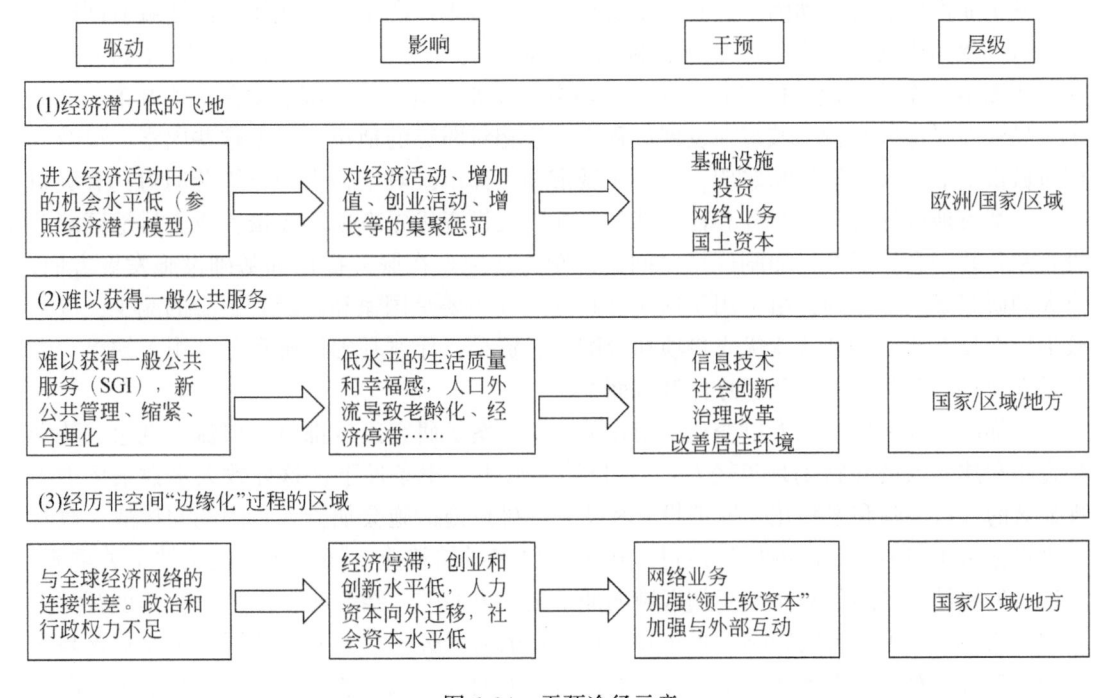

驱动	影响	干预	层级
(1)经济潜力低的飞地			
进入经济活动中心的机会水平低（参照经济潜力模型）	对经济活动、增加值、创业活动、增长等的集聚惩罚	基础设施投资 网络业务 国土资本	欧洲/国家/区域
(2)难以获得一般公共服务			
难以获得一般公共服务（SGI），新公共管理、缩紧、合理化	低水平的生活质量和幸福感，人口外流导致老龄化、经济停滞……	信息技术 社会创新 治理改革 改善居住环境	国家/区域/地方
(3)经历非空间"边缘化"过程的区域			
与全球经济网络的连接性差。政治和行政权力不足	经济停滞，创业和创新水平低，人力资本向外迁移，社会资本水平低	网络业务 加强"领土软资本" 加强与外部互动	国家/区域/地方

图6-24 干预途径示意

6.4.3 内部边缘地区的驱动因素

1. 地理位置

在研究案例区域，边缘化的一个主要驱动因素是地理位置，即自然条件。自然边界会影响与周围区域的功能关系，并可能导致发展脱节。大多数案例的研究区域位于距离城市中心很远的农村地区。通常情况下，地理位置偏远，不仅自然条件不便，道路和公共交通条件也较差，缺乏交通基础设施，导致交通不便和通行时间长，从而引起连锁反应。政治决策和反向投资会将地区推至边缘位置，或降低可达性。奥地利和德国的研究案例区域可以作为发挥政治决策作用和权力的例子。

除地理位置之外，一些研究案例区域位于一些行政边界（如德国、西班牙、匈牙利和波兰）。行政边界位置可能对区域发展造成严重不利影响，因为边界两边的当地和区域条件、法规和规划系统可能不同，正如德国的研究案例表明，德国联邦州被赋予很高的立法和行政权力以及自由权，一个联邦国家边境两侧可以完全不同，但边界可能会给合作造成极大障碍，甚至影响一些协调发展的计划。缺乏跨区域合作与协作战略和发展理念可能对在边界两侧提供适当的公共服务的能力构成相当大的挑战。

2. 持续的城市化进程

基于地理位置的驱动因素，它们主要在传统的边缘概念中发挥作用，但随着时间的推移，这些驱动因素不断累积和加剧，将区域推向边缘位置。特定的城市区域（如大都市区）不断融入全球知识、投资和劳动力循环中。服务、贸易和经济活动在这些城市地区的集聚导致农村地区和较小城市在发展过程中处于相对弱势的地位。以上这些因素，以及人们对城市生活方式的偏好和愿望，使得大城市和大都市区对年轻人和熟练劳动力具有吸引力。大都市地区的就业、服务和社会基础设施以及投资优先事项的集聚，或农村地区缺乏投资和公共资金的下降，加剧区域之间的差距，特别是在服务提供和基础设施发展方面。意大利研究案例中提到，由于用于这些公共资源（主要是国家和区域）资金的减少，以及政治层面没有能力处理这些优先事项和分配现有资金，导致基础设施和公共服务缺乏，尤其是在教育、公共交通以及医疗保健方面。

大都市的发展进程与人口变化密切相关。所有案例研究区域都有人口流失现象，特别是青年和技术人员（特别是年轻人）。在持续的低出生率条件下，这导致大多数案例中出现显著的人口下降和老龄化。取消投资和忽视基础设施措施会加剧人口问题的挑战，改善基础设施对于在通勤距离内更好地进入更大、更多样的就业市场创造先决条件至关重要。人口流失和社会老龄化对研究案例区域的冲击是多方面的，结合驱动因素，对其创新潜力和生活质量产生了很大的影响：青年和受过教育的人流失，一方面导致区域企业缺乏高素质的劳动力，对经济发展产生了负面影响；另一方面人口减少意味着地方税收减少，以及地方基础设施和公共服务（如教育、文化、公共交通）资金短缺。这些过程是相互关联的，就像一个向下的螺旋，一旦开始很难停止。

3. 经济差异与发展断层

除了这些渐进的过程，在一些研究案例地区，经济危机的形势也有明显的削减和中断。与其他区域相比，这些危机在边缘地区存在更严重的影响。

在匈牙利的研究案例中，农村地区经济转型给企业和员工带来了消极影响。工业子公司关闭，上班族被解雇，导致大批工业劳动力滞留农村地区，被认为处在危机中心的边缘。匈牙利的研究案例还表明，不同的切割和断裂有时会在特定地区累积负面影响。国家出现变革后，地方经济遭受重创。工业子公司被清盘，在改革开始后不久国有和集体农场也进行了私有化，导致大量员工失业。然而，新的（后社会主义）结构主要在制造业方面重现弱点。从盈利方面来看，国营和合作社农场的私有化产生了有利的、大规模的农场结构，与此同时，为人口提供的就业机会极其有限。总而言之，后社会主义经济无法恢复上一个时代的就业能力。此外，改革危机过去15年之后，该地区受到全球金融危机的影响，导致当地劳动力市场进一步萎缩。

其他研究案例地区也遭受了整个行业的危机和崩溃。引发西班牙研究案例区域处于边缘地位的一个主要因素是2008年的房地产和住房危机。另一部分研究案例区域（如奥地利和德国）没有遭受严重危机，这些区域在早些时候对最近的危机进行了提前的危机管理，如1968年沃尔夫斯堡的煤矿危机以及20世纪90年代锡根-维特根斯坦的钢铁危机，结果表明区域经济发展必须应对结构性转换。

4. 治理结构薄弱

在一些研究案例区域，已建立的机构和治理结构是问题的一部分。上述驱动因素因地方或区域治理结构薄弱而加剧，由于不同的原因，这些结构无法形成有效的战略来抵御边缘化进程。在一个多层次的治理体系中，区域内合作、区域间合作以及与更高层级/国家层级的合作都存在问题。在一些地区，这些薄弱的治理结构是有历史根源的：过去的行政改革导致非常复杂或大的区域难以治理，邻近的市或县之间缺乏合作，削弱地方行动能力的国家集权进程，根深蒂固的庇护主义结构阻碍了有效的地方治理。例如，匈牙利的研究案例区域受到国家政策和地区重组的影响。通过重组，一个邻近的地区完全被纳入塔马西地区，另一个地区的部分也被纳入塔马西地区，区域范围加倍扩展，而区域提供服务的能力却有限。与此同时，许多市政当局失去了自治权，由更大的村庄或城镇的共同委员会管理。波兰研究案例的情况也类似，在国家社会主义结束之前，地方自治是不可能实现的。这些例子表明，区域扩大（服务和行政地理的合法化）导致的治理结构薄弱是内部边缘化的另一个驱动因素。

6.5　结论与讨论

6.5.1　主要结论

（1）该项目构建的理论概念框架明确了内部边缘地区的定义、特点以及关键构成要素。

识别内部边缘地区需要对其组成要素进行分解，并选取最适用的指标来表示每一个组成要素。该项目提出了内部边缘地区的理论概念、特征描述以及相应的划定方法。这四个特征包括到区域中心的通行时间较长（特征1）、经济发展潜力较低（特征2）、难以获得一般公共服务（特征3）和发展衰退（特征4）。

（2）通过在地图上识别内部边缘地区，分析了欧洲不同国土背景下内部边缘地区的空间分布、动态变化驱动因素以及识别存在内部边缘风险的国家或地区。

欧洲内部边缘地区的空间分布模式主要有以下特点：一是内部边缘地区经常出现在地

理空间上最边缘的地区；二是无论是国家尺度还是区域尺度的边境地区，内部边缘地区的出现频率都高于非边境地区。

整个欧洲范围中内部边缘地区分布较为广泛。综合划定结果表明，主要驱动因素是经济或人口状况不佳的地区，占比为46%；其次是难以获得一般公共服务和/或距区域中心时间较长的地区，占比为45%；同时由两种驱动因素导致的内部边缘地区占比为9%。

欧洲层面的结果表明，不同类型的内部边缘地区和其他区域类型之间存在着明显的重叠。一般来说，交通不便导致内部边缘地区往往与中间地区、农村和山区重叠。此外，糟糕的社会经济状况导致的衰退型内部边缘地区与城市和大都市地区也存在严重重叠，意味着这些城市和大都市地区的"飞地"也可能受到边缘化进程影响。

（3）选择ESPON范围内部边缘地区作为研究案例，识别内部边缘地区的一般发展趋势、机会和应对经验，以克服区域内部边缘化带来的负面影响。

内部边缘地区的社会经济水平在欧洲层面和国家层面的表现有所不同。从欧洲层面来看，在人口方面，内部边缘地区处于不利地位，呈现出老龄化现象，老年人抚养比例较高，儿童和工作年龄人口的比例较低，尤其是出现以年轻人和高技能人群为主的外流现象。在经济表现方面，内部边缘地区处于更不利的地位，但在创业和获得一般公共服务指标方面并无明显不利。在劳动力市场（失业率、不活跃率）方面，内部边缘地区处于中等水平，甚至在某些情况下处于有利地位。

6.5.2 现有划定模型的不足之处

在PROFECY项目中，划定模型的目的是理清内部边缘地区中多维流程的逻辑。划定模型具有一定的概念价值，但与现实生活中内部边缘地区的形成和发展并不完全相符。以下介绍了现有内部边缘地区的划定模型的不足之处。

1. 低经济潜力的飞地区域模型精度较差

在意大利、西班牙和奥地利的案例中，如果该地区周围是广泛的经济薄弱地区，就很难根据NUTS-3数据确定这类内部边缘地区。内部边缘地区与外部边缘地区的区别在于，其地理位置并不偏僻。根据这一指标，位于经济表现较差的较大区域，很难显示内部边缘地区指标，因为周围地区的经济潜力水平也很低。

在解释内部边缘化的恶性循环时，地方经济衰退的财政因素在国家之间有所不同，因为地方营业税在融资和融资服务方面的作用和相关性对于不同的国家是存在较大差异的。它可能在某些国家发挥核心作用，但这取决于国家财政再分配体系。

2. 一般公共服务的相关指标需要考虑空间差异

一般公共服务的相关指标通常为更大的区域提供一个平均值，而公共服务的质量和可达性在这个区域是非常不同的。不同地区之间往往存在巨大的差异。此外，提供公共服务的评估和重要性也有不同的影响因素，取决于年龄、个人流动性、性别或种族。这个问题没有简单的解决方案，尤其是公共服务数据作为重要指标需要深入的研究，以更清楚地了解小尺度空间变化和主观感知差异。

德国的案例建议将公共服务、人力和社会资本的发展与通信和运输基础设施联系起来，因为交通的发展能为前者开辟新的路径。因此，重要的是要考虑各主要组成部分之间的联系。

3. 缺乏与外界联系的地区

在第三个模型中，重点是关系的邻近性，在研究案例中非常具有代表性。这里提出了一系列问题，如地方经济与创新中心的联系很少，或者地方政治利益相关方在更高政策级别的议程制定过程中只有微弱的影响力。关于主要干预措施：一方面，这些干预形式中的大多数确实都以某种方式，或至少在研究案例区域中考虑过。由于内部边缘地区往往发生在没有普及数字化的地带，因此，数字基础设施和信息技术的改善被视为与几乎所有内部边缘化进程相关的干预形式。当时主要讨论的是改善宽带覆盖等基础设施。较少讨论虚拟服务的作用，因此需要进一步调查和研究西班牙案例。西班牙正在实施电子化管理，并鼓励采用数字化，可以有助于减少这些障碍。另一方面，研究案例报告需要重新考虑是否将重点放在地方层面，以抵消空间"边缘化"的进程。作为第一步，地方一级的建设能力是重要的，但在许多情况下需要考虑来自外部的触发或激励因素。针对缺乏有组织邻近性的有效干预，可能需要跨越不同的空间/机构治理水平。因此，在进行干预之前，需要对差距和干预程度进行分析。

4. 评价指标需要更加多元化

内部边缘地区没有单一的衡量指标。它们的经济和劳动力市场的表现并不总是低于全国平均水平，这使它们有别于落后地区。它们的特点也不总是具有不成比例的高水平弱势社区，这使它们有别于社会排斥的地理位置；而且它们不一定位于地理上的边缘地带，这使得它们有别于传统的边缘地带。

6.5.3 内部边缘地区的发展策略

基于内部边缘地区扩展概念框架和描述性模型推断出的干预途径，以及大量的相关研究，提出内部边缘地区的综合发展战略（Nairobi, 2017）。

1. 探索和利用地域潜力，建立适应性战略

边缘化的每一个模型都可以形成干预途径的基础，旨在解决其特定的挑战。虽然每一个都有不同的特点，但它们都有一个共同的重点，即需要加强不同形式的可达性。在第一类内部边缘地区模型中，经济潜力低的飞地，连通性差表现为到达经济活动中心的通行时间长。应对措施需要考虑通过改善传统基础设施、物流系统或降低通行成本，从而改善与主要交通网络的连接。在第二类内部边缘地区模型中，公共服务普及程度低的地区，重点是在区域内提供或获取服务，可能会整合出新的基于信息技术的解决方案。为寻求规模经济而进行的改组行政领域可能加剧这类区域边缘化程度。在第三类内部边缘地区模型中，

经历空间"边缘化"过程的领域强调关系邻近性,建议采取旨在加强当地行为者之间的互动。

2. 加强能力建设和国土资本

国土资本在不同的研究案例区域之间存在差异,这取决于固定资产、具体的政策和无形资本,如社区关系或社会规范。制约内部边缘地区发展的空间因素与非空间因素之间的内在联系十分明显。特定的基于空间的资本,如一些案例中存在公民社会组织。针对非空间资本的案例,其发展战略不仅仅需要在内部边缘地区范围内提高能力建设,更需要加强不同层次网络之间的联系与合作。

3. 合作治理和长期战略至关重要

缺乏政治影响力导致他们难以关注决策领域,并游说政策决策者。需要采取协调一致的方法,但内部边缘地区战略的责任往往不明确。有必要在战略咨询机构内部建立适当的对话和协调机制,但将这些地方战略与治理层面的战略联系起来同样重要。就有效治理而言,为了增加内部边缘地区的发展机会,单一机构或中介角色有相当大的潜力,可以确保底层创造动力,反之亦然,将相关资源捆绑并输送到该地区,对该地区进行长期规划。

6.5.4　政策建议

考虑到当前的社会变化,政策导向需要从原来的"增长"导向转为对"福祉"和社会进步等更全面的区域目标导向,这对内部边缘地区的战略制定具有一定影响(Dax, 2014)。正如上述结果分析中所强调的,内部边缘地区的演化路径是罕见的,提高这些地区吸引力的活动必须解决内部边缘地区挑战的特殊性、发展进程的复杂性和转型的困难性(Dax and Fischer, 2017)。最大的挑战在于如何实现"社会、经济和环境方面的协调发展,而不是仅仅考虑经济需要"(Gibbs and O'Neill, 2017)。因此需要不同层级的利益相关方采取政治行动,在不同政策干预层面之间开展合作,从而打破持续的下降周期。在对内部边缘地区的认识中,其相对较差的地位的一个主要原因是缺乏地理和/或关系邻近的可达性。因此,为了增强区域连通性,提高内部边缘地区发展潜力,对地方、区域、国家及欧盟地区等多层级提出以下政策建议。

1. 针对地方层面的建议

(1) 确定明晰的干预路径:在明晰特定区域的发展现状和导致边缘化因素的基础上,根据当地利益相关方的参与过程,确定清晰的干预途径与干预路径。

(2) 增强发展战略能力:研究案例表明,在大多数情况下区域协调政策和跨部门政策发展存在脱节,内部和外部缺乏联系。战略体制能力建设是打破下行循环、改变常规、扭转趋势的决定性因素。

(3) 增强地域资本的连通性:地方决策者在反映地方地域资本时,可以明确关注连通性和互动能力。这方面的例子包括与劳动力市场有关的网络经济,以支持吸引外部劳动力到该区域，或为使当地劳动力合格而采取联合行动。为了应对提供服务的不足，它可能会涉及新的方法和策略。

2. 针对区域层面的建议

(1) 跨区域行动：在某些情况下，内部边缘地区规模相当小，或者范围非常分散，因此地方利益相关方很难统筹资源，制定有效的干预战略。一个跨区域信息平台对于整合资源和制定行动计划非常重要。

(2) 增强区域协同效应和互补性：区域合作可能在拥有地方特色的内部边缘地区效果尤为显著，通过吸引熟练劳动力，促进中小企业加强创新发展等战略的合作与互补。

(3) 充分发挥区域中介机构的作用：一个区域机构可能作为中介行动者发挥重要作用，确保通过自下而上的协调，并从上层将相关资源捆绑和输送到下层地区。

3. 针对国家层面的建议

(1) 增加对内部边缘地区的政治关注度：内部边缘地区的利益相关方普遍认为，这些区域在国家政治议程中往往被遗忘，因此很难获得更高政治层面的支持。民众普遍感到自己与政策决策领域几乎没有联系，认为未来发展毫无前景。未来亟须将政治注意力转移到内部边缘地区，特别是那些具有特定社会文化和经济资产的地区。

(2) 持续监测和资金支持：内部边缘地区变革的途径取决于区域内部发展进程以及与外部资源和机构联系的能力。国家/地区政府可以支持内部边缘地区，但这并不代表一定开展新的筹资方案。因此，国家层面既需要在政治上注意监测国内存在的内部边缘地区及其发展，也需要谋划如何在现有方案中更好地规划这些地区。

4. 针对欧洲层面的建议

(1) 保持方案和政策的一体化：不同方案和政策之间缺乏一体化，妨碍了欧洲国土发展的全面设计和执行。在凝聚力政策和农村发展政策的指引下，将加强围绕内部边缘地区面临的具体挑战的干预，而不是仅仅遵循传统的预设主题和部门干预途径。

(2) 获取资金和权限下放：对于内部边缘地区的利益相关方来说，根据当地确定的优先事项获得跨区域合作资金是很重要的。这与将权限和资源下放到尽可能低的区域/地方层级密切相关。与此相反的是，在更高的管理层面上制定和管理计划时可能对当地的具体情况不敏感。

(3) 具体执行：在某些情况下，当地利益相关方担忧欧盟政策和计划实施带来的一系列行政和责任负担。未来应该确保对规则的遵守和合法性的必要控制不会影响干预措施的质量及其对克服或扭转边缘化进程的关注。

第 7 章　大都市区的空间动态和战略规划

全球化发展与区域竞合加剧，城市与区域正经历着巨大变革，城市间以空间协同的形式取长补短、实现合作共赢，城市群已成为经济社会可持续发展的主要方式之一。城市群的形成和发展是国家综合竞争力提升的重要标志，以城市群为主体形态推动紧凑集约和高效绿色发展是我国重要的国家战略。因此，研究城市群空间动态格局变化及战略规划对促进城市经济协同发展乃至全国社会经济发展具有重要的理论研究价值和实践探索意义。鉴于此，本章从 ESPON 的目标分析中，选取 SPIMA 项目，对其形成的项目成果在翻译的基础上进行总结归纳与深入研究，主要对该项目的研究背景、研究目标和内容、研究方法、结果分析及结论与讨论 5 个方面的核心内容进行梳理，最后就该项目对我国国土空间规划与城市发展的启示与建议进行了本章小结，旨在为我国今后发展过程中促进城市群形成一定功能的自组织结构、逐步由无序到有序、低级有序向高级有序演化，从而实现城市群协同发展提供参考。本章用到的数据、图片及文字等资料均来自 ESPON 2020 中 SPIMA 项目的各项成果（https://www.espon.eu/metropolitan-areas）。

7.1　研究背景

1. 欧洲城市转型正在促进大都市地区的发展

欧洲城市在社会、经济和环境等方面不断转型，出现了新的城市形式和结构模式。这种转变使得城市中心和郊区之间必须建立区别于传统的空间关系。这些新的关系在由多个城市孤岛构成的不同经济和社会空间的城市群岛不断增长的背景下变得更为重要。目前的城市转型促进了大都市区的发展，而大都市区又代表了新的空间动态。理解城市中心、郊区和更大的周边地区之间的复杂关系，解决大都市区发展中出现的问题，具有一定的挑战性。欧洲在大都市区发展的辩论中提出的一个关键问题是，传统的城市规划实践如何应对正在进行的城市化趋势，即超越以城市核心区为中心的空间模式和单一地方行政当局的管辖权。

城市和区域规划文献普遍认为，当前大都市区发展是核心城区和郊区之间的功能、政治和代表关系持续变化的一部分。在进行有效的规划干预之前，需要在其制度背景下理解这些关系。尽管对城市、郊区和区域范围内正在出现的模式有广泛的了解，但目前的城市政策在规划大都市区方面似乎仍有问题。体制结构和治理实践往往面向辐射型（以核心为中心）的城市模式，这会使外围地区在与核心城市的关系中处于依赖地位。这往往使规划者和管理者无法找到适当的对策来应对如空间分割、经济发展不平衡和住房市场不平衡、生活质量差异或社会差异等问题。无论是目前面临的交通、环境还是社会差异问题，关键是找到"问题根源",并从不同尺度上解决这些问题,以掌握不断变化的"城市-大都市区"格局。

为了应对欧洲正在进行的大都市发展挑战,需要更好地了解城市中心、郊区和更广泛的周边地区之间的复杂关系。在这方面的一个关键问题是传统城市规划实践对当前城市化趋势的反应,这些趋势超越了以核心为中心的空间模式,也超越了单一行政当局的管辖范围,即"事实上的城市"和"行政上的城市"。跨城市边界的功能性城市发展形成了复杂的城市群,往往嵌入多个城市,有时是地区或国家。

2. 大都市区战略规划逐步成为城市政策议程中的重要部分

十多年来,欧洲的一些地方当局已经积极主动地建立了面向更大范围的城市地区甚至大都市区视角的战略愿景和计划(Albrechts et al., 2003)。这种战略通常被视为指导不同空间发展的整合方式,不同规模的地方当局也参与其中,而不仅仅是核心城市政府。地方当局做出这些努力的动机通常是为了阐明一个更加一致的空间(国土)发展框架,以确保在规划城市更新、基础设施、住房和其他政策问题时作出有效决策。这种战略愿景也被视为制定具体发展举措和项目的框架。然而,制定战略计划促进了地方治理关系的转变,打破了部门和等级组织。这促使治理关系扩大,以便在城市规划领域纳入新的行为者(Albrechts et al., 2003)。

相关研究普遍认为,为确保大都市区范围内的有效战略规划,地方政府和其他利益相关方之间需要合作。在一些前期案例中已经建立了制度化的治理结构,目的是在大都市区的地方政府之间进行战略规划和政策协调。虽然大都市区没有统一的治理方法,但仍需要更好地认识大都市区发展范围内的空间和行政关系。这种认识主要是为了制定更有效的战略进程,从而实现政策问题的整合,并在不同的政府层面上重新扩展传统的城市议程。大都市区的战略规划过程需要多方面协同。理想情况下,这种协同应该建立在治理模式的基础上,在这种模式中,核心城区和郊区被视为平等的参与者,为大都市区的发展作出贡献并互利互惠。

上述问题正逐渐成为城市政策议程中的重要部分。然而,对于不同欧洲国家需要进行更全面的经验审查,以提供关于关键挑战和解决方案的先验知识。特别是需要更多关于不同地方政府在大都市区尺度的规划过程中的具体挑战和经验的结论性证据。

3. 当前城市化趋势急需交叉协调的大都市区规划方法

为了应对欧洲大都市区发展的挑战,欧盟需要更好地认识城市中心、郊区和更大的周边地区之间的复杂关系。这方面的关键问题是传统城市规划实践对当前城市化趋势的反应,这种趋势超越了以核心城市为中心的空间模式,也超越了单一行政当局的管辖范围。大都市区的特点是涉及许多地方政府,且城市和郊区存在密切的经济和社会联系,少数地方当局有能力独自应对大都市区面临的所有挑战。

欧盟《空间规划系统和政策纲要》和相继出台的《欧洲空间发展展望》,都涉及通过综合空间规划实现欧洲国土平衡发展的需要。自这些关键文件出台以来,空间规划本身已被更广泛地视为一种交叉和协调的政策工具,而不是一套控制土地使用的正式程序。目前，空间规划政策在制定全面战略愿景方面的作用越来越大。这种愿景旨在将各部门的发展结合起来，使城市国土被视为一个相互联系的区域，其功能超越了独立的行政单位和边界。这是一个基本原则，需要嵌入未来大都市区规模的空间发展和治理中。正如欧洲统计局的《欧洲城市状况报告》所指出的，欧盟约有 72.5% 的居民生活在城市、城镇和郊区（Eurostat，2016）。然而，各成员国之间在城市发展功能的规模和空间分布方面存在着相当大的差异。这些差异基于有关国家独特的国土发展战略和空间规划系统（Eurostat，2016）。虽然不同的研究和国家对大都市区的定义各不相同，但在理想情况下，它表示在城市及其周边的不同空间模式之间建立联系的功能一体化区域，包括通勤区、功能区和地方行政单位。

近年来 OECD 和欧盟委员会制定了一个框架，试图根据人口规模和密度来确定大都市区及其通勤区的定义。根据这一定义，大都市区被定义为一个城市中心至少有 5 万居民的城市（Dijkstra and Poelman，2012）。然而，定义通勤区和郊区发展的方法以及大都市区实际边界的适用性需要进一步评估。在这方面，研究提到需要更全面地探讨这些空间要素之间的关系，特别是地方行政单元和城市功能区之间的关系（图 7-1）。然而，仍然没有统一的类型学、空间规划方法或治理框架，可以系统地支持大都市区发展的决策过程。

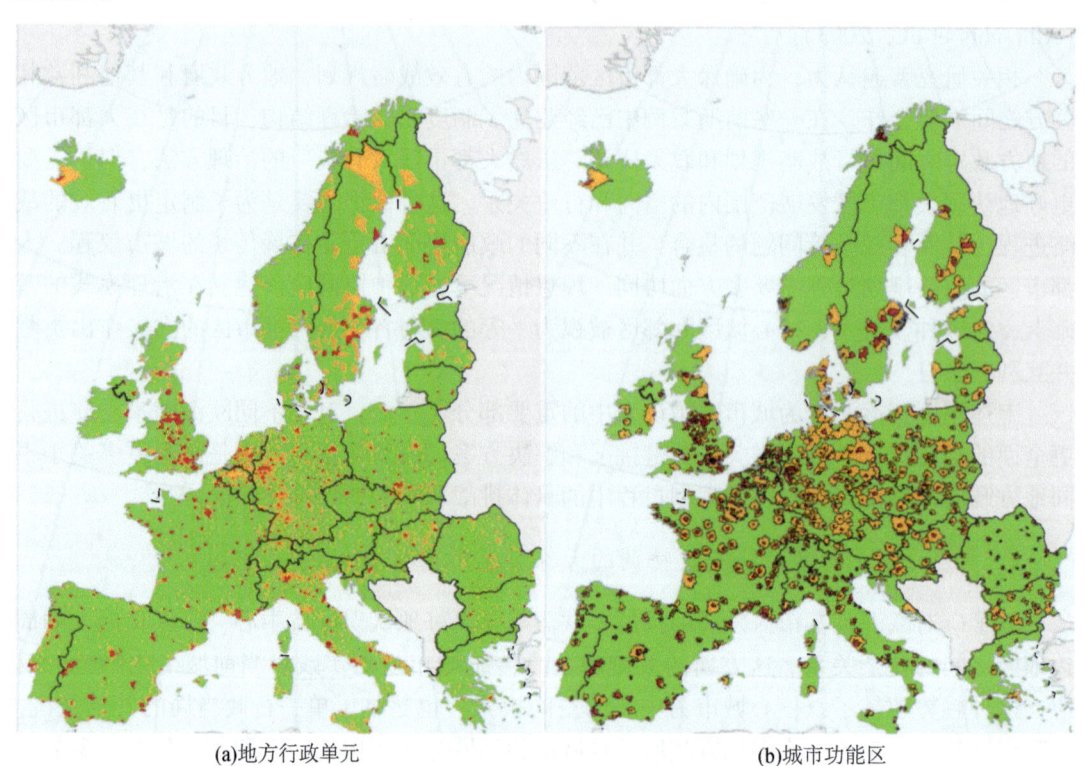

(a) 地方行政单元　　　　　　　　　　(b) 城市功能区

图 7-1　LAU 和 FUA 的城市发展空间格局差异
资料来源：欧洲统计局，2016 年

为了应对上述挑战，一些政策文件和学术研究都强调需要一种协调的空间规划方法。空间规划通常被认为是一个跨部门的政策过程，通过指导城市地区及其周边地区的土地利用动态变化，以及帮助调和社会经济与环境的利益冲突，可以为城市发展提供一个长期的战略愿景。大都市区发展现状已经在许多关键的政策框架中得到解释。然而，它还没有从各成员国战略空间规划进程的角度进行全面分析（Hall，2005；Eurostat，2016），也没有在地方和区域当局的规划实践中得到落实。

7.2 研究目标和内容

7.2.1 研究目标

SPIMA 项目的主要目标是确定能够帮助制定更有效的空间规划政策的方法，使大都市区发展中的关键挑战得到解决。该项目分析了以下七个关键问题：①界定大都市区的定义；②决定大都市区发展空间动态和空间规模的主要社会经济和环境趋势；③目前在空间发展和治理以及体制框架方面的挑战；④改善大都市区治理的主要成功因素、激励措施和政策工具；⑤大都市区的类型；⑥大都市区规划进程的政策影响；⑦实施协调一致的大都市区规划方法的相关准则。

为回答以上问题，该项目评估了大都市区战略规划和空间发展进程之间的联系。该项目有 4 个具体目标：

（1）为了应对欧洲大都市区正面临的发展挑战，更好地认识城市中心、郊区和更广泛的周边地区之间的复杂关系。填补有关欧洲特别是在 10 个大都市区的划定方法、规划工具和治理方法的知识空白。

（2）更好地认识在追求可持续的大都市区发展中发挥作用并得到大都市区人民长期支持的行政、法律和金融体系。

（3）通过制定适当的治理手段，使研究区域能够更好地管理大都市区范围内的空间发展，从而确保大都市区范围内战略规划的有效实施及协调合作。

（4）落实欧洲长期的政策目标和城市议程，促进可持续和包容性增长以及大都市区范围内的国土治理。

7.2.2 研究内容

SPIMA 是一个由研究区驱动的项目。它基于欧洲 10 个大都市区的要求，这些地区需要更好地了解大都市区空间发展的关键挑战以及这种发展所带来的治理过程，以确保新兴的城市发展、空间规划中的战略选择和决策之间的协同作用。首先，该项目以研究区的经验为基础，通过机构分析、访谈以及对主要城市趋势和空间尺度的评估来解析这些经验。其次，通过比较研究方法，该项目制定了政策建议和工具，以支持相关部门应对关键挑战和实现协调一致的大都市区空间规划方法。

由于大都市区尺度下的空间规划尚未在所有成员国中得到全面探索，该项目研究方法主要用来评估10个研究区。该项目利用从研究区收集的有针对性的数据和比较案例来探索和比较研究区的规划体系与实践。因此，它确定了这些大都市区发展的主要趋势和挑战，并确定了当前的规划体系和实践在多大程度上以及哪些方面支持大都市区规划方法。此外，还评估了不同行为者的作用，包括地方规划者、规划专家、政策制定者和地政治代表。更具体地说，该报告探讨了地方当局之间和不同政府层面的机构相互作用，以确定大都市区规划的相关治理规模。研究内容包括以下三个部分。

（1）制定一个研究框架，用于收集和分析大都市区发展的总体情况和10个大都市区的相关数据。这一步骤基于从大都市区利益相关方、欧洲数据库、政策文件和先前研究中收集的数据。

（2）对10个研究区进行详细评估及案例比较研究。每个大都市区的特殊性在以下方面得到评估：①大都市区的空间特征和划分；②关键的社会经济发展趋势；③当前的挑战、制度框架和治理过程；④当前管理大都市区发展的需求和成功因素。比较评估确定了各地区的相似性和差异性，以及关于当前管理大都市区发展的挑战和大都市区范围内的空间规划和治理政策影响的一般结论。为了说明和比较研究区空间动态的总体趋势，选择了关键的发展指标，包括土地利用变化、人口动态、GDP、城市扩张、可达性［开车到城市形态区（morphological urban area，MUA）的通行时间］、环境质量（$PM_{2.5}$空气污染）和自然景观（保护区占比）。

（3）利用前两部分收集的数据及分析结论，确定大都市区空间规划方法的优势。在这一步骤中，为每个大都市区以及更广泛的欧洲范围从政策视角制定了指导方针，汇集了一系列建议和相关政策工具。

7.3 研究方法

7.3.1 数据来源

为便于后续开展分析，该项目收集了包括科学文献、政策文件和欧盟相关研究报告、研究区统计数据和地理信息数据等多源数据。通过对这些数据进行分析和比较，以确定各大都市区的相似性和差异性。数据收集面临的主要挑战是如何实现数据在不同研究区之间的可比性。

项目收集了两类数据（表7-1），即"硬"数据和"软"数据。其中"硬"数据是从文件和数据库中收集的，并经过审查和整合，以阐述研究区的概况。这些数据包括有关研究区的定性和定量信息（描述性统计），涉及主要的城市发展趋势和指标、空间结构和空间动态、机构框架和规划系统等数据。通过对从研究区收集的数据进行比较，尽可能与欧盟数据进行整合，如Landscan、ESPON、OLAP Data Cube、Land cover、OECD、GHS Population Grid和欧洲统计局的数据。"软"数据包括从与利益相关方中相关行为者的半结构化访谈中收集的定性数据，基于调查问卷来进行半结构化采访，然后对其进行处理、分析和比较。

表 7-1 项目所用数据及来源

序号	数据名称	数据来源
1	土地覆盖数据	Corine
2	建成区格网数据	EC/JRC GHS
3	夜间灯光数据	DMSP/OLS
4	全球人类住区（GHS）框架	http://ec.europa.eu/eurostat/statistics-explained/index.php/Population_grids
5	GDP 数据	ESPON OLAP-CUBE-v6
6	火车和公交车站数据	ESPON TRACC 项目
7	问卷数据	问卷调查

用于划定大都市区的数据来自 ESPON 数据库、欧洲统计局和研究区自己的划定模型。OECD 和 ESPON 数据库对功能区的划分有细微差别，本研究使用 ESPON 数据库，所使用的数据来源于 EC、JRC、Eurostat、OLAP Cube、Corine 土地覆盖和 OECD 等。人口变化和密度等指标基于 1975~2015 年数据。土地利用变化的指标基于 2012 年数据。

7.3.2 研究区

该研究以维也纳、苏黎世、布拉格、布尔诺、布鲁塞尔、奥斯陆—阿克胡斯、都灵、特拉萨、里尔和里昂 10 个大都市区作为对象，考察研究了欧洲各地正式或非正式承认的大都市区空间动态。这些地区分布在 8 个欧盟国家。各个大都市区的主要特征见表 7-2。

表 7-2 各个大都市区的主要特征

大都市区名称	大都市区主要特征			
	所在国家	面积（平方千米）	人口数量（万人）	市政当局数目（个）
维也纳	奥地利	7 552	275	268
苏黎世	瑞士	6 072	303	563
布拉格	捷克	5 011	213	515
布尔诺	捷克	1 755	62	167
布鲁塞尔	比利时	4 332	337	135
奥斯陆—阿克胡斯	挪威	5 370	123	23
都灵	意大利	6 846	225	316
特拉萨	西班牙	584	44	11
里尔	法国	7 516	390	682
里昂	法国	12 867	329	968

7.3.3 方法介绍

1. 总体研究路线

该项目的研究方法适用于10个大都市区的评估。该项目利用从利益相关方领域收集有针对性的数据和案例比较研究来探索和比较利益相关方的规划系统与实践，确定了这些大都市发展的主要趋势和面临挑战，并确定了目前的规划系统和实践在多大程度上以及哪些方面支持大都市规划方法。此外，还评估了不同行动者的作用，包括地方规划者、发展专家、决策者和地方政治代表的作用。更具体地说，该项目探讨了地方当局和不同政府层面之间的机构相互作用，以确定大都市区规划的相关治理规模。

该研究方法包括3个步骤（图7-2）。步骤1是构建一个研究框架，用于对10个大都市区的数据收集和分析。步骤2是对10个大都市区的详细评估和案例比较研究。每个大都市区的特殊性通过以下方面进行评估：①大都市区的空间结构特征；②关键的社会经济发展趋势；③当前的挑战、制度框架和治理过程；④当前管理大都市区发展的需求和成功因素，通过比较评估确定10个大都市区的相似性和差异性，以及关于当前管理大都市区发展的挑战，得到大都市区空间规划和治理在政策层面的一般结论。步骤3是使用前两部分收集的数据以及实证分析来确定大都市区空间规划方法的优势和意义。基于此，为10个大都市区利益相关方制定了指导方针，同时以更广泛的欧洲政策视角汇集了一系列相关的政策建议。

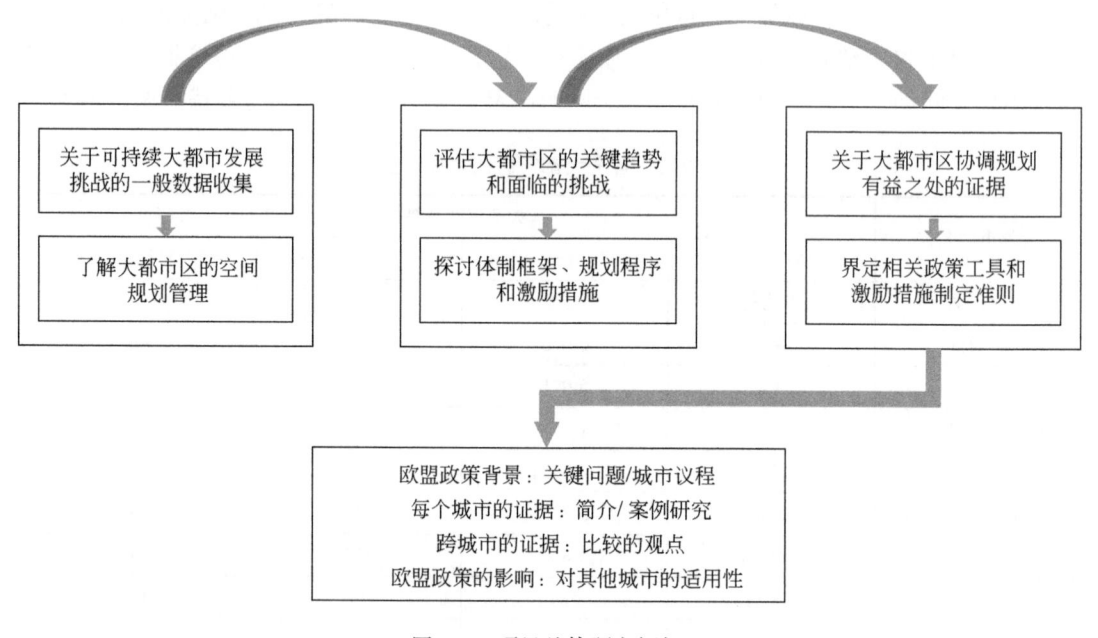

图 7-2 项目总体研究框架

2. 城市核心区划定方法

1）划定单元确定

鉴于数据通常是按照地方行政单元（如 LAU）或统计地理单元来发布的，城市功能区定义的第一个关键问题是选择一个适当的地理单元。需要着重注意的问题在于划定都市区的精确性和较小的行政单元数据可用性的协调。对于所有的欧洲国家，定义使用市镇（欧洲统计局中的 LAU-2）。在非欧盟国家，考虑到通勤数据的可获得性，选定的地域尺度通常是较小的行政单元。在以下关于城市核心区划定方法的描述中，将使用"市镇"来表示划定单元。

2）城市核心区确定

A. 城市核心区定义

OECD 传统上使用基于人口密度（人口数量与行政单位总面积之间的比率）的阈值，将地区划分为城市地区和农村地区。这种方法虽然较为简单，且在一些应用中表现良好，但在用于分析城市化模式及其对经济、环境和社会关系的影响时有明显的局限性。

当使用人口密度作为定义城市核心区的唯一标准时，突出的问题是行政单元在国家内部和国家之间的面积大小不均和高度异质性。由于历史或经济原因，一些城市的面积远远大于一个国家的其他城市，这是相当普遍的现象。这些城市往往拥有一个相关的城市中心，但它们的行政边界也延伸到大面积的山区，有些包括广阔的水面、林地和灌木丛。行政边界过大是可以观察到低密度值的关键原因，即使是那些包含不可忽视的城市群的市镇（在欧洲，有 250 多个市镇的居民超过 2 万且人口密度低于 150 人/千米^2，其中大多数拥有相当大的城市核心）。另一个极端情况是，仅仅考虑市镇的人口/面积比例，很容易将一些实际上具有明显农村内涵的市镇归为"城市核心"，如巴黎和罗马。从图 7-3 可以看出，两个城市之间的人口密度差异主要取决于边界范围，而城市的实际人口分布则起着次要作用。

使用 1 平方千米的人口格网数据来定义城市核心区，该方法对行政边界的跨国差异是稳定的。欧洲国家的人口格网数据来源于由欧洲环境署联合研究中心制作的人口密度与 Corine 土地覆盖数据。对于所有其他国家，则使用来自 Landscan 项目的统一格网化人口数据。

B. 城市核心区确定步骤

城市核心区的确定包括 3 个主要步骤，具体如下：

第一步，确定大片人口密集的城市核心区。通过格网化的人口数据确定核心城市，格网化的人口数据用来识别国家国土范围内的城市化地区或"城市密集区"，但忽略了行政边界。城市密集区的定义为人口密度较高且集中连片的千米格网单元。在欧洲、日本、韩国和墨西哥，高密度单元是指人口密度达到每平方千米 1500 人以上。加拿大和美国采用较低的门槛，即每平方千米 1000 人。小型集聚（欧洲、加拿大和美国的人口少于 5 万，日本、韩国和墨西哥为 10 万）被排除在外，因为此类很可能并不是城市，而是小型建筑区聚集地。城市被定义为城市核心区的一部分，是通过计算其生活在城市群中的人口比例来实现的。如果一个城市生活在城市群内的人口比例高于 50%，那么这个城市就被认为是

(a)巴黎　　(b)罗马

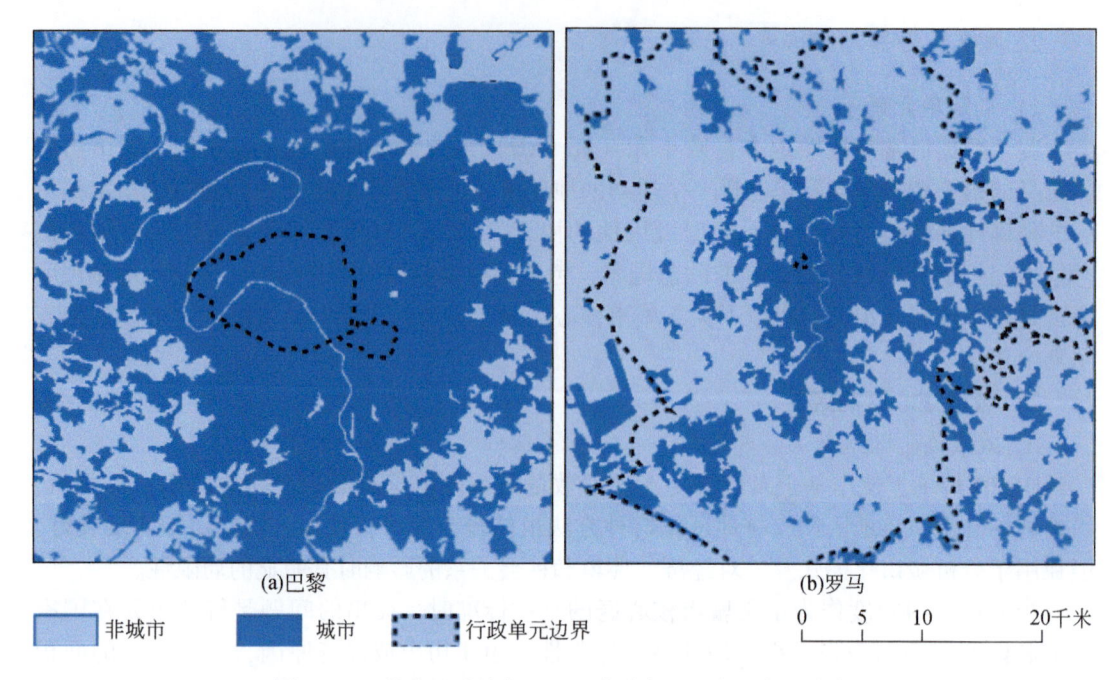

非城市　　城市　　行政单元边界　　0　5　10　20千米

图 7-3　巴黎和罗马城市地区和非城市地区人口密度分布

人口密集。

　　第二步，确定属于同一功能区的相互连接的城市核心区，连接属于同一功能区的非相邻核心区，通过程序定义的城市核心区被认为是连续的。如前所述，并非所有经济合作与发展组织的城市地区都是以建筑发展的连续性为特征的。许多城市正在以多中心的方式发展，拥有高度密集的居住核心区，这些核心区在物理上是分离的，但在经济上是一体化的。这项工作的一个重要创新是确定哪些城市地区具有这种多中心的结构。这是通过使用通勤数据中的信息对城市核心区之间的关系进行简单观察而实现的。如果任何一个城市核心区有超过15%的居住人口通勤到另一个核心区工作，那么这两个城市核心区就被认为是一体化的，因而属于同一个多中心的大都市区系统。这个中间步骤允许对同一城市中心内出现的人口密度不连续情况进行修正（例如，大于1平方千米的自然地表将一个城市分割成两个部分）。

　　利用这个简单的功能标准，可以确定几个多中心的大都市区。这些多中心的大都市区通常由一个拥有大量人口核心的中心城市和一系列与核心城市高度融合的较小的次中心构成。也有一些相互联系的小地区，没有明确的核心。这种关系的发展方向不一定是从小的次中心到大的中央核心，因为在许多情况下，次中心发展为充满活力的工业和服务枢纽，而不是大城市工人的居住地。对于大都市区和通勤距离稳步增长的国家来说，很容易找到远离中心城市核心区的次中心。例如，伦敦与城市次中心的联系越来越紧密，这是基础设施的改善和生产活动的空间重组（企业将其行政总部保留在核心区，并将生产设施搬迁到核心区以外的交通便利的聚集区）共同作用的结果。

　　第三步，定义城市功能区的通勤范围，即识别城市腹地。先确定居住密集的城市被聚集在一起形成的城市核心区，再确定具有核心区的多中心都市区，最后划定都市区的腹地。腹地可以看作城市劳动力市场的"工作者集聚区"，在居住密集的核心区之外。相对于核心区大小的腹地规模，可以清楚地表明城市对周边地区的影响。获得核心区和腹地的不同信息对了解发生变化的地方也非常重要。通过计算向核心区输送的工人比例，将比例超过某一特定门槛的城市看作腹地城市。经过广泛分析，该阈值被固定为各市镇就业居民的15%。一个市辖区内的多个核心区视为单一的目的地。这样一来，如果一个腹地城市与中心城市核心区的通勤水平超过了阈值，就会被分配到一个多中心城市地区。图7-4展示了罗马和巴黎两座城市的结果。从图7-4中可以看出，巴黎的多中心结构比罗马更明显。

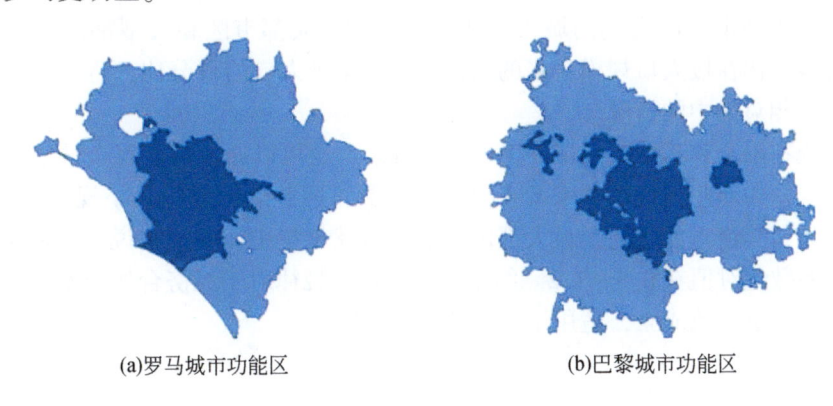

(a)罗马城市功能区　　　　　　(b)巴黎城市功能区

图7-4　巴黎和罗马城市腹地划定结果

C. 城市核心区验证方法

为了确保所获得的功能区统计数据的国际可比性，需要使用规模相当的行政单元，并将方法中的国别调整减少到最低限度，进行广泛分析以确定方法中阈值的共同值。只允许在界定城市核心区的人口密度、规模以及腹地的通勤阈值方面进行有限的变化。这种对国际可比性的探求以损失城市边界划定的准确性为代价。此外，目前所得出的城市功能区的数据还很匮乏。该方法相对简单的步骤使得感兴趣的国家可以复制该结果，并且可以在有新的人口普查数据或行政单位被修改时进行更新。

在国家和国际层面上，已经制定了几种识别和分类城市系统的方法。美国行政管理和预算局（2000年）与加拿大统计局（2002年）分别采用了与该项目类似的功能性方法来确定美国和加拿大的大都市区。这些概念框架包括使用确定的核心区作为划分功能区的起点，以及使用通勤数据作为确定的核心区和周边或腹地地区之间关系的替代测度。这种方法的一个重要创新是可以比较各国规模相似的城市功能区。同时根据人口规模将城市地区划分为四个类型：小城市地区（人口低于20万）、中等规模的城市地区（人口在20万～50万）、大型都市（人口在50万～150万）、大都市区（人口在150万以上）。在此分类的基础上，可以研究每个国家中等规模的城市地区相对于大都市区的重要性。

3）按规模划分城市地区

统一定义城市功能区是为了提供在国际背景下分析城市系统的工具，并衡量城市是如何运作的，以及对经济、社会和环境不平衡的影响程度。因此，一旦确定了一个国家的所有城市功能区，就会通过设定绝对的（某种程度上是任意的）人口阈值，将城市重新归为四类（小型、中型、大都市区和大型都市）。因此，几乎所有国家都有属于四个类别的城市。不同的是，如果在城市功能区人口比例的基础上使用相对阈值，城市总人口的1/4只集中在12个大都市区（不到城市总数的2%），城市人口的一半集中在74个大都市区（占城市总数的7%），多于25%的城市承载了城市总人口的75%。

这种方法确定了一个国家内的城市系统，并没有考虑位于一个以上国家的经济功能区。因此可以对国家城市系统有一个全面的了解，用来提高研究大型与中型城市地区的相对重要性以及国家内部不同规模城市之间的相互联系能力。各国对使用城市系统中国家人口的相对阈值来确定不同类别的城市（小型、中型、大都市区和大型都市）感兴趣。例如，通过观察居住在按人口规模排名的城市地区的全国人口的百分比，将获得一个国家的城市地区人口相对集中的情况。

城市系统在国家和其他空间层面上的平衡程度，也可以通过观察每个城市功能区的等级对其人口规模的回归估计系数来调查（均为对数，因此适用等级大小规则）。数据插值线的斜率越陡，其绝对值越高，最大都市区的人口就越集中。一般来说，Zipf定律的经验规律估计的系数绝对值在0.8~1.2。结果显示，这一规律对于经济合作与发展组织国家的城市功能区集合也大致成立，适用于中国的城市地区。

3. 大都市区划定方法

1）大都市区定义

现阶段，没有一个统一的定义来划定大都市区。经济合作与发展组织将大都市区定义为一个社会、经济、地理和政治空间，是个人和组织之间的互动区域，包括形状、规模和性质等多方面特征。大都市区可以呈现出单中心的空间结构，也可以是多中心的空间结构，后者是由历史上不同的、行政和政治上独立的城市地区的存在或形成决定的，这些地区相距不远，可以通过城市基础设施网络或城市功能连接起来。因此，城市合并成大都市区的结果要么是主导城市通过合并小城市而将其影响范围扩大到更大的国土，要么是小城市因城市活动的持续升级而集聚（Hall，2005）。经济、生活条件、基础设施和环境等问题被认为是城市政策议程中特别重要的问题。大都市区的可比性问题与分析单元的选择直接相关。

2）现有进展

在国家和国际层面上，已经开发了几种识别大都市区的方法。大都市区的比较水平直接受到用于识别方法的影响。事实上，大都市区的划分会因使用的方法而有明显的不同。目前有三种常见的方法用于识别大都市区：行政方法、形态学方法和功能性方法（表7-3）。在不同方法中，功能性方法能够更好地反映一个城市的社会经济特征。大都市区的社会和经济影响区域往往不适合在行政边界或连续的建成区内。另外，功能性方法的优点是可以捕捉到城市地区的相互作用，从而确定一体化的社会经济城市单元。

表 7-3 现有大都市区划定方法介绍

序号	方法	具体介绍
1	行政方法	本方法根据地区行政边界及人口规模或人口密度等附加标准来定义大都市区。使用本方法确定的大都市区包含在行政边界内,公共行政部门使用较为方便
2	形态学方法	本方法根据符合某些人口密度标准或连续建成的城市住区所占城市比例的总数来定义大都市区。本方法划定的大都市区更适合于环境问题,如土地利用变化、温室气体排放、住房开发和交通等相关研究。目前,基于航空或卫星图像的 GIS 技术正广泛用于世界各地大都市区划定
3	功能性方法	本方法根据城市核心区和周边地区之间的流动来定义大都市区。城市功能区通常使用的流量信息是通行至工作地的通勤流量。本方法构建的大都市区范围通常由市镇或人口普查区等小尺度行政单位组成

此外,功能性方法能够使大都市区随时间延伸获取动态信息,而行政方法则捕捉到静态的城市形式。事实证明,大都市区的功能性方法在划分人口密集的城市核心区和城市腹地方面都很有效,并可以扩展到所有具备人口普查或通行/通勤数据的国家。功能性方法的广泛应用能够为评估城市化趋势和城市生活质量提供可比性单元和指标,并逐步成为欧盟区域政策议程中的重要方法之一。然而,扩展分析所需的关键数据是国家始发地-目的地通勤数据矩阵。在这种功能性方法的背景下,经济合作与发展组织与欧盟相关部门(欧洲统计局和欧盟委员会区域部门)合作,制定了一个统一的城市地区"经济功能单元"(functional economic units)定义,克服了以前与行政单元有关的限制(Dijkstra and Poelman,2012)。在该定义中,划定 FUA 的基本单元是具有全国通勤数据的最小地方行政单元 LAU-2。该方法也说明地理/形态信息和人口普查数据结合使用,有利于更好地了解在跨越行政边界和国土范围背景下城市化的发展情况。

3) 划定方法

该项目中大都市区的划分根据经济合作与发展组织的定义和欧盟委员会的方法,以及 SPIMA 项目研究区提供的关于大都市区的当前边界信息进行的。基于这种方法,在 GIS 空间数据分析的支持下,在每个研究区划分了城市形态区(MUA)和城市功能区(FUA)。除了 MUA 和 FUA 之外,由于各研究区正在使用不同的方法来划定大都市区,根据每个研究区对大都市区的定义,为每个研究区划定了大都市区发展区(MDA),MDA 考虑了每个研究区的大都市区发展规模。在某些情况下,MDA 是一个具有法律约束力的区域,有固定的边界,而在其他情况下,它的边界更具有流动性。

MUA、FUA 和 MDA 的划分是基于 Geostat 2013 LAU-2 数据库进行的。如果空间数据集是以 Shapefile 文件的形式出现,并附有市镇名单(如有),则直接使用这些数据集并进行叠加。下一步,这些 MDA 与欧洲划定的 MUA 和 FUA,即 ESPON 2013 数据库中描述的大型城市区域相结合。通过这种方式,能够显示在欧洲层面统一的、可从 ESPON 数据中获得的城市功能区与 10 个利益相关方地区的 MDA 中正式确定的城市功能关系之间的关系。对于 ESPON OLAP 立方体、ESPON GEOSPECS LAU-2 数据库和其他更多最新的指标,如欧洲统计局的 2011 年人口数据和哥白尼数据库最新的土地利用数据,也重复了同样的过程。MDA 方法可以评估潜在的或已经存在的 MDA 与主要城市发展趋势(如交通、城市化、环境、住房等）的相关性，有利于地方政策的制定。

MDA 方法使用 GIS 工具绘制每个地方行政单位（LAU-2）的主要城市趋势图，并在 MUA 和 FUA 范围内对数据进行细分。一些地区在 FUA 之内，但有些地区在 FUA 之外，还有一些地区在 MDA 之外。MDA 能够评估基于关键城市趋势和指标的潜在或已存在的区域划分的相关性，有利于地方政策制定。因此，规划者可以直观地看到 MDA 与 FUA 和 MUA 的重叠情况，评估大都市区划分的"空间契合度"，以支持空间规划战略。此外，这样的功能地图方法可以对城市无序扩张的程度进行更多的分析（如果有数据支持），其社会经济指标也可以包括空间发展和城市功能网络形成中的制度和行政因素。

4. 大都市区空间规划方法

1）确定大都市区规划关键行动领域

大都市区规划方法由八个关键行动领域组成。每个行动领域都意味着不同的措施和活动，必须由区域和地方当局来实现。总的来说，这些行动领域代表了大都市区规划的一个动态和反复的过程。每个行动领域都可以在不同的时间点进行，并且可以同时实施几个行动。然而，如果要全面有效地应用该方法，必须重视八个关键行动领域。

（1）确定大都市区的空间规模：划定过程应得到对该地区空间动态的评估以及规划师和其他专业人员对开展空间规划行动的相关专家判断的支持。空间尺度的选择应确保与当前发展的"空间匹配"，并与法定空间规划相联系。

（2）评估空间动态和主要城市趋势：需要评估的关键趋势包括城市化和城市扩张的程度、交通基础设施的规划和范围、人口趋势、就业趋势和通勤模式。环境条件和土地使用等问题对于理解大都市区发展的空间动态也是至关重要的。

（3）确定大都市区的合法化状况：许多大都市区目前没有明确的地位，因此确定该地区的合法化地位是必要的，以便确立其作为一个发生不同空间发展的共享国土的身份和认可。在不同的大都市区中，已经确定了三种类型的地位，即正式、非正式和半正式。选择最合适的地区地位，取决于空间规划系统的具体制度背景和分配给不同政府级别的权限。在等级组织较多的国家，都市区级别规划的合法化更有可能发挥作用，而在地方自主管理的国家，都市区的地位可以基于共同商定的战略计划或政府当局和相关行为者之间的区域间或城市间协议。

（4）确定大都市区发展的关键挑战：对关键挑战的识别包括制定问题、障碍和新机会。这些问题涉及人口变化、空间规划过程、具体的发展，如交通和住房、福利、环境质量、社会和文化融合、财政和体制问题。所有这些问题都会给大都市区带来具体挑战，需要在规划和治理过程中加以解决。应对不同的挑战需要不同类型的政策干预，这取决于大都市区的类型及其体制背景。对关键挑战的识别需要通过对关键城市趋势的评估来支持，以便不仅能识别问题，还能识别机会和潜力。为此，需要考虑不同当局、企业、学术界、非政府组织以及当地社区的看法。对关键挑战进行优先排序成为这一磋商过程的一部分。

（5）建立治理程序和体制结构：对于一个特定的大都市区规划进程来说，最合适的治理模式和结构取决于国家以及当地的制度背景（即法律框架、地方政府责任、该地区的特殊发展问题和机会、机构能力、历史和文化等）。大都市区治理没有单一的完美安排，考虑到机构的高度政治性，需要根据国家和地方的情况为某一特定地区设计最合适（可行）的结构。

（6）让相关行为者参与规划和决策：有效的大都市区治理需要不同目标群体的相关行为者的参与，包括企业、学术界、非政府组织和分支组织。行动者的广泛参与通常是通过区域或地方当局发起的一系列协商和谈判过程来实现的。行为者在任何规划过程开始时的参与是防止城市发展受阻和产生冲突的一个重要因素。

（7）确保关键的成功因素、触发因素和激励因素：在启动大都市区治理进程和将其顺利嵌入区域地方当局的现行空间规划实践方面没有统一的方法。在不同的地区，采用不同的切入点和契机来启动大都市区规划倡议。先验经验表明，特定的当地问题或群体行动者通常会引发大都市区规划倡议的启动，在某些情况下倡议是由地方政府采取的（自下而上），而在其他情况下是由更高一级政府采取的（自上而下）。

（8）建设行政能力和知识库：大都市区规划方法的实施需要地方和区域当局有足够的行政能力，每个政府层面和/或不同的行动者群体可能需要不同的能力。SPIMA 项目制定了与使用战略、协调、结构、程序、财务和合作政策工具有关的六个关键类别的行政能力，包括开展战略进程的能力、进行协调的能力、开展合作进程的能力、财务能力、结构性组织变革的能力、实施程序化进程的能力。

2） 建立 SOEI 评估矩阵

大都市区概况是根据最初的系统化纲要制定的。这些结构分为四个部分：一是区域特点，二是区域空间结构，三是空间规划的管理，四是面临的空间发展挑战和激励措施。通过整合从研究区收集的文件、文献（即政策文件、项目报告和科学出版物）和欧洲统计数据中收集的数据。此外，每个简报都包括说明该地区的空间动态的地图。这些地图说明了目前大都市区发展区（MDA）的规模，核心城市与其郊区、城市功能区（FUA）、城市形态区（MUA）和地方行政单位（LAU）之间的关系。

此外，还审查了具体的治理安排、规划框架、责任、政府的空间规划系统和当前的组织结构。在每个简报的末尾，都有一个名为 SOEI 的评估矩阵，说明了研究区在大都市区规划方面的现状。SOEI 矩阵类似于 SWOT（strength、weaknesses、opportunities、threats）分析，用来进行研究区之间的对比分析，四个字母分别代表战略目标（strategic objectives）、机会（opportunities）、突发问题（emergent problems）和激励措施（incentives）。该矩阵是在综合分析大都市区概况和问卷调查结果的基础上得出的。

3） 调查问卷法

案例研究一个关键部分是设计并执行来自研究区的不同行为者的半结构化访谈。半结构式调查问卷的设计包括四个关键类别的问题，涉及大都市区发展的最相关问题，例如：①对大都市区的认同和理解；②大都市区发展的合作进程；③大都市区发展的空间规划实践和关键挑战；④实施协调的大都市区空间规划方法的机会。在调查问卷的帮助下，收集了定性数据，揭示了不同行为者对大都市区发展和空间规划的当前行动方针与实际做法的看法和理解。访谈设计和结果分析是基于定性数据收集和分析的科学方法。基于这种方法所使用的协议包括以下 5 个步骤：①通过确定关键的问题类别来设计调查问卷（4 个类别共包含 30 个问题）。②从每个利益相关方领域选择相关的受访者，基于五个目标群体的行为者包括政府（政策制定者/规划者）、管理者、私人、民间社会、非政府。在这些群体中，在可能的情况下，也采访了当前大都市区合作组织的相关成员。③进行采访。④对数据进行分类，记录和解释。⑤结果的分析和验证。

7.4 结果分析

7.4.1 大都市区划定情况

在项目报告中，为每个大都市区提供了一张规划图，说明LAU-2、MUA、FUA和MDA的划定之间的重叠情况。在大多数情况下，欧洲统一定义的FUA和MDA之间存在很大的差异。根据每个MDA的划分和对其与欧盟—经济合作与发展组织FUA空间尺度关系的评估，在10个研究区中确定了不同类型的大都市区。空间配置的分类是基于多中心大都市区发展的一般定义，侧重于通过提供塑造国土等级的功能来组织国土的其他部分。根据ESPON 3.1（2003年）划分的多中心发展的地域尺度和经济合作与发展组织关于评估多中心城市系统的研究，大都市区多中心视角显示了大都市区内空间组织的发展方式。它表明了人口和经济活动在城市空间中的分布情况，并提出了提供公共服务方面的重要效率问题、经济主体之间的面对面互动、交通以及与土地开发模式有关的环境问题（如城市无序扩张）。

1. 整体划定情况

10个大都市区基于空间结构可以分为三种不同类型，如表7-4所示。一是单中心，城市功能集中在一个主导的核心城区；二是多中心，存在一个或多个核心城区，功能可延伸到二级城市中心；三是具有多中心发展潜力的单中心地区，即现在是单中心，但转变为多中心地区的潜力很大。各研究区有一些独有的特征，与城市功能的空间分布有关（如城市密集区、农村—山区、后工业区、新增长区等），也与这些地区的地理延伸有关（如跨境、跨区域、跨城市和地方）。虽然各个城市的城市发展差异很大，但是它们也有一些相似之处，即大多数地区在其核心城市区域之外经历了城市发展的压力。

表7-4 SPIMA项目10个大都市区的分类

大都市区名称	基于空间结构的大都市区类型	MDA与FUA的关系
布尔诺	单中心	在FUA内，FUA较大
布鲁塞尔	多中心	部分重叠，与FUA大小相等
里尔	多中心	大幅重叠，比FUA小得多
里昂	多中心	大幅重叠，比FUA大得多
奥斯陆—阿克胡斯	多中心	大幅重叠，大于FUA

续表

大都市区名称	基于空间结构的大都市区类型	MDA 与 FUA 的关系
布拉格	单中心	重叠，与 FUA 规模相当
特拉萨	多中心	在 FUA 内，比 FUA 小得多
都灵	多中心	大幅重叠，大于 FUA
维也纳	单中心	在 FUA 内，比 FUA 小得多
苏黎世	多中心	大幅重叠，比 FUA 大得多

郊区化和密集化是大多数地区的共同模式，由各种因素决定，从维也纳、苏黎世、奥斯陆—阿克胡斯和布鲁塞尔的大量人口增长，到布拉格、布尔诺、布鲁塞尔、里尔和里昂的企业和工作在郊区的强化搬迁，不一而足。这个过程在人口和工作的分布上产生了不同的空间动态，并决定了对交通基础设施的需求，使核心城市和郊区之间有更大的流动性和可达性。在所有 10 个地区，目前的交通基础设施能力在某种程度上不足以满足这些需求。在核心城市和郊区之间的人口再分配方面，各地区也存在着差异，如在一些地区存在着相当分散的人口模式。

大都市区内行政区的数量也有很大差异。这在很大程度上决定了空间规划过程的复杂性和不同城市之间协调努力的必要性。同时，面临的一个关键问题是如何就适应整个大都市区新出现的城市趋势，在各城市之间达成一个共同愿景。

大都市区分类结果显示，该项目划定的 MDA 规模在 10 个大都市区中差别很大，从非常大的地区，如里昂，到中等规模的地区，如维也纳、布拉格、布鲁塞尔、都灵、苏黎世、奥斯陆—阿克胡斯以及里尔，以及相对较小的特拉萨和布尔诺。在大都市区内的城市数量方面，可以看到相当大的差异。虽然最大的地区里昂的城市数量最多，但一些小得多的大都市区，如里尔、苏黎世和布拉格，仍然有相对较多的城市，而奥斯陆在相对较大的国土上只有很少的城市。这表明不同大都市区的地方行政单元的分散性，以及在规划过程中需要考虑的不同国土范围和行政单元的数量。然而，市政当局的数量越多，就越需要一个协调的空间规划方法。下面从单中心和多中心结构共选取 5 个大都市区作为典型案例分别进行介绍。

2. 维也纳大都市区

1）大都市区特点

A. 地理环境和人口

维也纳大都市区的城市核心区——维也纳市占地 415 平方千米，位于奥地利的最东部地区，距离斯洛伐克 50 千米，距离匈牙利边境 60 千米。维也纳大都市区没有正式的划定，基于"Stadtregion+（2011）"的空间概念来划定该大都市区。大都市区范围是基于城市发展的空间动态——通勤和功能模式来定义的。

大都市区范围包括维也纳、下奥地利的部分周边地区和布尔根兰的部分地区。根据

"Stadtregion+（2011）"的面积，目前估计大都市区的面积为 7552 平方千米。大都市区范围内景观多样，包括平原和丘陵，在全国生产农产品方面具有战略意义。大都市区的居民人数在 2015 年为 275 万，密度为 365 人/千米^2。在 20 世纪 70 年代和 80 年代，正值大规模的郊区化，维也纳的人口略有下降。自那时之后，人口一直在增加，目前已达到近 180 万。

B. 社会经济发展

在大都市区范围内，维也纳市的人均 GDP 是最高的（2014 年欧洲平均水平的 172%），而下奥地利的 GDP 较低（2014 年欧洲平均水平的 115%），布尔根兰最低（2014 年欧洲平均水平的 97%）。这也反映了大都市区范围内经济发展差异较大。

几十年来，维也纳对城市发展采取了谨慎的态度，这也在其空间和社会结构上有所体现。例如，紧凑的城市空间结构，高效和可负担的公共交通，以及高比例的公共住房。这些使得维也纳赢得了关于生活质量和经济活力方面的多个评估的国际奖项（如 2016 年第 18 届美世生活质量调查报告，维也纳被评为最适合居住的城市）。

维也纳大都市区在靠近维也纳的地方具有郊区的特点，而在离维也纳更远的地方则具有农村的特点。就业市场上也存在空间差异。2016 年 12 月，下奥地利的失业率为 10.9%，而维也纳的失业率为 15%。因此，尽管维也纳经济发展较好，但其人口的社会分化程度比周边地区要高。

2）大都市区空间结构

图 7-5 显示了维也纳大都市区的 MDA，它是基于"Stadtregion+（2011）"，由 EC 研究并根据通勤模式数据集定义的（ESPON，2013）。维也纳大都市区呈现单中心的空间结构。MDA 规模较小，可完全嵌入更大范围的城市功能区。可以看出，尽管 MDA 和 FUA 都代表了维也纳和周边城市之间的主要通勤模式，但欧盟和当地定义的大都市区空间概念之间差异较大。MDA 和 FUA 都可以看作是由两个较小 MUA 组成的单中心区域。该地区东南部与匈牙利接壤，东部与斯洛伐克接壤，显示了 MDA 的跨境特征。虽然 MDA 地区的城市化趋势更为显著，但 FUA 中未与 MDA 地区重叠的部分城市化土地使用面积更小，人口密度更低。

维也纳大都市区的总体区域趋势显示，未来的人口将不断增加，就业市场也将积极发展。这就要求在更大的规划范围内以新的发展机会和保障城市可持续发展为导向，积极采取行动建立一个多中心的空间结构。这种结构需要确保在空间功能和大量城市（地方行政单元）计划之间的相互联系方面有更统一的方法。维也纳大都市区的 SOEI 分析如表 7-5 所示。

3. 苏黎世大都市区

1）大都市区特点

A. 地理环境和人口

苏黎世大都市区占地 6072 平方千米，是一个城市化地区，截至 2013 年该地区约有 130 万人口和 60% 的工作岗位位于苏黎世的城市核心区域。苏黎世大都市区在许多方面表现较好，如经济、创新、国际交通以及银行和保险的融资，通常被称为"欧洲汽车"。

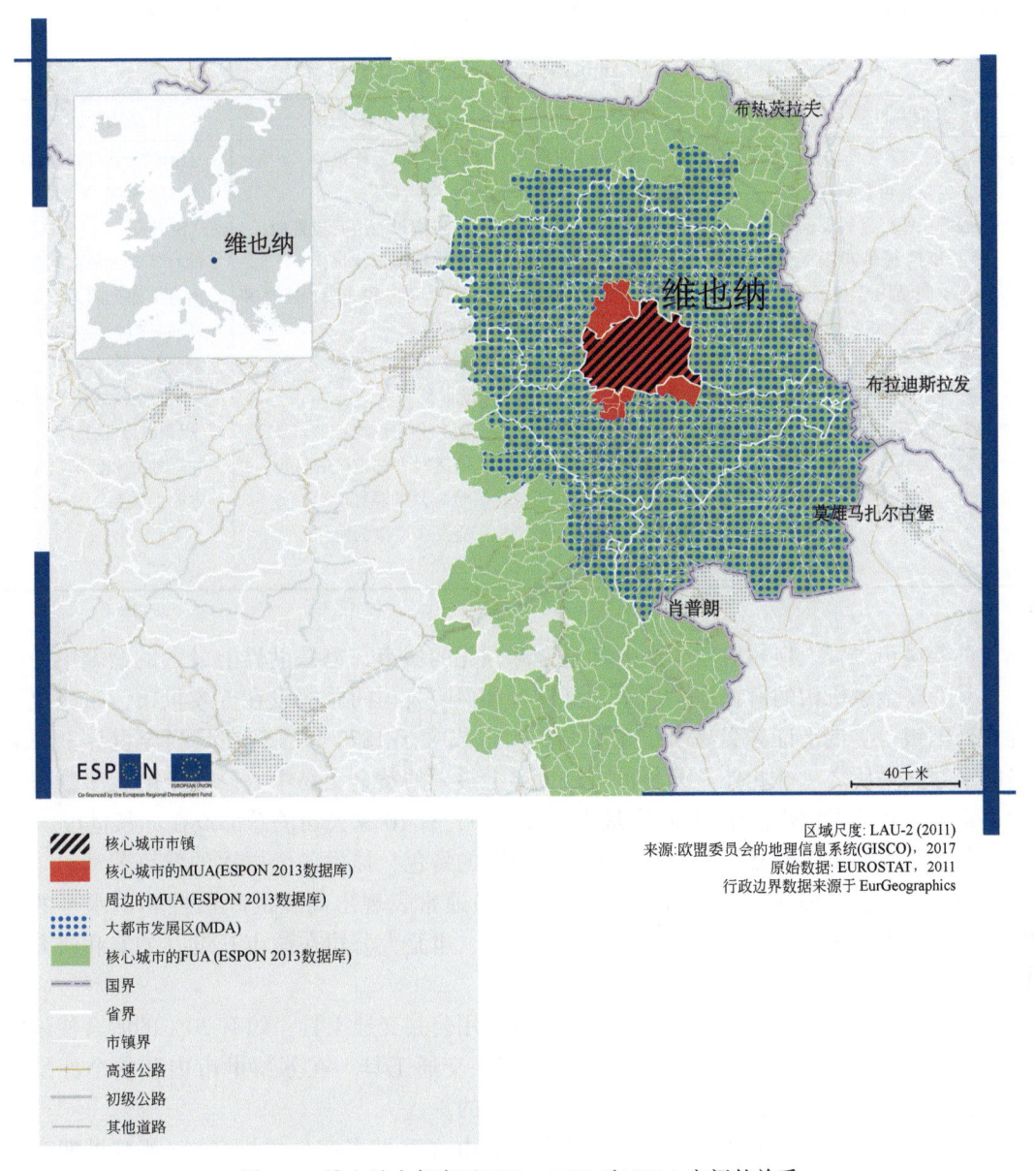

| 第 7 章 | 大都市区的空间动态和战略规划

图 7-5 维也纳大都市区 FUA、MUA 和 MDA 之间的关系

苏黎世州以苏黎世市为中心,在该地区发挥着主导作用。苏黎世市 2016 年约有 41.5 万居民,是瑞士最大的城市。2005~2015 年,苏黎世州人口增长了 20 多万人。同时,人口的平均年龄在增加,生活方式和社区生活结构也变得更加灵活和多样化。由于家庭和工作之间的距离越来越远,以及人们与居住地的联系越来越弱,对流动的要求也越来越高。

B. 社会经济发展

苏黎世大都市区经济潜力较强。到目前为止,苏黎世经济中最重要的部门是服务业,它雇用了近 4/5 的员工。其他重要行业包括轻工业、机械和纺织业以及旅游业。

表 7-5 维也纳大都市区的 SOEI 分析

S-战略目标	O-机会	E-突发问题	I-激励措施
·沿基础设施主线实施智慧、包容、可持续增长，挖掘潜在城市发展极； ·减少和控制城市蔓延，确保空间结构紧凑； ·保护农村居民点不受大城市发展的影响； ·保护自然环境； ·加强合作结构； ·加强公众参与	·新的主要基础设施发展（如铁路和高速公路节点）； ·开发区土地储备； ·建成区优化改造（住房、服务等）； ·优化多功能用地； ·创建分中心，提供工作场所和服务； ·确保城市地区的绿地； ·制定积极的土地政策； ·区域规划试点； ·实施区级规划	·交通基础设施短缺； ·可达性问题； ·人口增长的适应与管理； ·控制适度郊区化； ·确保负担得起的土地和住房； ·许多较小的郊区定居点的反增长； ·服务分配不均； ·缺乏对大都市区的认可； ·参与者需要更广泛； ·需要多层次的协作	·目前的合作安排（VOR、PGO、SUM）； ·"Stadtregion+（2011）"； ·针对特定区域或问题推出自下而上的大都市区发展举措，为大都市区创造共同利益； ·开发管理城市增长的规划和政策工具； ·加强地方和区域决策者之间的关系

苏黎世市尽管人口相对较少，但却是全球领先的城市，也是世界上最大的金融中心之一，是许多金融机构的所在地。瑞士大型银行和保险公司的总部设在苏黎世市，市区也有许多外国银行。瑞士证券交易所位于苏黎世市，成立于 1877 年，现在是当今世界上最著名的证券交易所之一。此外，苏黎世市是世界上最大的黄金交易中心。瑞士的大多数研发中心都集中在苏黎世市。全国 50 家最大的公司中，有 10 家公司的总部设在苏黎世市。

苏黎世大都市区受益于瑞士高水平教育投资的特色，提供各个层次的熟练劳动力。同时，该地有许多熟练掌握多种语言的人员，雇员通常表现出高度的积极性和低水平的缺勤。这些特点反映在该地区享有高水平的生产力，也是大公司在该市开设办公室和研究中心的原因。

公共交通在苏黎世很受欢迎，其居民大量使用公共交通工具，约有 70% 的游客使用电车或公共汽车，约有一半的市内通行是乘坐公共交通工具。在苏黎世市内和整个苏黎世州，公共交通网络的交通密度等级是全世界最高的。

苏黎世曾连续 7 年被评为生活质量最高的城市（美世咨询公司排名）。苏黎世拥有广泛的"绿肺"，包括大面积的森林区域和沿湖的主要公园，而较小的公园则遍布全市。较大的连片农业用地位于苏黎世–阿福尔登和塞巴赫附近。大范围的绿地和便捷的公共交通促进了该地区高品质生活，高品质生活也促进了苏黎世经济的不断增长。

2）大都市区空间结构

苏黎世大都市区呈现多中心的空间结构，但其 MDA 和 FUA 的规模差异较大。从图 7-6 中可以看出，苏黎世大都市区 FUA 是 MDA 的一部分，它向各个方向延伸，与欧洲层面定义的其他多个 FUA 和 MUA 重叠，同时它还跨越了几个州的边界。位于 MDA 东南部的卢塞恩，作为一个独立的（较小的）MUA，也有一个独立的 FUA。MDA 的空间配置大于欧洲定义的 FUA，这使得对该地区进行 FUA 和 MDA 两个尺度上的不同空间问题的研究以及评估不同城市发展趋势之间的关系成为可能。它可以看作一个经典的多中心结构大都市区（图7-6）。

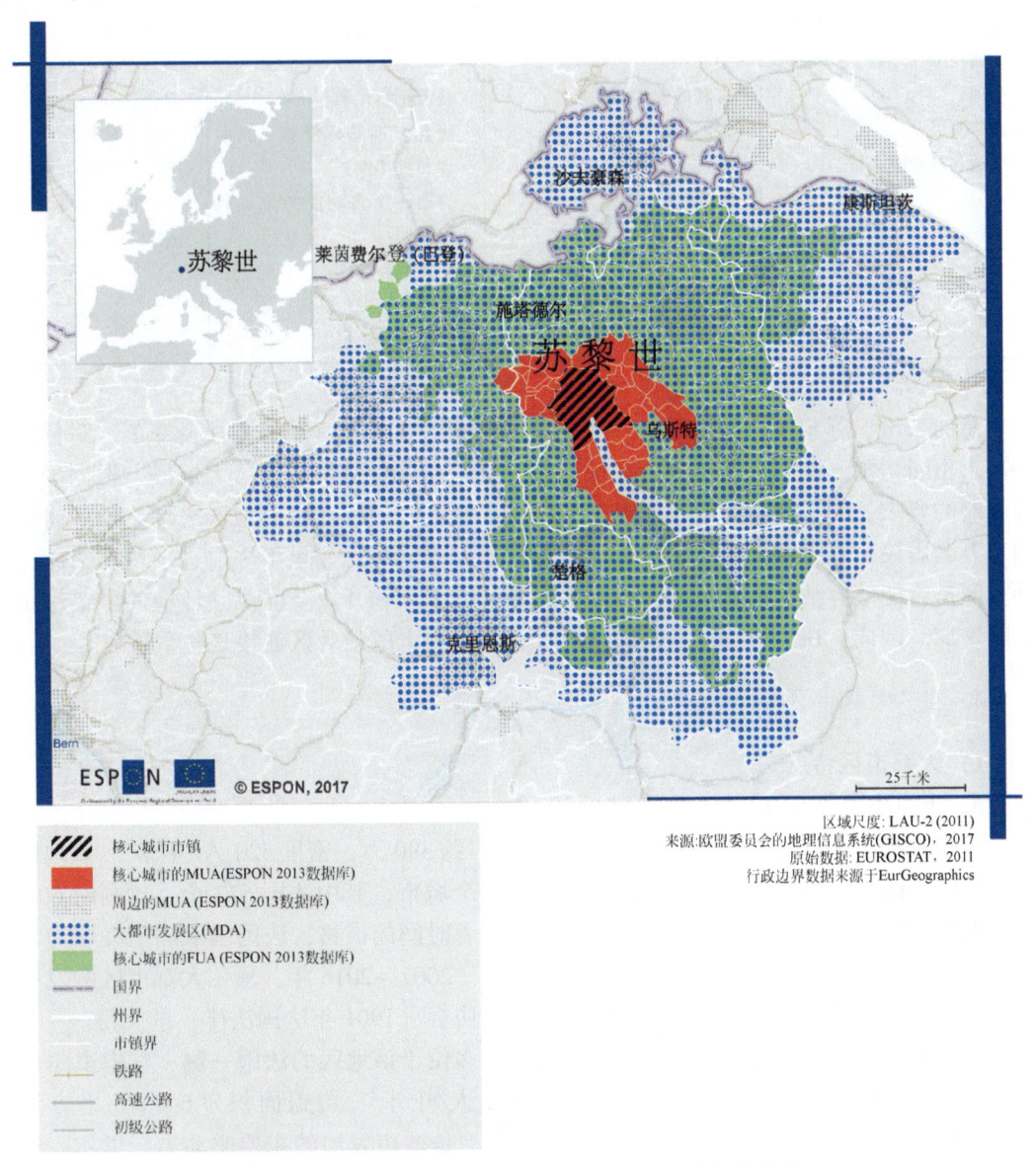

图7-6 苏黎世大都市区 FUA、MUA 和 MDA 之间的关系

苏黎世大都市区于2011年在瑞士空间概念中被统计定义。大都市区的正式地位（2009年建立）与后来确定的国家发展战略（2011年的瑞士空间概念）相吻合。然而，这个想法出现了几十年，部分是由于建设连接苏黎世市和周围的城市群和州，以及不同城市群之间受更多农村地区的影响。从苏黎世市的核心都市区出发，在不到30分钟的通勤时间内有190万~200万居民。这是目前对苏黎世大都市区最普遍的认识。苏黎世大都市区的 SOEI 分析如表7-6所示。

表 7-6　苏黎世大都市区的 SOEI 分析

S-战略目标	O-机会	E-突发问题	I-激励措施
·公共交通枢纽周边密集化； ·改善交通基础设施和公共交通； ·经济发展； ·交通和机动性，可达性	·经济潜力巨大的瑞士经济中心； ·有利的旅游文化条件； ·绿地与景观	·教育投入高； ·人口增长； ·城市密集化和蔓延； ·优化交通基础设施、流动性和可达性； ·需要一个多功能的土地利用规划； ·完善城乡功能； ·环境、景观、能源； ·资金和税收制度	·交通投资； ·现有都市联盟； ·都市圈战略规划； ·瑞士空间概念； ·瑞士空间规划法对"功能区"规划的潜在修正

总的来说，苏黎世大都市区正经历着人口持续增长、人口发展和社会变革、对便利性的需求不断增加、需要升级建成区和保证建成区的高质量所带来的巨大挑战。根据国家发展战略的要求，80%的人口增长应限定在城市规划空间内，在这些地区之外，预计将增加约 6 万名居民。鉴于这种预期的增长，出现了这样的问题：如果不采取进一步的措施，行动空间是否能够容纳这种增长成为问题。建成区的景观和开放空间及其环境的重要性也在不断增加。因此，在人口持续增长的情况下，保护更大的景观区连接是一个挑战。

4. 里尔大都市区

1）大都市区特点

A. 地理环境和人口

里尔大都市区占地面积 7516 平方千米，人口约 390 万，密度 520 人/千米^2。该地区作为一个横跨比利时边境的跨境区域，共包括 682 个城市，其中法国 622 个，比利时 60 个。里尔大都市区代表了一个动态的城市群结构。随着时间的推移，法国国家国土凝聚力规划框架发生变化，里尔大都市区的范围也随之演变。2007～2016 年，里尔大都市区的发展得到了汇集不同行动者的志愿协会——里尔大都会协会（1901 年法国法律）的支持。

在里尔大都市区还有两个重要的城市群，大多位于该地区的法国一侧，其中里尔作为一个拥有 113 万居民的区域，人口密度为 1722 人/千米^2，覆盖面积为 647.78 平方千米（包括 2017 年加入的 5 个城市），里尔的经济活动是城市发展的主要驱动力。里尔—科尔特里克—图尔奈面积约 3550 平方千米，约有 210 万居民，人口密度为 610 人/千米^2。

里尔大都市区位于巴黎、伦敦和布鲁塞尔等欧洲主要首都的十字路口，地理位置非常特殊，这也出现了依赖资本和边缘化发展等一系列风险问题。

B. 社会经济发展

根据经济合作与发展组织的统计数据，里尔大都市区 2012 年 GDP 约为 335 亿欧元，在法国大都市地区排名第五，仅次于巴黎（5500 亿欧元）和里昂（683 亿欧元）。里尔大都市区吸引了约 15 万家企业，为 150 万人提供工作。第三产业的就业占主导地位，工业就业仅占 18%。里尔大都市区的比利时部分虽然为其公民提供了更多的就业机会，但他们仍被布鲁塞尔的就业中心所强烈吸引。里尔提供的工作岗位涵盖多个领域（如服务、金融和咨询、援助）。2000~2005 年，工业岗位减少了 10%，与服务相关的岗位减少了 5%。整个里尔大都市区的工作岗位相当短缺，就业机会不平衡。2005 年，里尔大都市区的人均税前年收入为 12 000 欧元，而里尔和阿拉斯周围的城郊地区相对较高，达到 14 000 欧元。城市地区的平均数接近里尔大都市区的平均数，但富裕家庭和低收入家庭之间存在巨大差距。

近年来，里尔大都市区在不同方向和跨越边界的通勤/出行模式明显增加，这与人口密度和交通设施的邻近程度有关。经济活动和就业在各个城市中心的集中程度是不平衡的，它鼓励不同的社会群体和文化社区跨边界通勤。

2）大都市区空间结构

里尔大都市区呈现多中心的空间结构（图 7-7），位于国际交通基础设施的重要多式

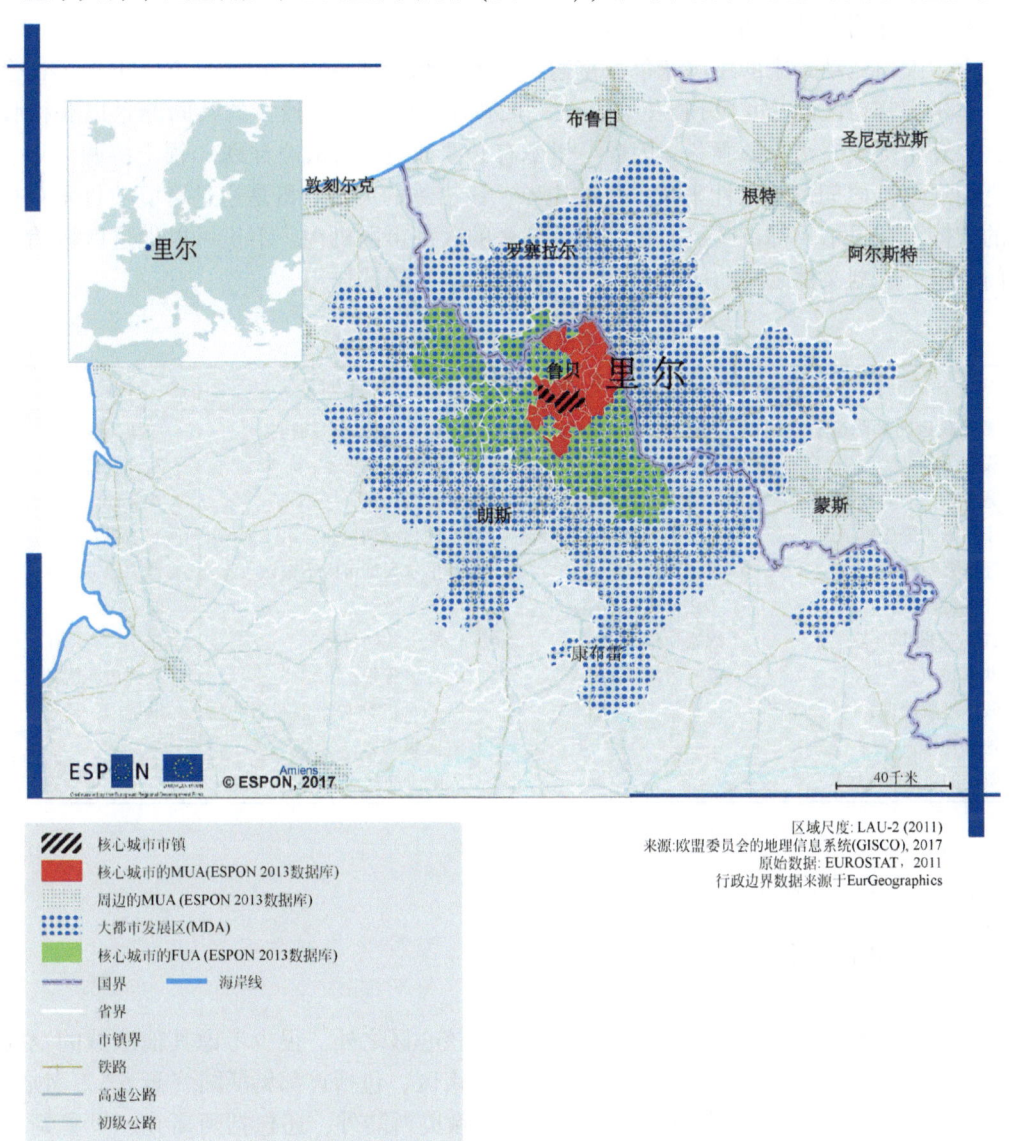

图 7-7 里尔大都市区 FUA、MUA 和 MDA 之间的关系

联运十字路口，拥有通往巴黎、伦敦、布鲁塞尔和阿姆斯特丹、法国东南部的高速铁路，通往巴黎、里昂、安特卫普、鹿特丹等地的高速公路网络，以及目前正在加强的水路网络。里尔、鲁贝和图尔宽是里尔城市群的主要增长极。在里尔大都市区层面上，跨境地区也是西佛兰德斯和瓦隆的科尔特里克和德尼克。为里尔大都市区创建一个空间连贯的结构是解决城市地区动态大都市发展的重要方案之一。

大都市区的极点和里尔南部的采矿弧形地带，是跨越国家区域间、省和省之间的政治和行政边界的两个主要定居点。20世纪里尔内部出现的城市地区或多或少构成了一个城市连续体。里尔MDA的划定是以里尔大都市区的国土为基础的，并采用了跨界的视角，MDA比里尔核心城区的欧洲FUA大得多，这一划定代表了跨越比利时边界的一个交叉的空间结构。这表明大都市地区具有扩展的潜力，涵盖了多种城市趋势和功能，其中包括强化的社区、住房和就业相关的城市活动。

由于人口流动带来的住房竞争、交通系统不足和治理不善，在大都市区出现了社会困难。里尔大都市区的SOEI分析见表7-7。里尔需要描绘一个独特的共同愿景以获得吸引力，并开始提供高水平的服务。因此，里尔有必要通过改善战略计划（领土协调计划、区域空间规划）之间的一致性来减少行政边界。该措施的关键动机是通过跨境项目来获得欧洲的支持。在里尔大都市区层面建立一个统一的大都市区机构，不仅可以促进区域治理和部门政策、规划文件之间的协调关系，也能够明确当局的作用。

表7-7 里尔大都市区的SOEI分析

S-战略目标	O-机会	E-突发问题	I-激励措施
·多式联运的国际运输基础设施； ·竞争力：六大集群； ·小城镇的统一； ·经济繁荣； ·环境责任感； ·21世纪城市形态； ·共享知识； ·领导区域治理； ·地域合作； ·资源的可达性	·富有吸引力的、多中心的大都市； ·国际交通基础设施； ·教育服务节点； ·良好的商业环境； ·文化体育和设施； ·战略地位； ·强有力的经济体系	·扁平化的人口结构； ·交通系统不足； ·社会困难； ·优化治理； ·里尔大都市区不被认可； ·缺少吸引力； ·缺少共同目标； ·住房竞争； ·来自巴黎和布鲁塞尔的强大影响力； ·缺少高层次服务	·跨境工程； ·欧洲支持； ·支持地区当局减少行政边界； ·考虑地方和区域在协调联合项目中的作用； ·大都市区规划的现有框架

5. 奥斯陆—阿克胡斯大都市区

1）大都市区特点

A. 地理环境和人口

奥斯陆大都市区尚未明确界定，因此除城市核心区之外，很少考虑其他区域的空间发展。其中一个空间方案是奥斯陆—阿克胡斯大都市区，包括首都奥斯陆（近67万名居民，截至2017年）和周边的阿克胡斯县的一部分。除奥斯陆外，还包括阿斯克、贝鲁姆、雷林根、勒伦斯科格、尼特达尔、谢斯莫、耶尔吕姆等市。这个聚集区扩展成三个不同的

"走廊"：向东北方向的内陆，以及沿着峡湾两边向南，这使得大都市区的空间形态让人联想到一个倒卧的"Y"。在北部和东部，宽阔的马尔卡（Marka）森林耸立在城市之上，这里受到国家法案的保护，城市不能进一步扩展到森林地区。在奥斯陆的总面积中，建设用地 130 平方千米，农业用地 7 平方千米，总人口 97 万余人。另一个空间方案涵盖了奥斯陆市区和阿克胡斯县的 22 个市镇，总面积 5370 平方千米，2015 年人口约 123 万。

奥斯陆—阿克胡斯的空间发展和城市功能逐步形成了大都市区。在过去的十年中，该地区增长水平明显高于全国平均水平。2004～2014 年，全国平均人口增长率为 12%，而奥斯陆的增长率为 22%，同时阿克胡斯的部分城市经历了更高的人口增长。预测表明，到 2030 年，奥斯陆—阿克胡斯大都市区的人口将增长 26 万（https://viken.no/）。尽管不断增长，奥斯陆—阿克胡斯大都市区的人口并不密集，甚至奥斯陆的人口相当稀少（4.7 人/千米^2）。在市中心，人口密度为 11～17 人/千米^2。2015 年奥斯陆的市政规划提到，到 2030 年将在现有建筑区内建造 10 万～12 万套新住宅，以容纳新的城市人口。

B. 社会经济发展

在过去十年中，奥斯陆地区人口增长显著，住房、就业和交通也均有相应的增长。从绝对值来看，中心地区的增长最为明显，而从相对值来看，最强劲的增长是在距离奥斯陆市中心约 45 分钟车程的区域。奥斯陆的中心区域呈现密集化发展趋势。在城市的郊区，增长主要集中在交通走廊沿线，一些城市的增长率超过了 30%。该地区经济充满活力，其中高生产力的知识密集型商业服务发挥了重要作用。这在一定程度上是奥斯陆过去 50 年产业转型的结果，传统产业已经缩小规模并搬迁。与此同时，奥斯陆作为一个服务型城市，许多工作是在公共部门。在私营部门，奥斯陆也是以服务行业为主，全国最大的企业总部大多位于该市或附近。奥斯陆的重要商业部门包括物流和贸易，以及"新"部门，如市场营销、信息技术、法律及金融服务。

在阿克胡斯，重要的商业部门是服务业、批发业、建筑业和运输业，它们增长显著。与游客和旅游相关的行业（贸易、住宿和餐饮服务）在阿克胡斯的增长速度也比全国其他地区快。然而，即使增长主要沿着交通走廊进行，这些模式也不一定遵循 ABC 选址原则，即根据交通需求进行可持续差异化的企业选址。根据这一原则，对企业选址的激励措施还不是很完善。中心地区的价格很高，而且企业通常非常关注能否停车。因此，企业发展呈现"甜甜圈"模式的趋势，即企业往往选址在城市边缘。

2）大都市区空间结构

奥斯陆—阿克胡斯大都市区的划定仍在审议中。早前对大都市区范围的分析已经启动了一些倡议，并在地方和区域层面加强了对奥斯陆—阿克胡斯大都市区空间规模的讨论。

关于奥斯陆—阿克胡斯大都市区配置的主要考虑是基于围绕奥斯陆城市群和阿克胡斯的全区域视角。该大都市区的区域结构在很大程度上基于公共交通基础设施。该地区的主要交通方式是私家车，但奥斯陆市中心除外，其公共交通是最主要的交通方式。另外，公共交通在以奥斯陆市中心为目的地的通勤出行中占了很大比例。虽然通勤量增加了，但自 2001 年以来，模式保持相对不变。奥斯陆—阿克胡斯地区代表了通勤模式的 FUA，涵盖了五个县议会的 78 个城市，以及 210 万居民。这个地区也被考虑用于组建奥斯陆区域联盟的倡议。图 7-8 显示了根据最近考虑的奥斯陆—阿克胡斯大都市区的划定方案及其与

MUA 和 FUA 的关系而得出的 MDA。这一划定预示着一个最大和一个最小的方案。最大方案代表由 78 个城市组成的奥斯陆区域联盟的区域，大于欧洲的 FUA（ESPON，2013）。最小方案代表奥斯陆城市地区和阿克胡斯，由 23 个城市组成，比 FUA 小得多。

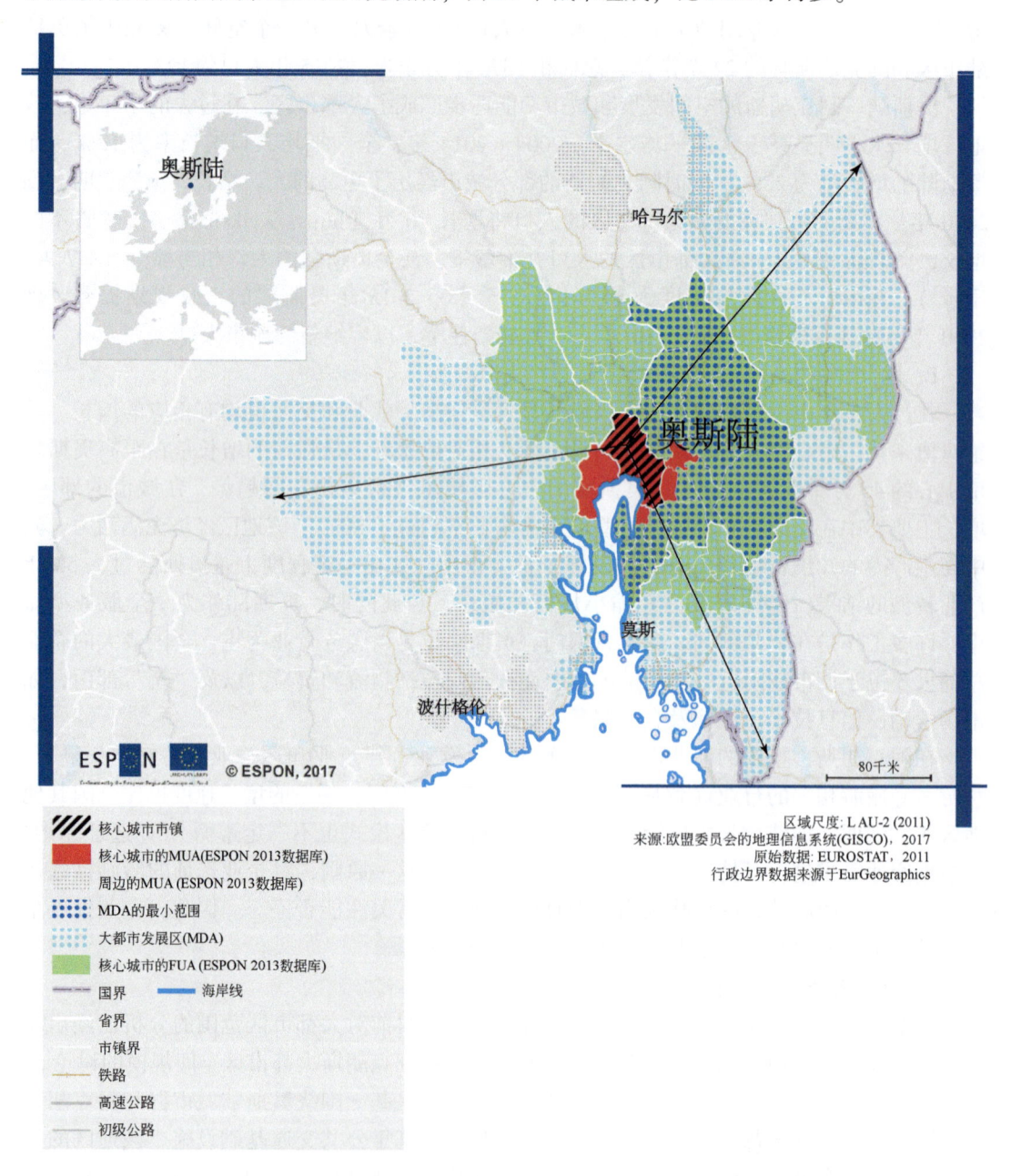

图 7-8　奥斯陆—阿克胡斯大都市区 FUA、MUA 和 MDA 之间的关系

奥斯陆核心城市的 MUA 相对较小，该市的 LAU-2 覆盖了超过 50% 的 MUA。FUA 区域是单中心的，但随着 MDA 模型向更多的方向扩展，MDA 变成了更多中心的组成。与位

于中心位置的欧洲 MDA 相比，奥斯陆 MDA 的这种情况涵盖了相对较大比例的（半）自然区域，人口密度相对较低，这种情况与都灵市相当。

奥斯陆—阿克胡斯大都市区的主要挑战在于持续的经济繁荣和人口增长。建立大都市规划的挑战是确保增长发生在正确的位置，同时通过不同的空间功能实现这种增长的平衡分布。发展一个多中心的空间结构，产生有效的交通流和可持续的土地使用被认为是至关重要的。同时，考虑到人口的增加和气候变化的威胁，如何在该地区实现更好的生活质量是一个优先考虑事项。城市发展不应导致汽车使用的增加，在新的空间结构中，需要考虑替代的交通模式。奥斯陆—阿克胡斯大都市区的 SOEI 分析见表 7-8。

表 7-8　奥斯陆—阿克胡斯大都市区的 SOEI 分析

S-战略目标	O-机会	E-突发问题	I-激励措施
·公共交通枢纽周围的密集化； ·改善交通基础设施； ·减少汽车的使用并减少二氧化碳的排放； ·提高自行车利用率； ·经济发展； ·房地产市场； ·环境可持续	·增长（商业、房地产、人口）； ·基于知识的商业服务； ·教育领域的更大投资； ·研究与创新投资； ·娱乐价值：大型自然区域（马尔卡森林）	·人口增长； ·交通基础设施，公共交通能力； ·城市蔓延，郊区化； ·后工业化的棕地； ·空气污染，CO_2 排放； ·房价上涨； ·环境和景观； ·财政（资金和税收）	·城市发展协议； ·奥斯陆—阿克胡斯国家之间的运输投资协议； ·奥斯陆—阿克胡斯大都市区的运输投资协议； ·阿克胡斯与其他两个县级市的合并

6. 布拉格大都市区

1）大都市区特点

A. 地理位置和人口

布拉格大都市区是在欧洲 ITI 方案的框架内确定的。该地区占地 4983 平方千米（根据欧盟数据，约为 5011 平方千米），比布拉格市的核心城区（496.1 平方千米）大 10 倍。该地区包括 515 个城市，包括三个部分：布拉格市、内郊区、外郊区。布拉格市外的内外郊区覆盖了周围波西米亚中部地区人口的一半以上。根据 ITI 的划分，2015 年布拉格大都市区的人口数量约为 213 万，人口密度为 401 人/千米^2。

布拉格市的人口增长变化自 1992 年以来呈现波动趋势，当时的人口为 120 万。在 21 世纪初，由于郊区化和从布拉格向邻近的波西米亚中部地区移民，核心城区的人口减少了近 15 万人。这主要影响有孩子的年轻家庭和老年群体。经历下降之后，人口再次增长，在 2010 年达到 125 万居民。同时，郊区移民在 2005~2008 年达到高峰。

B. 社会经济发展

布拉格 GDP 表现较好（2015 年占欧盟平均水平的 178%），其中占主导地位的第三产业占 80% 以上。波西米亚中部地区的人均 GDP 明显较低（2015 年占欧盟平均水平的 81%）。大都市区范围呈现出靠近布拉格的地区较发达，而靠近区域边界的地区欠发达的特点。2016 年，布拉格的失业率为 3.2%，邻近的波西米亚中部地区的失业率为 4.3%。

布拉格作为著名的旅游目的地，市中心保留了中世纪的特色，周围都是19世纪的象征性建筑。根据布拉格规划和发展研究所的研究结果，波西米亚中部地区的住房建设强度高于布拉格市，郊区化也会导致首都地区进一步的社会隔离。

2）大都市区空间结构

布拉格大都市区呈现单中心的空间结构（图7-9），包括邻近的更广泛的郊区国土（以及紧邻布拉格核心城市的第二个较小的MUA）。MDA类似于欧洲的FUA，其北部和南

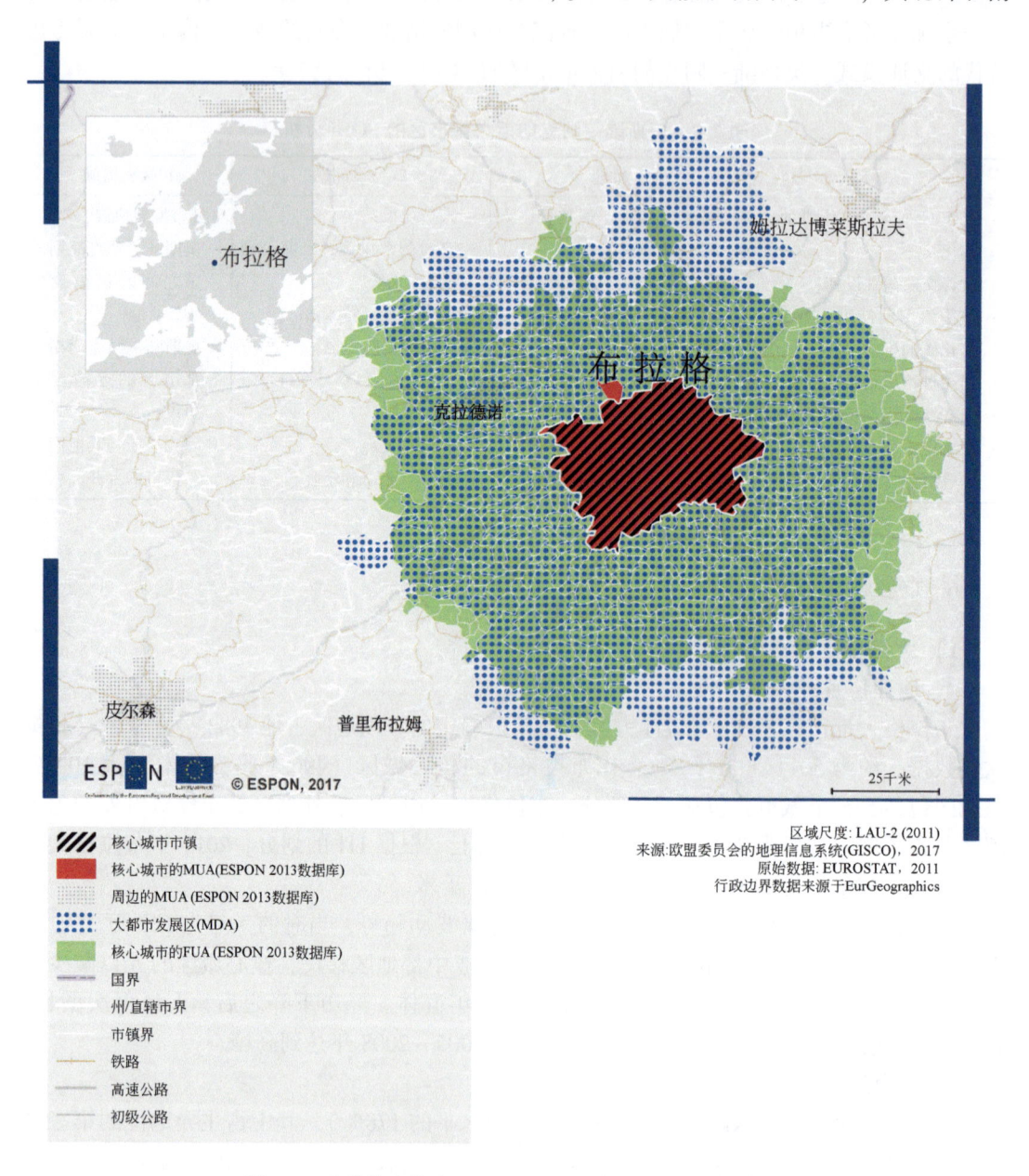

图7-9 布拉格大都市区FUA、MUA和MDA之间的关系

部地区的面积略大，总体呈现出距离布拉格市中心50千米的通勤模式。布拉格大都市区属于FUA和MDA的城市数量略有不同，在北部和南部有更多的城市属于MDA，而在东部和西部有更多的城市只属于FUA。

空间发展主要出现在区域一级（布拉格和波西米亚中部地区），管制主要在地方一级，这在一定程度上导致不受控制的郊区化和经济扩张。布拉格大都市区的SOEI分析如表7-9所示。根据采访不同参与者的意见，布拉格大都市区层面的空间规划受到以下关键因素的阻碍：不同地区利益之间的平衡、缺乏有效的激励措施、决策者带来的合作障碍、资金有限。

表7-9 布拉格大都市区的SOEI分析

S-战略目标	O-机会	E-突发问题	I-激励措施
·提高企业的竞争力，将研究和商业联系起来，解决创意产业的问题； ·改善公共交通； ·确保公平和可持续发展； ·改善教育和公共服务的条件、效率和公平性； ·改善公共服务的质量和可达性； ·保护自然环境和建设环境	·波西米亚中部各区之间的合作和市镇协会的支持； ·预留发展区域； ·改善基础设施的大型资助； ·新的科学园区，孵化器和高等教育设施； ·将闲置的建筑物重新用于社会发展； ·新机场的发展； ·环境友好型技术	·交通基础设施短缺； ·可达性问题； ·郊区化现象； ·布拉格和大都市区的年龄差异； ·自然灾害（洪水）； ·肥沃土地的保护； ·服务的分布不均； ·商业区位的郊区化； ·缺少大都市区的认可； ·角色的代表性不足； ·缺少多层次的合作	·由欧盟资助的综合国土投资方案； ·由欧盟资助的社区级地方发展方案； ·布拉格和波西米亚中部的可持续城市交通计划； ·改善决策者之间的互动和关系

7.4.2 大都市区社会经济特征动态变化趋势

本小节对10个大都市区的关键社会经济趋势空间动态的评估结果进行介绍。通过每个领域选定的关键发展指标，提出了一个跨领域的比较视角，用来绘制和评估大都市区发展的主要趋势与空间尺度（如MDA、FUA和MUA）的相关性。

1. 土地利用

基于2012年Corine土地覆盖数据，对大都市区MDA范围内的土地利用变化进行分类显示，类型包括水、森林、牧草、农田和城市化地区（图7-10）。从图7-10中可以看出，在FUA和MDA之间，土地利用的差异并不明显，10个大都市区的MUA范围内均呈现出高度城市化。总体来看，城市化地区占MDA国土的17%，其中布鲁塞尔（33%）、特拉萨（28%）和里尔（26%）的建成区程度最高，最低的是奥斯陆—阿克胡斯（8%）和都灵（7%）。由于MDA的规模差异很大，这种城市化程度是相对的。

在FUA范围内，城市化地区比例最高的是布鲁塞尔（30%）、里尔（26%）和特拉萨（22%），最低的是奥斯陆—阿克胡斯（4%）。从MUA到MDA，用于城市用地的土地比

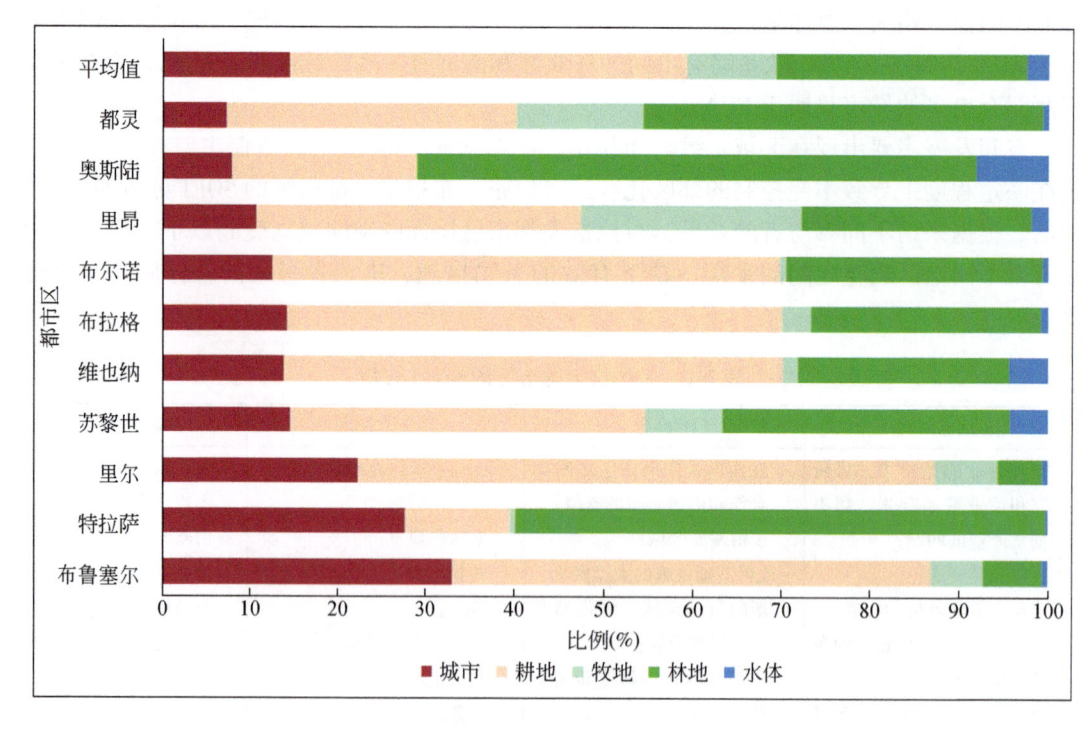

图 7-10 大都市区 MDA、FUA 及 MUA 范围内土地利用分类

例逐渐减少，而在许多大都市区，MDA 大于或与 FUA 重叠。

2. 城市扩张和密集化

城市化的程度是根据 MUA、FUA 和 MDA 范围内的夜间灯光变化强度来评估的。城市化模式表明了正在进行的城市扩张（出现新的城市空间）和城市功能的密集化（强化目前的城市区域）。10 个大都市区的夜间灯光强度比较结果如图 7-11 所示。

在里尔大都市区和特拉萨大都市区的 MDA 范围内，夜间灯光强度（代表土地利用强度）略有增加，这是因为这些地区有人口密集的核心城区，土地利用强度变大，并没有向新农村地区扩展。布鲁塞尔大都市区的 MDA 在城市扩张方面呈现出停滞不前，由于该地区在较长时间内已经有了强烈的城市化模式。布鲁塞尔的城市化模式特点是城市功能在核心城区和郊区之间的强化和重新分配，而不是向郊区和周边新的未开发区域大幅蔓延。因此，城市化是目前布鲁塞尔大都市区 MDA 变化的一个重要因素。相反，布拉格、布尔诺和都灵则显示出城市向郊区蔓延的大量增加。然而，在不同的空间范围内存在着差异，在布拉格和布尔诺，无序扩张与城市本身有关（单中心的空间结构）。

对于里昂大都市区和维也纳大都市区来说，无序扩张在向卫星城镇和农村地区的村庄延伸与扩展，逐步呈现出多中心的空间结构。里昂大部分地区存在小规模的城市扩张，瑞士人口稠密的中央高原地区（Schweizer Mittelland）也存在这种模式。因此，苏黎世大都市区的 MDA 也显示了城市化的平均增长。奥斯陆—阿克胡斯地区有相当大的城市扩张，直接与奥斯陆市和周边地区奥斯陆—峡湾接壤，这不属于 MDA 的一部分。

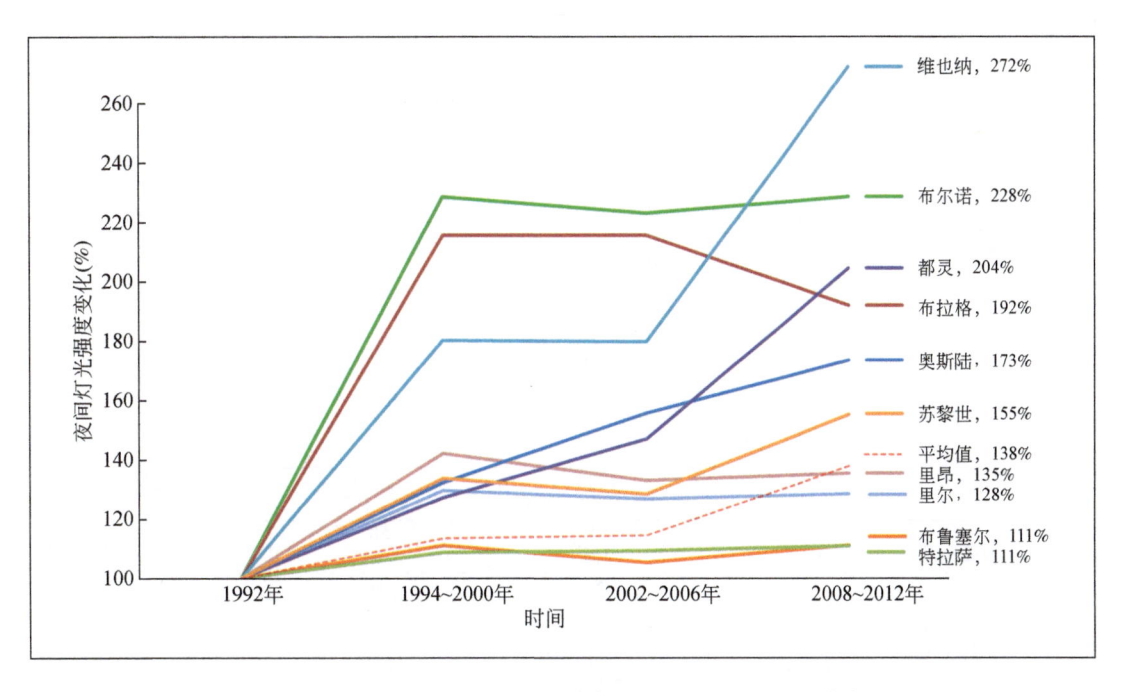

图 7-11　大都市区 MDA 范围内城市扩张（基于夜间灯光数据）

3. 人口

大都市区人口数量及变化如图 7-12 和图 7-13 所示。从图 7-12 和图 7-13 中可以看出，里尔、都灵和布尔诺大都市区随着时间的推移人口数量保持相对稳定，而其他地区的人口数量却有了相似的增长。其中人口增长最显著的地区是奥斯陆—阿克胡斯、布拉格、苏黎世、布鲁塞尔和布拉格。总的来说，最大的城市随着时间的推移人口增长最为显著。然而，从相对的角度来看，最小的城市——特拉萨，人口也呈现了显著的增长。而一些地区人口增长一直停滞不前，如里尔和都灵。近年来也有城市人口一直保持稳定增长，如维也纳、布尔诺。

同时统计趋势表明（图 7-14 和图 7-15），城市核心区和郊区之间的人口分布模式是分散和不平衡的，表明了郊区化的进程。在布拉格大都市区 MDA 人口增加了 59%，而 MUA 人口减少了 41%。相反，在布鲁塞尔大都市区 MUA 人口的增长速度（42%）快于 MDA（29%），这也表明核心城市正在持续密集化，与城市扩张的趋势基本一致。

4. GDP

2000~2009 年，10 个大都市区 MDA 范围内的 GDP 都呈现增长趋势，从都灵大都市区的 24.8% 到布拉格大都市区的 160.8% 不等，如图 7-16 和图 7-17 所示。在此期间，东欧城市的 GDP 有相对的增长，这在布尔诺和布拉格都有体现。范围较大的大都市区相比范围较小的大都市区（即布尔诺、布拉格和特拉萨），在 GDP 方面的变化并没有更明显。在 MUA、FUA 以及 MDA 这三个空间范围内 GDP 变化之间没有明显的差异。从绝对值来看，

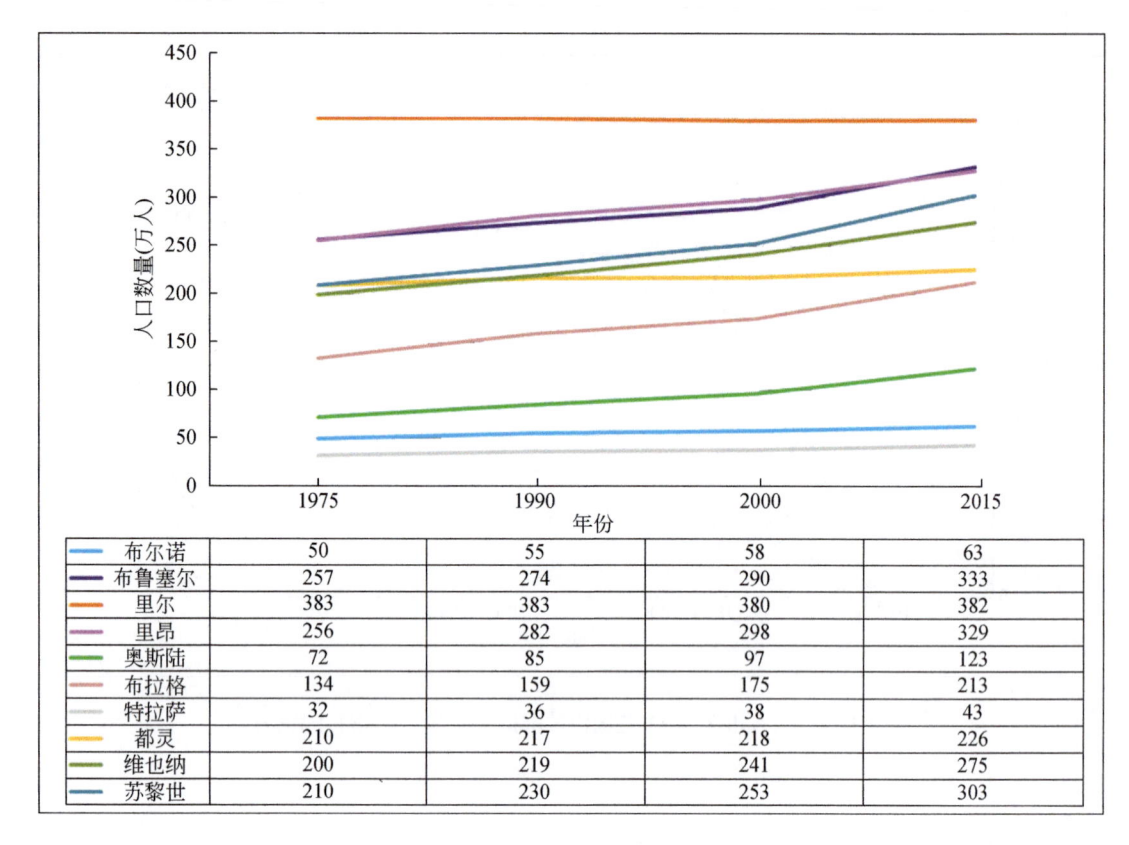

	1975	1990	2000	2015
布尔诺	50	55	58	63
布鲁塞尔	257	274	290	333
里尔	383	383	380	382
里昂	256	282	298	329
奥斯陆	72	85	97	123
布拉格	134	159	175	213
特拉萨	32	36	38	43
都灵	210	217	218	226
维也纳	200	219	241	275
苏黎世	210	230	253	303

图 7-12 大都市区 MDA 范围内人口总数变化

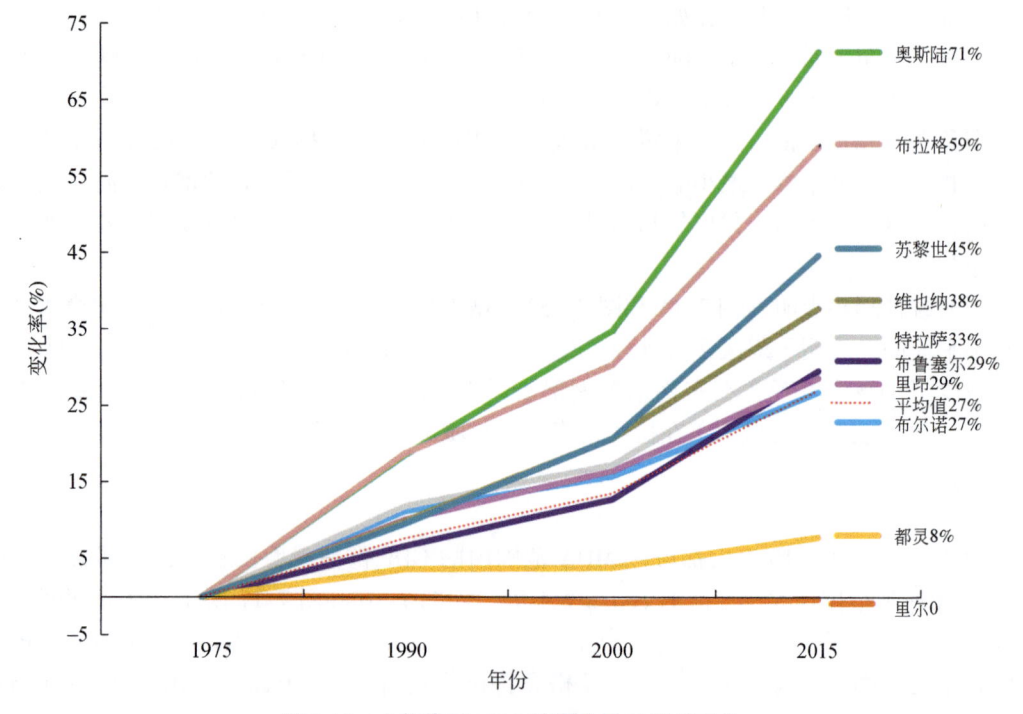

图 7-13 大都市区 MDA 范围内人口相对变化

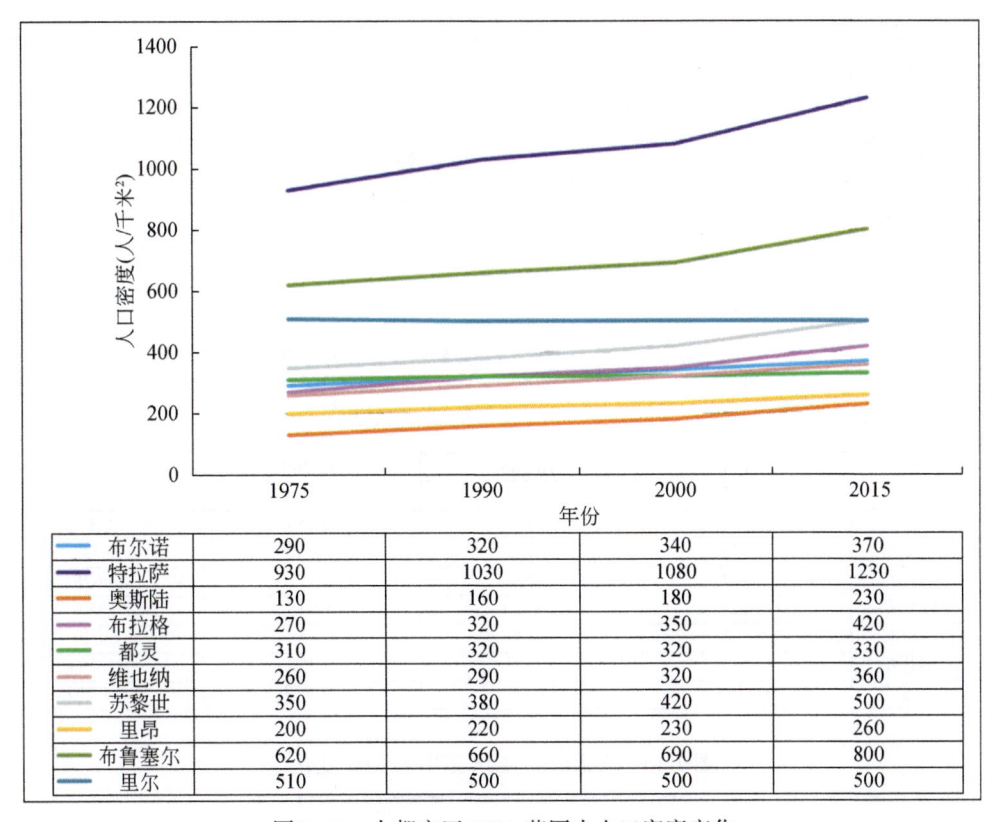

第 7 章 大都市区的空间动态和战略规划

城市	1975	1990	2000	2015
布尔诺	290	320	340	370
特拉萨	930	1030	1080	1230
奥斯陆	130	160	180	230
布拉格	270	320	350	420
都灵	310	320	320	330
维也纳	260	290	320	360
苏黎世	350	380	420	500
里昂	200	220	230	260
布鲁塞尔	620	660	690	800
里尔	510	500	500	500

图 7-14 大都市区 MDA 范围内人口密度变化

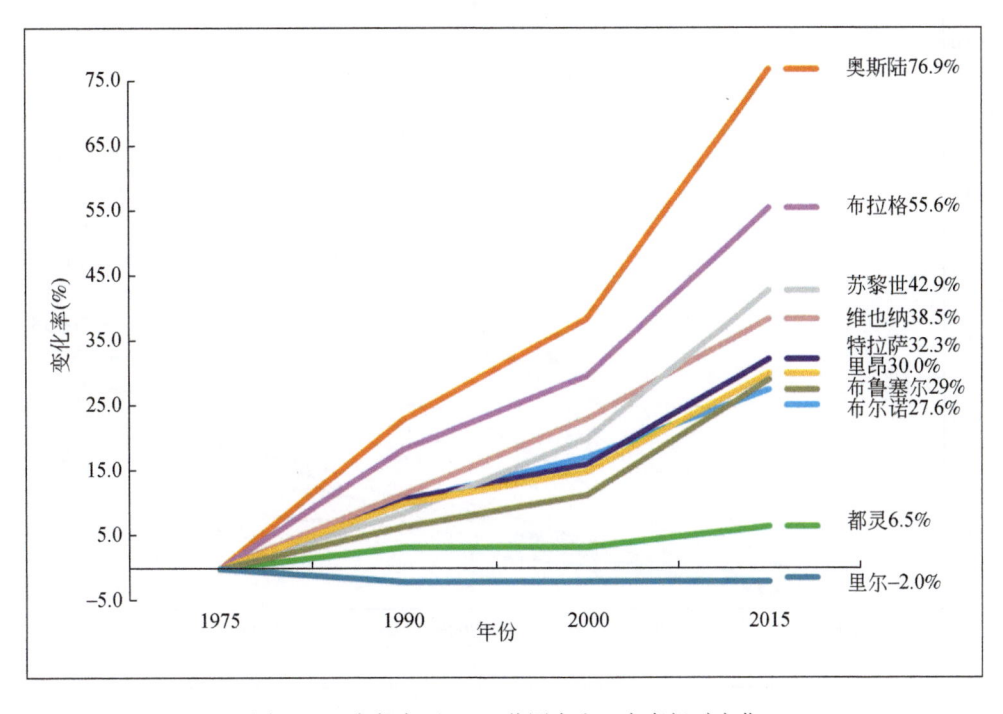

图 7-15 大都市区 MDA 范围内人口密度相对变化

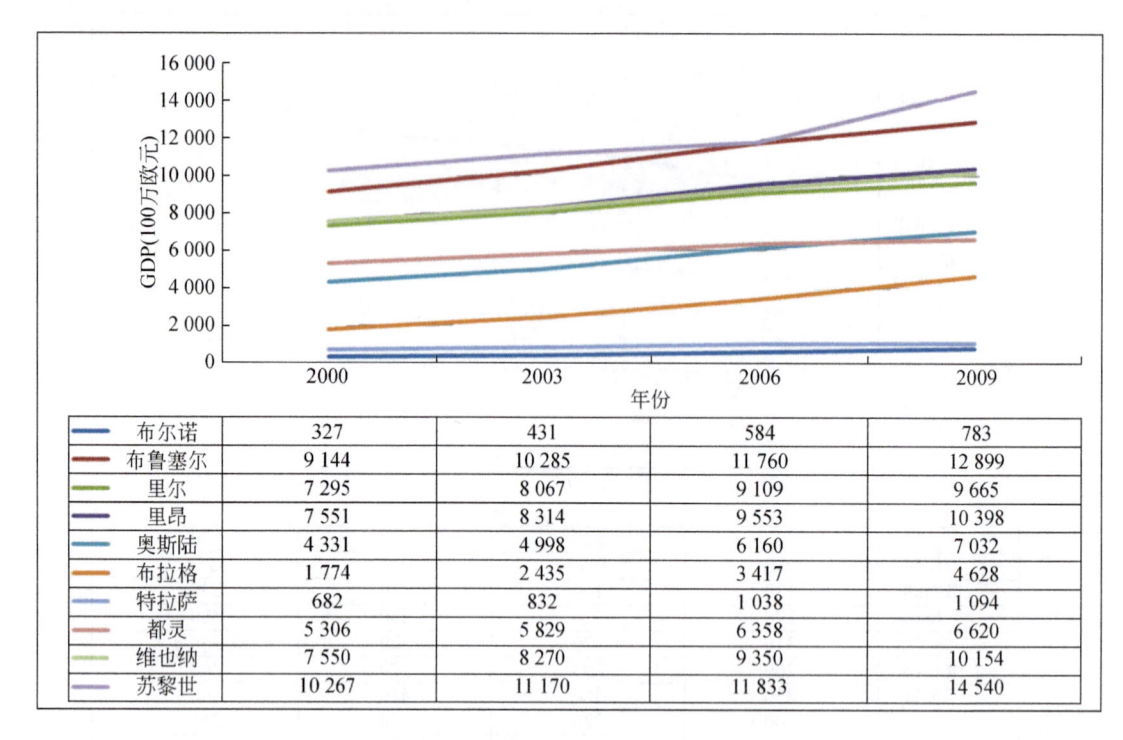

城市	2000	2003	2006	2009
布尔诺	327	431	584	783
布鲁塞尔	9 144	10 285	11 760	12 899
里尔	7 295	8 067	9 109	9 665
里昂	7 551	8 314	9 553	10 398
奥斯陆	4 331	4 998	6 160	7 032
布拉格	1 774	2 435	3 417	4 628
特拉萨	682	832	1 038	1 094
都灵	5 306	5 829	6 358	6 620
维也纳	7 550	8 270	9 350	10 154
苏黎世	10 267	11 170	11 833	14 540

图 7-16　大都市区 MDA 范围内 GDP 变化

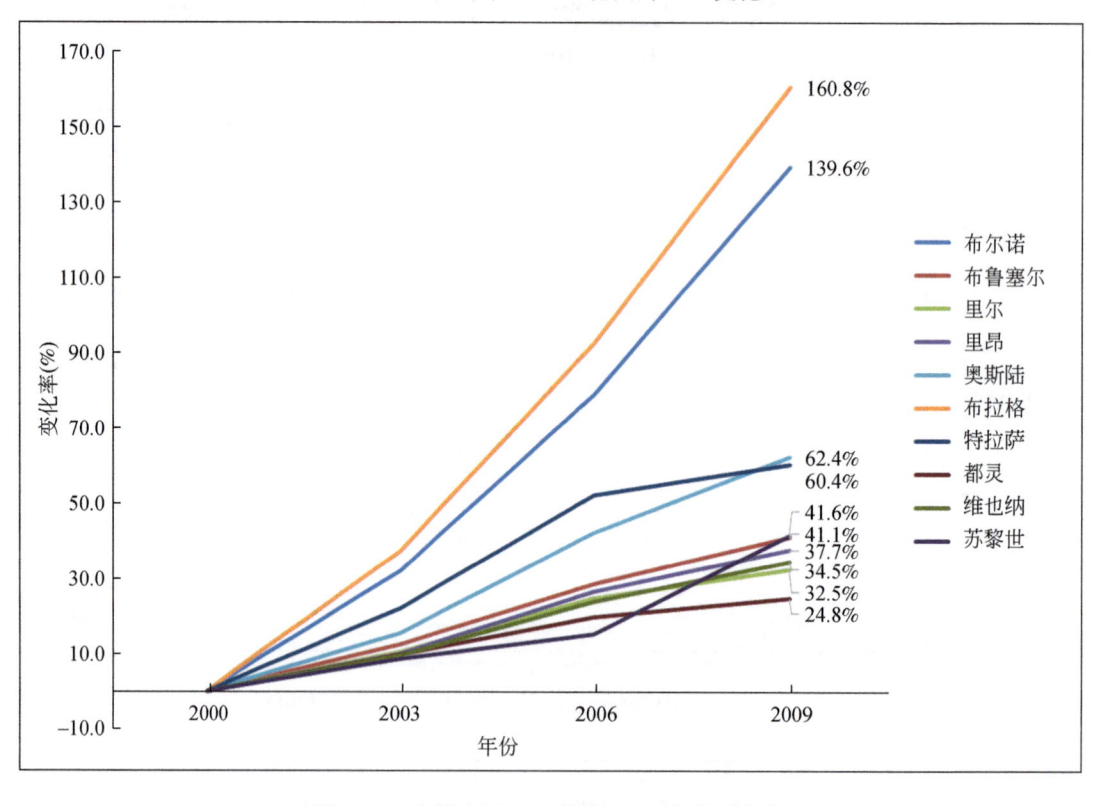

图 7-17　大都市区 MDA 范围内 GDP 相对变化

MUA 范围内的平均 GDP 低于 FUA 和 MDA，这也表明城市核心地区的低收入群体比例较高，同时 MDA 和 FUA 的经济发展较好。

5. 可达性

可达性分析是基于通行时间来识别大都市区城市外围和城市核心之间的通行距离和通行时间之间的关系。图 7-18 说明了大都市地区的拥堵模式非常明显，大部分大都市区每天的拥堵时间约为 30 分钟。在奥斯陆和布鲁塞尔拥堵时间会更长，每天分别为 38 分钟和 44 分钟。

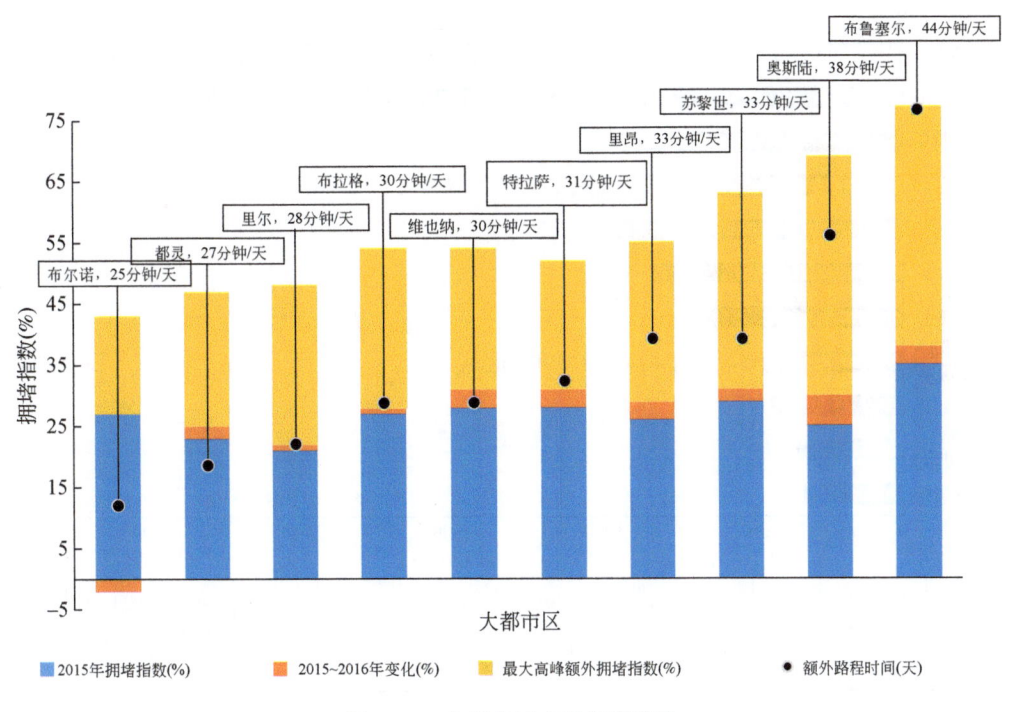

图 7-18 大都市区交通拥堵指数

当前，还没有数据来评估公共交通模式下的可达性。正如 ESPON TRACC 项目所提到的（ESPON and S&W，2015），为了计算公共交通模式，需要提供欧洲范围内火车、公交车站的详细且实时的数据。区域层面计算的可达性与在欧洲层面计算的可达性之间的关系存在不确定性，这意味着在国家范围内可达性差的地区从欧洲的角度来看并不一定如此（ESPON and S&W，2015）。为了在大都市范围内进行合理准确的计算，需要涵盖铁路网络运行和公交基础设施在一周和一年内的最新数据来进行有意义的统计。尽管大都市区都能提供其公共交通系统的基本数字（运输人数等），但将其放大以提供每个具体划界（MUA、FUA、MDA）内的空间数字是一个相当复杂的过程。ESPON TRACC 项目也明确指出，公路和铁路的可达性之间有很高的关联性，尤其是在大都市区周围，因此本小节只分析了汽车的可达性。

6. 环境与自然景观

为了评估大都市区的环境因素，选择了保护区和 $PM_{2.5}$（空气污染的细颗粒物）这两个指标（图7-19和图7-20）。对大都市区 MDA 范围内自然保护区占比的评估表明，特拉萨大都市区和维也纳大都市区都很突出，保护区占 MDA 的比例均超过了30%。较大范围的大都市区（如维也纳、里昂、里尔）的自然景观和保护区面积的绝对值与相对值都较高。

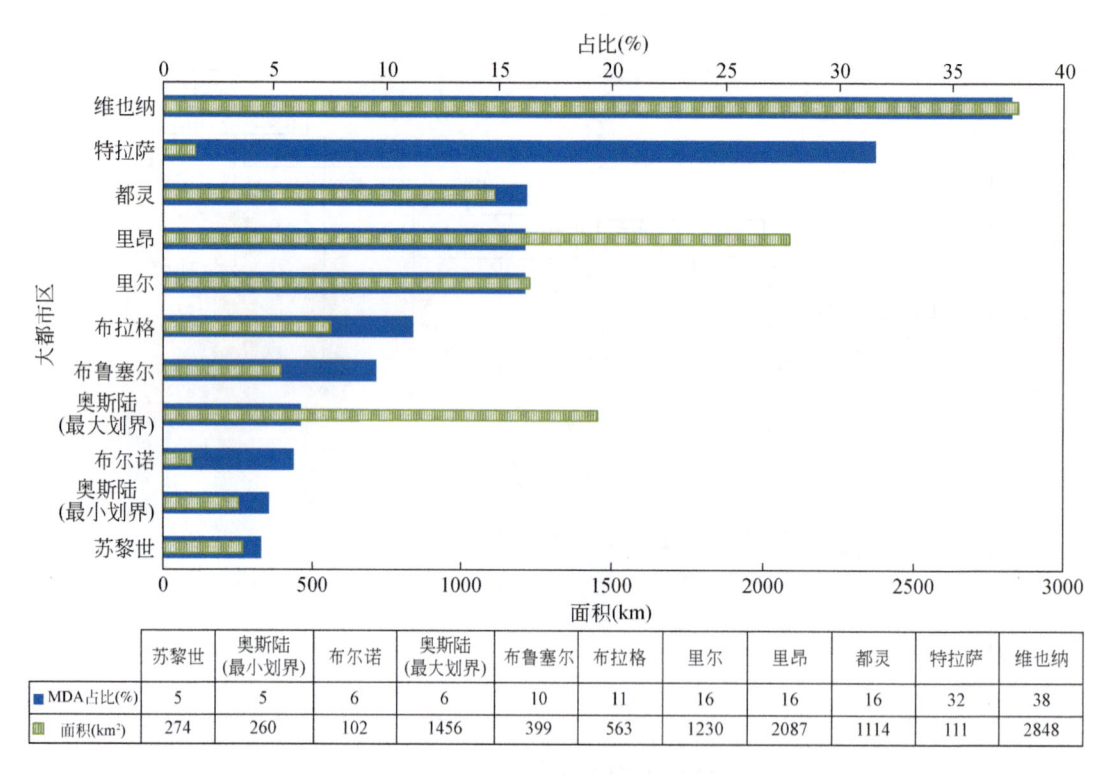

	苏黎世	奥斯陆（最小划界）	布尔诺	奥斯陆（最大划界）	布鲁塞尔	布拉格	里尔	里昂	都灵	特拉萨	维也纳
MDA占比(%)	5	5	6	6	10	11	16	16	16	32	38
面积(km²)	274	260	102	1456	399	563	1230	2087	1114	111	2848

图 7-19 大都市区 MDA 范围内保护区面积及占比

在特拉萨大都市区，在 MDA 范围内的自然保护区有科尔瑟罗拉（Serra de Collserola）国家公园，它位于特拉萨和巴塞罗那大都市区之间，同时 MUA 的一部分包括圣洛伦斯—德尔蒙特—奥巴克鸟类特别保护区（Sant Llorenç del Munt i l'Obac）。在维也纳大都市区，MDA 范围内的"维也纳森林"占了大部分的保护景观，它延伸到 MDA，在南部延伸到欧洲最大的草原湖——新锡德尔湖（Neusiedler See），有原始的混合林地、白垩草原和湿地。在奥斯陆—阿克胡斯、布尔诺、布鲁塞尔和苏黎世大都市区，保护区面积仅占 MDA 的 10%。

空气污染是大都市地区最严重的环境和健康问题之一。根据世界卫生组织（World Health Organization，WHO）的数据，环境中的 $PM_{2.5}$ 浓度对导致全球疾病有很大影响，尤其是在大都市区。与其他污染物相比，接触 $PM_{2.5}$ 对健康的潜在不利影响最大（van

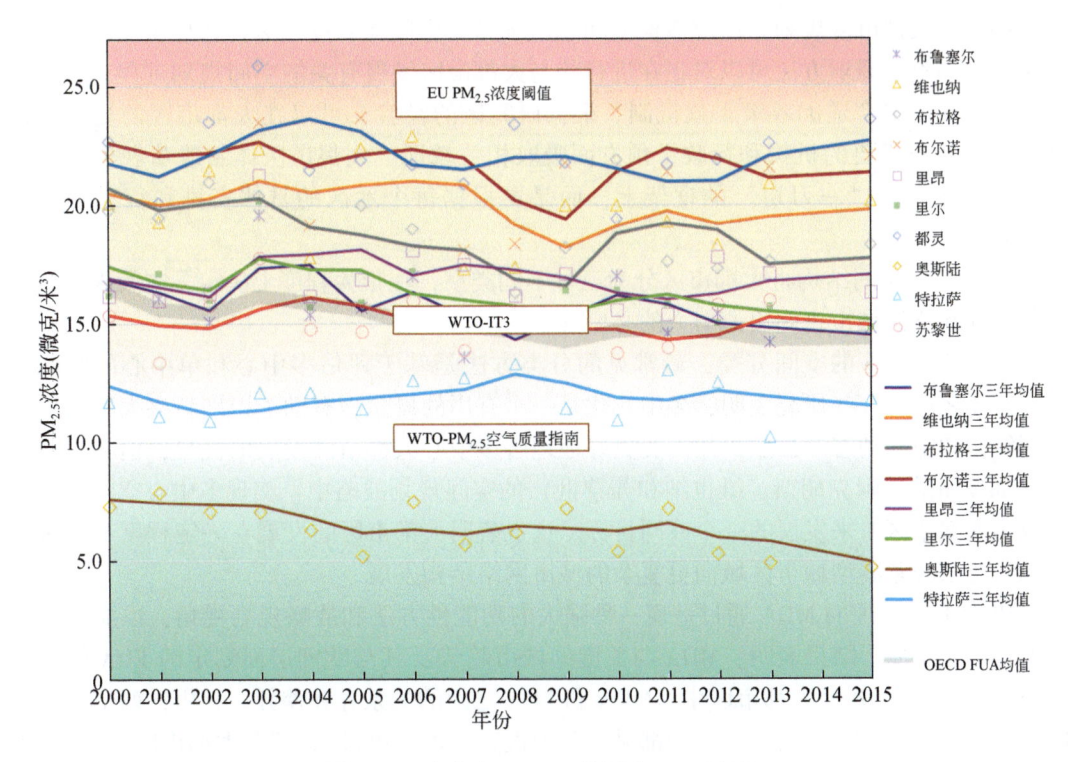

图 7-20　大都市区 MDA 范围内 PM$_{2.5}$ 浓度

Donkelaar et al.，2016）。这里用到的 OECD PM$_{2.5}$ 浓度估计值是基于 van Donkelaar 等（2016）的计算，利用卫星观测和化学传输模型得出并以 0.01°的分辨率（约 1 平方千米）对全球地面测度进行了校准。OECD—stat 的数据是在 OECD-EC-FUA 的水平上汇总的。van Donkelaar 等（2016）的原始数据是以 0.01°的分辨率计算的，因此与其他汇总（ESPON-FUA、MDA）相比，存在非常小的偏差。对 PM$_{2.5}$ 的评估表明，截至 2015 年 1 月 1 日，所有大都市区的平均浓度均符合欧盟的 PM$_{2.5}$ 浓度阈值（http://environment.ec.europa.eu/topicslairen）。

然而，大多数地区没有达到世界卫生组织规定的空气质量标准，只有特拉萨大都市区和奥斯陆—阿克胡斯大都市区低于这一标准。由于这些数字只是汇总在 FUA 尺度上，预计人口更密集的 MUA 和城市核心地区的数值将远远高于图 7-20 中所示。

7.5　结论与讨论

7.5.1　主要结论

（1）大都市区体制改革和规划的有效性需根据各地区具体情况进行量身定制。
随着大都市区不断变化，行政层面必须足够灵活才能够适应空间动态以及城市和区域发展趋势。大都市区规划方法应该根据问题领域的"空间契合度"来考虑国土发展所需的变化。大都市区规划方法可以对正在进行的与大都市区发展有关的空间规划进程进行持续监测，并确定最合适的政策干预机制。根据研究区的经验，可以在大都市区的复杂性和动态变化以及必要的机构和行政干预方面吸取相关教训。大都市区体制改革和规划的有效性不能建立在"一刀切"的框架上，而是要根据每个地区的具体安排和行为者进行量身定制。

（2）基于空间结构将大都市区分为三种不同类型，在很大程度上决定了空间规划过程的复杂性和不同城市之间协调努力的必要性。

现有大都市区的空间分类，最常见的分类方法是基于评估多中心和单中心的空间结构。正如之前的一些研究表明，多中心化是一个有用的概念，有助于识别新兴大都市区的空间结构和空间动态。虽然仍然需要更好地理解多中心大都市区发展的优势，但在一些城市（如奥斯陆—阿克胡斯、维也纳和苏黎世）的空间规划战略中，实现多中心空间结构已经成为大都市区未来发展的一个共同目标。这也表明大都市区的发展在一定程度上促进了从单一的核心紧凑型城市区域向更复杂的城市网络结构发展。

10个大都市区的MDA通过呈现一种强大的功能性方法和战略规划视角，以应对当前的大都市区发展。结果表明，MDA与关键的城市趋势及其与欧洲层面划定的FUA间存在互补关系。在这10个大都市区中，MDA和FUA之间的关系存在差异。其中，四个大都市区的MDA范围比FUA大得多（即都灵、苏黎世、里尔和里昂），三个大都市区的MDA范围比FUA小（即特拉萨、维也纳和奥斯陆—阿克胡斯），三个大都市区的MDA与FUA的规模相似，几乎重叠（即布拉格、布尔诺和布鲁塞尔）。

（3）10个大都市区城市化趋势普遍增加，逐步向多中心空间结构转变。

该项目选定的10个大都市区划定情况及社会经济特征动态变化趋势，说明了普遍增加的城市化趋势和逐步向多中心空间结构的转变，未来将根据MDA的动态变化趋势，在城市核心区和城郊居民点之间重新合理、均衡地分配服务。一个MDA内LAU-2单位数量的大小和范围变化显示了利益相关方地区之间不同的模式，这些模式影响了土地利用、人口、GDP和自然保护区的数量等指标。市政当局的规模和数量在评估较大和较小的MDA的这些趋势中也发挥了作用。不同的利益相关方群体在不同的城市发展指标中表现突出，在土地利用和城市无序扩张的程度上差异最大。

（4）大都市区空间规划方法需要协调、战略和协作的策略工具。

大都市区发展总是涉及各种相互影响、相互作用的问题，不能孤立地看待各种问题，这也使得大都市区规划成为一个复杂的过程。在大多数情况下，需要不同机构之间的互动（纵向和横向协调）。这些互动可以由一个单一的大都市机构来协调，也可以在合作安排的基础上涉及不同体制之间的共享能力。八个关键行动领域已经成为大都市区规划方法不可缺少的组成部分，可以在大都市地区的不同制度背景下应用不同的政策工具，以实施不同的行动领域。通常，每个行动区域需要多个策略工具集。协调、战略和协作工具的结合适用于最需要战略和协作工具的大多数行动领域。

7.5.2 讨论

1. 大都市区发展的针对性建议

根据该项目分析，在正式建立的基于大都市区规划立法的机构框架与大都市区规划方法的实施进程之间没有发现显著的相关性。基于法律制定的大都市区规划并没有提高大都市区规划与合作的成功概率。空间规划领域的法律规定在实施层面往往存在繁琐和沉重的程序，主要原因是僵化的等级程序，而不是促进共享的治理过程和跨越零散的政策部门行为者之间的合作。许多国家的空间规划通过将更多的规划权限分配给区域和地方当局而实现了强有力的权限下放，因此在许多情况下，国家政府为大都市区规划设定的等级和法律程序是不可行的。

在大都市区范围内需要根据具体情况，对跨越政府规模和政策部门的多个地方行为者的"游戏规则"进行"量身定做"。虽然大都市区的发展，如郊区化，可以快速进行，但应对这些发展的直接转变取决于复杂和耗时的共识建立过程，涉及管理者、规划师、私营部门和当地社区。对所有类型地区的地方当局提出的关于大都市区合法化进程的主要建议包括：一是获得国家/地区当局对大都市区合法化的支持，可以为战略规划提供更有力的基础；二是在国家、区域和地方层面的决策者之间建立对话，以便就大都市区规划进程的好处达成共识；三是获得国家/地区合作激励机制的发展（如补贴等）。

2. 加强大都市区空间规划的建议

（1）空间规划系统包含了国家（联邦）、区域和地方之间复杂的国土治理过程，因此会对大都市区的发展带来较为显著的影响。为了应对大都市发展的挑战，需要跨越不同行政层级，及时沟通、协调空间规划的制定与实施。

（2）在许多情况下（联邦州除外），国家政府在制定空间规划政策或立法方面发挥主导作用，但不直接参与区域或地方层面空间规划的实际制定。大多数地区正在进行的规划权限下放需要加强地方政府的行政能力和规划实践，以管理大都市区规模的多方面国土开发。

（3）没有一个单一的大都市区定义与正在进行的城市化趋势、行政边界或行为者的看法相匹配，因此，通过讨论 MDA 划定方法在一定程度上促进了相关空间尺度的描述与划分。对拟议的 MDA 关键城市趋势及其与 FUA 和 MUA 关系的"空间拟合"进行评估，可以作为大都市区规划和管理的一个有用的决策支持工具。

（4）科学有效的大都市区规划依赖于一个更加灵活和动态的共享治理过程，同时与空间规划的行政层次有明确的联系。这意味着政府层面（纵向）和跨部门（横向）之间需要努力协调，提升共享能力。

（5）实施大都市区规划方法对确保"法律上的城市"和"事实上的城市"之间的"空间契合"具有重要意义。这种方法需要在战略、法律规定和协同规划中设置不同的重点，并涉及 8 个具体的关键行动领域。

（6）实施大都市区规划方法需要各种政策工具的组合。应对大都市区发展挑战最关键的政策工具与协调合作进程有关，如建立大都市区规划管理机构以协调大都市范围内的规划工作，在多个地方行动者之间建立有效的合作进程。

（7）大都市区的正式地位并不是影响大都市规划和治理有效性的一个重要决定因素，而对大都市区本身的接受和认可则是启动大都市区合作的一个重要驱动因素。

（8）欧盟政策是区域和地方协同发展的关键激励因素。欧盟的大都市区政策议程和资助工具可以加强国家和地区政府的承诺，从而支持在整个欧洲实施大都市区规划方法。

3. 大都市区治理的指导原则

正如 SPIMA 利益相关方地区的经验所表明的那样，为了使大都市区的治理和规划有效，需要在多个行为者之间进行广泛的互动。城市问题如遏制城市无序扩张、改善城市公平和生活质量，以及推动整个区域的经济发展，往往需要作出重大努力以获得广泛的支持。任何大都市区机构，无论是正式的、半正式的还是非正式的，都应该遵循一些关键的政策原则，这可能有助于塑造大都市区的治理和空间规划进程。这些原则蕴含在大都市规划区进程中，为大都市区治理所要实现的目标提供了思想方向。这些原则将引起国家、地区和地方当局的注意，在确保一个平衡、透明和专门的大都市区治理过程中，各行为者需要投入不同的努力。根据 SPIMA 项目获得的经验，确定了大都市区治理的十项原则，具体如下。

（1）平衡提高效率和反应能力之间的关系：大都市区规划过程需要权衡规模经济和服务协调效率的潜力，解决大都市区的溢出效应和公平差异，公民接触当地政府的影响以及政府的反应能力和问责制等问题，即地方管辖区的治理在多大程度上"掌握在当地居民手中"。

（2）建立政府问责制：新的大都市区机构，特别是如果由上级政府任命而不是由当地社区选举产生，可能会在政府和公民之间产生"距离"。对于二级大都市区政府来说，关键是要确保公众充分了解并能轻易区分他们的地方政府和大都市区一级政府所负责的工作，以便让他们负责。

（3）协调横向（城市间）和纵向（多层级）发展：为了实现持续的和强化的大都市区规划，既需要地方政府之间的合作环境，也需要各级政府之间的政策和举措配合上级政府的计划，大都市区的决定也应该反映在地方的空间计划中，这要通过密切和反复的协商与共同的治理过程。

（4）明确职责分工：一个有效的大都市区机构需要有明确的、不重叠的职责。大都市区机构的作用应该与其他地方行为者和各级政府的活动有明确的联系。

（5）确保利益相关方参与：大都市区规划需要建立在对谁是主要行为者和利益相关方、他们之间的关系以及他们对大都市区挑战和机遇的看法的理解之上。需要与利益相关方进行对话（如与居民团体、企业、非政府组织、环境团体、研究实体等对话）。利益相关方的参与应该尽早开始，如通过民意调查和关于进程本身设计开展对话。特别重要的是，任何成本或利益都要以明确的措辞传达；对居民的任何影响都要得到解释（如公共服务的使用者、纳税人、选民等）；以及公众将如何获得任何拟议的新大都市区治理过程。

（6）安排可持续的融资计划：大都市区层面的任何体制安排都需要得到商定的财政安

排的支持。这个过程可能需要大量的分析和谈判,因为每个地方政府可用的收入来源优势可能有很大的不同。对于一个新的地方当局或大都市区一级的政府来说,至关重要的是他们能够获得足够和可靠的资金来源,以便在可持续的基础上完成其任务。

(7) 强化地方政府的有力支持:无论这个过程是自下而上还是自上而下,任何新的大都市区体制影响最大的都是地方选民。有效的先决条件是,大都市区层级的结构要得到所有相关地方政府的支持和承诺。允许个别地方政府灵活地参与商定的大都市区层级的职能,以促进各方达成协议。可以通过激励措施鼓励地方政府之间的合作,甚至可以通过政府间系统、法律框架或具体的财政激励措施来要求区域或国家政府。

(8) 建立法律和监管支持:大都市区治理的法律规定可以是一个重要的"变革驱动力"。通过建立一个强制性的遵守机制,法律规定可以加强国家或地区政府与地方当局进一步合作的作用,反之亦然。然而,法律规定作为一种自上而下的政策工具,本身不太可能有效,需要辅以软性措施,以建立地方当局之间的合作。

(9) 设立激励措施:帮助设计激励措施,促进大都市区治理的进步。仅仅来自国家或地区层面的鼓励,往往不足以实现具体的变化。最有力的激励措施往往与融资有关,对地方政府层面的空间规划和/或融资的现行政策或框架的任何改变或加强,都需要(或应该)同时考虑,以确保这些政策在政府层面上的良好协调。

(10) 网络化和基准化:促进接触其他国家的经验和/或城市间关于大都市区治理和空间规划的网络,可以是一个有限的独立倡议,也可以是负责大都市区发展的任何体制结构的一部分。基于已有知识和经验分享,城市地区可以在大都市区层面的规划中寻求最佳实践和新的解决方案。城市和城市网络参与综合研究是重点,可以建立基准做法,并确定各个城市在大都市区发展过程中所处地位、面临挑战以及应对挑战的最佳举措。

4. 大都市区未来的规划图景

现有的知识表明,当代大都市区的政策改革将有力地塑造行政和制度环境,未来的空间规划和国土重组战略将适用于地方、区域、国家包括跨国范围。未来的国土研究可以进一步揭示大都市空间发展将通过哪些具体行动领域进行。

正如目前的研究所表明的,对这些问题的跨国和比较研究是至关重要的,以便提供大都市区治理和空间规划正在进行的案例参考,并加强对许多不同的制度进程、政治战略和社会竞争的理论与经验理解。虽然大都市区规划举措受到现有政府国土组织框架的强烈制约,但它们也代表了一种重要的政治机制,通过这种机制,这些框架正在被重新调整。大都市区的发展受到国家国土组织的固有体制框架及其政治经济监管的强烈影响。这些体制框架取决于特定区域内已经实现的规划责任的分散程度。

大都市区规模的空间规划代表了行为者之间复杂的互动过程,并涉及治理和规划的技术方面。然而,大都市区的发展首先需要被理解为一种现象,需要通过公共行动(计划和方案、战略思维、投资等)来解决。大都市区规模的规划可以被看作是为当前挑战寻找联合解决方案的机会,但也可以被看作是地方或区域当局之间的直接竞争。

1) 关键的空间发展原则

基于三个关键的空间发展原则,即积累、再分配和政府机构改革,具体如下。

(1) 积累原则：积累原则寻求降低区域经济内的投资成本，从而吸引流动资本；寻求创造不可替代的、针对特定地点的区位优势，从而加强资本在区域经济内的流入；寻求促进后者议程的独特组合。尽管积累原则在许多欧洲城市地区仍然相对不成熟，但它们在最近关于大都市区行政改革的辩论中发挥了核心作用。

(2) 再分配原则：再分配原则试图重新调整城市区域内增长和再分配之间的社会和地理平衡。这种原则需要引入新的社会和环境政策，以管理区域经济结构调整的失调效应，还需要新的财政政策，将税收重新引入财政困难的城市核心区和老工业城镇及街区。尽管再分配和增长之间的紧张关系在当今几乎所有的城市地区都以某种形式存在，但只有在某些情况下才会被政治化。

(3) 政府机构改革原则：这种原则的基础是政府试图改变城市地区内的具体积累制度、机构安排、监管干预模式和组织间的协调形式。这种战略需要调整地方和区域经济政策的方向，调整现有机构内的监管任务、负担和责任分工，并在某些情况下，针对区域经济治理的具体问题创建全新的国家机构和监管机构。政府战略可以触发大都市区的体制改革，并促进以其他目标为导向的战略（如积累、再分配等）的行动。

选择这些空间发展原则中的某一个，可以导致对大都市区发展的具体方向采取有针对性的行动。当巨大的社会和经济利益与现行的国家/地区国土组织水平紧密联系在一起时，大都市区的重新调整会在对立的各方、政治联盟和国土联盟之间产生激烈的斗争，涉及的问题包括管辖权边界、机构能力、民主问责制、税收制度和政府间的联系。在大多数西欧城市地区，加强区域独特性的议程与通过降低监管等级、权限下放和对核心城市的直接补贴来降低生产成本的想法存在直接矛盾。同时，提高区域机构的灵活性与包括区域和国家政府在内的上级政府对持续的财政支持和行政协调的需求形成了直接冲突。因此，在一个特定的城市区域内，这些对立的监管重点之间的具体平衡也同样是存在于各个空间规划范围内激烈的社会竞争问题。

此外，一些新建立的、有能力管理城市区域的大都市区行政机构已经成为关键地区部门，对各种机构重组的趋势和逆趋势进行了讨论。这一讨论表明国家政府权力正在通过监管继承机构与机构改革为导向的行政战略之间的冲突性互动而被重新调整。这说明当代大都市区发展的争议是对以前的城市政策所引起的监管缺失、治理失败和危机倾向的战略性政治反映。

2) 大都市区管理机构的潜在地位

在这些问题的发展过程中，一种新的城市规划模式已经在城市政策中重新出现，它强调了谈判、伙伴关系、自愿参与、构建机构关系的灵活性、城市规划体制方面的价值。大都市区治理从国家行政等级制度内的垂直、协调和再分配关系转变为次一级的国家国土之间的公平、竞争和发展导向的关系。挑战在于确保对立的政治和经济力量与国土联盟之间的平衡战略。潜在的大都市区机构被认为是这个过程中的新代理者。

(1) 大都市区机构作为政策定位的代理者。大都市区的改革举措促进了城市地区作为新型政策的实施场所，这些政策将国际国土竞争的理念和限制直接纳入地方和区域政策议程。制度上的改进可以回应地方民粹主义经济发展的批评，也对大都市区而不是城市或地方为最合适进行治理的地理单元国土，确保地方的竞争优势得以发挥。面对当地市场的失败和不断加剧的外部压力，政策定位的大都市区化机构可以被视为一种手段，以加强区域经济的竞争优势。

（2）大都市区机构作为多尺度空间管理的代理者。大都市区倡议可以促进城市地区成为发展新的多层次治理形式的主要机构。因此，当代大都市区规划可以作为一种尝试，以确保新的区域化规模和管理竞争性的互动，这些互动是欧洲一体化经济中地方间关系的基础。城市区域被动员起来，成为合作、行政协调和内部团结以及处理竞争、政府间关系、流动资本流动和市场关系等外部空间冲突的关键体制支点。通过调整城市区域内竞争和合作关系的相互作用，大都市区机构可以被视为一种手段，以缓解与无管制的经济竞争相关的国土内紧张、冲突和矛盾。

（3）大都市区机构作为元治理的代理者。欧洲大都市区治理和规划的新方法作为一种重要的制度媒介，通过这种媒介正在构建新的政府治理能力。开展地方经济倡议通常需要将权力移交给一系列私人和准国家行为者和组织。大都市区规划也将是国家和地方机构试图对支持大都市区治理的非正式治理网络、志愿机构，并对私人合作伙伴进行某种程度的监管协调。

以上讨论应该成为决策者和学术界未来详细思考的主题。然而，项目需要更深入地了解每一种体制模式，以及在特定大都市区背景下的大都市区规划和治理战略。虽然在大都市区空间规划领域没有一个全面的知识库，但需要更多关于当前实践和挑战的证据。

5. 大都市区规划与治理的关键因素

建立科学适用的大都市区规划方法，必须加强利益相关方在空间尺度、政策问题、土地使用功能等多方面行为和政策互动，共同推进区域治理进程。大都市区规划与治理的关键成功因素包括：

（1）将自上而下的政策激励与自下而上的协作和实施相结合。
（2）促进国家、区域和地方各级有关规划部门之间的交流、合作。
（3）鼓励更广泛的利益相关方（如企业负责人和分支机构）积极参与。
（4）确保合作过程的透明度和公开性，并建立监督意识。
（5）在需要谈判和妥协时，努力实现利益最大化。
（6）开展自下而上的倡议（如交通），有利于说服大多数参与者。
（7）来自更高一级政府的承诺和支持（如国家层面）。
（8）动员管理层与不同的行动者进行合作。
（9）考虑将空间规划中灵活的共同治理与建立更具限制性的增长管理机制相结合。
（10）创建共同的基金和机构（如欧盟或国家来源）应用专业知识和财政激励，支持大都市区的空间规划。

第8章 生活质量测度方法和工具

2019年OECD提出，人民福祉不平等已成为一项值得全球关注的问题。生活质量下降带来的不利影响因人群类型不同而存在差异，尤其是对于低收入、低教育等弱势人群。通过将生活质量纳入凝聚力政策框架中，建立新的标准，将2020年后的凝聚力政策与联合国可持续发展目标联系起来，贯穿生活质量横向和纵向等多个方面，对于确定可持续发展目标领域和监测欧盟地区生活质量不平等具有重大意义。随着我国高质量发展理念的提出，关注人们生活的幸福感，坚持"以人为本"，打造宜居、宜游、宜乐、宜养的人民城市已成为国土空间开发的重要目标。鉴于此，本章从ESPON的应用研究项目中，选取QoL项目，对其形成的项目成果进行翻译和深入的研究，主要从研究背景、研究目标和内容、技术方法、结果分析、结论与讨论5个方面的核心内容进行梳理，以期能够为我国国土空间规划城市体检评估提供参考。本章用到的数据、图片及文字等资料均来自ESPON 2020中QoL项目的各项成果（https://www.espon.eu/programme/projects/espon-2020/applied-research/quality-of-life）。

8.1 研究背景

QoL又称为生存质量或生命质量，是一种全面评价生活优劣的概念，是指在一定时期，反映某一国家或地区内人们生活中社会条件的质量特征。通常用收入水平和生活水平来衡量个人成功和生活质量，但2020年COVID-19的暴发让大家意识到生命首先考虑的是生存问题，而不仅仅是发展和繁荣。随着人们对气候变化和生物多样性丧失的认识，发展、繁荣和生活质量之间的平衡已发生变化。生活质量中什么是重要的，什么是必须测度的？已成为全球关注的问题。生活质量测度是通过使地球上每个适宜居住地方的所有生物都能生存和发展来衡量，而不是通过以损害其他生物的生存质量来维持和提高人类的生活质量。ESPON生活质量应用研究项目是设计一种科学的方法来衡量地区生活质量，以支持政策的实施。

8.2 研究目标和内容

8.2.1 研究目标

欧洲空间规划观测网中生活质量测度和方法，由ESPON 2020计划和欧洲区域发展基金资助。该研究旨在为欧洲地区和城市在生活质量方面的挑战、成就和发展趋势进行分析，为地方、地区和国家各级决策者提供指导，为区域和国家的政策制定者将生活质量纳入国土发展战略提供依据，并为当地居民提供指导。因此，该研究拟解决不同的政策问题：

（1）构建生活质量的测度指标，发掘可比性指标，并根据不同地区制定衡量标准。

（2）提出基于多方利益共同制定测度领域、生活质量优先级的指标和权重的研究框架。

8.2.2 研究内容

1）提出生活质量测度框架

基于个人、社会经济和生态三个领域的生活质量定义，提出生活质量测度框架，该框架包括美好生活的促进因素、生活维护和生活繁荣三个维度，构建9个一级指标和22个二级指标，用来衡量国土生活质量。

2）分析案例，总结经验

开展10个案例城市的结果分析，测度国土生活质量现状，衡量政策制定的现实情况，并将地区QoL测度的经验与标准TQoL框架进行比较，为进一步调整和改进测度方法提供经验教训，使其在欧洲各地区推广和应用。

3）发掘精细数据的可用性

发掘更为精细数据，用于衡量欧洲所有NUT3地区TQoL模型的不同领域，计算单一维度的指标和识别生活质量差异的综合指数。利用生活质量指标编码系统来检测数据的可用性，制定TQoL仪表盘工具来计算选定的指标和综合生活质量指数。

8.3 研究方法

ESPON生活质量应用研究项目的意义是，设计一种能够衡量地区生活质量的科学方法以支持政策实施。QoL项目首先提出了生活质量测度框架，即综合考虑个人、社会经济和生态3个领域，QoL促进因素和QoL成果因素2个维度；其次遵循以人民为中心和应对后疫情时代挑战两大原则，构建生活质量测度指标，利用潜在类别聚类方法（latent class cluster approach）在欧洲层级开展研究；最后介绍生活质量测度仪的理念及使用方法。

8.3.1 生活质量测度框架

衡量生活质量意味着衡量所有生物在一个地区生存和繁荣的能力，这要依靠地区的经济、社会和生态条件。因此，衡量一个地区的生活质量不仅仅要考虑人类的生活质量，也要考虑所有生物的生存质量。人类的生活质量包括个人领域和社会经济领域。个人领域需要考虑个人健康、安全需求以及发展需求；社会经济领域需要考虑支持当地所有人生存和繁荣的经济福祉以及社会和政策因素；生物的生存质量测度增加了生态领域，环境质量是生活质量的关键条件。在任何情况下，生活质量测度都应包括使所有定居在一个地方的生物都能过上美好生活的因素，这些因素称为"美好生活的促进因素"。基于上述范式，该项目制定了生活质量测度框架，即采用系统性和多角度的方法来测度生活质量，框架图中包含个人、社会经济和生态三个主题，以及美好生活的促进因素、生活维护和生活繁荣三个维度，包括9个一级指标和22个二级指标，如图8-1所示。

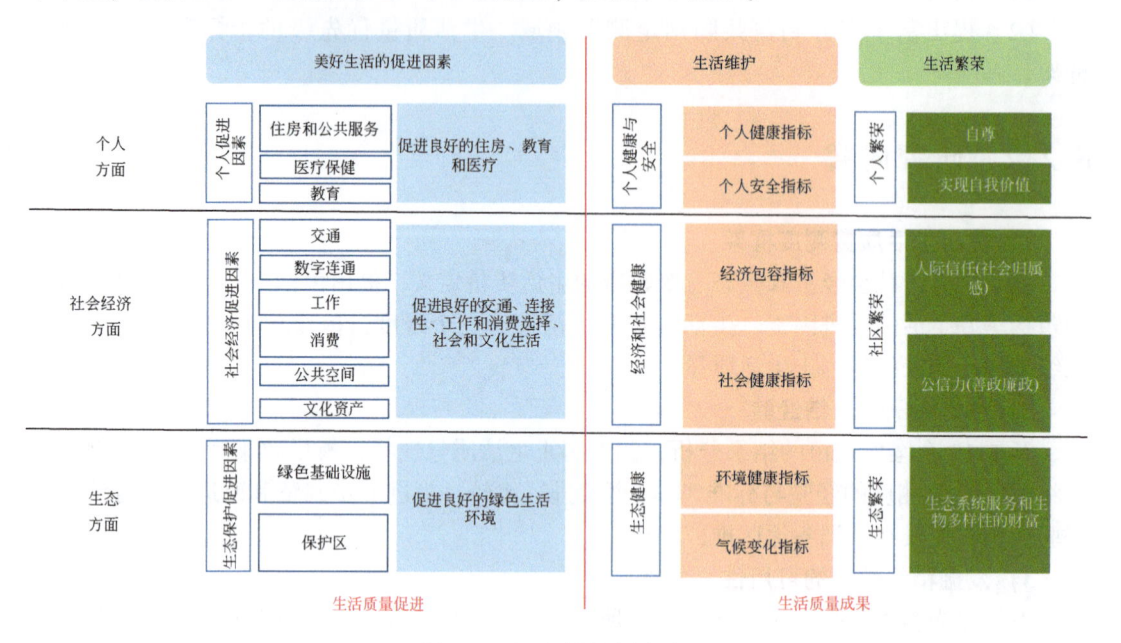

图8-1　生活质量测度框架

三个 QoL 维度进一步分为2个测度方面：QoL 促进因素和 QoL 成果因素。

对于第一个方面，即个人领域，包括住房和公共服务、医疗保健、教育的可用性、可及性和可负担性；在社会经济领域，包括交通、数字连接、工作、消费、公共空间和文化资产；在生态领域，包括绿色环境中美好生活的推动者，如绿色基础设施和保护区的覆盖面积等。

对于第二个方面，生活质量成果因素主要通过主观指标来衡量。进一步分为两个维度，"生活维护"和"生活繁荣"。因此，生活质量成果因素包括有利于生活维护的方面，如个人健康与安全、经济和社会健康、生态健康，也包括衡量生活繁荣的方面，如实现个人繁荣、社区繁荣和生态繁荣。

生活维护包括当地居民享有的在个人、社会和生态三个方面的健康服务。"维护"表示系统保持"在与生存兼容的范围内"的能力。在不同领域维持的"系统"分别是个体有机体（个人身体和心理健康的完整性）、社会系统（人们在一个地方健康生活所必需的社会资源，如村庄、城镇、城市、都市圈）和生态系统。生命维持通过客观和主观结果指标来测度，以测度个人、社会经济和生态健康的质量。

生活繁荣的领域包括个人、社区和生态繁荣。繁荣是生命稳态的另一个组成部分，即在生活必须具备一系列的能力，这些能力不仅与现在和未来的生存相适应，而且有利于繁荣，有利于将生命投射到生物体的未来。这个概念适用于个人领域和社区领域。个人生活的繁荣也与"幸福感"的概念和未来改善生活条件的前景相关，主要通过主观指标来衡量。社区繁荣与人际信任（社会归属感）和机构信任（治理质量）指标密切相关，在社区层面进行衡量。生态繁荣是为了考虑丰富的生态系统服务对一个地区的生活质量和生物多样性的影响。

8.3.2 生活质量测度原则

1. 以人民为中心

公民参与是生活质量测度方法的关键组成部分。一个能够赋予衡量工具合法性的民主进程，应该让专家和机构之外的其他利益相关方参与，并由有组织的民间社会发挥核心和必要的作用（Rondinella et al., 2017）。让公民参与选择指标，以指导他们居住的地方（国家、城市、农村地区）实现公平和可持续，但决定衡量生活质量的指标并不简单，指标要反映出谁来选择，如何选择他们的特定价值观和优先事项。以公民为中心的方法在不同地方采取不同形式，从人民陪审团到审议调查，从实际的市政厅式会议到虚拟研讨会，让人们参与测度优先事项的选择和生活质量指标的适用性测试。民间社会行动者的参与，对于确保自由和使公民在影响生活质量的政策决定中获得权利尤为重要。因此，为了赋予生活质量测度工具的充分民主合法性，必须考虑公众参与，做到真正以人民为中心。

2. 应对后疫情时代的挑战

由于 COVID-19 暴发，在建立生活质量测度框架时，需要考虑以下三个方面：

（1）针对后疫情时代的生活质量测度设计，考虑增加卫生保健系统的脆弱性和较差恢复力，以及如何衡量生命脆弱性和恢复力的指标。

（2）COVID-19 也直接影响到社会综合体，与之相关的生产系统和消费者行为是不可持续的，需要在未来几年进行大规模改变。

（3）与公共卫生设施一样，公共卫生统计系统在过去 40 年中，因预算削减和其他旨在提高效率的限制性行为而萎缩。随着 COVID-19 的暴发，这一特征变得越来越明显。效率过高会损害系统的韧性，在发生危机和冲击时，无法及时应对和适应危机。因此，需要放眼未来，以便能够适应未来的发展需求。

8.3.3 生活质量测度指标

用于测度不同生活质量领域的生活质量框架图（图 8-1），提供了一个用于测度特定地区数据可用性的生活质量指标编码系统，利用数据和生活质量仪表盘工具，可详细阐述地区生活质量指标。根据生活质量测度框架的 3 个维度和 9 个领域，在欧洲层级选择了 50 个指标，明确欧洲层级的不同领域和子领域（表 8-1）。用于衡量 TQoL 模型的子领域统计数据范围有限，且数据质量参差不齐，从而影响了欧洲生活质量测度的指标。同时，也存在无法选择基于可靠的科学推理和统计证据的一些指标，而只能选择与预期衡量的方面有一定相关性的指标，如使用"自杀率"来衡量自尊。总的来说，与传统和公认的国际惯用的社会经济指标相比，生态领域相关的指标设置还不太完善。因此，在生活质量测度中需要注意由指标设置领域所引起的结果误差。

表8-1 生活质量测度指标

维度	领域	子领域	指标含义
美好生活的促进因素	个人促进因素	住房和公共服务（b11）	房屋可用性和可负担能力的指标（如市场价格、社会住房）；房屋库存和建筑环境的质量指标（如遵从城市化的标准）；能源、供水和污水、废物收集和处理服务的可用性和可负担性（价格和税收）的指标
		医疗保健（b12）	卫生基础设施和服务的可用性、可获得性和可负担性（价格和税收）的指标；衡量基础设施和服务质量的指标
		教育（b13）	教育基础设施和服务的可用性、可获得性和可负担性（价格和税收）的指标；衡量基础设施和服务质量的指标
	社会经济促进因素	交通（b21）	交通基础设施和服务的可用性、可及性和可负担性（价格和税收）的指标；衡量基础设施和服务质量的指标
		数字连接（b22）	信息和通信技术连接的可用性和可负担性（价格）的指标；衡量信息与通信技术（information and communications technology, ICT）连接的使用和质量的指标
		工作（b23）	工作岗位（工作场所）的可获得性和可用性的指标；衡量工作场所质量的指标（如安全和舒适、遵从城市标准、维护）
		消费（b24）	商店和其他服务的可用性和可及性的指标（如娱乐）和在线送货。衡量消费场所质量的指标（如安全和舒适、遵从城市标准、维护）
		公共空间（b25）	公共空间的可用性和可访问性的指标；衡量公共空间维护质量的指标
		文化资产（b26）	文化资产的可用性、可及性和可负担性的指标（如遗产遗址、博物馆等）；衡量文化资产的使用情况和质量的指标
	生态因素	绿色基础设施（b31）	在更广泛的国土范围内，包括绿地地区（森林、草地）的连通性和农业马赛克区的保护指标；在城市层级，城市绿色指标（如城市公园、街道树木、花园等）
		保护区（b32）	自然保护区的可用性和可及性指标；保存动植物和景观的地区，这使得保护区不同于其他绿色基础设施
生活维护	个人健康与安全	个人健康指标（m11）	个人健康、营养、体育活动状况的客观和主观结果指标
		个人安全指标（m12）	人身安全、事故安全的客观和主观结果指标
	经济和社会健康	经济包容指标（m21）	主要与失业率和就业率、性别就业和工资差距、工作保障、工作尊严、可支配收入分配、家庭金融/房地产财富不平等（如个人储蓄、住房所有权等）有关

续表

维度	领域	子领域	指标含义
生活维护	经济和社会健康	社会健康指标（m22）	主要是与社会差异相关的客观结果指标（如贫困人口、贫困家庭、社保覆盖率、工作生活平衡度）
	生态健康	环境健康指标（m31）	与环境状况相关的客观和主观结果指标（如空气质量、水质、噪声污染、土壤污染）
		气候变化指标（m32）	与温室气体排放、经济脱碳（经济活动、公共和个人交通、住房等有关的客观和主观结果指标）、脆弱性、风险的存在和持续性、适应和获得减灾风险政策和手段、气候变化影响（脆弱性和适应）、环保意识和气候友好型行为
生活繁荣	个人繁荣	自尊（f11）	主要的主观指标，与对他人的认识和尊重以及自尊有关；社会宽容（如尊重少数族裔、残疾人等）
		实现自我价值（f12）	大多数是自我实现、个人的全部潜力的主观结果指标；对工作的满意度、获得配偶、养育、利用、发展能力和人才、追求目标。与技能和能力匹配的目标劳动力市场指标
	社区繁荣	人际信任（f21）	人际信任的客观和主观结果指标
		公信力（f22）	机构信任的客观和主观结果指标；这一类还包括积极的公民参与，作为建立或重建决策信任的一种手段
	生态繁荣	生态系统服务和生物多样性的财富（f31）	衡量维持所有生命物种（生物多样性）永久生活质量的生态系统服务的数量和多样性的指标

8.3.4 生活质量分析方法

潜在类别聚类方法的核心在于，认识到生活质量不仅仅是代表单一的综合指数得分，而是要认识到这一综合得分由不同质量构成。因此，应该着重揭示生活质量的潜在质量得分，而不只看总体结果，这需要一种更具情景性和区域性的方法，即测度区域如何在一系列维度上得分，从而揭示其在相关 QoL 维度方面的具体挑战和成就。使用潜在类别聚类方法可识别跨区域的共性，通过将具有相似生活质量模式的区域聚类为组，能够简洁地捕获数据中的异质性，同时能定性揭示出不同模式，新出现的模式可以提供比单一综合生活质量指数更为丰富的信息。

为了通过实验验证潜在类别聚类方法的优势，已将潜在类别聚类方法应用于欧洲、国家、区域和地方尺度收集的指标，总的来说，应用的结果表明与预期一致。生活质量测度揭示了哪些维度是需要改善生活质量，哪些维度是政策的重点。潜在类别聚类方法在欧洲 NUTS-3 区域的应用表明，生活质量框架的三个维度彼此呈正相关，也与主观幸福感正相关，但是相关性并不高，这表明有些具有生活质量特征的区域客观得分良好，但主观得分相对较差，反之亦然，潜在类别聚类方法能够揭示出这些区域及其特定的生活质量模式。

8.3.5 生活质量测度仪表盘

1. 生活质量测度仪表盘简介

该项目开发的仪表盘是一个便于处理数据的工具,用于显示区域维度的指标和对地区整体生活质量的潜在影响,如图8-2所示。该工具还可以应用于单一的地域环境,可以监测一个地区、城市、农村地区等随着时间推移的生活质量变化趋势。总的来说,以一种清晰和视觉吸引力的方式(如通过仪表盘、图表、地图来呈现生活质量)来展示测度结果。仪表盘的开发旨在以一种可理解和全面的方式,将生活质量指数结果可视化,该工具能够在 NUTS-3 层级对欧洲任何区域进行快速测度。

图 8-2 生活质量仪表盘示例

仪表盘工具已经创建一个版本,以使地方决策者能够在欧洲层级使用相同定义的框架,在较小范围内分析生活质量。该工具为生活质量的每个维度引入特定指标,通过标准化处理,计算不同层次的生活质量指数,并使用与欧洲范围相同的工具界面显示结果。用户需要确定一个指标清单,用来代表生活质量的每个组成部分。为了使用便捷,仪表盘工具中有一个名为"框架"的选项卡,其中包含代码系统(子领域、领域和维度),以及每个子领域可以包含哪些指标。一旦用户定义了要使用的指标清单,并按照生活质量指数的子领域进行分类,就可以在仪表盘工具中显示数据。

生活质量以两种方式呈现,分别为条形图和数字。条形图表示,横向占比越大,说明该地区在特定领域、子领域或维度的得分越高,该地区在所选范围内的排名越靠前。数字显示了该地区相对于其他欧洲地区的排名情况,通过颜色指标(如绿色、黄色、红色)显示,绿色表示该地区在所有地区排名中位于最高的1/3中,黄色表示位于中间的1/3中,红色表示位于最低的1/3中。

仪表盘工具可以在9个领域和3个维度层面定义一个加权结果。每个领域和维度可赋予1~9的权重值,这可以对"全域生活质量"框架中定义的不同方面进行优先排序,以计算出与地区类型(如城市、农村类型)的优先次序一致的生活质量指数。仪表盘限制每个子域的数量,否则会导致测度类似事物的指标过度拥挤。因此,仪表盘可指导用户测度哪些指标以最佳的方式覆盖子域,以避免过多的重叠。该工具能更好地描述所测度的内容,以及不同的子域如何影响整体生活质量;同时,利用每个区域的生活质量指数和每个主题、域和子域的复合指数,提供了一个全面的综合信息。

2. 生活质量测度仪表盘使用步骤

以经济合作与发展组织的《构建综合指标手册》为基础,衡量区域层级生活质量的具体方法及设置不同类型地区的权重,包括5个步骤。

(1)生活质量测度指标选择。为了与当前政策保持一致性并体现当前技术水平的贡献,这些指标应与欧洲统计局、经济合作与发展组织和联合国衡量可持续发展目标进展的数据集互为补充,并能够反映区域政策干预的效果,且具有较高的政治、技术和推广价值。实际上,为了建立一个可操作且完整的综合指标,指标的选择基于NUTS-3尺度数据的可用性、完整性(从NUTS-2区域推断出来,在数据有限的情况下从NUTS-0推断出来)和时间序列的可用性(考虑到生活质量的惯性相对较高,采取5~10年间隔足以进行连续估计)。

(2)数据标准化。进行数据转换使变量具有可比性。识别并排除数据集中的异常值,对高度偏斜的数据分布进行转换(如对数和幂变换),进行标准化处理。

(3)生活质量测度指标赋权。目前,加权是通过3个维度、9个领域和22个子域的指标进行分层组织实现的,各个维度以0.5的广义加权平均值进行聚合,域和子域中的变量权重相同。正如经济合作与发展组织的《构建综合指标手册》所述,当各种变量在综合指数中"价值"相同时,在缺乏统计或经验基础情况下允许差别加权。目前为止,生活质量仪表盘工具生成的内容允许更改域和子域中每个指标的权重。

(4)指标的应用和验证。为了测试和验证指标,对替代权重和嵌套选项进行了敏感性和对比分析,通过与综合指标和其他综合幸福感指标进行比较,来验证基于欧洲层级数据的可用性和部分结果测度的指标建议。

(5)指标分析和可视化。(5)与前面的(3)和(4)一起组织在迭代循环中。分析和可视化将产生新一轮的验证,然后将新一轮的结果再次分析,直到结果足够稳定。

8.4 结果分析

8.4.1 欧洲层级的生活质量测度结果

从生活质量综合指数（3个维度合并在一起），以及美好生活的促进因素、生活维护及生活繁荣3个维度多项指标测度欧洲层面的生活质量。

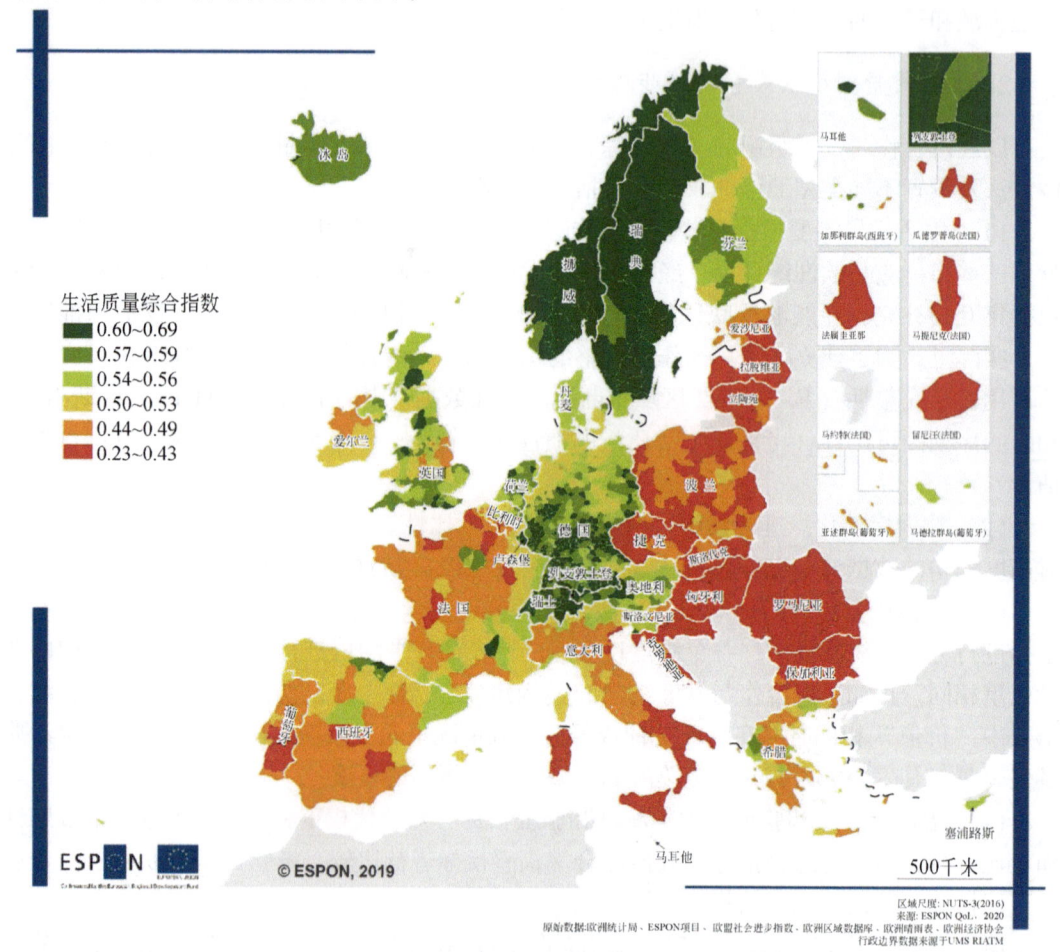

1. 生活质量综合指数分析

生活质量综合指数呈现中心-边缘的空间分布模式，主要受欧洲区域经济指标的驱动（图8-3）。类似的中心-边缘模式也出现在欧盟地区社会进步指数中，这种现象主要与以下因素有关：①较富裕地区的服务提供率（数量）往往较高；②与医疗、教育和劳动力市场有关的社会经济指标都相对较好。

图 8-3 生活质量综合指数

外围地区和南部地区在环境方面（如生态繁荣、绿色基础设施）、生活维护和繁荣的主观方面（如人际信任、自尊）表现良好。尽管如此，这些子领域的正向结果并不能完全弥补与社会经济状况更密切相关的其他子领域的负向结果。在维持生命和繁荣的全面生活质量方面，相关的环境指标和主观指标的可用性和相对准确性较低，需要对发现的结果作出审慎的解释。一般而言，北欧五国，特别是挪威、瑞典和冰岛的生活质量都非常高，芬兰和丹麦在生活质量方面也位居欧洲前列；位于"蓝香蕉"沿岸国家的地区也表现良好，特别是德国西南部、瑞士和奥地利西部、荷兰和英国的几个地区；地中海的几个地区也具有相对较高的生活质量，包括西班牙巴斯克地区和坎塔布里亚、加泰罗尼亚、马德里和卡斯蒂利亚-莱昂的部分地区，希腊北部西部和马其顿东部、伊庇鲁斯、马耳他和塞浦路斯、意大利最北部沿海地区（利古利亚、弗里亚、特伦蒂诺、斯洛文尼亚）和法国东南部（罗纳河谷、法国阿尔卑斯山和奥克西塔尼大区的一部分）。

总体而言，首都地区和大城市的生活质量综合指数得分较高。巴黎和布鲁塞尔的生活质量指数最高，华沙和克拉科夫等地区的生活质量指数高于波兰的大多数地区、葡萄牙的里斯本和波尔图、捷克的布拉格、斯洛伐克的布拉迪斯拉发、立陶宛的维尔纽斯、克罗地亚的萨格勒布。由于在环境领域得分很高以及在其他领域拥有良好的社会经济条件，农村和中间地带整体结果较好，如西班牙北部的坎塔布里亚。

2. 美好生活的促进因素维度分析

美好生活的促进因素维度的空间差异大致与地区的可达性与偏远性相关（图8-4）。在人口稀少的西班牙、意大利、罗马尼亚和保加利亚地区，以及希腊、法国和波兰的一些地区，欧洲内部边缘地区和交通不便的地区往往出现较差的结果。尽管如此，在大多数地区生活质量的促进因素取决于其相对的可达性，城市和中部地区优于外围农村和人口稀少地区。这一结果也反映出一种现象，虽然部分结果呈现由中心−边缘特点，如与就业机会和交通服务有关的结果，但大多数指标呈现出不规律的空间模式。在所有欧洲国家和地区中存在较大的差异性，英国和爱尔兰、西班牙、葡萄牙和意大利以及瑞典、挪威和冰岛等国家，在医疗服务方面结果较差；中欧、东欧国家和地中海国家，在住房条件方面结果较差。

3. 生活维护维度分析

生活维护维度在欧洲地区之间呈现出较大差异（图8-5），表现较好的地区一般位于德国南部、瑞士、奥地利、英格兰南部、挪威、芬兰和瑞典的斯韦阿兰、斯莫兰、斯堪尼亚省；在中欧和东欧、西巴尔干国家个人健康和安全水平低，原因是预期寿命低，交通事故和凶杀的死亡率高；在葡萄牙、德国、芬兰、比利时、荷兰、卢森堡部分地区的经济和社会健康更多地受到地区富裕程度的影响；在中欧和东欧国家，罗马尼亚和保加利亚，地中海地区的西班牙、意大利和希腊的经济健康（失业率、性别工资差距和家庭可支配收入）和社会方面（贫困率、辍学率和受教育程度低）水平较低；在荷兰、英国、法国、西班牙和葡萄牙、意大利北部以及几个中欧和东欧地区，生态健康水平较低。

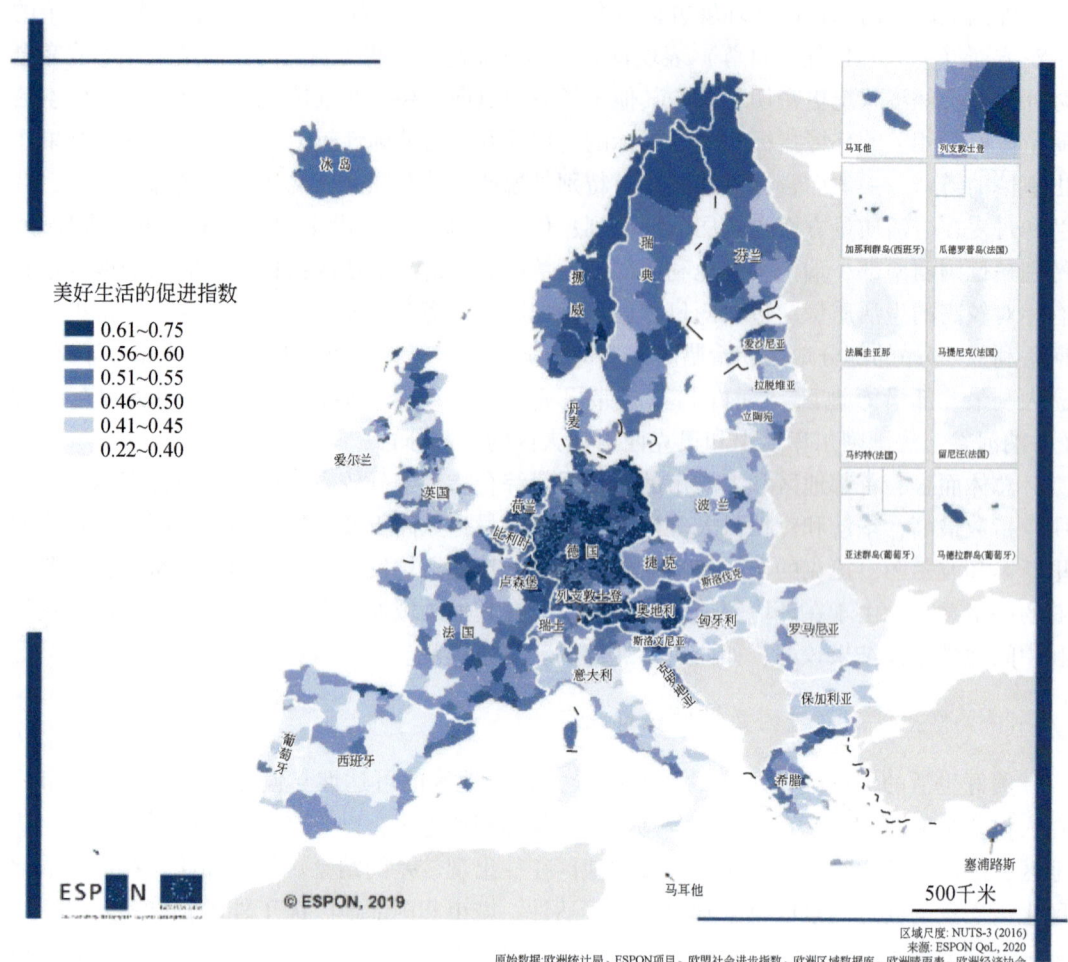

图 8-4　美好生活的促进指数

4. 生活繁荣维度分析

图 8-6 显示，生活繁荣维度在地中海和北欧国家表现较好。波兰、英国、爱尔兰和瑞士的表现较为出色，但在比利时、法国西北部、意大利部分地区、德国、奥地利以及除波兰以外的中欧和东欧国家，普遍呈现生活繁荣较高的模式；在罗马尼亚、匈牙利、斯洛伐克、捷克、西巴尔干地区、波罗的海地区、芬兰和奥地利，低水平的生活繁荣趋势由自尊心水平较低导致。社会繁荣是由人与人之间的信任驱动的，波兰、北欧和地中海国家的信任度较高，但是大多数的中欧、东欧、地中海国家对政府机构的信任度较低。根据生态系统的价值来描述生态繁荣时，低生态繁荣模式主要位于法国、意大利、英国和德国西北部的部分地区。然而，对这一维度的解释需要特别谨慎，因为用于这一维度个别领域的数据可用性较差，甚至没有合适的指标可以使用。

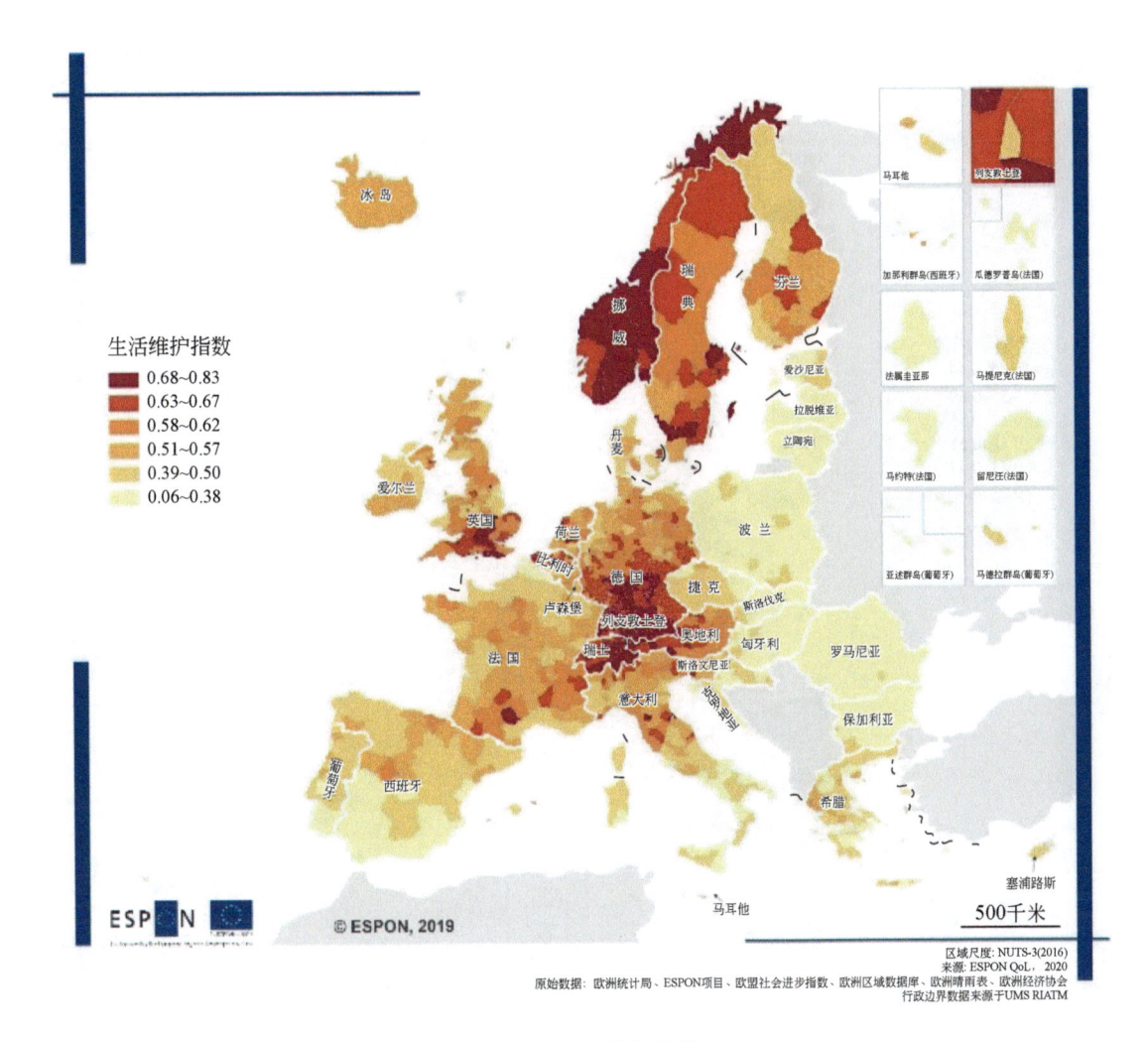

图 8-5　生活维护指数

8.4.2　生活质量在不同地区发展战略中的应用

在地区政策制定中，生活质量的定义、实际使用与监测生活质量的过程密切相关。在威尔士、芬兰和巴塞罗那 3 个案例研究中，法律规定将生活质量测度作为政策制定的基础。威尔士实施的是最广泛和最全面的政策概念，它涵盖了所有的公共服务和其他政策领域，包括土地使用规划和场所建设、交通、住房、童年逆境经历以及健康和保健等领域。在所有这些领域中，使用生活质量的概念制定具体的目标，并为实现这些目标而开展行动，为威尔士的 7 个总体福利目标做出贡献，作为一种政策工具和多行为体的决策，生活质量概念接受度较高，其主要优势是认可度高，不足之处主要由系统性误差造成，如公共机构对调整方法的抵制。

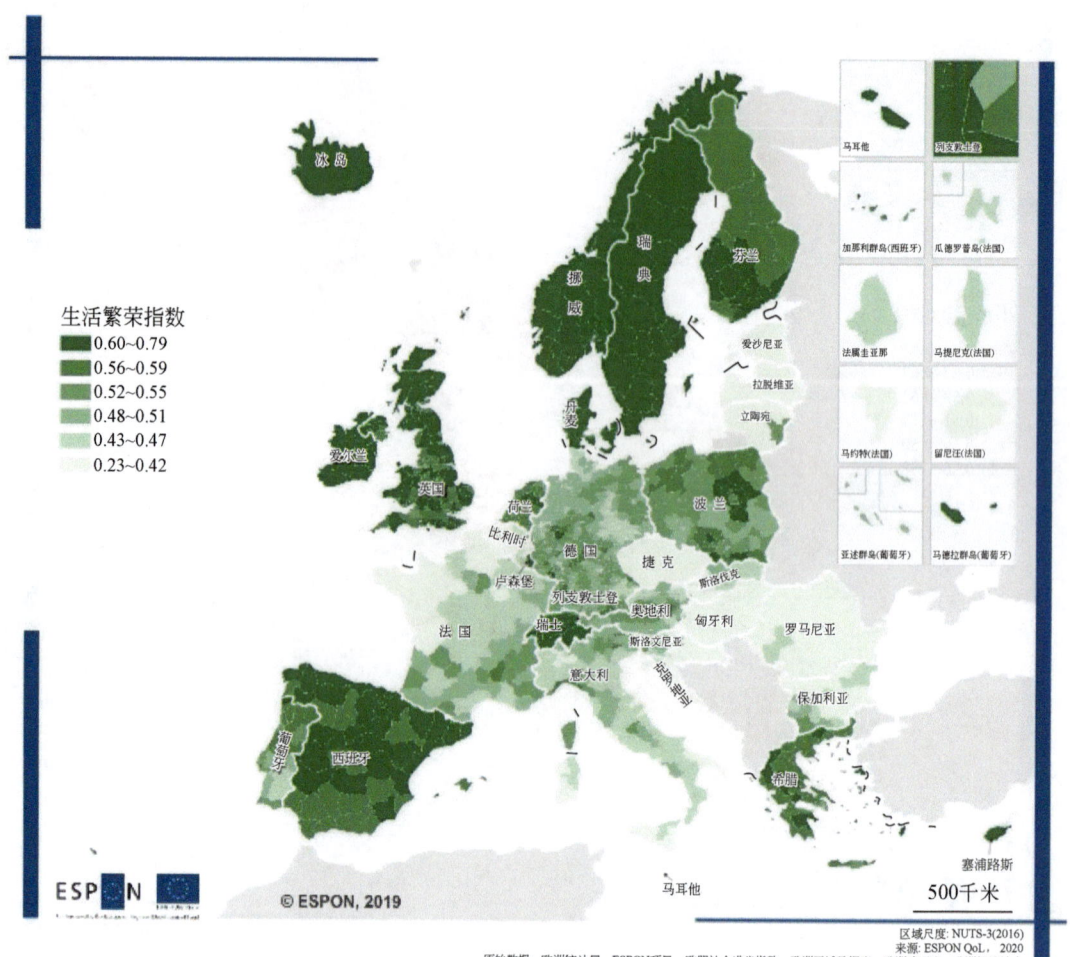

图 8-6　生活繁荣指数

赫尔辛基大区的案例，揭示了法律保障对生活质量的改善具有重要作用。赫尔辛基市的《地方政府法》规定市政当局有责任保障其公民福利，而《卫生保健法》要求地方当局根据当地条件和需求确定保障福利的目标，并通过使用当地的健康和福利指标，以制定措施来实现这些目标。赫尔辛基市通过制定福利计划来满足这些要求，并制定了单独的行动计划来实现所确定的目标。在赫尔辛基大区方案中，生活质量报告是区域理事会的监测和沟通工具，负责监督区域发展和规划，旨在告知地区政府他们是否在社会和人类福祉方面处于正确轨道。

加泰罗尼亚的《社会服务法》（Social Services Law）要求制定生活质量标准，以保证公民的生活质量。越来越多的城市和县城将生活质量指标作为政策指导的核心要素，许多部门战略都将影响地区生活质量的重要因素纳入其战略规划文件中。地方行政部门在进行经济、社会和环境问题的决策时，通常会根据他们现有的或根据数据库和调查获得的相关生活质量信息选取适当的指标。

维也纳的生活质量测度非常全面。城市规划部门职责中有一项，就是定义和测度生活质量，该部门大约从 1995 年开始定期进行生活质量研究，并将 QoL 指标和报告用于支撑城市规划中的政府决策，并由相关部门和单位收集信息。由负责城市研究和开发的市政部门在 Werkstattberichte 内发布有关城市发展和规划的分析和结果。

荷兰的的生活质量测度仪，也称生活晴雨表（living barometer），具有强大的政策基础，它的开发是为了在一个社区计划中识别出生活质量表现不佳的社区，从而开展多层次的治理行动。它是由地方利益相关方（市政当局、住房公司和公民）组织自下而上的倡议，以改善生活质量。生活晴雨表用来测度所实施的计划和政策的有效性。一项研究显示，该计划并没有对生活质量进行实质性改善。然而，当研究生活质量各领域之间的相互关系时，却发现某些方面得到了一定的改善，如住房结构调整确实导致犯罪率下降，居民的安全感和对生活环境的满意度提高。虽然该计划已不再执行，但生活晴雨表仍用来为当地生活质量的潜在改善提供政策信息。除了生活晴雨表之外，值得一提的是生活质量指数的开发，是一项独立的工作，目的是对荷兰地区的生活质量进行定量化测度，并将结果与其他欧洲地区进行比较，在分析的基础上，制定政策建议。生活质量指数也存在弊端，如生活质量指数的最终版本没有立足于某个政策领域和特定周期中。

在意大利内陆地区的案例中，收集城市和聚集地区（aggregated areas）的数据，用于计算美好生活的促进因素的指标，特别是医疗保健设施和教育设施的可达性和可获得性、长途运输基础设施（铁路、公路、机场、海事港口）以及农业、工业、服务和旅游业获得工作机会的指标。受内陆地区的人口减少的影响，从数据库获取包括按年龄分组的人口数据，以监测地区人口年龄组成、人口自然和迁移动态（natural and migratory dynamics），这些数据不包括在生活质量框架中。

8.5　结论与讨论

8.5.1　主要结论

1. 弹性化制定生活质量测度标准

在欧洲和国家层面的研究目的是比较和对标国际，应用国际层面上常见的方法非常有用，如社会发展指数（social progress index，SPI）指标。然而，以赫尔辛基为例，用 SPI 对标国际基准，结果表明 SPI 对于监测区域政策响应不是很敏感。因此，QoL 概念不应被国际或区域间基准、政策等影响。

在国家和区域层面，该项目发现了几种用于政策监测的 QoL 方法。这些概念通常聚焦于福利和公共服务方面，但要制定全面的生活质量政策，必须结合生活质量指标和衡量标准。基于明确的干预途径，使用 TQoL 框架来确定 QoL 的维度和子领域，让利益相关方参与整个过程，而不仅仅是指标的定义。

在城市和大都市层面，生活质量概念与政策息息相关。让公民参与生活质量的定义，将这一概念应用于功能性城市区域，并引入国土规划方法中，有助于获得更全面的结果。

人口稀少的地区是一个非常特殊的情况。正如冰岛，市场机制导致某些部门的服务供应减少，外围人口稀少地区的生活质量与中部地区有很大不同，然而，只有一小部分人口受到影响。在这种情况下，生活质量概念需要按地区进行区分，以捕捉生活质量的显著差异，这些差异影响大部分地区，但人口比例较少。

2. 多方参建生活质量测度框架

研究结果表明，生活质量框架对于指导哪些主题、维度和子领域可能构成生活质量，以及实际使用哪些主题、维度和子领域非常重要。根据利益相关方的参与决策行为，对生活质量框架进行调整。在分析的案例研究中，发现目前的框架需要进行一些调整，调整内容如下：

（1）为更好地解释通过消费指标扩大消费机会的定义，将"文化资产"改为"文化和体育"，将"安全"纳入"住房和基本公共事业"的子领域中。

（2）以公民为中心的原则很重要，但只在极少数情况下用到，这是生活质量的特点，需要进一步注意。基于网络的工具、小型调查和访谈小组有助于更好地在生活质量框架和测度中整合居民的意见。

（3）在制定加强公民参与制定生活质量测度框架组成时，还应包括活跃公民的子领域。

（4）仪表盘是一个非常灵活的工具，可以将子领域转化为指标。研究案例中的指标编码显示，过于庞大的子领域与其他子领域之间存在差距。在实践中，这种编码工作需要由各地区的利益相关方来完成，以反映各地区的具体情况。编码表应有助于构建和理解测度什么，为什么要测度。仪表盘可以用来组合不同指标，如比较不同时期的仪表盘可了解各地区的发展情况；比较客观指标和主观指标可识别差异和差距。

8.5.2 政策启示

1. 加强多区域和多层次治理

确保公民良好的生活质量需要不同国土级别与公共、私人和半公共机构之间的良好合作。近几十年来，与生活质量政策相关服务的市场化、私有化和非政府组织化使得治理变得更加复杂。在许多成员国，将新的公共管理（NPM）纳入生活质量相关政策，将生活质量相关政策的责任从国家层面转移到较低层面（区域或地方）。此外，生活质量的重点已经从社会和社区转移到个人身上。NPM进一步增加了利益相关方的政策环境复杂性和分散性，并使相关政策领域的协调更具挑战性。欧盟和各国政府应持续监测生活质量的进展，并为地区和地方当局提供相应的资金和指导措施，为其公民提供较高的生活质量；同时，还应在国家、区域、地方等不同层级中监测促进良好生活的各项指标（如医疗、教育、交通、数字连通和住房等）以及这些参数的执行情况。如果一个国家的某些地区在地方层级的生活质量表现太差,可以分配资源以确保其公民的生活质量达到可接受的水平;地区和地方当局应该持续提供公共投资,并制定新的法规来改善生活质量;私营部门和第三方的行动者应参与政策共同制定过程,并与区域和地方当局密切合作,以满足提供商品和服务进而改善生活质量的需求;通过调查、访谈等方式,将公民需求纳入定义生活质量的框架中,以便区域、地方当局、私营部门和第三方行动者能够响应。

2. 提升生活质量的均衡性

2019 年,经济合作与发展组织提出人民福祉不平等是社会关切性的问题,解决这些问题需要采取一致和综合的方式来动员欧盟成员国政府。因此,需要在以下几方面改进:①将生活质量框架纳入政策制定中,对于推动与监测欧盟和国家资金对区域层级生活质量不平等的影响尤为重要;②在实施紧缩政策之前,应评估紧缩政策对生活质量的潜在负面影响,这些政策通常会影响到美好生活的促进因素(如医疗保健、教育、交通、数字连接和住房);③优先考虑与生活质量积极结果相关的促进经济复苏的投资;④关注 COVID-19 对不平等和国土凝聚力的影响。区域生活质量框架应作为促进区域层级疫情后建设工作的工具,监测美好生活的促进因素的哪些部分是需要资助的,这种信息将有助于疫情后的恢复工作。

3. 将生活质量测度纳入 2020 年后凝聚力政策框架中

将生活质量测度纳入 2020 年后凝聚力政策中,可在监测国土发展方面发挥重要作用。目前用于测度欧洲 2020 战略进展和确定结构性基金申请资格的区域指标,并没有阐明欧盟的生活质量水平。因此,将生活质量度量纳入凝聚力政策,为生活质量测度工作建立一个新的基准;同时,将 2020 年后的凝聚力政策与联合国可持续发展目标议程结合起来,贯穿生活质量测度的各个方面。生活质量测度框架是在联合国可持续发展目标本地化核心项目实施中的一个非常有用的工具。生活质量测度框架可应用于帮助确定可持续发展目标领域,以及区域和地方政府在收集必要数据时可负担的技术指标。《2030 年领土议程》中试图就生活质量建立基于地区和以人为本的方法时也提出了类似的想法。无论是以地方为主、以人为本,还是以组合的方式,都需要提供一个灵活的框架,以便不同参与者(欧盟、国家、区域、地方、私营部门、第三方和个人)能够解决生活质量的多方面问题。

4. 分阶段实施生活质量测度框架

项目案例研究提供了几个较好的实例,在这些实例中,国家和地区层级已经让地方决策者和个人参与进来,以确保提供重要的生活质量服务。总的来说,案例研究结果显示,生活质量测度可通过将其与国土发展战略和政策执行紧密地结合起来,并加以改进,但由于生活质量问题的复杂性,以及国土政策和进程中所涉及的挑战,需要采取谨慎的方法。因此,不能以机械的方式应用生活质量框架,而是将生活质量框架视为利益相关方与公民对话的机会,以更全面的方式制定政策,并采取行动,利用相关信息,改善和维持特定国土上所有人的生活质量。此外,不能将生活质量框架作为一个自上而下的控制工具,而是赋予公民、利益相关方和当选者权力,共同努力实现人民可持续生活的重要目标。为建立一个运作良好的生活质量测度框架,建议分几个阶段实施该方法。

1) 建立生活质量测度框架

在应用生活质量测度框架时,应考虑以下问题:如果由政治授权应用生活质量框架并阐明利益相关方参与方式,那么应用生活质量方法会更有效,获得政治承诺是社区参与和提供生活质量报告作为战略的证据基础。建立一个特定的干预途径,并需要定义相关的子域,干预途径从需求分析开始,政策方案相关措施应对此作出响应。在这种情况下,政策响应要满足区域或者地方的需要,并反映干预途径的不同要素。使用该项目中开发的生活质量概念图作为基础,这个概念图定义了生活质量方法的主题、领域和子领域,对于每个子领域的指标制定基准和目标值,将指标与可能的结果联系起来。生活质量方法的应用应该是目的驱动,而不是数据驱动。这意味着首先识别子域,然后选择适当的数据,充分考虑各种政策驱动领域的交叉部分,并由兼备测度与监测的定制通信工具提供支持。

2) 让利益相关方参与循证决策

如果来自不同国土层面和不同政策领域的利益相关方参与制定及实施这些战略,可实现良好的生活质量。将生活质量政策与普遍接受的概念联系起来,会增加各利益相关方之间产生误解的风险。因此,为了改善欧盟和成员国的生活质量,应加强成员国与欧盟在政策领域的多层次和多部门合作,以协调和改进使用各自的权力,明确其角色和责任,以更好地协调生活质量相关政策。对于特定情况,重视利益相关方的参与过程,确定他们各自的潜在作用和贡献,以实现良好的生活质量。

3) 在实践中应用生活质量测度框架

生活质量框架提供了一种模块化的方法,以帮助各地区开发更全面的生活质量测度。根据子域的生活质量命名法对指标进行分类,以一种清晰和视觉上有吸引力的方式(如仪表盘、图表、地图)进行展示,具体步骤如下。

(1) 制定生活质量测度框架的概念图:根据生活质量测度框架和国家/区域战略制定概念图,定义相关领域和子领域以及参与的相关利益方。

(2) 指标编码:对于每个子领域,建议最多考虑4个指标,保证子域内的指标之间没有相关性。指标涵盖主观和客观的维度,在不同的时间点进行计算。

(3) 填充仪表盘:仪表盘是一个基于Excel的工具,具有按地区单位输入数据的结构化电子表格格式,并对不同生活质量子域指标进行分类。

(4) 在地图中显示结果:仪表盘的结果显示,与子域、域、主题或生活质量等级相关的区域单元的相对位置,为了测度该指标的可用性和分析生活质量方法的测度结果,有必要在地图中呈现这些结果。

(5) 灵活使用仪表盘:有很多方法可以改变仪表盘的结果,如更改指示器、添加新的子域、给域施加不同的权重等。

第 9 章 区域住房动态大数据研究

联合国将住房保障作为一项基本人权，然而在欧洲乃至全球城市，人们越来越难以获得体面和负担得起的住房。自 20 世纪 90 年代以来，后工业化城市地区的房价平均增长速度高于居民的收入，这一差距也在不断扩大。住房是影响城市居民福祉、凝聚力和可持续性的重要政策问题，加深对可负担性住房的认识和应对住房风险，对于提高社会凝聚力和稳定至关重要。由于中国的房地产市场发展迅猛，住房问题已经随着房价的上涨，严重影响到广大人民群众的生活，住房问题，既是经济问题，也是民生问题，关系到民生福祉、经济和社会稳定、城市高质量和创新发展。鉴于此，本章从 ESPON 的工具研究项目中，选取"区域住房动态大数据分析"项目，以下简称"BDTAHD 项目"，对其形成的项目成果进行翻译和深入的研究，主要从研究背景、研究目标和内容、技术方法、结果分析以及结论与讨论 5 个方面的核心内容进行梳理，以期为探索新的住房发展模式，解决大城市住房问题提供参考，实现全体人民"住有所居"。本章用到的数据、图片及文字等资料均来自 ESPON 2020 中 BDTAHD 项目的各项成果（https://www.espon.eu/big-data-housing）。

9.1 研究背景

9.1.1 住房是欧盟城市议程的重要及优先事项

住房是关乎欧盟城市福祉、凝聚力和可持续发展的主要政策问题。该项目以欧盟 2020 年国土议程为框架，就住房对国土凝聚力的影响以及如何应对不利因素进行了研究。2016 年《阿姆斯特丹条约》中指出住房是欧盟城市议程的重要及优先事项之一。《欧盟城市议程》中提出，住房成本已成为欧洲家庭支出中最重要的部分，需要提高居民对于经济适用房的认识。自 2008 年全球金融危机以来，住房问题在欧盟范围内得到了越来越多关注。欧盟的一些政策、战略和资金流对欧洲的住房领域产生了重大影响。鉴于欧洲在社会凝聚力和稳定方面的优先事项，本研究讨论了几个重要的议题。第一，在主要的后工业化城市地区，住房价格的增长速度快于租房者和购房者的收入，房地产已成为社会经济不平等的重要驱动因素。2014 年欧盟 28 国中住房成本占收入一半以上的人口约为 7%，住房成本占比较高这一问题引起了广泛的关注。第二，欧盟政策聚焦经济发达的城市是如何化解住房危机的。研究不同城市的经济负担能力和住房条件对于评估欧盟政策态势至关重要。尽管欧盟在住房和城市规划方面没有管理职责，但许多欧盟政策对住房有直接影响，涉及货币政策和环境法规等方面。同时，经济合作与发展组织经济适用房数据库显示，价格和收入不平等加剧了获得经济适用房的不平等性（OECD，2018）。

9.1.2 收入与房价之间的差距加深

房价负担能力危机影响了欧洲城市居民的福祉,并在宏观经济层面得到了印证。早在20世纪90年代初期,全球北部的住房融资就急剧增加,导致市场买家持续流入,价格波动剧烈,住宅抵押贷款未偿债务在2006年达到历史最高水平。其中,法国占GDP的35%,瑞典、西班牙、德国占GDP的50%,美国占GDP的80%,荷兰、丹麦占GDP的100%。此外,自21世纪以来,家庭收入与房价之间的差距逐渐扩大,1996年在英国、爱尔兰平均房价与收入之比为3:1,在2007年已达到4:1~5:1。一项关于17个国家(欧洲14个国家以及美国、加拿大和日本)的研究表明,17个国家中2010年的房屋拥有率在50%~83%。在许多国家,房屋拥有率急速高升,直到20世纪90年代稳定下来,住房市场转向另一种态势,抵押贷款债务增长而住房所有权没有增长。近几十年来,特别是在21世纪初,大多数国家单位GDP的抵押贷款增长与房屋拥有量的增长并不相符,房屋拥有量增长幅度远低于以前,甚至有所下降,这导致了前所未有的通货膨胀。这种负担能力问题在房地产市场上蔓延,产生了不平等的影响(Kemeny, 2001; André and Chalaux, 2018)。经济合作与发展组织经济适用房数据库(AHD)描述了欧洲住房市场上存在的各种情况,如图9-1(a)显示,挪威、芬兰、捷克、瑞典、荷兰、希腊、英国、丹麦、西班牙的按揭款和租金成本超过了25%的临界门槛。图9-1(b)显示,克罗地亚、希腊、西班牙、英国、葡萄牙等9个国家的低收入租房者的住房成本达到了可支配收入的50%(一般而言,超过40%的可支配收入用于住房的家庭被认为是过度负担)。

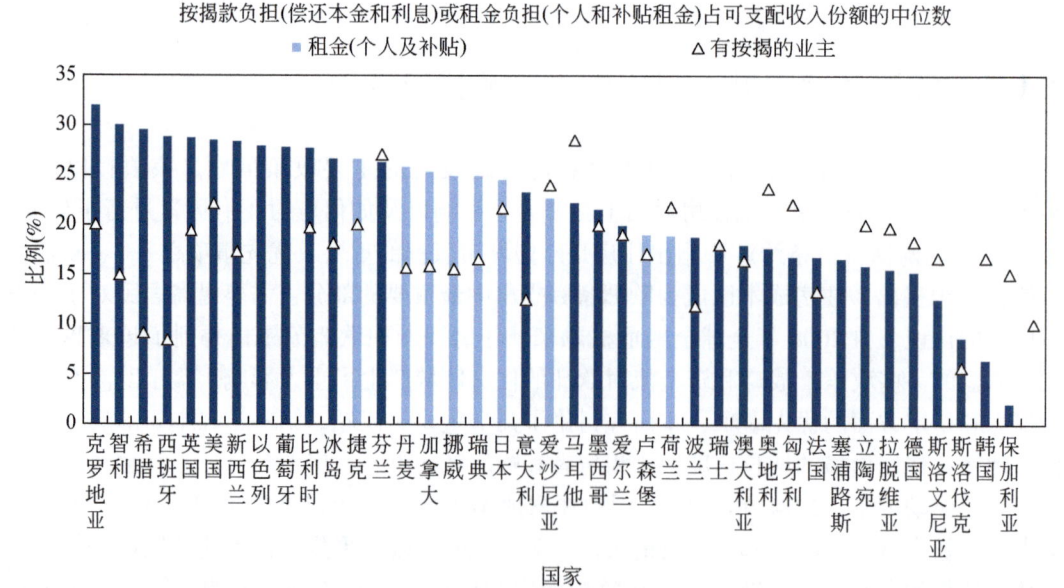

按揭款负担(偿还本金和利息)或租金负担(个人和补贴租金)占可支配收入份额的中位数

(a) 2014年或最近一年,家庭住房成本(按揭款和租金成本)负担占可支配收入的比例

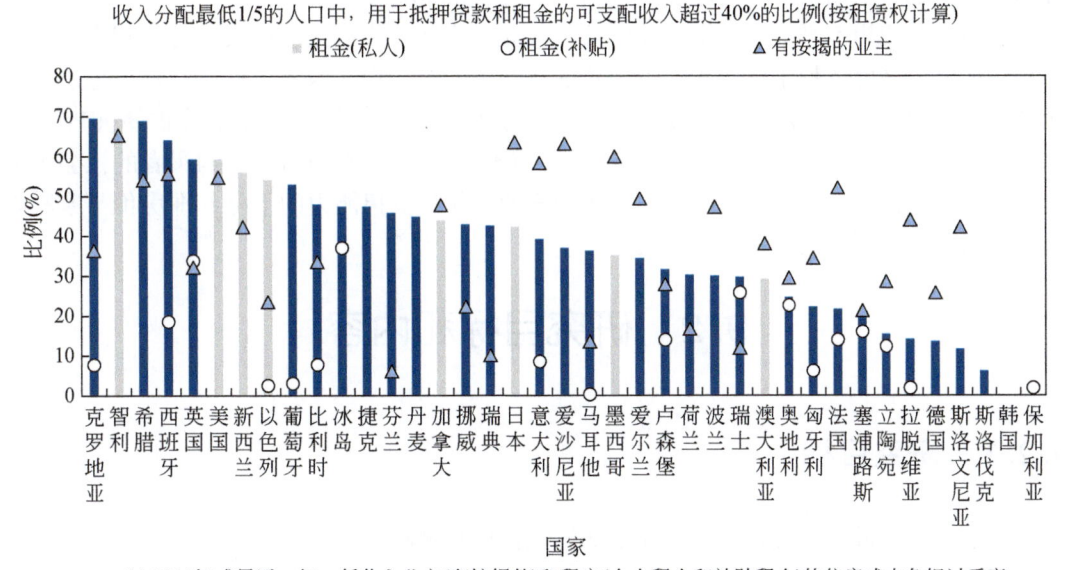

收入分配最低1/5的人口中，用于抵押贷款和租金的可支配收入超过40%的比例（按租赁权计算）

■ 租金（私人）　○ 租金（补贴）　▲ 有按揭的业主

(b) 2014年或最近一年，低收入业主（有按揭款）和租户（个人租金和补贴租金）的住房成本负担过重率

图 9-1　2014 年经济合作与发展组织住房成本可负担性

9.1.3　价格、住房所有权和住房融资制度

对于房地产市场和潜在购房者来说，房地产价格的持续上涨和住房拥有率的稳步增长作为一种新的价格机制（Tutin, 2013），受住房市场金融化的制约。这种情况与货币政策和信贷负担能力（国家政策）等金融和宏观经济参数有关，经济合作与发展组织 25 个国家通过对首次置业者的补贴、财政激励措施和抵消个人购房者成本的财政激励措施来促进住房所有权（André and Chalaux, 2018）。这表明了发达经济体如何转向基于资产的福利模式，产生了一种将所有权、信贷负担能力和房价联系起来的制度，而这些通常由国家和地方政府进行补贴（Ronald, 2008; Rolnik, 2013）。1987 年 Topalov 提出了从租户制度转变为基于信贷的大规模住房所有权制度，这些转变受到了公共政策、银行业、市场参与者策略（其中开发商最为突出）以及家庭资产保护策略的共同调控（Topalov, 1987; Bonneval and Robert, 2013）。1993 年《住房：让市场发挥作用》报告中总结了住房部门对经济的重要性的评估、最佳做法和建议，包括政府的指导方针和适当政策。从政治经济学的角度来看，一些学者认为，尽管存在显著差异，但各国模式逐渐出现了转变，这被描述为 "全球金融市场中以住房为中心的金融化国家体系的部分整合"。学术著作描述了以住房资产为基础的福利，现代工业化社会中不断上升的住房所有权意识形态，以及住房政策改革中的路径依赖（Malpass, 2011），其特征是由政策措施、社会意识形态框架（Ronald, 2008）和金融主导的积累制度（Boyer, 2009）驱动的自由经济意识形态和市场机制。因此，发展轨迹高度依赖于国家，国家使家庭能够充当投资者，通过具有未来收益前景的市场参与，同时面临更大的风险（价格波动、财产价值损失、破产等），引发了个人和系统

性风险的问题，从而引发了家庭脆弱性的问题（Schwartz，2012）。

房地产已成为不平等的重要推动因素。首先，房地产价格上涨使买家分门别类，使获得住房的机会高度依赖于资产和获得信贷的机会不平等（由于收入、资产、社会分层、信用评分）。其次，家庭房地产投资的流动性对家庭资产资本化的动态至关重要（Piketty，2013）。获得住房（负担能力）和资产（财产价值）都直接影响居民与购买者的社会不平等及空间隔离模式，这些社会空间不平等因素源于住房负担能力的下降，即房价与家庭收入之间的差距不断扩大（Friggit，2017）。

9.2 研究目标和内容

9.2.1 研究目标

为了深入分析购买力和可负担性是如何受住房金融制度、通货膨胀、所有权和当地市场（供应、需求、激励、限制）等因素的制约，需要了解欧洲联邦住房协议中收入、价格和市场条件之间的关系。然而，研究中难以获取有关欧洲住房可负担性的统一数据。以政策为导向，运用大数据的信息采集方法可以在很大程度上解决现有的国土政策问题并提供最新证据。

本研究借助常规数据和非常规数据来收集住房动态信息，提供兼具数据一致性高且成本低的数据集，助力于社会经济凝聚力分析，主要研究目标如下：

（1）从衡量—监测—分析全流程揭示欧洲城市 FUA 住房负担能力的空间模式，即租金或房产购买价格与几种收入衡量标准之间的比率，为政策制定者提供关于负担能力这一关键优先事项的一些认识。

（2）收集非常规数据构建协调指标，提出可复制的分析框架，以便将研究扩展到欧洲范围，为分析社会经济凝聚力提供新的认识。

9.2.2 研究内容

（1）揭示欧洲 FUA 住房负担能力的空间模式及不平等空间效应。监测住房市场因负担能力下降而导致的不平等，分析住房财富资本化不平等与家庭脆弱性不平等的空间格局；监测支持所有权政策（pro-ownership policies）对社会经济不平等的空间效应，以及随之而来的基于市场的排斥风险。

（2）提出可复制的大数据应用框架。提出一种将常规数据（如交易数据）与非常规数据（在线收集的大数据）结合起来，提供成本低、效益高且协调一致的可复制数据收集框架，以便进一步用于面向政策的研究。同时，在欧洲范围内扩大该项研究，允许使用各种地理分析级别（1 平方千米格网、LAU-2、FUA）在城市内部（邻里之间）和城市之间进行比较。

9.3 研究方法

9.3.1 欧洲住房数据库现状与不足

1. 欧洲住房数据库现状

欧洲统计局提供了一些关键数据，总结了住房在总消费支出中的重要性。2018 年数据显示，无论居住者是在偿还抵押贷款还是在租赁房产，住房通常是家庭预算中最大的单项支出（Eurostat，2016）。如图 9-2 所示，在欧盟 28 国中，超过 10% 的城镇家庭将其可支配收入的 40% 以上用于负担住房成本。来自欧洲统计局的欧盟收入和生活条件统计数据也验证了国家之间的显著差异。希腊、丹麦、德国、保加利亚和比利时等地的平均住房成本负担率超过 15%。此外，由于家庭的地理位置（城市、城镇和郊区、乡村地区）的差异，负担率也显示出显著差异。一般来说，居住在城市的人们存在中央溢价现象（premium for centrally）。

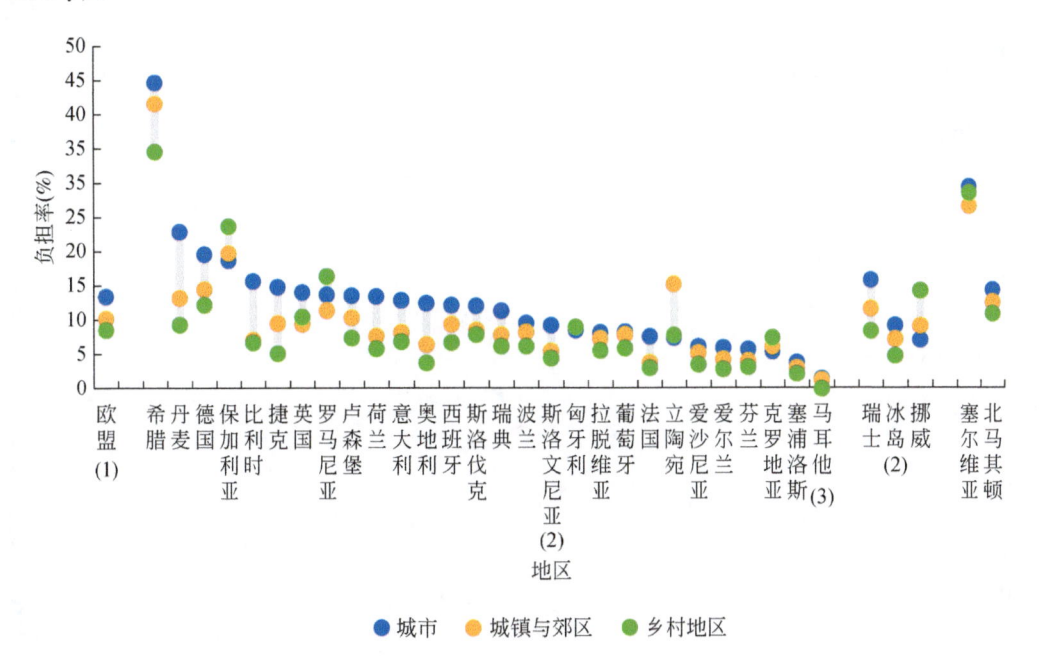

图 9-2　2016 年按城市化程度划分的住房成本负担率

按城市排名，(1) 乡村地区：估计，(2) 乡村地区：可信度低，
(3) 2015，来源：欧洲统计局（在线数据代码：ilc_lvho07d and ilc_lvho07a）

城市审计提供了感知调查数据库。自 2004 年以来该数据库获取到欧盟 79 个城市及欧洲自由贸易联盟国家（瑞士、挪威、冰岛）4 个较大城市的居民对各种主题的看法。本次

调查包括除瑞士外的所有国家首都，以及较大国家的 6 个城市。在每个城市，约有 500 名公民接受了不同主题的采访。图 9-3 显示了"是否容易找到价格合理的房子？"这一问题的结果。结果表明，巴黎、日内瓦、伦敦、斯德哥尔摩、慕尼黑和其他欧盟首都城市存在较大的差异，但研究结果也存在局限性。首先，结果受限于问题的精确性，如我们认为什么是"价格合理的房子？"类似的问题是模糊的，没有捕捉到住房问题的多重维度，即受住房在城市中的位置、家庭规模、回答问题者的经济水平等因素影响。其次，地理对象的数量（86 个城市）并没有覆盖整个城市等级，如法国只覆盖了 6 个样本城市（巴黎、斯特拉斯堡、波尔多、里尔、雷恩和马赛）。因此，如果不考虑研究中 14 个城市等级中缺失的重要城市（如尼斯、里昂、图卢兹、格勒诺布尔、南特等）和中等城市的情况，很难涵盖住房感知的多种维度，因为在不同的城市购买类似住房的情况（如两居室公寓）存在差异。

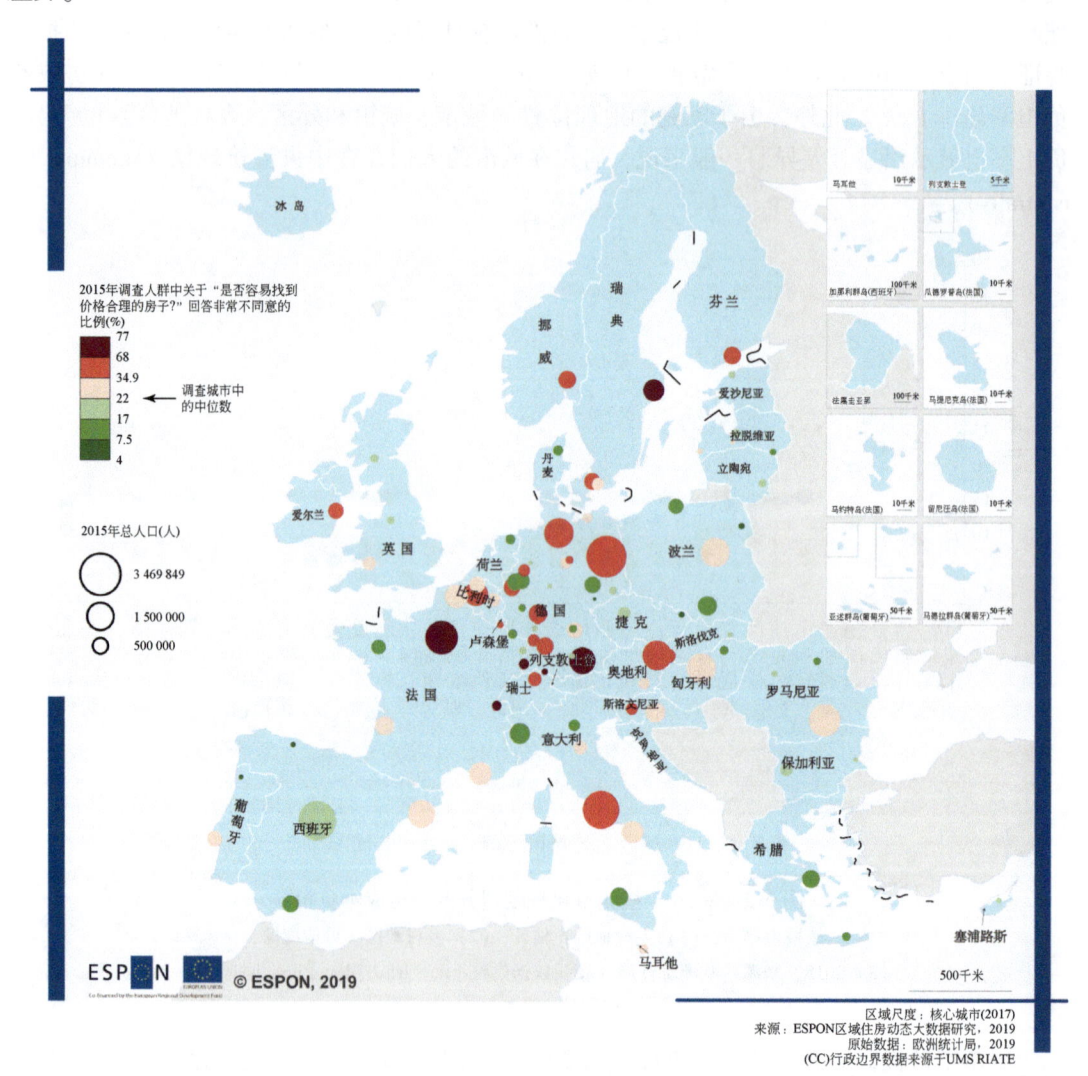

图 9-3　住房和价格的感知调查

为了比较欧洲城市之间的住房状况，欧洲统计局在"生活条件"主题下提供了一些来自全国人口普查的指标以及住房和公寓、住房类型（拥有住房的家庭、社会住房的家庭）之间的基本区别。同时，还提供了买房和租房平均价格与平均收入的部分数据。

使用现有数据库会产生一些数据缺陷，本研究将试图从以下几方面进行改进：①数据集之间的定义和统一问题；②获取更多住房市场细分的信息；③考虑数据集的时间框架；④在不同地理区位分析住房不平等性；⑤空间覆盖率较低。

2. 数据不足及解决方案

通过分析欧洲统计局门户网站上关于住房主题的可用信息，发现仍有许多不足，解决这些不足对于分析欧洲住房动态至关重要。

1）数据集定义与统一性问题

欧洲统计局提供了欧洲城市等级制度中住房条件的分布情况，存在以下两点不足：①缺乏关于数据集定义和一致性的信息；②与汇总信息相关的细分市场和空间覆盖范围问题。这些人口普查定义时的常见问题，欧洲各国主导的国家人口普查存在明显的异质性。虽然在数据统计过程中，提供了住房动态数据库的数据来源，但在某种程度上，全国人口普查的行政数据如何成为产生欧洲住房统一数据和信息的相关主要数据来源仍尚不清楚。

2）市场细分

欧洲统计局数据在城市层面最大的不足是没有按结构类型（公寓/个人住房）、表面、建造结构的年限细分变量（即价格）汇总数据。此外，数据库存在不完整性，数据库质量最好的是欧盟普查参考年（2011年），平均完整度为51%。因此，欧洲各国汇总这些指标方法的差异性，对市场条件和生活条件的全面调查需要重新构建变量。

3）可用数据的时间框架

数据探索性分析表明，在欧洲2011年人口普查中能得到大多数可用数据。即使大多数国家统计机构现在都提供年度人口普查数据，但并非所有国家都是如此。研究住房市场的动态需要整合时间序列并开展时空分析。然而，时间序列通常是为大尺度空间研究而生成的，很少存在地理空间细粒度数据。

4）地理空间粒度较粗

欧洲分析的空间尺度为LAU-2，类似于市镇层级。然而，住房市场的组织更具地方规模性，如邻里、街道、坐标等，住房市场空间化表达应考虑到实际地理情况。制定更为精细的数据收集方法，以便在地方层级提供数据和可视化，更好地描述基于市场的不平等性，并在地理位置上提供最适合决策者需求的数据集。

5）空间未全覆盖

研究方法重点是数据收集，但也包括数据融合、采样和插值，因为这些方法可提供与决策者（地方治理机构、大都市利益相关方和政府）相关的当地地理位置相匹配的数据集。事实上，根据当地和国家背景，数据收集主要从不同的数据集中提取和汇总，这些数据集空间尺度存在不兼容性，如LAU-2、纬度和经度、邮政编码级别、地块级别等，采用估算、插值等方法进行空间统计，在不同空间尺度进行数据处理，有助于绘制和分析住房不平等性。

9.3.2 研究方法

1. 构建数据源一致的指标

建立数据一致性不是一个简单的过程，必须遵循特定的方法和程序。首要问题是定义一种适用的方法，用于融合常规和非常规数据，数据来源如表9-1所示。

表9-1 数据类型及来源

数据类型	数据来源
常规数据	欧洲统计局
	国家统计局
非常规数据	巴黎公证协会
	互联网大数据

1）常规数据

常规数据由统计局提供。这些信息通常是以单个规模收集并在几个地理集聚区（geographical aggregates）中使用，作为质量受控的数据源，需要对收集的数据进行明确的概念化以及复杂的估算和验证过程。常规数据通常通过普查（如人口普查）实现，但依赖于稳健的调查样本和成熟的推断统计方法，表9-2为欧洲统计局提供的与住房市场特征相关的可用指标清单。

表9-2 欧洲统计局提供的与住房市场特征相关的可用指标清单

编号	指标名称
POP 2015	总人数
POP024_2015	0～24岁人口所占比例（%）
POP2544_2015	25～44岁人口所占比例（%）
POP4564_2015	45～64岁人口所占比例（%）
POP65 2015	65岁以上人口所占比例（%）
HOUSEHOLD_AREA	房产面积（平方米）
HOUSEHOLD_SIZE_2	家庭人口（人）
SINGLE_HOUSEHOL	单身家庭的比例（%）
OWNED_DWELLINGS	自有住宅的比例（%）
UNEMP_2014	失业率（%）
EMP_INDS_2014	工业中的就业比例（%）
EMP_HOTELS 2014	餐馆、酒店和运输业的就业比例（%）
EMP_RESTATE_2014	房地产中的就业比例（%）
ST_HIGH. EDU. 2011	接受高等教育的学生比例（《国际教育标准分类法》5～6级）（每1000人）

续表

编号	指标名称
WF_HIGH_EDU 2011	25~64 岁人口中符合《国际教育标准分类法》5~8 级条件的比例
NIGHTS_2011	每个居民在旅游住宿场所度过的总夜数
BEDS_2011	每千人床位数
HOUSING_EASY 2015	对调查问题"是否容易找到价格合理的房子?"回答"非常同意"的比例
HOUSING_DIFFICULT	对调查问题"是否容易找到价格合理的房子?"回答"非常不同意"的比例

2) 非常规数据

非常规数据来自各种相关平台的数据，通常被称为大数据。有些来源于机构，是出于各种行政、财政原因收集的数据集，最初并不是为社会经济研究而设计的。许多数据是由互联网服务供应商（internet service providers，ISP）通过应用程序接口（application programing interfaces，API）收集得到。此类非常规数据能够更好地研究空间行为和地域动态，相对于传统数据，具有更高的时空分辨率。在使用非常规数据源之前，首先是评估其可靠性，即与长期建立的、统计上可靠的常规数据相比，判断它们是否提供了准确的信息。

2. 明确数据来源

为了从可比较的视角研究住房的不平等性，需要确定在不同国家住房负担能力制度影响下，可用于进行地理分析的数据源。在研究过程中，需要对欧盟成员国提供的数据源进行传统与非传统数据源的校核。该数据校核由来自瑞士、挪威、瑞典、法国、西班牙、波兰、英国的专家团队完成，目的是突出这些数据资源的主要特征，如空间覆盖率、时间覆盖率、可用指标等。

3. 数据收集、融合及汇总处理

根据调查中确定的数据源，将非常规数据源与常规数据源相融合以产生新型信息，其过程如下。

1) 数据收集

住房价格的机构数据，如支付价格、要价等，这些信息可以通过非常规的机构获得，如法国巴黎公证协会数据库包含与交易相关的信息。然而，此类数据尚未用于区域分析和监测，它通常用来进行局部计量经济学研究。人口收入指标，大多数情况下由常规数据机构提供，如国家统计局和地方层级的人口普查。在欧洲层面，有关共同体收入和生活条件统计调查还提供了关于国家收入水平的可比数据集，可按时间序列和分位数获得 ESPON 地区所有国家的数据集。

2) 数据抓取（网站爬取）

事实上，对于大多数欧洲国家来说，根本不存在住房交易的机构数据库。在这种情况下，从房地产网站爬取相关数据，被视为收集住房市场数据、房地产报价、广告价格的唯一解决方案。然而，互联网数据收集的法律可行性仍处于灰色地带。

3）数据清洗

房价相关信息的数据库或网站获取的数据，在数据质量方面具有高度的异质性。数据的质量受空间（地理编码的准确性）和统计维度（异常值、缺失数据、样本质量等）的影响，需要建立特定的程序，以提高数据的分析精度。

4）常规和非常规数据源之间的数据融合

与常规数据源相比，大数据的可靠性验证是一个复杂的问题，没有一个单一明确的解决方案。一些研究人员通过社会人口统计学和空间覆盖质量，来准确评估各种 ISP 数据源的抽样偏差（Ruths and Pfeffer, 2014; Longley et al., 2015; Shelton et al., 2015）。此类交叉验证研究是逐案进行的，通过系统地比较不同来源获得的数据，定量评估不同类型大数据与常规来源数据的优缺点。

5）数据聚合和插值

受空间局部异质性的影响，在研究限制城市化、准城市化以及当地对住房市场和生活条件的影响时，LAU-2 单元不再适用。为了进行精确的空间分析，必须处理以下两个问题：①在使用小地方地理位置时，样本不足的问题；②建成环境的碎片结构问题，如分区、大面积住房开发，以及分散在半乡村景观中的独立房屋。为了弥补这些局限性，结合合适的格网和 ESPON 大数据技术进行数据插值是一个较好的解决方案（Guérois and Le Goix, 2009; Le Goix et al., 2019）。

格网和数据插值可以解决以下问题：首先，可以克服数据保密、隐私控制以及有关个人交易保密性的法律或道德要求的问题；许多数据提供商要求，不能通过逆向工程的方式从聚合数据重建个人数据。其次，提供空间分布相关的可修改的面积单位问题（modifiable areal unit problem, MAUP）的解决方案。最后，针对空间采样问题和缺失数据，格网插值允许估计相邻单元格中的潜在价格，并对价格和其他市场变量的空间自相关进行一些假设。

6）融合指标的建立与比较

在组合价格和财富指标融合处理所需数据一致性时，可以建立价格收入比等可比指标，以分析负担能力；或部门价值比率，代表家庭股权资本可用性产生的不平等。有了这些统一的信息，就可以开展城市之间和国家之间的系统性与可比性分析。通常在这些情况下，不仅要考虑中间价格，还要考虑最低价格（Q25）和最高价格（Q75）。表 9-3 显示了可收集、处理、融合和使用的目标指标，用于分析欧洲住房市场。

表 9-3 多源数据构建的融合指标

交易数据	价格/租金要求数据采集	财富指标	统一指标
机构非常规数据来源	非机构性的非常规数据来源	机构和常规来源/人口普查	
交易总数	房产的广告价格（sum, Q25, Q50, Q75, IQR）	收入（按四分位数和几个地理级别划分）	支出与价格之比（仅机构数据）
支付的价格（sum, Q25, Q50, Q75, IQR）	房产租赁的广告价格（sum, Q25, Q50, Q75, IQR）		支付的价格/收入（average, Q25, Q50, Q75）

续表

交易数据	价格/租金要求数据采集	财富指标	统一指标
机构非常规数据来源	非机构性的非常规数据来源	机构和常规来源/人口普查	
财产的面积（sum，Q25，Q50，Q75，IQR）	房产面积（sum，Q25，Q50，Q75，IQR）		咨询的价格/收入（average，Q25，Q50，Q75），广告或交易的价格
房间数量（sum，Q25，Q50，Q75，IQR）	房间数量（sum，Q25，Q50，Q75，IQR）		购买1平方米所需时间（按收入四分位数），机构和自获取数据
签约购房部门（sum）			交易的密度、机构和自获取数据

注：IQR 指四分位数之间的范围。从交易层面到综合层面（格网、LAU-2）进行汇总，以便统一计算指标（价格收入比、每平方米价格等）的平均数；sum 指总和；average 指均值。

4. 构建指标体系

1) FUA 指标

本研究的目标包括生成 FUA 尺度的交易数据。通过创建的 HousingStat 函数完成该单元的数据统计，该函数通过计算 FUA 尺度的 29 个指标（使用 LUA-2 原始数据集，进行加权分位数聚合这些指标），用于研究住房特征和可负担性，见表 9-4。

表 9-4 FUA 尺度创建房地产报价统一指标

指标	统计	日内瓦（瑞士）	日内瓦—安纳西（法国）	华沙（波兰）	罗兹（波兰）	克拉科夫（波兰）	马德里（西班牙）	巴塞罗那（西班牙）	马略卡岛帕尔马（西班牙）	巴黎（法国）	阿维尼翁（法国）
参考年份		2019	2019	2019	2019	2019	2019	2019	2019	2019	2019
报价数量		1 096	10 801	39 293	1 595	9 382	79 227	147 094	22 040	44 886	5 397
面积	Q25	132.1	71	73.4	73.6	66.3	94.55	93.57	103.4	47.4	76.5
	Q50	186	82	104.2	103.2	87.7	143.33	132.61	145.9	62	98.5
	Q75	276.1	123.5	165.7	160.0	130.5	226.25	199.13	230.4	77.5	141.1
	AV	374.3	105.1	140.9	137.5	116.6	234.57	190.13	401.7	74.8	119.9
房间数	Q25	NA	3.2	2.5	2.55	2.5	NA	2.74	NA	2.3	3.57
	Q50	NA	3.9	3.5	3.53	3.4	NA	3.33	NA	3	4.44
	Q75	NA	4.8	4.5	4.54	4.4	NA	4.16	NA	3.8	5.61
	AV	7.6	4.1	NA	NA	NA	3.37	3.52	3.38	3	4.65
价格（1 000 欧元）	Q25	1 184	282.9	116.1	62.3	89.7	209.3	233.7	242.1	209.1	167.8
	Q50	1 863	373.6	168.5	872.7	117.5	334.4	334.4	360.5	274.9	233.0
	Q75	3 076	500.4	280.8	143.4	178.0	590.7	507.8	587.3	371.3	344.8
	AV	4 460	400.2	234.6	118.65	158.4	516.7	441.8	554.8	307.9	283.8

续表

指标	统计	日内瓦（瑞士）	日内瓦—安纳西（法国）	华沙（波兰）	罗兹（波兰）	克拉科夫（波兰）	马德里（西班牙）	巴塞罗那（西班牙）	马略卡岛帕尔马（西班牙）	巴黎（法国）	阿维尼翁（法国）
每平方米的价格	Q25	NA	3 584.5	NA	NA	NA	1 897.6	2 193.6	1 940.5	4 138	1 925
	Q50	NA	4 133.6	NA	NA	NA	2 550.5	2 722.8	2 552.3	4 764	2 404
	Q75	NA	4 682.9	NA	NA	NA	3 299.7	3 388.9	3 364.3	5 474	2 820
	AV	11 915	4 002.8	1 665.3	863.2	1 357.8	2 202.9	2 324	1 381.1	4 118	2 366
价格收入比	LOC	67.8	15.7	22.0	15.69	19.1	15.05	14.01	19.6	12.8	14.7
	Q10	217.1	35.7	77.1	39.0	52.1	93.17	79.67	100.04	25.2	24.1
	Q50	112.7	19.6	39.5	19.96	26.6	36.38	31.11	39.1	13.9	13.3
	Q90	61.4	10.6	20.7	10.48	14	17.67	15.11	19.0	7.6	7.2
购买1平方米所需时间（月）	LOC	2.2	1.8	1.9	1.27	2.0	0.77	0.88	0.59	2.1	1.48
	Q10	7.0	4.1	6.6	3.41	5.4	4.77	5.03	2.99	4	2.41
	Q50	3.6	2.2	3.4	1.74	2.7	1.86	1.96	1.17	2.2	1.33
	Q90	2.0	1.2	1.8	0.92	1.4	0.90	0.95	0.57	1.2	0.72

注：NA指无数据。LOC指在LAU-2级别上，FUA地区各城市的价格与收入的关系（收入定义欧盟国家间存在差异）。Q10指国家层面的价格与收入的比例，第一分位数（欧盟收入和生活条件统计）。

2）LAU-2 指标

LAU-2指标的计算需要注意以下几个方面：①单位的统一，如价格/平方米。在计算过程，高度取决于当地的住房结构。②三个负担能力指数。地方和国家负担能力、地方负担能力与国家负担能力之间的差异，以及与来自其他国家的家庭相比，当地家庭是否更容易获得指定城市的财产（正值或负值）。③盈利指数。以房地产广告价格与房地产租赁广告价格之间的比率来计算。高指数意味着广告价格很高或租赁报价较低，具体见表9-5。

表9-5　LAU-2 尺度的统一指标

序号	编码	指标名称	计算方法	说明
1	PRICE_TRANS_SQ	房产成交价格（欧元/米²），均值	PRICE PAID _SUM/ SURFACE _SUM	成交价格之和/地产面积之和
2	PRICE_ASKED SQ	房产广告价格（欧元/米²），均值	OFFERS_PRICE_SUM/ OFFERS _SURFACE_SUM	广告价格之和/地产面积之和
3	RENT_ASKED_SQ	租赁报价的广告价格（欧元/米²），均值	RENT _ PRICE _ SUM/RENT _ SURFACE SUM	房产租赁的广告价格之和/房产租赁面积之和
4	PROFIT	盈利能力指数	PRICE _ ASKED SQ/RENT _ ASKED_SQ	指标2/指标3
5	TRANS_SQ_METERS _LOC	当地负担能力（交易）	PRICE_TRANS_SQ/（INCOME _LOC_2011-12/12）	每平方米成交价格/当地收入（取决于案例研究的中值的平均值）

续表

序号	编码	指标名称	计算方法	说明
6	TRANS_SQ_METERS_NATD	全国负担能力（交易）	PRICE_TRANS_SQ/（INCOME_NAT_D5_2011/12）	每平方米成交价格/全国收入
7	TRANS_SQ_METERS_DIFF	地方和全国负担能力（交易）之间的差异	TRANS SQ METERS LOC-TRANS_SQ_METERS_NATD5	指标5-指标6
8	BUY_SQ_METERS_LOC	当地负担能力	PRICE_ASKED SQ/（INCOME_LOC_2015/12）	每平方米宣传价格/当地收入（取决于案例研究的中值的平均值）
9	BUY_SQ_METERS_NATD5	全国负担能力	PRICE_ASKED_SQ1（INCOME_NAT_D5_2015/12）	每平方米宣传价格/全国收入
10	BUY_SQ_METERS_DIFF	地方和全国负担能力之间的差异	BUY_SQ_METERS_LOC-BUY SQ_METERS NATD5	指标8-指标9
11	RENT_SQ_METERS_LOC	当地负担能力（租金方面）	RENT_ASKED SQ/（INCOME_LOC_2015/365）	每平方米宣传价格（租赁）/当地收入（取决于案例研究的中值的平均值）
12	RENT_SQ_METERS_NATD5	全国负担能力（租金方面）	RENT_ASKED_SQ/（INCOME_NAT_D5_2015/365）	每平方米宣传价格（租赁）/全国收入
13	RENT_SQ_METERS_DIFF	地方和全国负担能力（租金方面）之间的差异	RENT_SQ_METERS LOC-RENT_SQ_METERS NATD5	指标11-指标12

9.4 结果分析

本研究旨在发现研究城市住房负担能力之间的差距，响应欧洲大都市地区社会凝聚力和可持续性关键问题。为此，该研究通过收集常规与非常规数据，进行数据一致性处理，绘制住房负担能力地图。案例研究提供了一个多样化的样本，基于地理位置、社会经济等特征，选择了10个案例城市，涵盖ESPON区域的4个国家和1个跨境区域，即日内瓦跨国FUA区域、安纳西—阿讷马斯、阿维尼翁和巴黎、马德里、巴塞罗那和帕尔马（西班牙）以及华沙—罗兹—克拉科夫，如图9-4所示。本节选择两个较低收入城市和一个较高收入城市作为3个代表性案例，总结欧洲住房负担能力状况。

1. 日内瓦跨国FUA区域

1）基本情况分析

日内瓦跨国FUA区域作为莱曼都市区的一部分，是由日内瓦和沃州的市镇组成的地区。在过去几年里，该地经济和人口一直是瑞士最具活力的地区，如图9-5所示。2016年，日内瓦跨国FUA区域人口超过50万，除跨法国的地区，占瑞士人口的7%。日内瓦跨国FUA区域所有居民中，外籍居民占40%。该市总活跃人口为25.3万人，占瑞士人口的

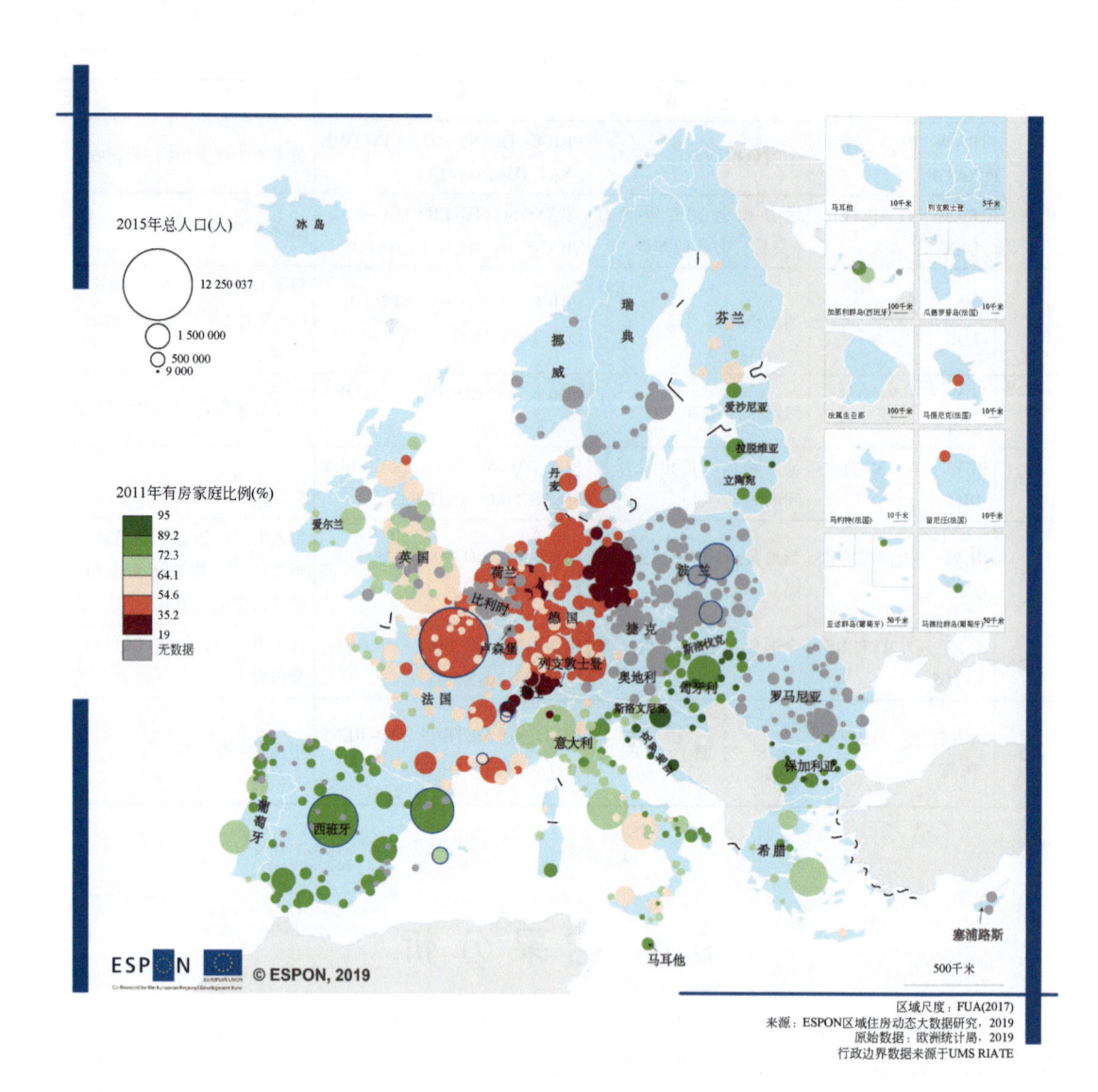

图 9-4　2011 年有房家庭比例

5.8%，拥有一个国际金融和贸易中心以及众多国际组织总部；日内瓦跨国 FUA 区域高级服务部门的就业高度专业化，占总就业的 83%，以高收入为主，与欧洲其他城市相比，失业率约为 5%，相对较低，但高于全国平均水平（3%~3.5%）。

日内瓦跨国 FUA 区域的房价是瑞士最高的。瑞士的住房市场主要由租赁市场构成，是世界上住房拥有率最低的国家之一，2016 年为 43.8%。此外，日内瓦核心城市 0.5% 的空置率和高昂的租金（2018 年每平方米 19 欧元）也表明该地区存在严峻的住房压力。

日内瓦跨国 FUA 区域社区公寓的平均价格从 2010 年的 140.7 万瑞士法郎增长到 2017 年的 144.6 万瑞士法郎。但是，别墅的价格略有下降，一栋别墅平均价格从 2010 年的 248.7 万瑞士法郎降至 2017 年的 204.5 万瑞士法郎。

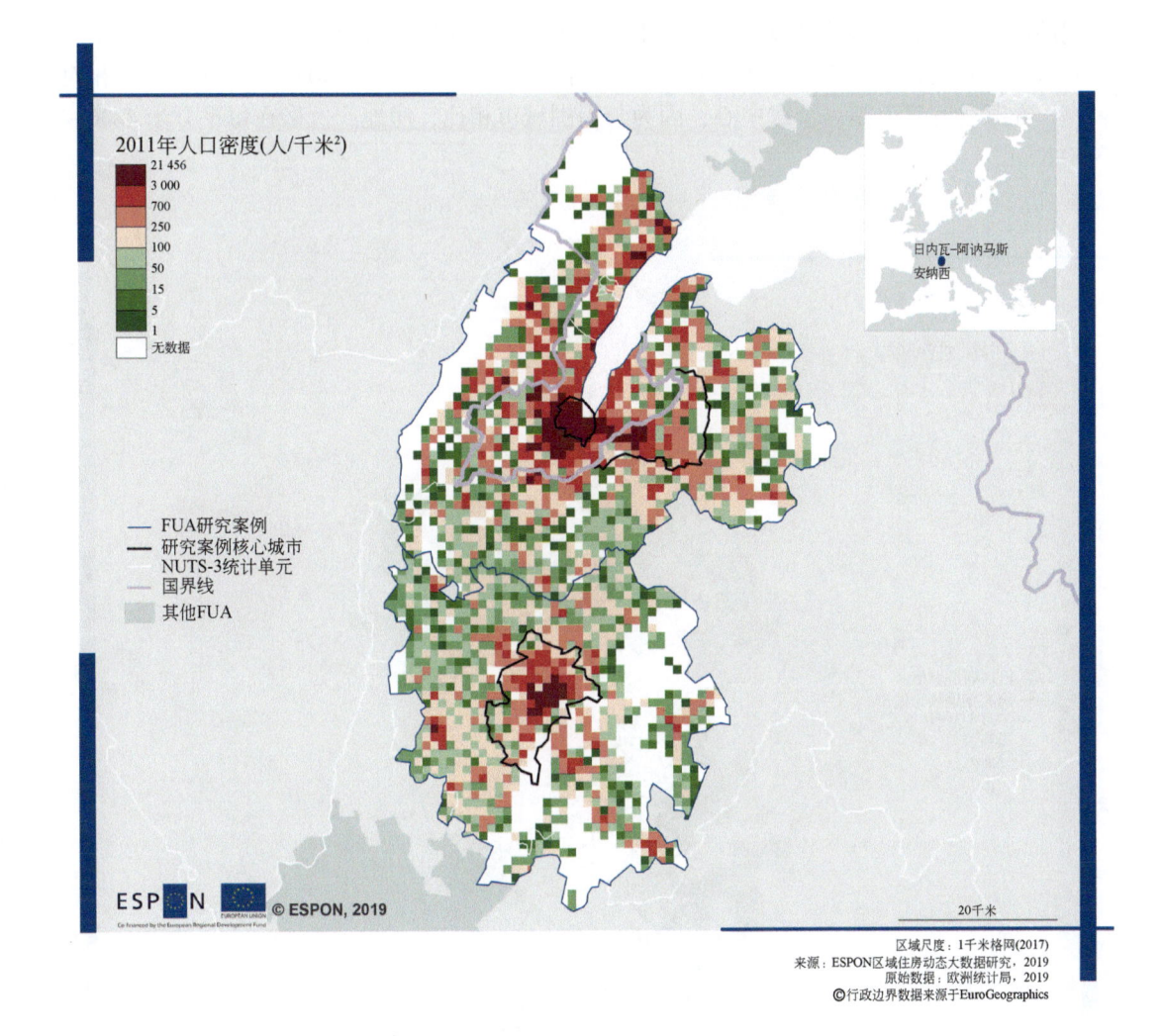

图 9-5　日内瓦跨国 FUA 区域人口密度

日内瓦跨国 FUA 区域区的住房市场是一个跨境市场，通勤者和就业市场遍布安纳西—阿讷马斯市区。作为具有经济吸引力的城市，从法国到瑞士的跨境通勤率很高。2015年，法国日内瓦就业区的跨境就业比例相当于总就业比例的 44.5%。此外，这一领域的跨境人数正在增长，2010 年有 31.8 万名来自法国的计算机从业者在日内瓦州工作，2015 年增长至 34.19 万名。

边界效应在过去几年里越来越明显，瑞士公民通常搬到邻近法国的社区，这里的住房租金和住房价格相对便宜，从而推动了阿讷马斯和安纳西 FUA 区域的建筑业发展。然而，日内瓦州在建造新住房方面发展相当缓慢，2017 年日内瓦州只有 451 套新住房上市。

2）动态住房指标分析

A. 房地产市场结构分析

日内瓦跨国 FUA 区域的房地产市场结构兼具边界效应和中心效应，边界效应与两国之间的政策和社会经济差异以及社会不平等有关。图9-6高房价反映了瑞士当地的高平均收入水平，日内瓦的中心效应非常显著。从法国来看，安纳西与周边城市相比，房价相对较高，在某种程度上是一个次中心，因为与周围城市相比，房地产价格在每平方米4830~7950欧元。

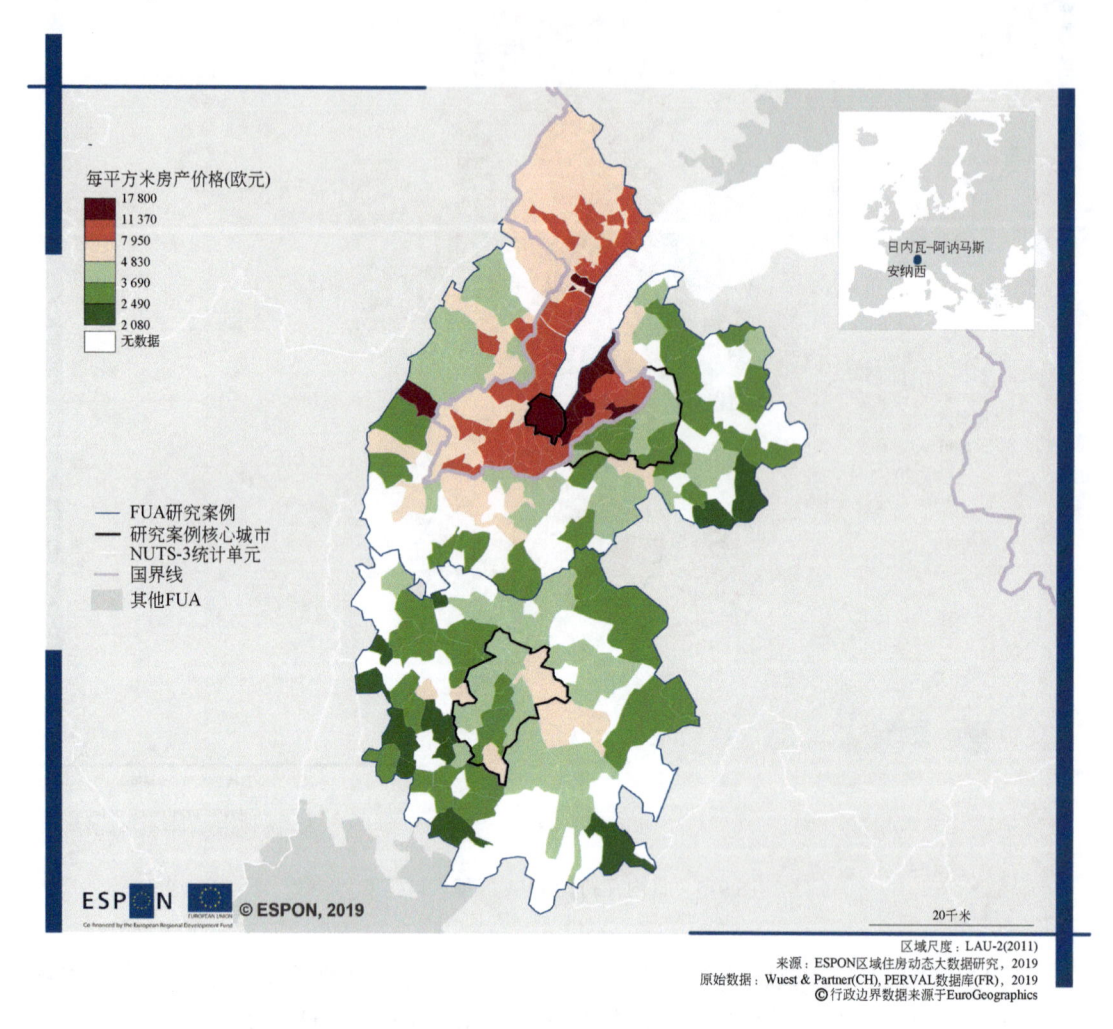

图9-6　2010~2015年日内瓦每平方米房产价格

B. 房地产市场租金分析

从日内瓦市中心到周边的瑞士和法国城镇，存在明显的租金梯度效应。从日内瓦社区到周边社区的房地产价格有所下降，瑞士和法国之间存在明显差距，阿讷马斯和邻近的法国社区的差距最为显著。位于日内瓦州附近的南部和西部地区的法国社区，价格相对高于法国更外围的富安地区。然而，在瑞士的社区，无论离市中心多远，房价都相对较高。图9-7显示，在可负担性方面，中心效应也得到了证实，日内瓦和安纳西的房价从核心城市到郊区都有所下降。

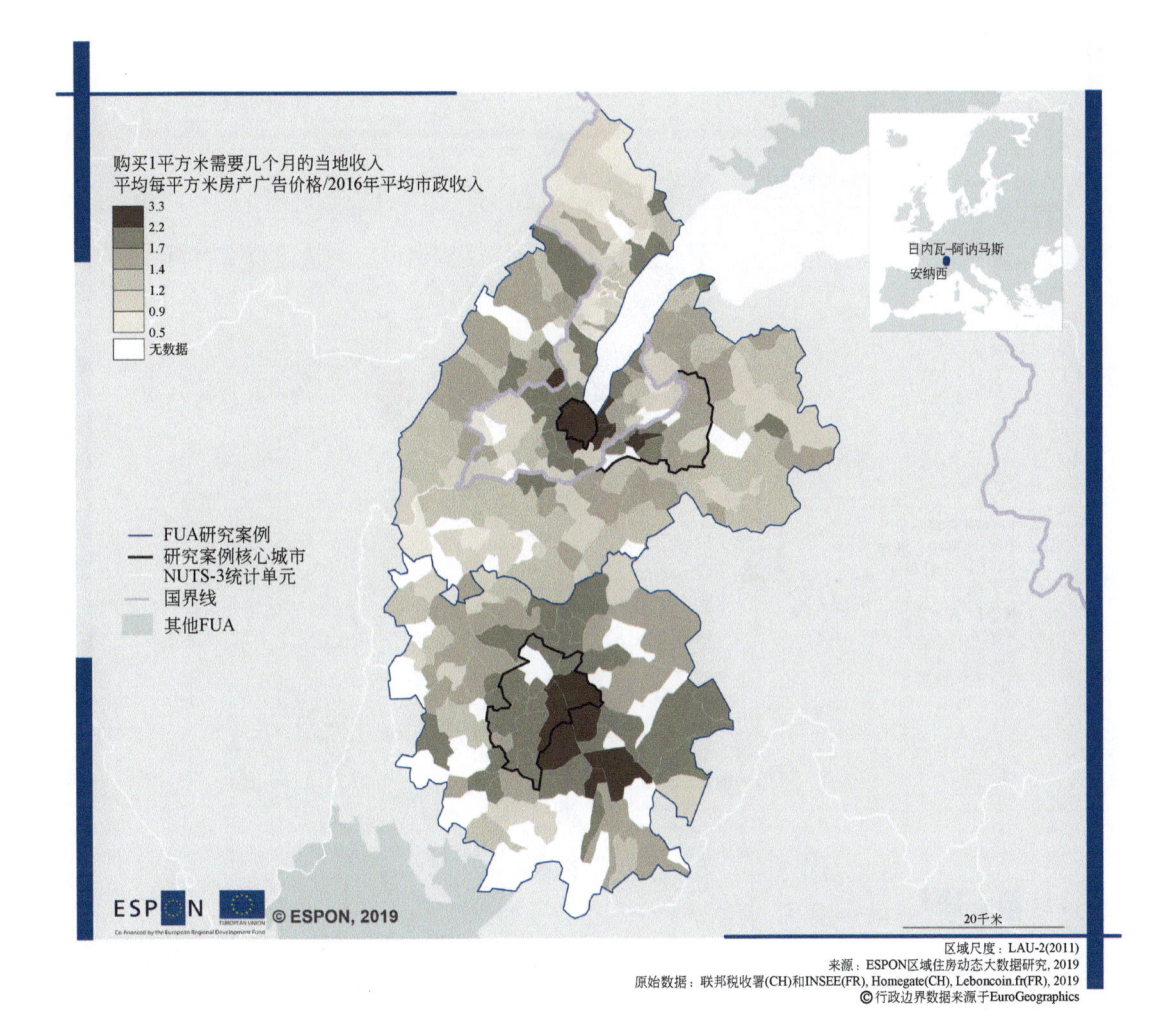

图9-7　负担能力：2019年日内瓦市政收入

日内瓦跨国FUA地区的住房市场由非常细分和异质的租赁市场构成。瑞士住房市场中租房占比较大，而法国的住房拥有率明显较高。日内瓦的中心结构并没有明确界定租金的空间分布，日内瓦市中心的平均租金低于瑞士周边社区的租金价格（图9-8）。位于汝拉山麓的法国外围地区以及法国和瑞士之间的南部边境地区，租金更贵。相比之下，安纳西的租金价格按照经典的中心-边缘梯度分布。

过去十年来，日内瓦紧张的租赁市场备受关注。然而瑞士租金价格相对"低"的主要原因是对租户和租金价格演变的制度保护。租赁价格市场受到高度监管，其价格取决于抵押贷款利率，抵押贷款利率在过去十年中有所下降；租赁价格也取决于生活成本价格指数（生活成本指数指家庭基本支出，如食品、休闲、服装等，即消费指数）。在这方面，只有当人们搬走，新租户安顿下来时，房东才能调整租金价格，以赶上当地平均市场价格的通胀。因此，这一制度迄今为止保护了长期租户，他们可能会从相对较低的租金价格中受益，而不是市场价格。租金盈利地图（图9-9）突出了瑞士，尤其是日内瓦的这种情况。

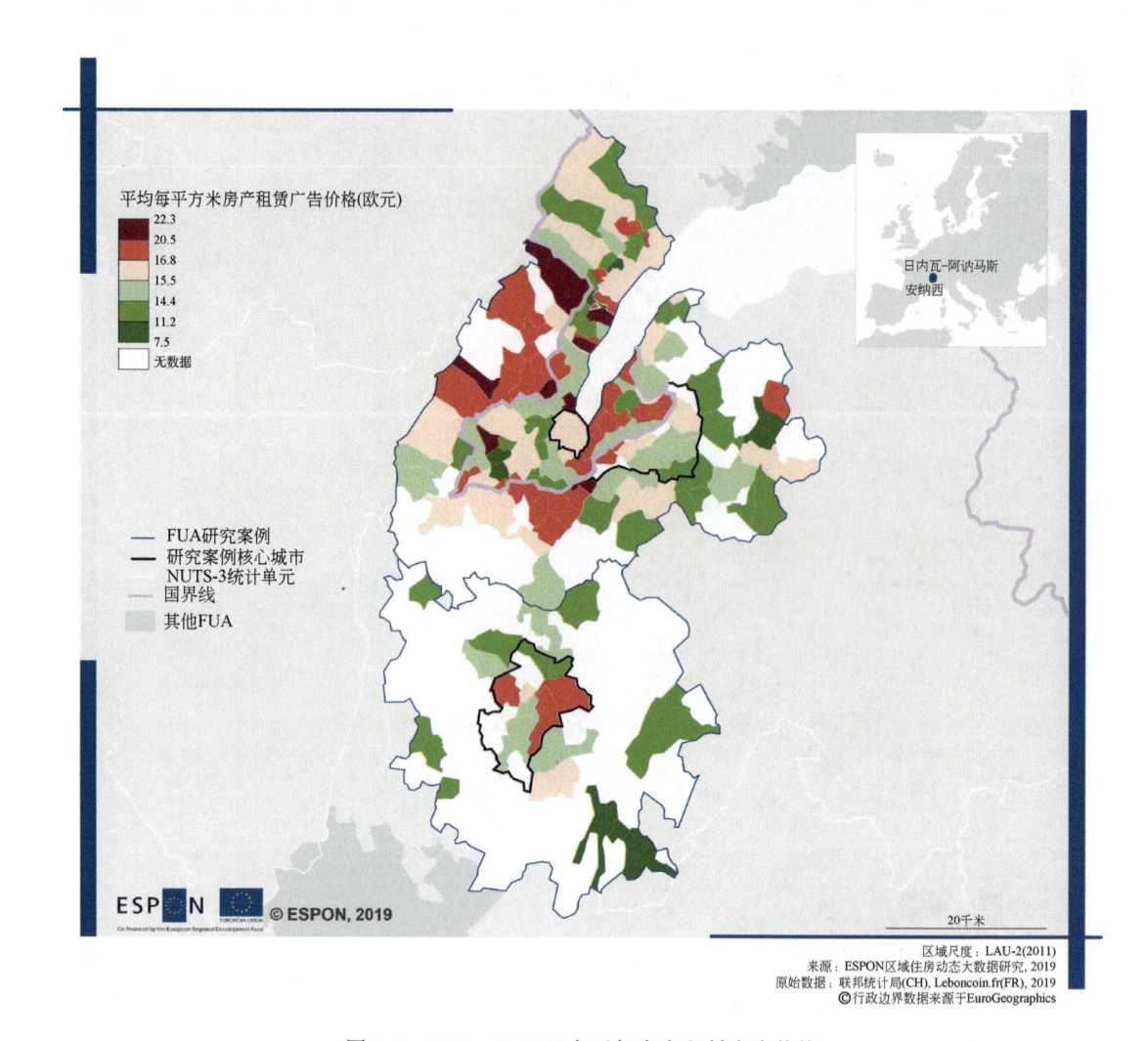

图 9-8　2015~2019 日内瓦年房产租赁广告价格

有关瑞士租赁住房重要性的相关法规是认识瑞士租赁价格相对较低水平的关键，因为社会住房政策和合作社的出现等其他因素无法为日内瓦案例提供令人信服的解释。

两国所有权结构的差异也很好地反映在收入差异上。就租金承受能力而言，瑞士的租金价格在当地收入中所占的份额相对低于法国（图 9-10）。瑞士的本地收入和国民收入之间的差异，无论是在租赁市场还是在房地产市场，都要比法国低。这与瑞士日内瓦的经济和人口比例有关。作为瑞士第二大城市，日内瓦的当地收入高于国民收入的平均值或中值，安纳西和上萨瓦的当地收入略高于国民收入的中值。

2. 华沙—罗兹—克拉科夫

1）基本情况分析

波兰较好地反映了过去三十年人口和经济发展的不同路径，以及不同的住房需求和供

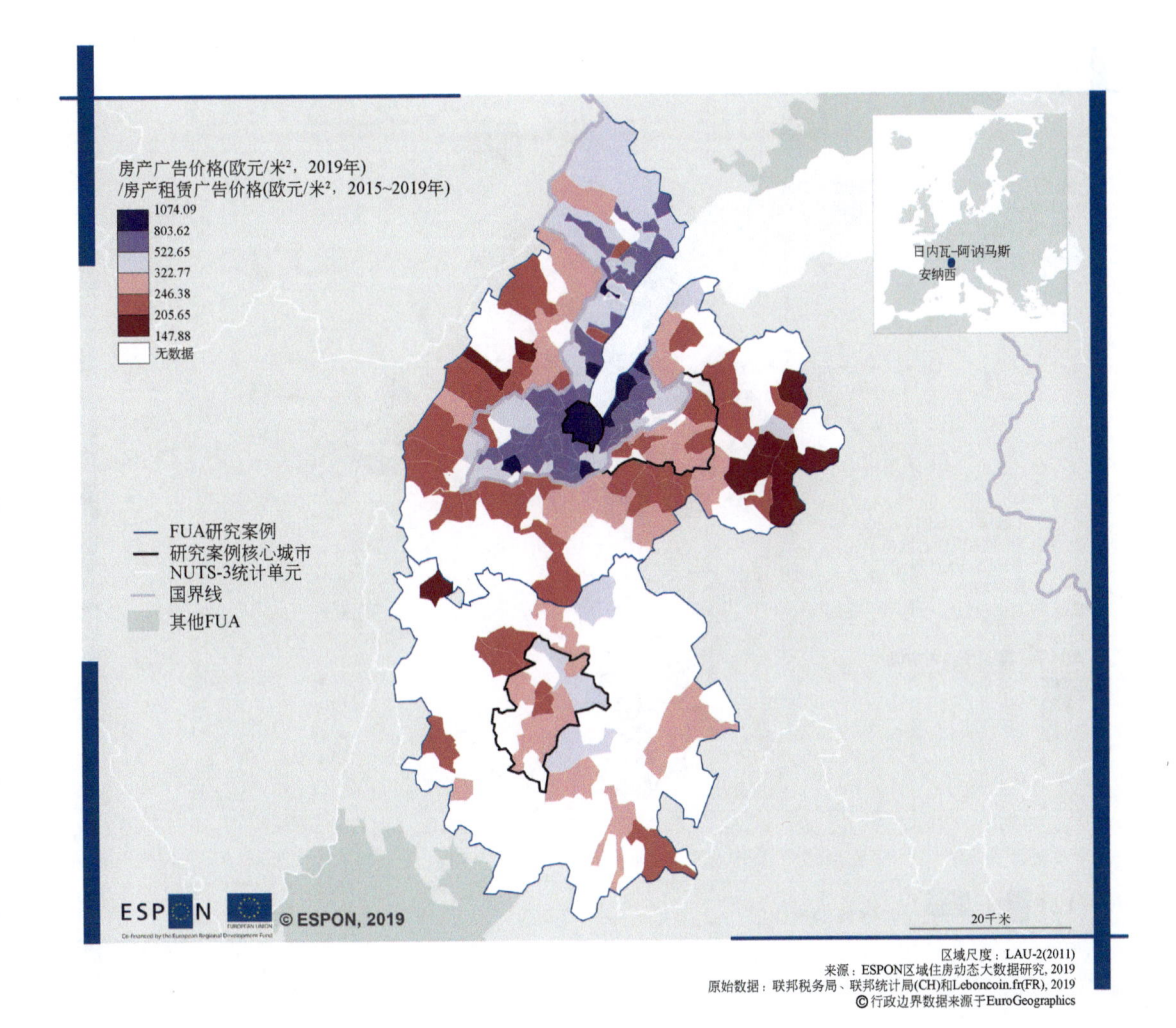

图 9-9 2019 年日内瓦租金盈利能力

应状况。华沙作为波兰首都,拥有着波兰最大的劳动市场和房地产市场,华沙的失业率为 3.7%,是波兰最低失业率城市之一。与波兰其他主要城市相比,大学毕业生的比例较高,为 45.5%。自社会主义解体以来,华沙人口一直在增长,但老龄化趋势显著,单身家庭占家庭总数的比例为近 30%。该地区的工资水平最高并且它具有波兰最昂贵和发展最快的住房市场。该案例用于研究在人口增长和经济强劲发展背景下的住房负担能力。

华沙—罗兹—克拉科夫代表了二线城市功能地区。克拉科夫目前是波兰第二大城市,保存完好的中世纪市中心是重要的旅游目的地之一。过去的二十年里经历了经济多元化发展,信息技术产业的发展尤为突出,旅游业也是如此。旅游业对城市经济非常重要。因此,克拉科夫的失业率低于 5%。与其他两个案例城市相比,克拉科夫人口最年轻,社会地位普遍较高,近 40% 的居民接受了高等教育。总而言之,该区域房价昂贵,经济强劲。该案例用于研究区域(NUTS-2)资本的住房负担能力,有利的人口结构、快速的经济增

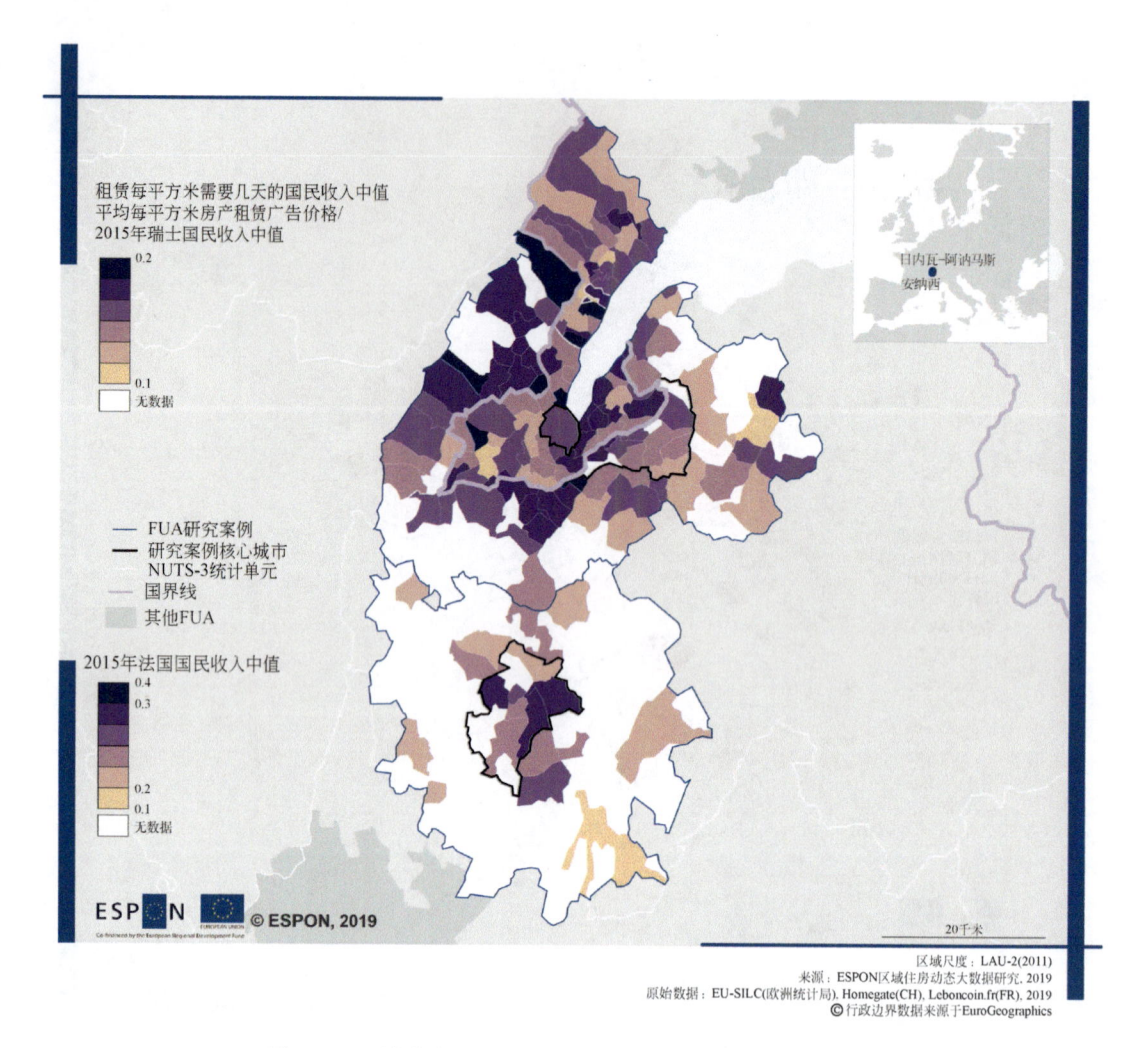

图 9-10　可负担性（租金）：2015～2019 年日内瓦国民收入

长和旅游业对住房市场的压力。

　　罗兹是波兰的第三大城市，以前几乎完全依靠纺织业，在 20 世纪 90 年代遭受了重创，罗兹成为波兰萎缩最快的城市之一。之后，人口流失达到 10 多万。罗兹的人口也在老龄化，1/5 的居民年龄超过 65 岁。虽然罗兹及其所在地区的人口在过去 25 年一直在下降，经济在过去十年发展相对较快，但还是比波兰其他主要城市慢。与克拉科夫和华沙相反，工业在该市的经济基础中仍然发挥着重要作用，就业率超过 20%。失业率相对较高，是克拉科夫的两倍，比华沙高近三倍。该案例主要分析在人口下降和经济增长缓慢的背景下的住房负担能力，人口密度如图 9-11 所示。

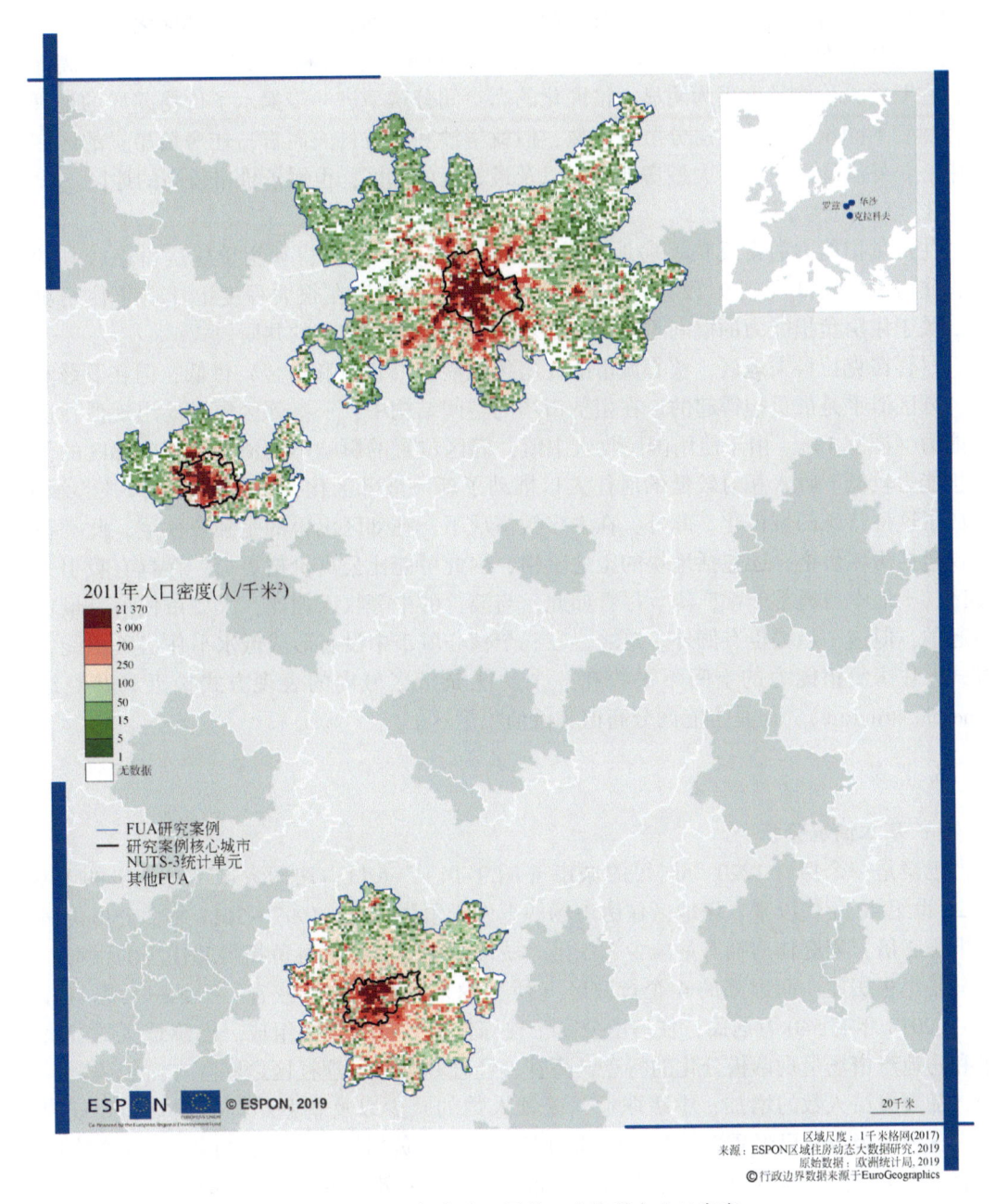

图 9-11　2011 年华沙—罗兹—克拉科夫人口密度

2）动态住房指标分析

A. 价格、市场结构和地理位置分析

住房市场结构的特点是租赁市场和房地产市场之间的不平衡。出售的公寓和房屋比出租的多，在三个 FUA 的郊区尤其明显。此外，华沙的房地产市场是最发达的，罗兹房价和租房价格最低。除华沙地区的几个城市外，租赁市场实际上仅限于核心城市。出租和出售的密度通常遵循住宅密度的空间分布模式。在价格方面，核心城市和郊区之间的差异最明显，尤其是在克拉科夫和华沙。核心城市的房价最高，价格梯度通常会随着距离而降低，在罗兹，价格梯度更为明显。格网化的高空间分辨率进一步揭示了价格差异的地理特征，尽管不同价格段的住房分散在罗兹，但就华沙和克拉科夫而言，住房最昂贵的区域在市中心；外围地区，包括大型房地产，以及最邻近的郊区，也属于价格较高的地区。

B. 可负担性分析

住房负担能力通常反映了房地产供应的地理位置，在出售和租赁住房价格较高的城市，住房供应较低（图9-12）。同时，租赁市场上的住房在很大程度上比待售住房更便宜。关于住房负担能力的空间不平等，很难区分三个案例城市的共同模式。

尽管在克拉科夫地区，核心城市的住房负担能力（销售和租金）最低，但在罗兹和华沙，郊区似乎是最负担得起的。在租赁市场的空间结构中，一些郊区更容易出现低住房负担能力（图9-13）。由于使用国民收入中值，郊区位置的影响不太清楚，某些郊区的住房负担能力较低。收入相对较低的居住人口推动了新一波郊区化，使新住房远离核心城市，造成了这种特殊的城市化。此外，在大多数情况下，在郊区出售的是独户住宅，此类报价不仅包括房屋价格，还包括地块的土地价格，因此可能比公寓价格更高；在具有吸引力的郊区，土地本身通常非常广阔。尽管如此，与波兰的中等收入相比，大城市住房是最负担得起的，但这一趋势也有例外。总之，在三个核心城市中没有形成低水平住房负担能力的模式。住房负担能力的空间不平等在三个功能城市区域内的表现方式接近马赛克结构（mosaic structure），但是也能区分高值和低值集聚区。

3. 巴黎

1）基本情况分析

巴黎是一个拥有1220万居民的城市（图9-14），人口占法国大城市总人口的19%。自20世纪90年代以来，该地区住房市场一直处于紧张状态。1997~2017年，公寓价格指数上涨2倍，家庭住房拥有量减少3.5倍。城市内部地区缺乏可负担得起住房的供应，大部分是出租房屋，而远郊的4个行政区（伊韦内斯、瓦勒德瓦兹省、塞纳—马恩省和埃松），2013年有540万居民，住房由公寓、独栋住宅和自有住宅组成。巴黎地区的经济水平和房地产市场呈现两极分化的特点，高管、经理和高层管理社区之间存在阶级隔离。然而，随着雇员人数的增加，中级职业、蓝领人数的减少以及就业结构的调整和大规模失业，这种两极分化已经重新排列。市场动态受住房可负担性的影响，每年每10个家庭中就有1个家庭迁入或迁出，其中大部分分布在巴黎或内郊，短期住宅流动性突出。

2）动态住房指标分析

A. 价格、市场结构和地理位置分析

无论是租金还是房价，巴黎是所有案例中住房最昂贵的城市（图9-15）。2011年（支付价格）至2019年（广告价格）的价格空间结构为经典的核心–外围模式，这表明巴黎市中心及西部内郊区的高房价推动了明显的圈层模式。数据显示，曾经的"红腰带"（red belt），蓝领内郊区的第一环，也受到了高价格的推动。在这些核心市场中，公寓的存量非

| 第 9 章 | 区域住房动态大数据研究

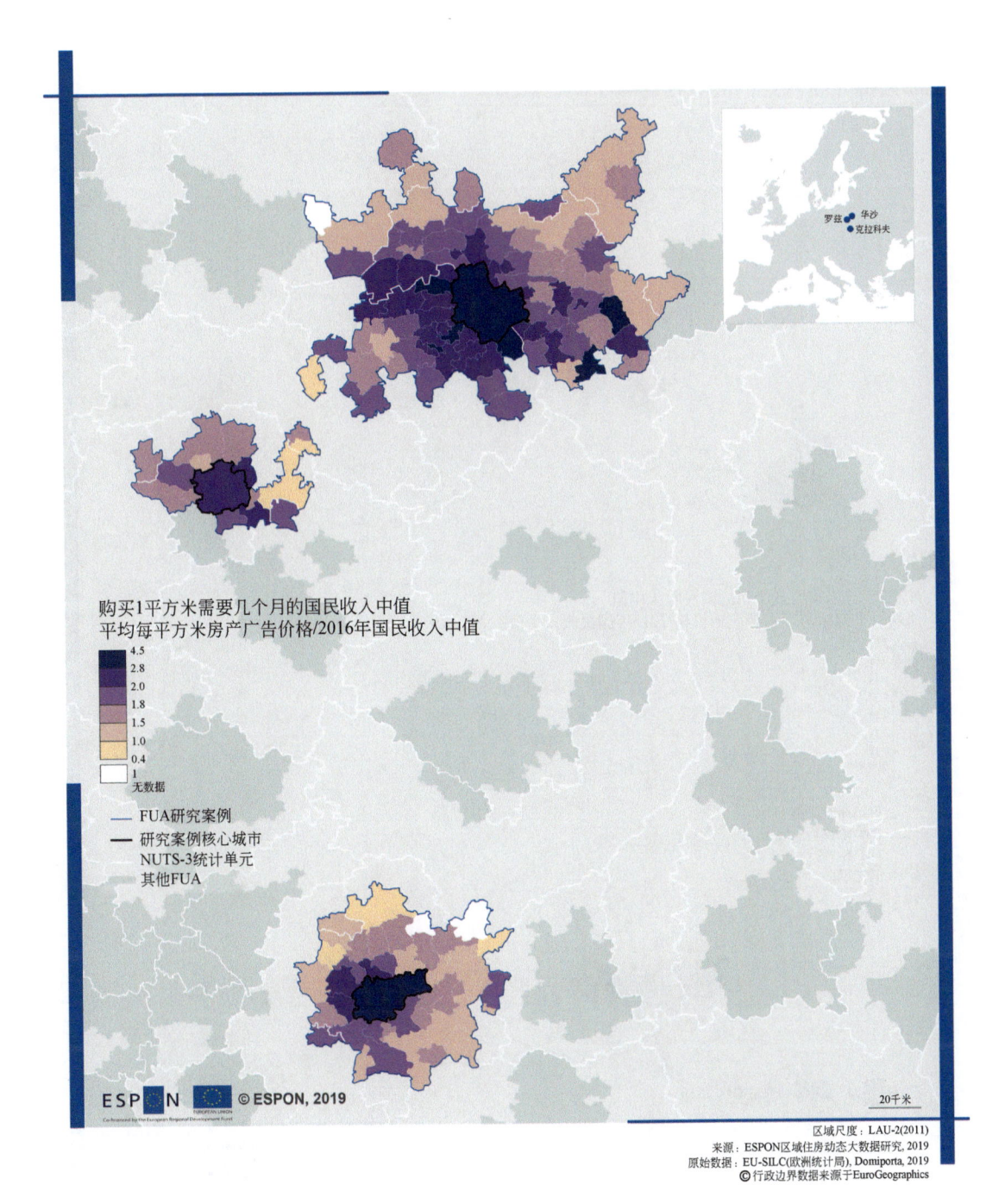

图 9-12 负担能力：2019 年华沙—罗兹—克拉科夫国民收入

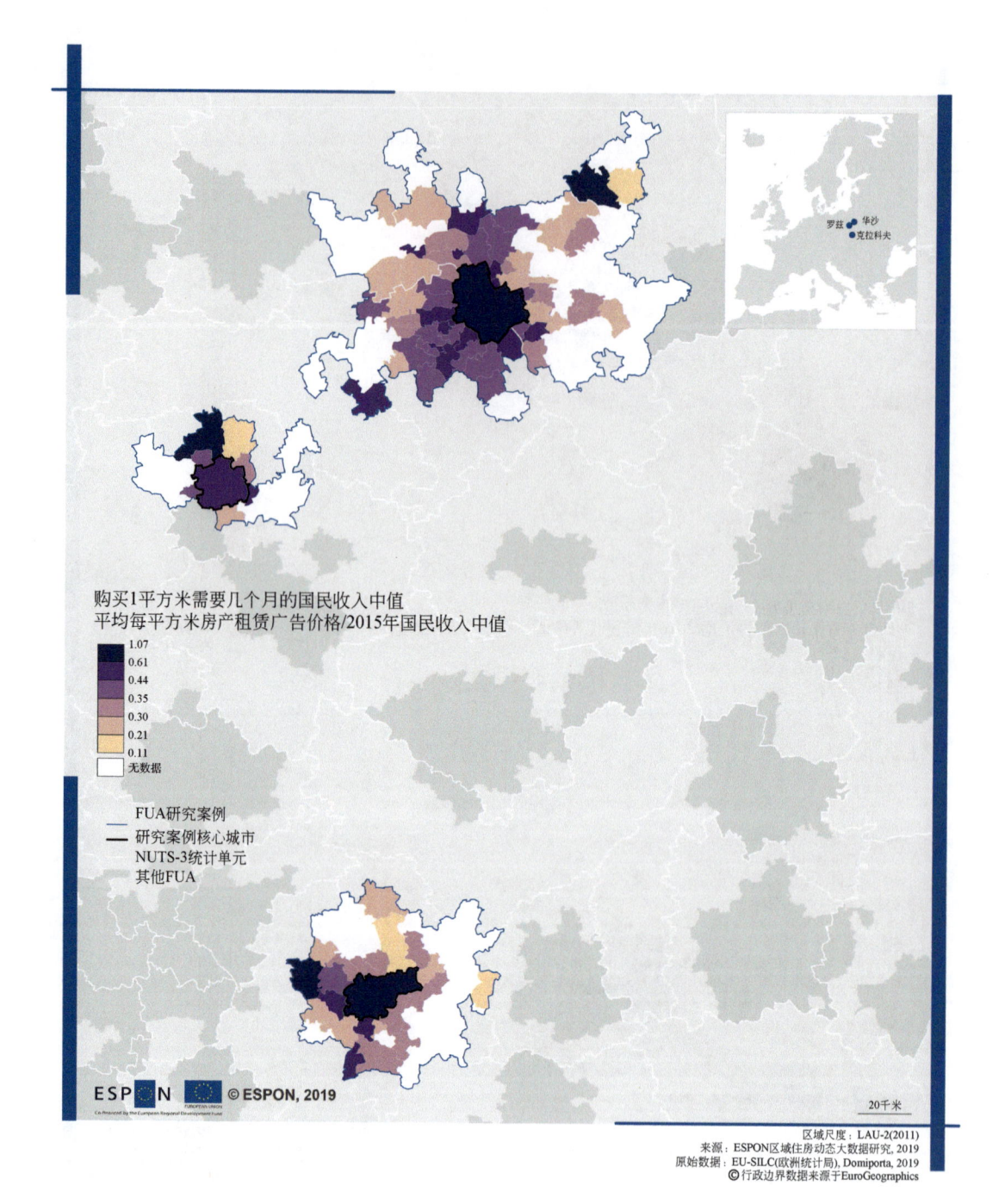

图 9-13　可负担性（租金）：2019 年华沙—罗兹—克拉科夫国民收入

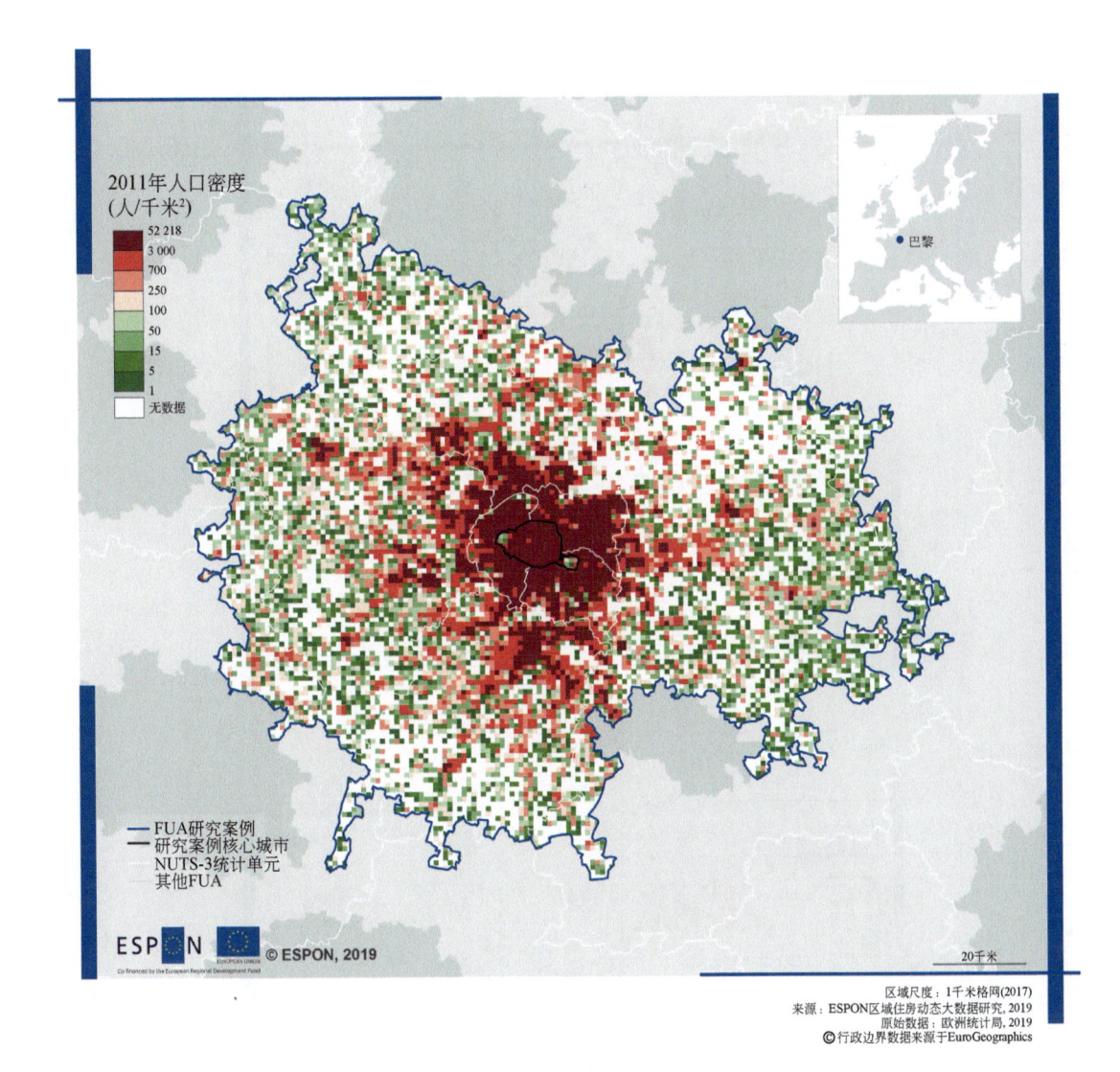

图 9-14　巴黎人口密度

常多样化，从低端小型公寓到高端豪华套房，应有尽有。一是内郊区次级市场的同质化；二是中心区域的价格持续上涨。在核心区周围地铁建设的推动下，这一趋势将一直持续到 21 世纪 30 年代，目前正处于快速上涨阶段。在远郊地区，价格随着离核心区的距离而大幅下降，在与公共交通（内环/地铁系统）连接较好的地区与周边地区之间出现了明显的不连续性效应，平均租金也是如此。地理位置影响了公寓的价格，并严重影响了新市镇（新城）的区位优势。然而，得益于公共交通和强大的交通连接，以及存在服务部门、商业部门、先进的生产性服务业，住房和租房市场都呈现多中心特征。

(a)

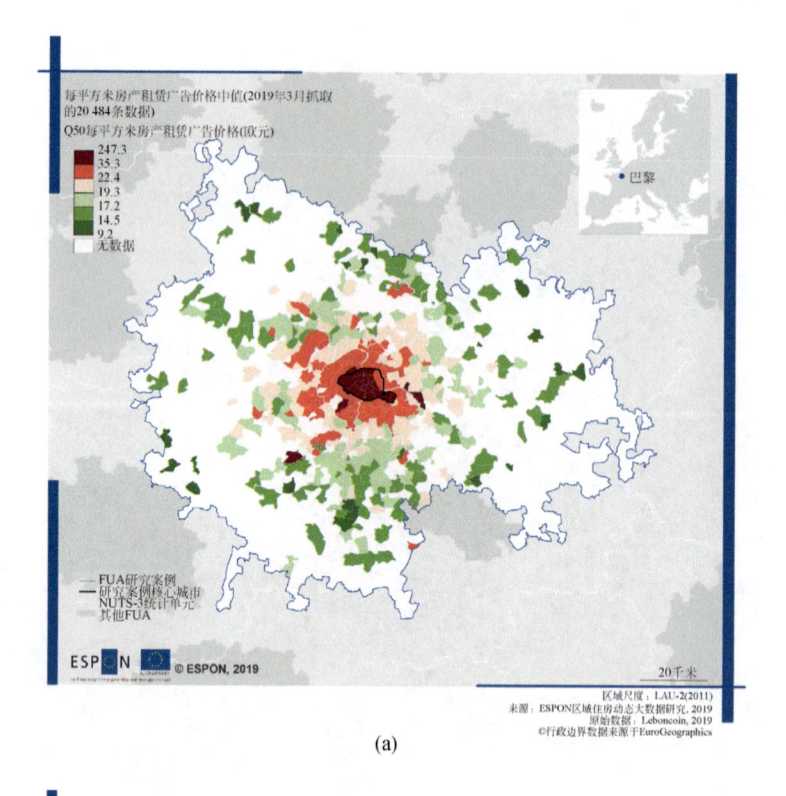

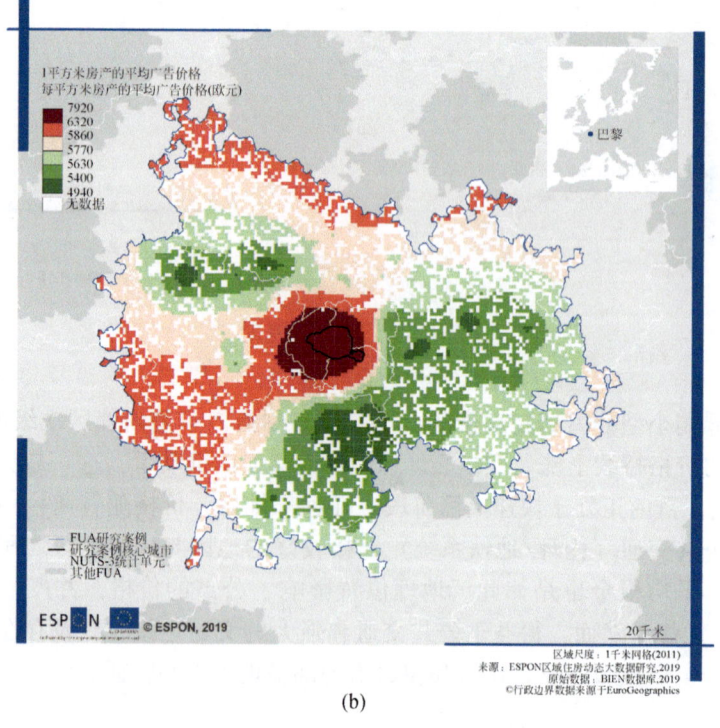

(b)

图9-15 房产租赁广告价格（a）和格网成交价格（b）

第 9 章 | 区域住房动态大数据研究

B. 可负担性分析

可负担能力在空间结构中显示出显著的不均衡模式（图 9-16）。以当地收入衡量的可负担性表明，在巴黎市中心购买一套公寓，每平方米至少要花费 3.8 个月的收入，但在最富裕的地区则不然，收入抵消了住房成本，由此出现了价格同质化模式。与西部地区非常高的价格相比，房地产价格的通胀更能影响低端社区（市中心东部）的价格，从而产生极其不均衡的负担能力危机。近郊区（一环）的可负担性下降到 3.8 个月的阈值以下，距离衰减缓解了人口密集近郊区的压力。然而，这种不平等负担能力受当地收入的影响，即市政工作和收入结构的影响，随着城市东北部收入的降低，当地居民越来越无法获得可负担的住房。

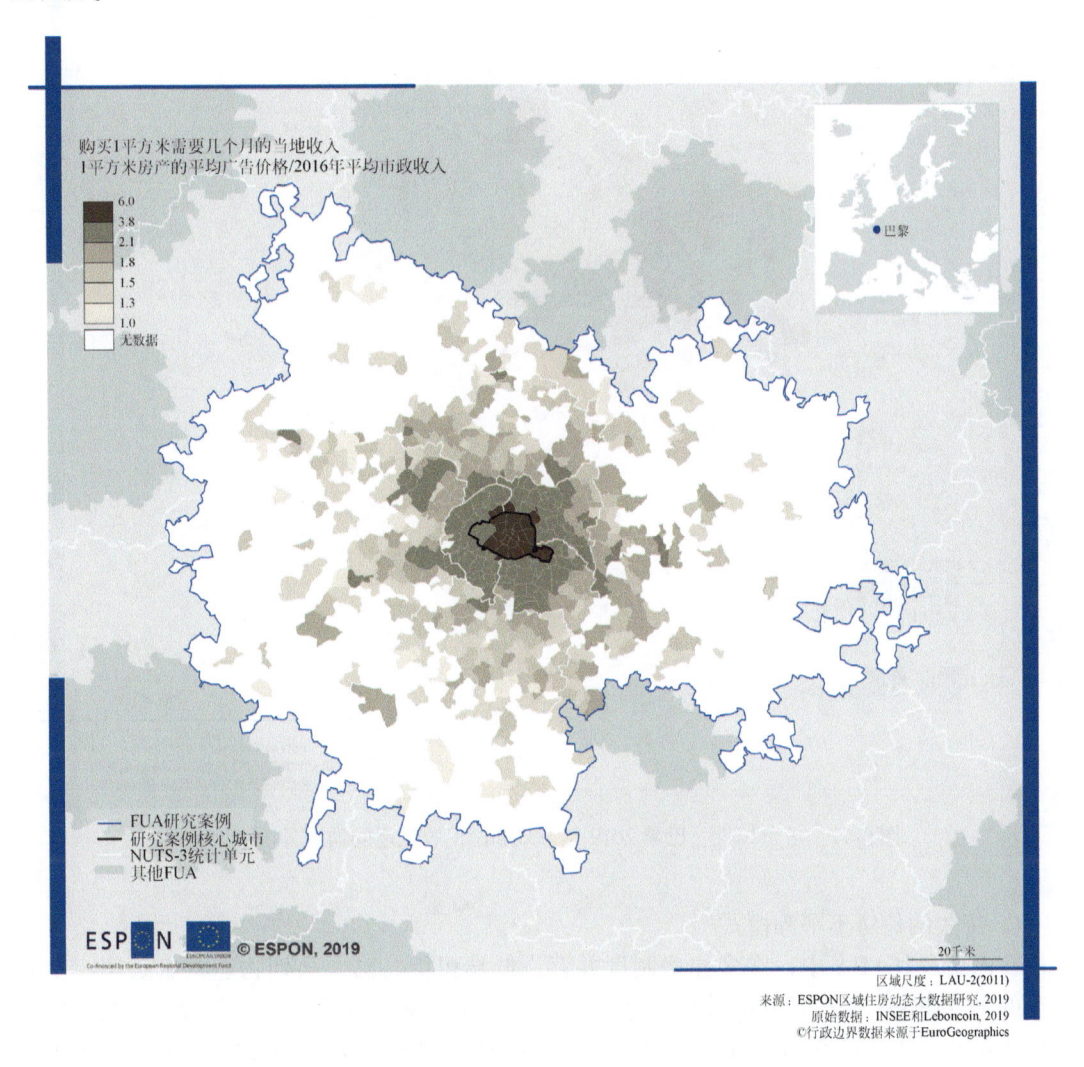

图 9-16 可负担性（公寓）：2019 年巴黎市政收入

根据国民收入，西部的大部分地区的居民存在住房负担不起的现象，即使其他能购买住房的地区，也存在收入偏低的居民无法承担住房压力（图 9-17）。这种房价收入比的空间结构凸显出，在该地区的内环（尤其是在以前的蓝领社区和现在的中产阶级社区）激活房地产市场存在较大的压力。

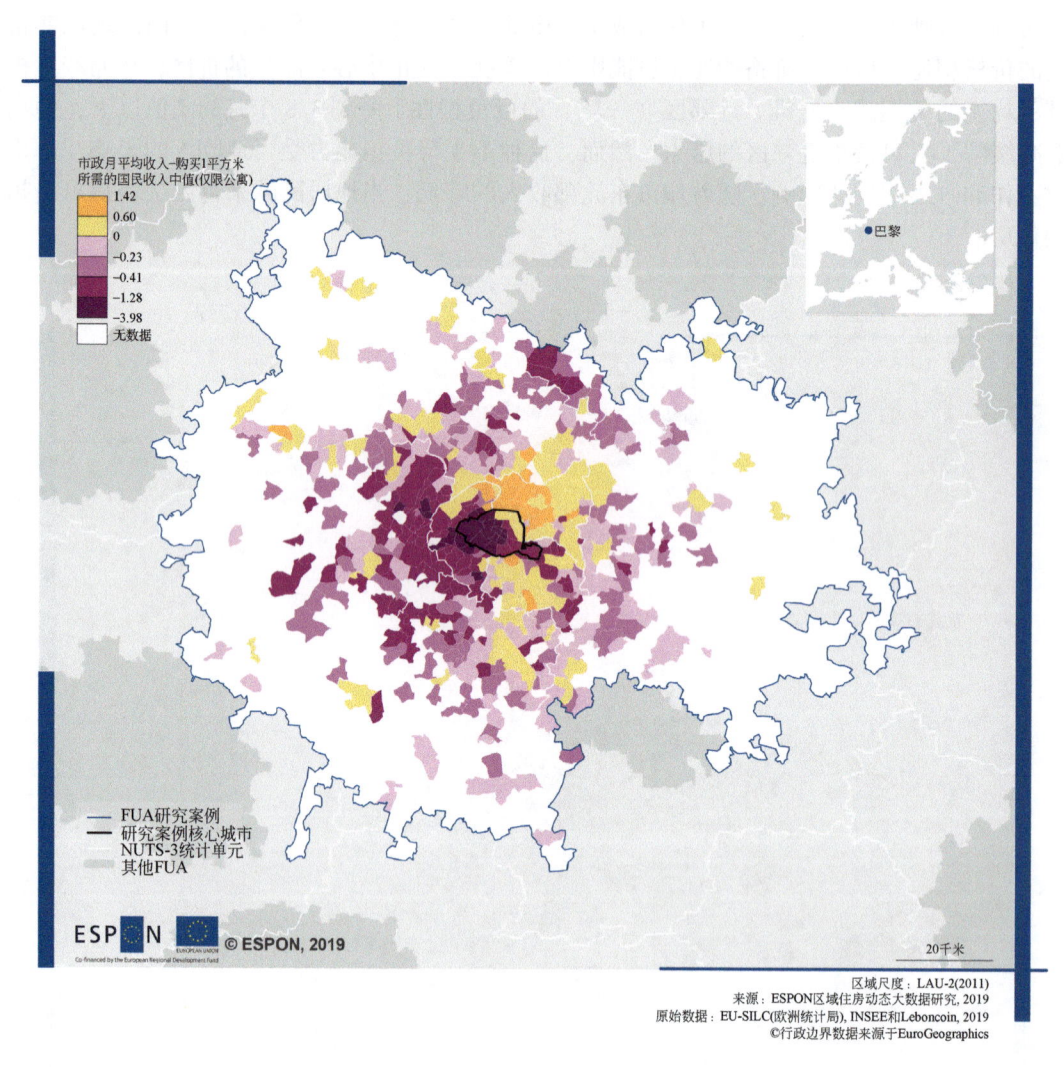

图 9-17　可负担性：巴黎 2019 年市政和国民收入之间的差异（公寓）

C. 持久的住房不平等模式

在巴黎及其 FUA 中，许多住房制度并存。低端租赁公寓、高档物业共管公寓、中心位置的单身住宅、郊区拥有的独栋住宅、租赁投资等多模式共存。租赁市场在盈利方面呈现出明显的分化 [图 9-18（a）]。盈利值可以解释为"房东为支付 1 欧元租金投入了多少"。尽管巴黎市中心由于物业成本较高而盈利能力较低，但私人租赁部门的盈利能力构成了东北地区以及塞纳河沿岸东南走廊的住房市场。在一定程度上，居民收入状况越低 [图 9-18（b）]，租赁市场的盈利能力就越高，这种盈利模式延伸到 FUA 最远的郊区、南部和西部。

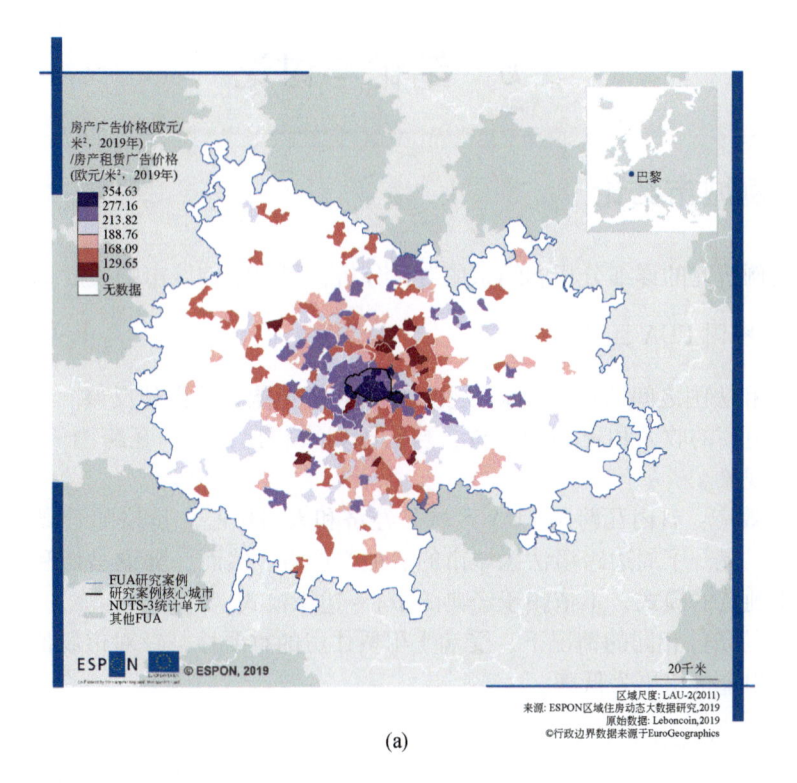

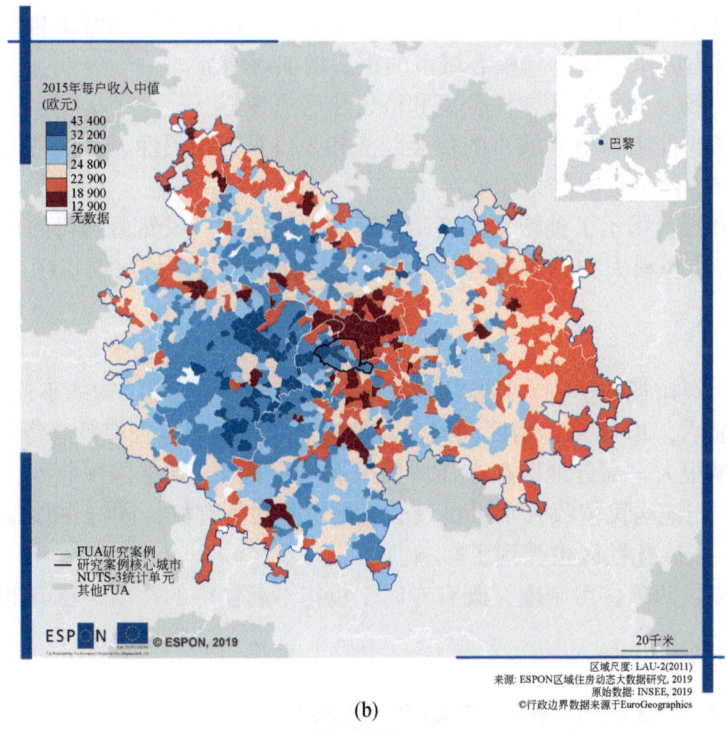

图 9-18 巴黎 2019 年租房可负担性（a）与巴黎地方收入（b）

9.5 结论与讨论

9.5.1 案例城市结论

基于对案例研究的详细分析和结果的对比分析，得出案例城市的关键结论。

1. 日内瓦跨国 FUA 区域

（1）瑞士和法国之间的边界效应导致了住房和负担能力的强烈反差。工作和职业结构的差异引起了更高的收入和更高的房价，与法国城市相比，日内瓦跨国 FUA 区域存在住房负担不起的现象。

（2）中央效应：日内瓦跨国 FUA 区域是经济和人口中心。价格随着离日内瓦市中心的距离而下降，提升了周边跨境法国城市的房地产价格。然而，阿讷马斯和其他附近城市的价格呈现出独特的模式，不依赖于经典的中心-边缘模式。

（3）在其他条件相同的情况下，受瑞士租赁住房的重要性与针对市场价格上涨的制度保护，瑞士的租金价格更为低廉。

2. 华沙—罗兹—克拉科夫

（1）城市功能区内住房负担能力水平存在差异，其空间格局通常源自经典的单中心模型，住房负担能力的水平随着与核心城市的距离增加而增加。

（2）租赁市场上的住房通常比公寓和待售住房更便宜。

（3）住房负担能力与核心城市的社会经济和人口具有相关性。在经济实力较强、发展速度较快的城市，住房负担能力较低。

（4）租金和报价揭示了独特且高度不平等的空间模式。虽然最昂贵的住房报价分布在罗兹地区，但在克拉科夫和华沙的历史核心地区也存在明显高价房聚集区。

3. 巴黎

（1）郊区次级市场的子中心结构缓解了核心-边缘经典空间结构的不连续性。

（2）数据显示，20 年来，街区同质化对价格上涨的影响呈现追赶态势。

（3）该区域很大一部分地区存在住房负担不起的现象，根据国民收入，即使是住房价格偏低的地区，当地居民依收入水平也没法获得房屋的所有权，同样在该地区的内环、以前的蓝领社区、贵族化社区也受到了影响。

（4）巴黎提供两项住房制度，既有专属于负担不起住房的社区，也有低端收入能负担租金的社区。

9.5.2 住房负担能力不平等差距日益扩大

房地产的可负担性，无论是出租还是购买，已经成为许多城市的一个主要问题。对于低收入家庭来说，日内瓦、华沙、克拉科夫、马德里和巴塞罗那是迄今为止最负担不起房价的 FUA 地区，仅在巴黎和跨国日内瓦功能城区的法国部分可负担得起。由于租金制度的规定，日内瓦、巴黎和阿维尼翁的租金结构减轻了这种负担能力不足的情况。参考国民收入中值粗略定义了中产阶级，对于买房者来说，最负担得起的城市是日内瓦、华沙和克拉科夫。在波兰和西班牙的城市，租金是最难以负担的。

9.5.3 住房成本加剧了社会差异和不平等

数据还表明，住房和不平等的负担能力在一定程度上加剧了阶级隔离。例如，巴黎在价格同质化过程中，最富裕社区和低端社区的"黄金贫民窟"之间的传统鸿沟并没有消失。通货膨胀在过去二十年里无处不在，但邻里之间的等级制度得到了延续，并延伸到了近郊，这种形式的空间不平等可能发展成社会经济隔离模式。本质上，如果住房负担能力的空间差距进一步扩大，低收入群体进入核心城市的机会可能会受到限制，贫困的郊区化可能成为一个问题。同样，绅士化进程将进一步持续且加速。由于核心城市仍然存在主要的工作岗位，通勤成本的增加可能会进一步恶化那些将被推到郊区/城市边缘的不太富裕家庭的经济状况。

第 10 章 欧洲和宏观区域国土监测工具

国土空间规划是国家空间发展的指南、可持续发展的空间蓝图，是各类开发保护建设活动的基本依据。《中共中央 国务院关于建立国土空间规划体系并监督实施的若干意见》（中发〔2019〕18 号）中提到关于建立健全国土空间规划动态监测评估预警机制的要求尤为重要，是推进自然资源数字化治理的基础性工作。因此，采用各类数字化手段对《全国国土空间规划纲要（2020—2035 年）》明确的国土空间开发保护各项任务的执行情况进行实时监测、动态预警、定期评估和综合研判，完善国土空间基础信息平台，对维护国家空间安全、持续提升自然资源开发利用、国土空间规划实施水平具有重要意义。鉴于此，本章从 ESPON 的监测工具中，选取 MRS.ESPON 项目，对其形成的项目成果在翻译的基础上进行总结归纳与深入研究，主要对该项目的研究背景、研究目标和内容、技术特点及未来发展趋势 4 个方面的核心内容进行梳理，最后就该项目对我国国土空间规划监测评估的启示与建议进行本章小结，旨在今后发展过程中为保障我国国家安全和高质量发展提供有力的空间分析决策支撑。本章用到的数据、图片及文字等资料均来自 ESPON 2020 中 MRS.ESPON 项目的各项成果（https://www.espon.eu/macroregional-monitor）。

10.1 研究背景

宏观区域合作的想法首次出现在波罗的海地区。2007 年，欧洲理事会启动了波罗的海地区战略制定工作，作为欧洲第一个宏观区域合作的开始。宏观区域战略是欧洲为包括几个国家在内的特定跨国地理区域提供的合作政策框架。该战略目的是应对共同的挑战，支持增长并最大限度地利用共同的资产，旨在通过加强合作以支持实现社会、经济和国土的凝聚力。简单来讲，宏观区域的合作意味着欧盟成员国和分享共同空间的第三国以战略的形式为其未来制定一个共同的发展愿景。国家和地区就共同行动的优先主题达成一致。这些主题优先事项和实施活动是区域间持续对话的结果，为有助于这些共同目标的项目和活动提供政治支持。因此，宏观区域战略通过与其他合作领域并驾齐驱，将政治、业务和行政要素结合起来，为欧洲区域合作带来了一种新的思维方式。迄今，欧洲四个宏观区域制定的战略包括 2009 年批准的波罗的海地区战略、2011 年批准的多瑙河地区战略、2014 年批准的亚得里亚海和爱奥尼亚地区战略、2015 年批准的高山地区战略。

欧洲和宏观区域国土监测作为 ESPON 一项重要监测工具，用来持续观察欧洲及其四大宏观区域的发展趋势和格局。该工具能够为欧盟、宏观区域、国家及区域决策者以及其他相关区域提供国土信息、数据、地图、图表、特征分析及简要评价。根据政策目标解读和解释定量统计信息，该工具的结果将有助于政策制定者及时监测区域发展趋势和政策实施效果，识别发展机遇和国土挑战，同时更好地理解欧洲异质性背景下地区和城市的多样性。

为了提高政策制定过程的相关性、高效率和有效性，监测与评估能够发挥战略作用，一方面，在各种政策和战略中对国土问题呈现高度的政治关注；另一方面，ESPON 对国土结构、趋势和情景的认识进一步提高。同时，ESPON 所产生的关于国土结构、趋势和情景的更多知识，突显了建立一个监测平台的需求和机会。该工具作为持续监测宏观区域战略的一个起点，通过提供一些可供选择的指标，作为未来进一步发展的建议与参考。因此，创建一个监测平台定期提供欧洲和宏观区域与政策目标有关的国土信息与证据是十分必要的。

10.2 研究目标和内容

10.2.1 研究目标

该项目目标是产出一个简单且高效沟通的在线网络工具，及时为欧洲以及四个宏观区域的利益相关方和决策者提供国土证据。该工具由欧洲区域和四个宏观区域（波罗的海地区、多瑙河地区、亚得里亚海和爱奥尼亚地区、高山地区）共五个模块构成。宏观区域是欧盟成员国之间的一种合作形式，侧重于对未来发展有共同兴趣的特定合作领域。该工具通过 ESPON 网站提供，并建立了与 ESPON 数据库的直接联系。具体目标如下：

（1）提供空间信息，以便持续监测欧洲及其宏观区域、城市的发展趋势和模式。

（2）向欧洲、宏观区域、各个国家和区域决策者及其他利益相关方提供国土信息、数据、地图、图表、分析特征和简短报告。

（3）通过解读和解释定量统计信息的政策目标，帮助政策制定者监测发展趋势和政策绩效，识别发展机会和国土的挑战，以及更好地认识地区和城市发展的多样性。

（4）根据地区尺度（NUTS-0～NUTS-3、LAU 和 FUA）提供多个相关指标，以便在当前欧洲政策主题的框架内提供背景。

（5）通过提供一些指标来评价 4 个宏观区域战略的发展趋势与实施情况，以便了解宏观区域战略在活动和项目方面的执行与进展情况。

（6）为该工具的用户提供了检索数据功能，包括进行时间序列的比较。通过 Web 服务链接到主要数据提供商（包括欧洲统计局等机构）来保证数据库的更新。

10.2.2 研究内容

为了实现上述目标，该工具包括以下几项研究内容。

1) 数据与资源整合

在工具开发过程中，考虑到涉及的数据及资源复杂多样，需要根据元数据进行适当的记录，以确保系统中包含的所有元素都可以正确地追溯到其起源。

2) 指标体系选取与确定

该工具涉及 5 个不同地理区域（欧洲和四个欧盟宏观区域——波罗的海地区、多瑙河地区、高山地区、亚得里亚海和爱奥尼亚地区）的监测模块。欧洲和宏观区域的发展趋势、政策和行动各不相同，因此，选取不同的指标体系来监测尤为重要。欧洲的这套指标体系应具有普适性，也可以用于四个宏观区域的地理环境监测。

3）可视化呈现与资料下载

该工具提供了数据、地图、图表和其他资源作为国土监测的主要表征形式，帮助监测、分析、认识和解释国土发展进程与趋势的分析及互动功能。利益相关方也可选择关于特定主题的简报或文章，使用监测工具中包含的信息，包括根据当前政策讨论对所提供的信息进行简短的解释。

4）更新与维护

MRS. ESPON 工具是一个复杂的系统，涉及多要素和多区域。该工具构建的主要目的是及时监测欧洲及宏观区域的国土发展动态，因此在国土发展过程中，及时对工具进行更新与维护尤为重要，包括数据、指标、战略目标、地理单元等内容的更新。

10.3 技术特点

该工具可在 http：//mrs.espon.eu 上在线获得，界面如图 10-1 所示。该工具功能包

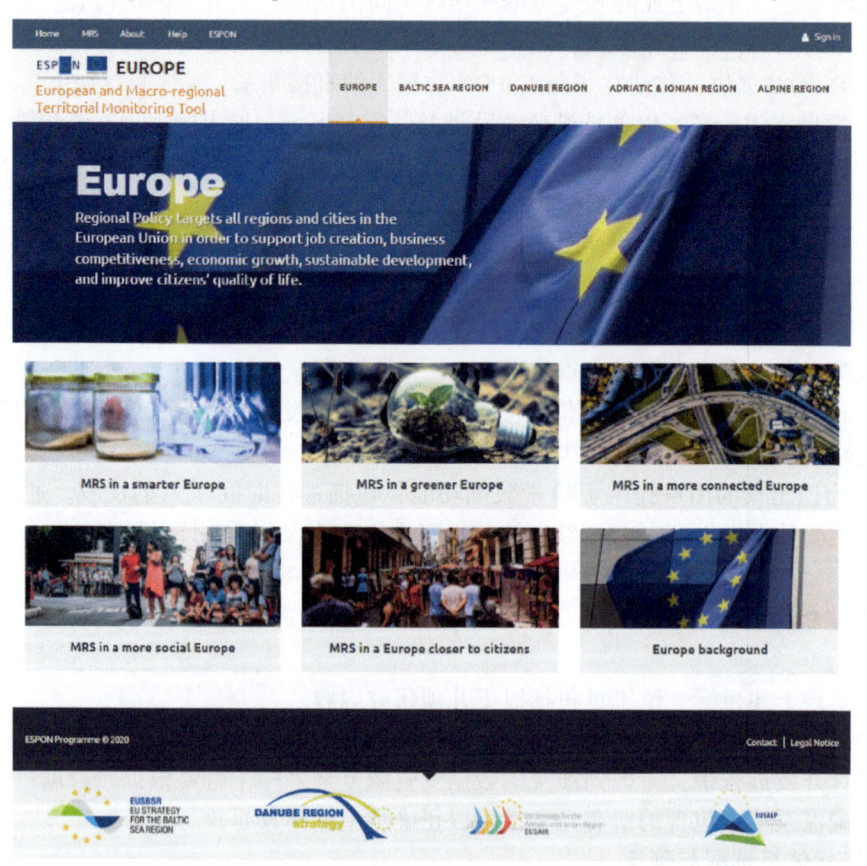

图 10-1 MRS. ESPON 在线工具界面

括：Web 客户端设计的实现；欧洲、EUSBSR、EUSDR、EUSALP、EUSAIR 模块的应用；查询和分析工具的实现；实现 Web 服务，并将该工具与 ESPON 2020 数据库以及欧洲统计局连接起来；通过 Web 服务整合的精选指标，以交互和静态地图、图表的形式显示，并辅以简短的描述。

10.3.1 数据与资源

在项目开发过程中，已经分析和考虑了一些数据源，以便收集所有相关指标来完成该工具。因此，目前已执行的任务如下：一是四个宏观区域的优先区域/水平行动/目标之间的联系与相关指标；二是合并功能区；三是来自波罗的海海洋环境保护委员会的相关分析。

该工具包含了大量的数据，需要根据元数据进行适当的记录，以确保系统中包含的所有元素都可以正确地追溯到其起源。在开始进行数据收集时已经考虑到这一需要，因此到目前为止编译的所有元素都能够正确地引用到它的源代码。

MRS. ESPON 工具包含两个主要的数据块：一是从外部来源自动获得的数据；二是存储在 MRS. ESPON 本地数据库里的数据。对于通过 Web 等外部来源整合的数据，系统会自动添加来自原始来源的相关信息。这意味着，对于 ESPON 数据库的各项指标，该工具为每个值附上其来源和元数据，与 ESPON 数据库的网络服务所提供的完全一样。这同样也适用于欧洲统计局，它也能够通过网络服务提供一套附加到每个数据单元的元数据信息。对于本地存储在数据库上的元素，该工具包含了对数据源的引用，以及提供了包含数据的原始文档的链接。

元数据以两种不同的方式传递给用户：①当用户下载地图或图表后的数据表时，提供一个包含该地图或图形的所有来源的综合表格；②当用户在任何地图上单击元数据信息按钮时，作为工具提示显示的小型汇总表，如图 10-2 所示。

图 10-2 元数据窗口示意

10.3.2 指标体系介绍

欧洲凝聚力战略及四大宏观区域战略各有侧重。为了更加直观、清晰地体现不同区域战略的实施情况，该工具首先需要找出哪些指标可用于体现区域发展战略，衡量战略的不同优先领域、目标，反映战略目标的实施状况。因此，指标的选取和指标体系的构建也是该工具发挥作用的基础。本小节对该工具的指标体系选取及应用进行介绍。

1. 指标体系选取原则

为了建立一个有意义且用户友好的监测指标体系，该项目采用了两个步骤。在第一步中，初步筛选最合适的指标，并对其潜力和局限性进行分类。欧洲国土监测系统指标体系筛选范围遵循以下原则。

（1）政策相关性。选定的指标必须可以直接或间接地衡量目标。一些目标明确提到了具体指标（如欧洲统计局在多瑙河地区战略中提出"到2020年将河上的货物运输比2010年增加20%"这一具体指标），有些目标很难与数量指标挂钩（如多瑙河地区战略中提出"多瑙河区域的绿色旅游产品"，无法确定具体指标）。

（2）区域覆盖范围。优先考虑包括在一些国家覆盖范围更广泛的指标，理想情况是涵盖不同宏观区域中的所有国家。尤其是那些不包括在欧洲数据存储库中的非欧盟成员国。

（3）区域尺度。区域数据的可用性是一个关键点。尽可能包括 NUTS-3，但 NUTS-2 必须提供。同时还考虑了在其他国土一级，如城市、城市功能区、跨国合作区、跨境区的可用性。

（4）时间尺度。优先考虑具有长时间序列的指标，以便能够显示随时间变化的趋势（最好是至少15年的可用指标，以涵盖2008年经济危机之前的时期）。就时间而言的第二个要求是，如果可能的话各项指标的时间尺度不存在差距。此外，有最近几年的数据（及时性）是有必要的。

（5）可靠性。在指标的选择方面，优先考虑已经确定的来源可靠的数据，包括欧洲统计局、ESPON 数据库、JRC 数据库、KEEP 数据库和其他官方的国家统计机构。必要时，还将考虑来自其他项目或文件等的数据。

（6）更新周期。优先考虑更新频率较高的指标，最好是每年更新一次。

（7）数据的可访问性。优先考虑允许通过在线网络服务自动检索数据的数据源，因为这保证了该指标具有最新值。第二个最佳选项是能够直接从在线网络将数据用作数据库、工作表或 pdf。

以上原则为所有模块提供了广泛的指标基础。与此同时，一些指标集在数据质量方面是不够的，其他指标集往往是冗余的，而且对于一些优先领域，根本没有统计数据。因此，在第二步中，数据的选择、互补是最终确定与确保工具可用性的基础。

在第二步中，将制定最终监测方案，确保指标适用下列优先事项：①指标必须对宏观区域战略的政治目标特别有意义，而且在一般的空间监测方面，这些目标是全面且可靠的；②指标必须存在合理的数据可用性（区域一级至少一个指标，至少一级涵盖包括第三国在内的完整边界）；③指标之间不存在相似性。在确定收集的指标重要性时，需显示标记每个指标的结果，表 10-1 为指标重要性标记含义，图 10-3 ~ 图 10-6 分别为四大宏观区域监测指标选取过程。

表 10-1　指标重要性标记示意

序号	标记	含义
1	Reg+	该指标有 NUTS-2 或 NUTS-3 区域的完整数据
2	Reg-	该指标数据不完整但仍然有意义
3	Nat+	该指标有完整的 NUTS-0 数据集
4	Nat-	该指标数据不完整但仍然有意义
5	0	该指标不切合实际，无法获得有意义的数据集

2. 指标体系数据来源

通过搜索包括数据库、来自欧洲合作方案的资料以及与宏观区域战略有关的不同项目，分析若干数据来源，以找到合适的候选指标。表 10-2 为指标体系中涉及的各项数据来源。

表 10-2　指标体系数据来源

数据库	欧洲合作方案	其他来源
·ESPON； ·欧洲统计局； ·世界银行； ·经济合作与发展组织； ·联合国教育、科学及文化组织； ·国际移民组织； ·欧洲环境署； ·欧洲生物多样性信息系统； ·国际民用航空组织； ·多瑙河保护国际委员会； ·国家统计局； ·欧洲-Cordex 数据库； ·波罗的海海洋环境保护委员会	·国际项目的网站； ·宏观区域网站； https: //mrs. espon. ev/EUSALP/index. html； https: //www. adriaticionian. eu/； https: //www. eusbsr. eu/； https: //www. danube-region. eu/	·ESPON； ·欧洲议会； ·欧盟委员会； ·COWI 工程顾问； ·《阿尔卑斯公约》； ·JRC； ·路线 4U 可行性研究； ·迷人的多瑙河地图集； ·AlpInfo2014； ·高山空间道路交通相关影响的监测和共同措施（iMonitraf）； ·奥地利中央气象与地球动力学研究所（ZAMG）； ·多瑙河委员会； ·多瑙河物流； ·联合国开发计划署

3. 欧洲国土监测系统指标体系

欧洲国土监测系统指标体系分为 18 个主题（经济、财政和贸易发展，人口、居住环境，科学技术，政府管理，劳动力市场，国土结构，教育，贫困/社会包容，健康、安全，旅游，信息社会，欧盟机构信任度，农业、渔业，EU 2020 指标，交通、可达性，2021 ~ 2027 凝聚力指标，环境、能源，凝聚力政策）共计 137 个指标。

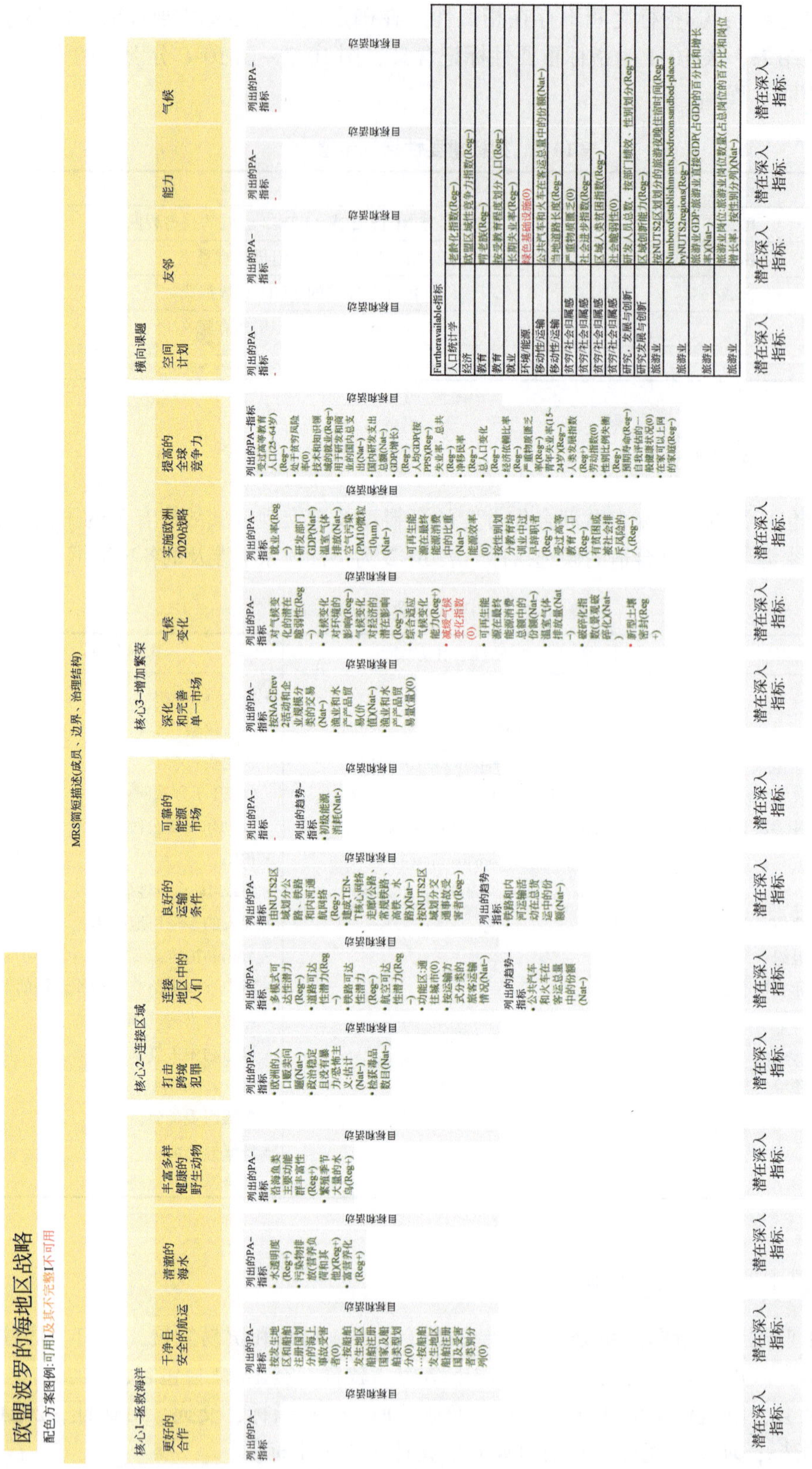

图10-3　EUSBSR指标重要性标记示意

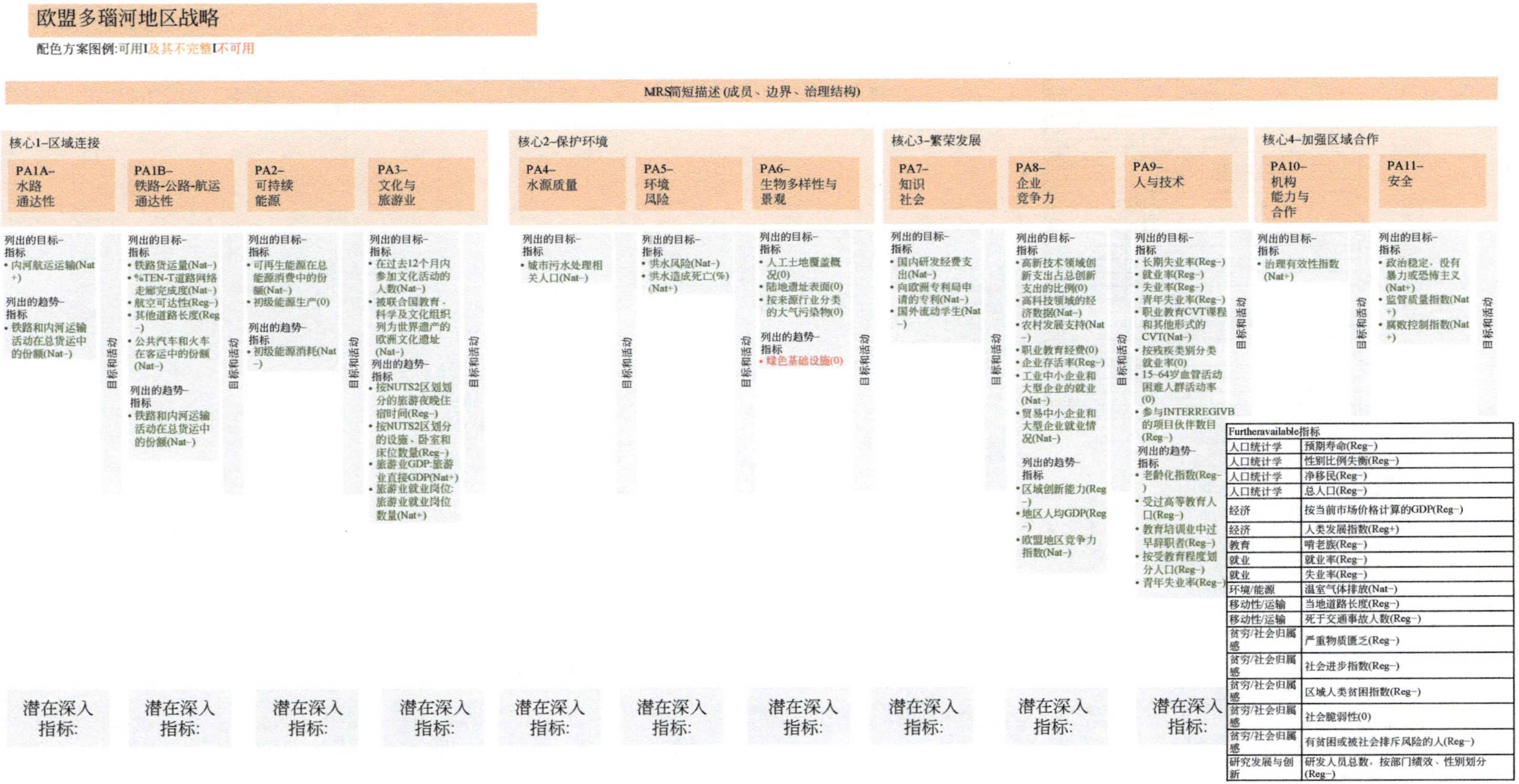

图10-4 EUSDSR指标重要性标记示意

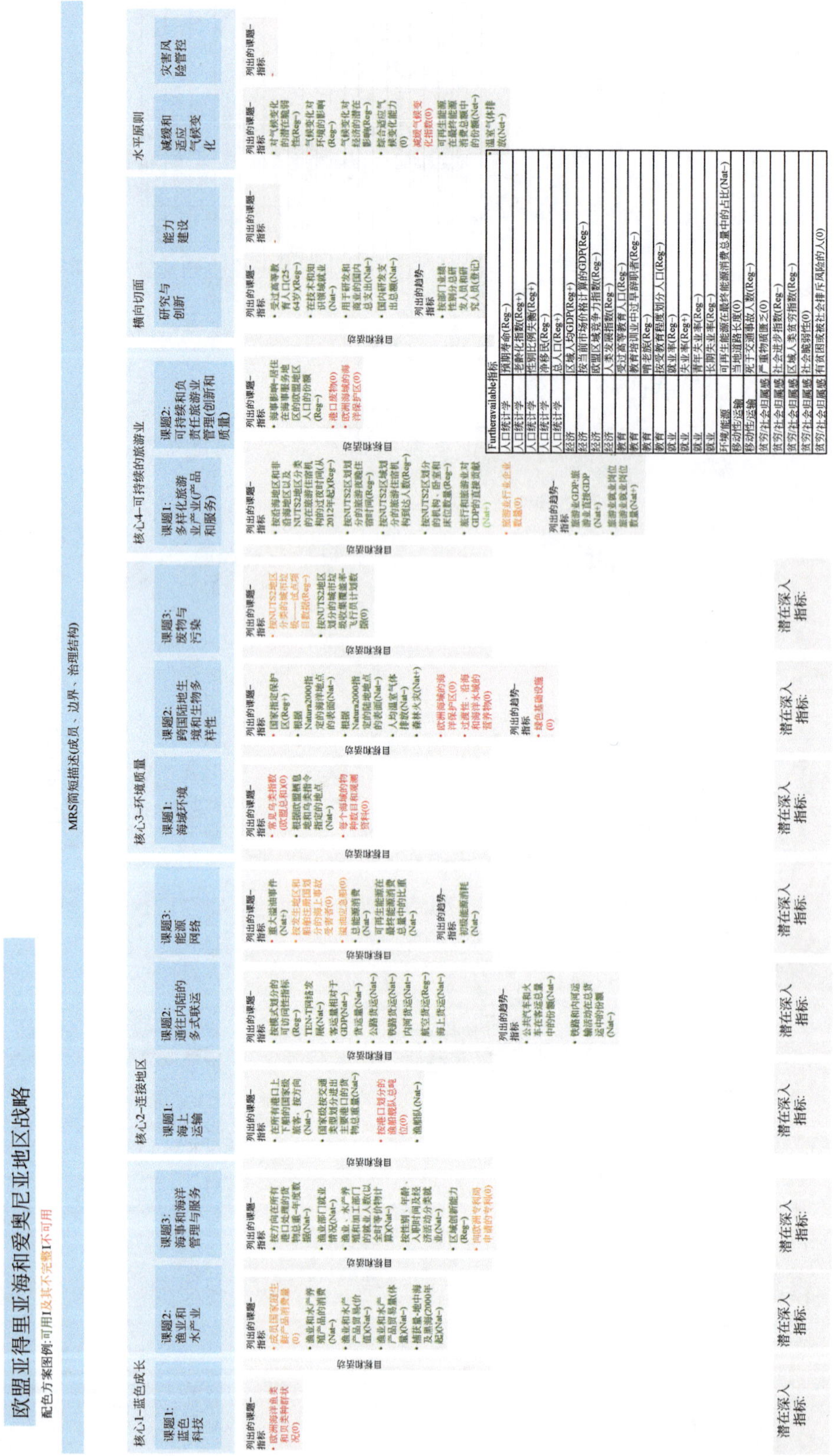

图10-5 EUSAIR指标重要性标记示意

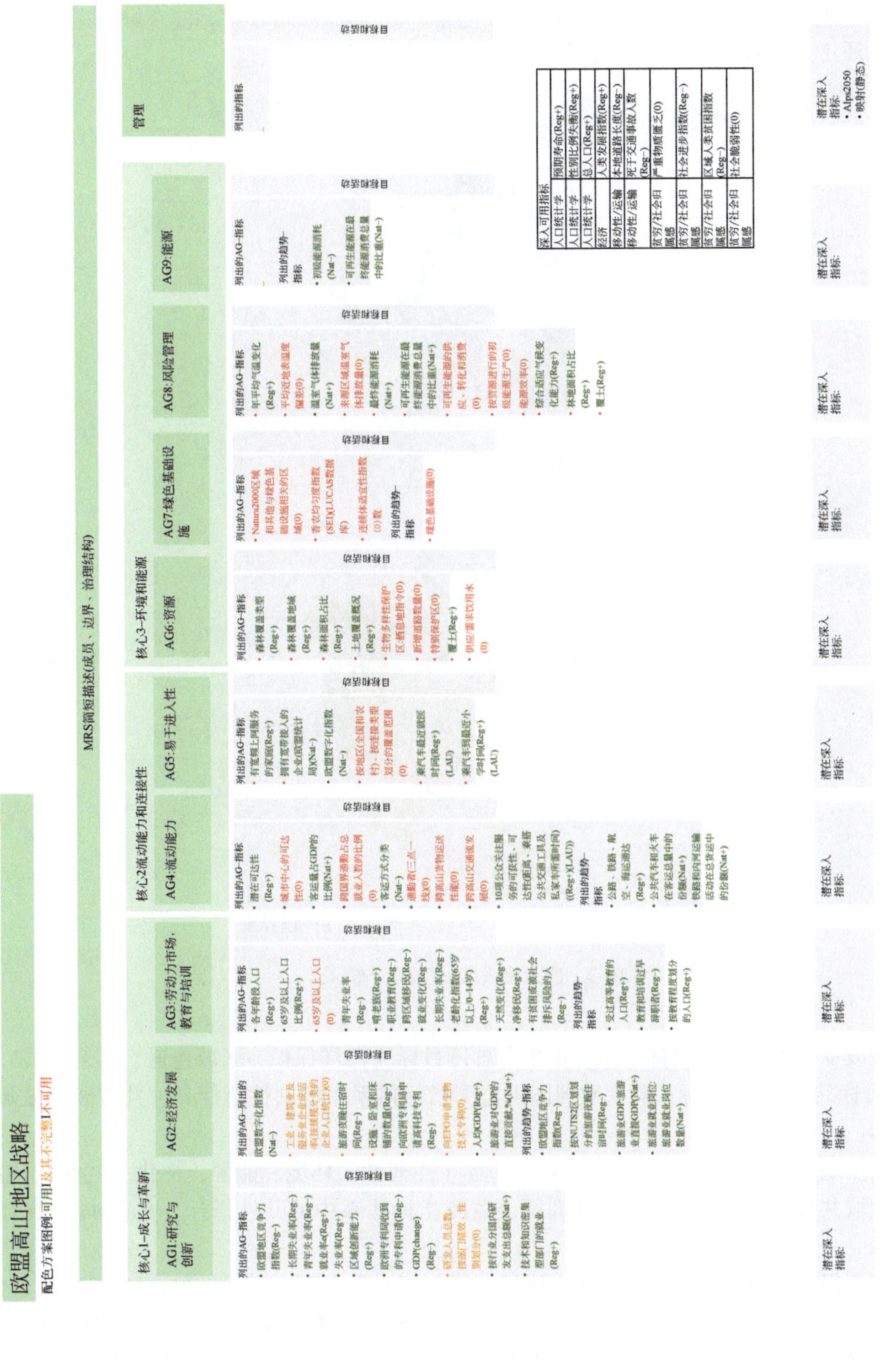

| 第 10 章 | 欧洲和宏观区域国土监测工具

图10-6 EUSALP指标重要性标记示意

245

4. 四大宏观区域监测指标体系

四大宏观区域分布如图10-7所示。每个区域在考虑监测指标时，除了欧洲共同面临的问题，还考虑到各个区域的特色问题，制定了区域特色指标。

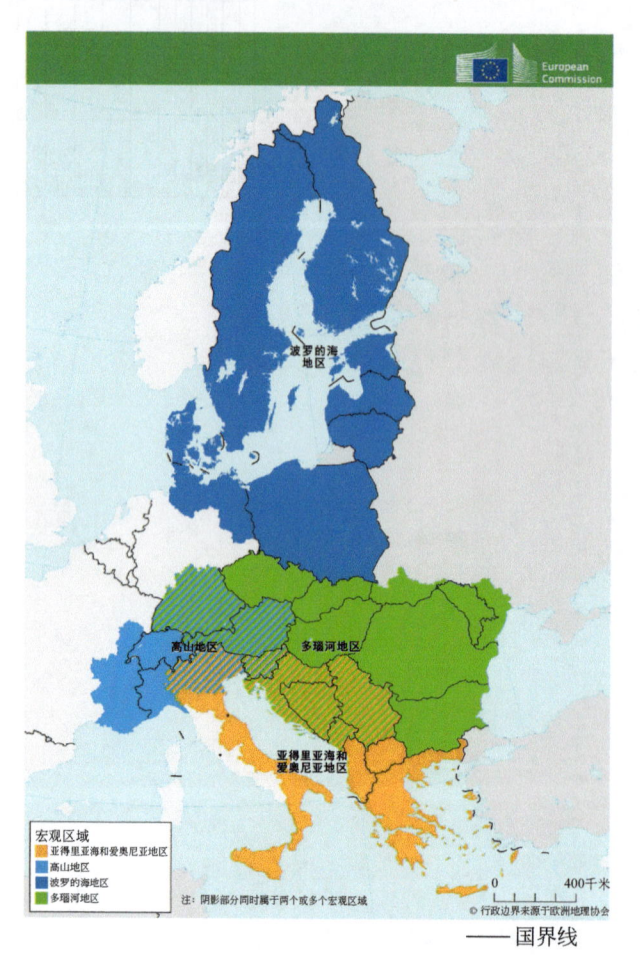

图10-7 四大宏观区域空间分布示意

欧盟波罗的海地区。指标体系包括3个总体目标（海洋保护、区域连通、繁荣发展）、12个子目标共计40个指标。除去欧洲国土监测指标体系中的共性指标外，共有8个区域特色指标。

欧盟多瑙河地区。指标体系包括4个主题（连通性，环境、能源，文化、就业），11个优先领域共计104个指标。除去欧洲国土监测指标体系中的共性指标，共有84个区域特色指标。

欧盟亚得里亚海和爱奥尼亚地区。指标体系包括6个主题（海洋发展、区域联系、环境质量、旅游业可持续发展、跨领域、横向原则），8个总体目标、15个具体目标共计60个指标。除去欧洲国土监测指标体系中的共性指标，共有44个区域特色指标。

欧盟高山地区。指标体系包括 4 个政策领域（发展与创新、连通性与关联性、环境与能源、跨部门政策领域治理），4 个目标共计 69 个指标。除去欧洲国土监测指标体系中的共性指标，共有 42 个区域特色指标。

10.3.3　区域模块介绍

该工具的区域模块包括两部分内容，如图 10-8 所示。

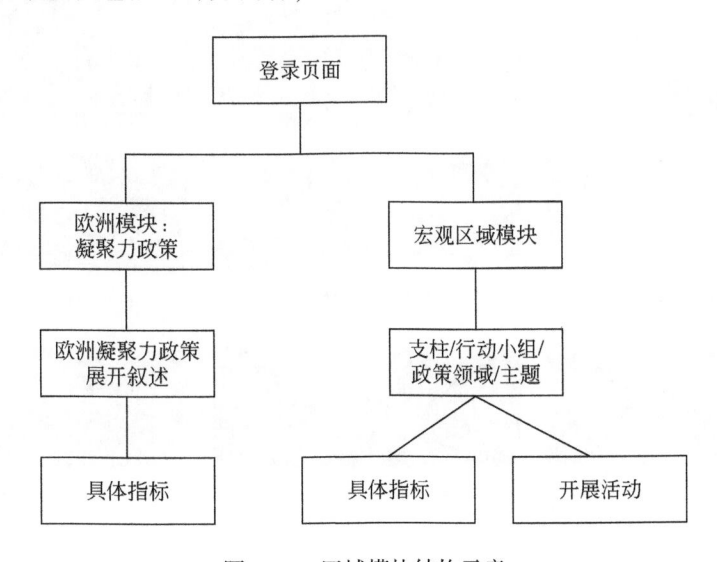

图 10-8　区域模块结构示意

1. 欧洲模块

在欧洲模块中，指标被分配给新的凝聚力政策的目标。政策目标具体包括五部分内容：

（1）基于创新的智慧欧洲；

（2）绿色低碳欧洲；

（3）联系更加紧密的欧洲（战略交通和数字网络）；

（4）更加社会化的欧洲（支持欧洲社会权利和支持高质量就业和技能学习）；

（5）更关注民生的欧洲（当地的支持发展策略和可持续的城市发展）。

欧洲模块的指标提供了一段时间内的国土趋势和结构。除了泛欧概览，该模块还提供了宏观区域之间的比较。

该模块的组织结构（图 10-9）与登录页面的布局相同，但在主要部分的模块提供了对五个政策领域的直接访问。第六个方框提供了对欧洲区域政策背景信息的直接访问页面。

在欧洲模块中，信息被分层地组织在屏幕左侧，可以对所有元素直接访问。这五个政策区域的主标题在单击它们后会自动折叠和展开，如图 10-10 所示。

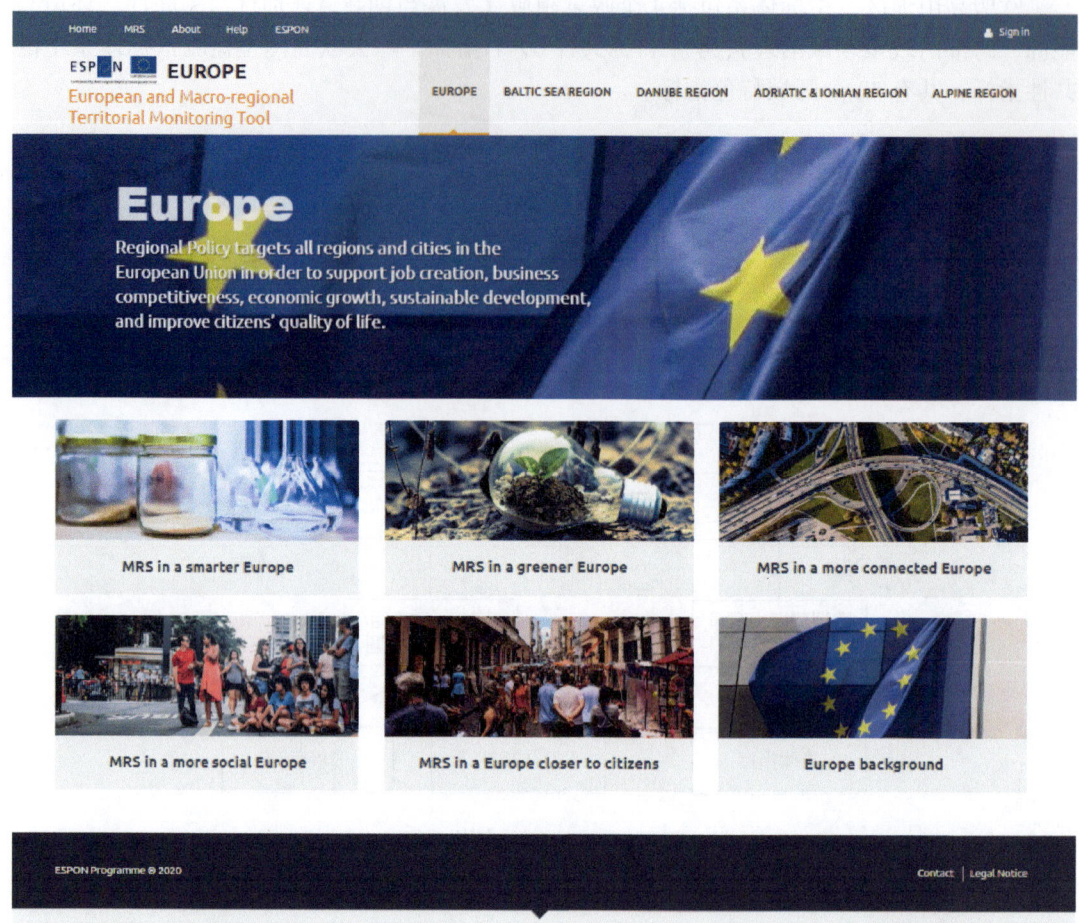

图 10-9 欧洲模块主界面示意

欧洲模块包含了"区域定位"的选项，如图 10-11 所示（以人均 GDP 为例）。该工具的目的是从比较的角度了解一个特定区域是如何发展的，以及识别发展模式的范围。由于正在进行的技术实现过程，这仍然是一个不成熟的版本，但一些想法已经被证明是可能的，并将在最终版本中完全实现。

2. 宏观区域模块

对于宏观区域模块，该工具提供了与宏观区域治理结构相一致的指标，并明确关注优先领域/政策领域/行动小组/主题。更具体地说，这意味着在每个宏观区域的登录页面上，该工具直接显示了这种政治目标，因为它是最具体、最活跃的政策领域。

在宏观区域模块中，信息被分层地组织在屏幕左侧的列表中，提供对所有指标的直接访问。支柱（pillar）/行动组/优先区域/政策区域等主要标题在单击它们后自动折叠和

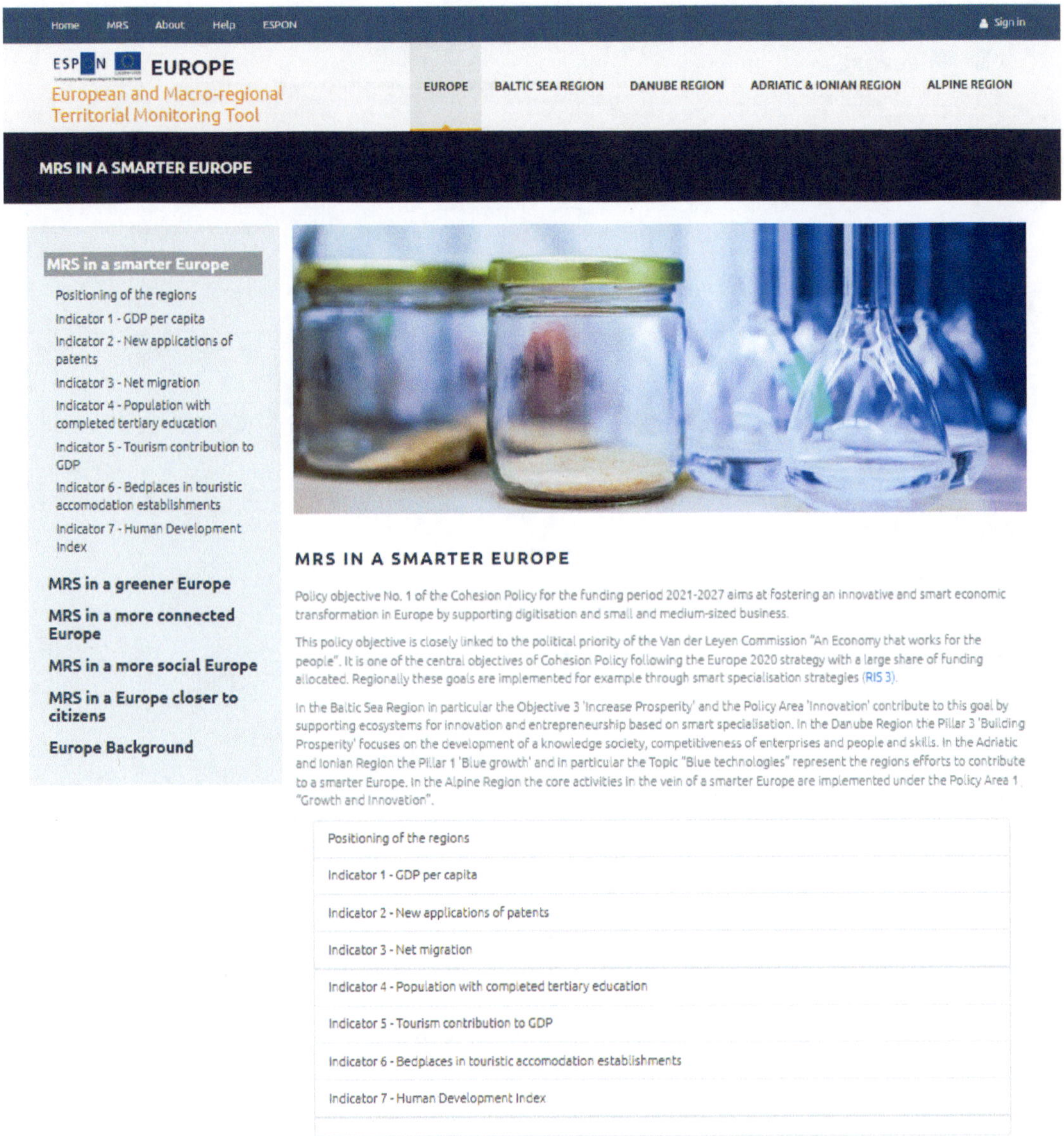

图 10-10 欧洲模块政策结构示意

展开。

对于每个优先区域/政策区域，包括三部分内容：一是对优先区域/政策区域具体目的和目标的描述；二是对优先区域/政策区域指标选择中正在实施或预见的活动的描述；三是指标的选择，包括一张地图和一段描述指标与政策相关性的文字。

宏观区域工具的结构与欧洲模块的组织方式相同，如图 10-12 和图 10-13 所示。通过描述关于指标和数据的信息，判断与描述国土趋势和模式，确保导航方便和系统化的组织结构，将政治背景与国土监测联系起来。

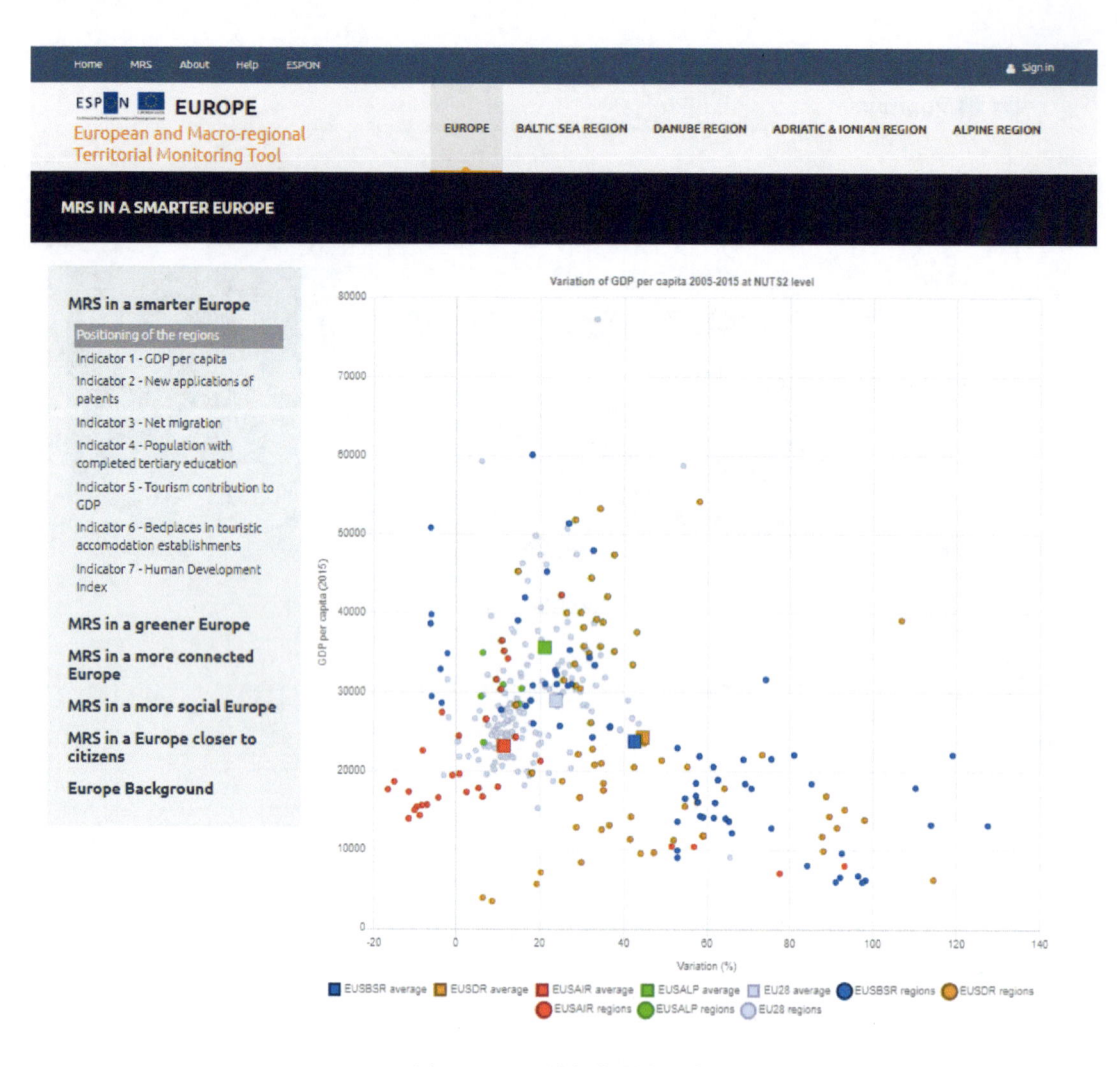

图 10-11 区域定位图表示意

10.3.4 功能介绍

1. 查询与分析工具

数据在工具中按主题进行组织，可以按政策主题或宏观区域治理元素（支柱，优先级区域等）进行组织。该系统允许通过选择地理范围（特定的宏观区域、欧盟或其他可定义的区域）、统计单位（NUTS-0～NUTS-3、LAU 取决于数据的可用性）和时间（从每个指标的可用年份开始）来查询数据库。

用户可以通过不同的方式访问工具中包含的数据：

（1）通过欧洲模块中可用主题的层次结构。

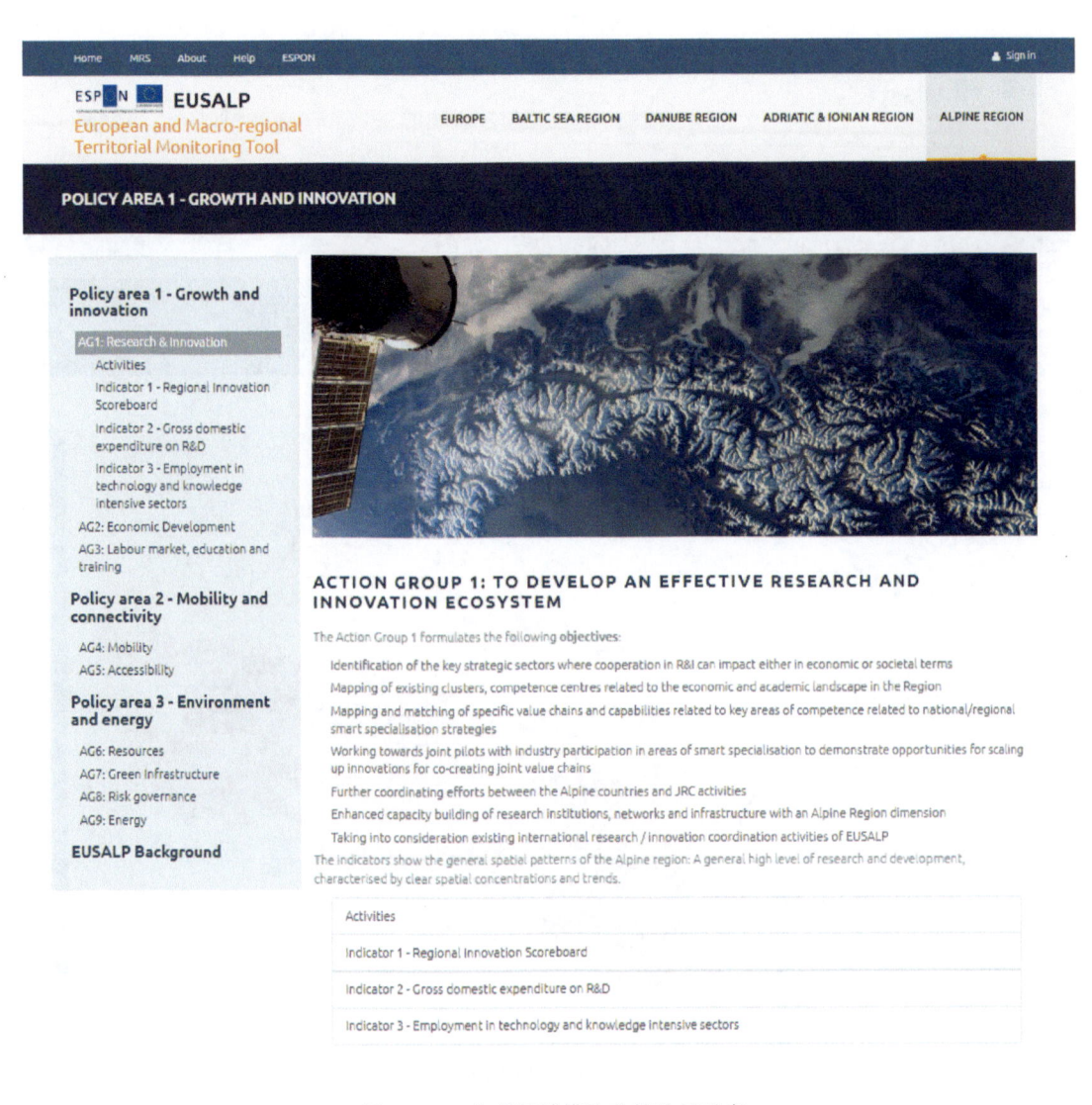

图 10-12　宏观区域模块政策选择示意

（2）通过"监测目标"部分的支柱/优先事项/政策领域的层次结构。

（3）对于界面的许多地图，该系统有一个通用的工具仪表板，允许进一步检索数据。

（4）更改数据的年份（从给定指标的可用年份）。

（5）重新计算该指标的值，以将给定年份与另一个年份进行比较。

（6）大多数指标上的地图、图形、表和元数据都是从数据库中包含的真实数据自动创建的。这意味着它们可以随时访问并下载。为此，项目提供了一套通用的导出工具。

（7）从地图、图表或表格（.xlsx）生成数据表，其中还包括指标的元数据信息。

（8）从地图或图表生成图像（.png，.svg，.pdf），在 pdf 的格式下还包括指标的元数据信息。

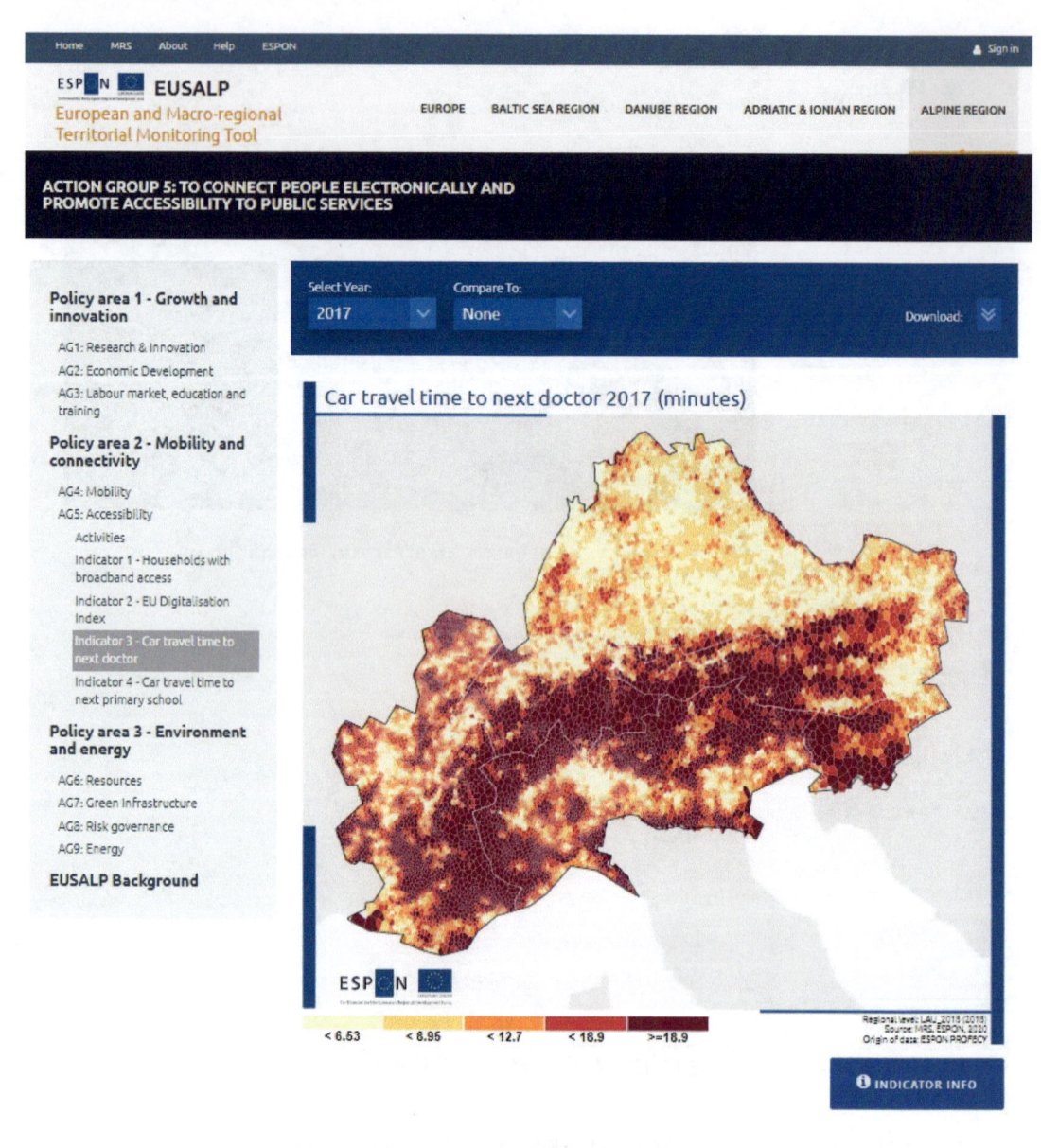

图 10-13　宏观区域模块指标选择示意
该图仅做网站功能展示，不作为地图国界的划线依据

2. Web 服务

数据同时从多个来源检索，并使用 Web 服务作为单个数据文件进行处理。通常，它将来自 ESPON 2020 数据库或欧洲统计局的数据存储在 MRS. ESPON 工具本地数据库中，并进行合并的结果。这也是为了补充那些不在主要数据库中的国土单位。这一设置的主要优点是，该工具能够直接提供来自原始来源的、最新的可用数据。因此，该工具的所有数

据交换与更新都是通过网络服务控制的。

3. ESPON 地图工具包

该工具利用 ESPON 地图工具包来显示数据。然而，地图包最初是为桌面 GIS 开发的，因此该工具使用了一种不同的技术，地图包的内容已经翻译为配置在线可视化的 json 元素。具体包括：

（1）参考背景国家。
（2）地图插入最外层区域。
（3）几何显示数据（NUTS-0~NUTS-3、LAU 等）。
（4）宏观区域的参考周长。这些是自动显示在宏观区域模块中的地图，并可以由用户在欧洲模块上手动激活。

4. 管理模块

该工具有一个专用的管理模块，用于在系统上执行维护操作。它可以从专用统一资源定位器（uniform resource locator，URL）访问，需要特定的登录方式以确保安全。作为一个独立的模块，有菜单可以提供直接访问界面的元素，如图 10-14 所示。

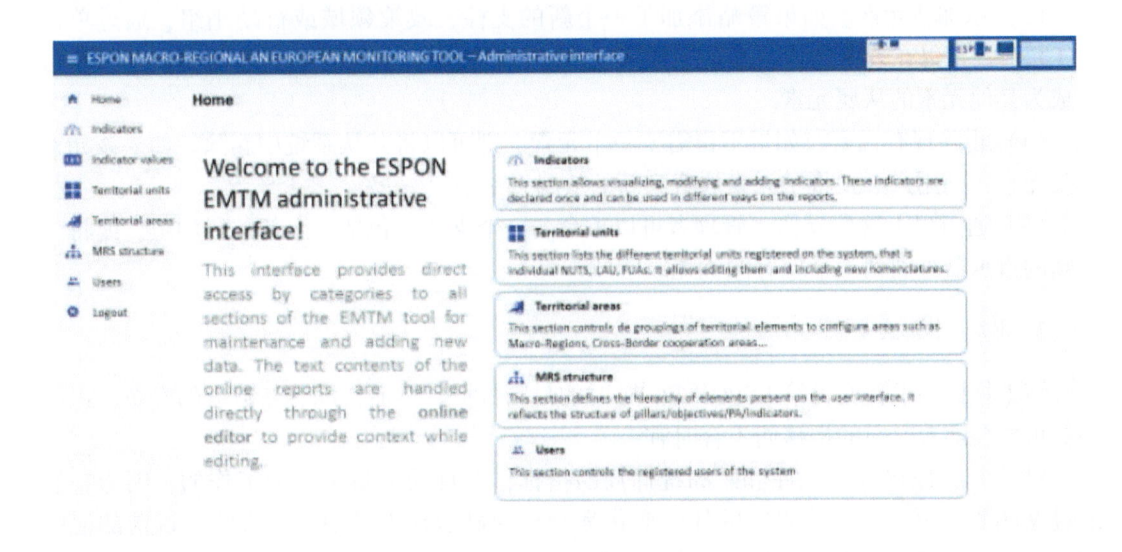

图 10-14　管理模块示意

图 10-14 呈现了该工具需要的管理任务，包括解释新加入的指标，更新未通过 Web 服务链接到原始的源指标数据，修改现有指标的元数据或链接，在系统中管理国土相关命名与术语，添加新的命名与术语（如 2021 年 NUTS 启用时），管理 Web 界面的结构（即政策领域、支柱、优先领域等），注册用户管理。

该系统提供了一种实用的方法来更新工具的内容，通过在线编辑器，允许通过超文本标记语言（hypertext markup language，HTML）编辑器进行直接操作。这样做的优点是使用起来非常简单，而且不需要专业知识。

10.3.5 更新与维护策略

MRS. ESPON 工具是一个复杂的系统，有许多元素需要考虑。该工具构建的主要目的是及时监测欧洲及宏观区域的国土发展动态。因此工具的更新与维护尤为重要。

1. 保持 MRS. ESPON 工具的最新状态

由于宏观区域战略正在持续不断地修订，如在修订行动计划后，有必要确保该工具反映其在支柱/政策领域/行动小组/目标方面的最新状态。因此，该工具提供了直接访问此更新所需的工具，允许通过管理界面更新结构。

（1）更改现有功能的命名。通过单击元素的编辑按钮，并更改新建窗口上的文本。更改将在 Web 界面上自动可见。

（2）更改现有元素的从属元素。如果必须将指示符"操作组""优先级区域"移动到新标题下，可以通过单击元素的编辑按钮并从可用的从属元素列表中选择适当的元素来实现。

（3）添加新元素。如果策略添加了一个新的支柱、政策领域或行动小组，通过单击 Add 元素，可以在表中包含一个新条目，该条目可以嵌套在任何现有元素下，或者以后可以成为其他元素的从属元素。

（4）删除现有元素。如果不再需要一个元素，则可以将其从系统中删除。如果该元素是父元素，则用户必须将子元素放置到新的从属元素中。

（5）通过以上这些操作，管理者可以重命名一个支柱，包括一个新的行动组，或将一个新的指示器添加到一个现有的优先级区域。

2. 保持指标的更新

该工具提供了在交付给 ESPON EGTC 时的最新数据。然而，随着新数据的发布，这些指标可能会随着时间的推移而不合时宜。

对于来自 ESPON 数据库和欧洲统计局的指标，工具的更新是自动工作的，因为它们通过 Web 服务链接，源代码中的任何变化都会自动显示在工具中。这意味着以前的值的变化会自动更新，新的年份也会自动包括在内并更新显示。

然而，可能仍然需要进行一些维护。例如，欧洲统计局倾向于改变几何的版本与一个给定的指标，但这不是以任何方式通过 Web 服务，因此 MRS. ESPON 工具需要适应命名版本，否则可能出现数据和几何之间不匹配的问题。

3. 保持地理单元的最新状态

该工具包含显示系统中可用指标所需的所有几何图形集，欧洲统计局的数据变化或添加新指标时，需要保持地理单元的最新状态（如 2021 年版的 NUTS 启用时或 FUA 图层发生变化时）。该工具包含了不同的功能区域，以便提供除了 NUTS 以外的地理单元数据。

（1）跨国合作区（TNCA）。这些是来自不同国家的地区集合。一般来说，没有关于这种地理聚集区指标的直接统计数据，可以根据 NUTS 一级的数据来计算它们的指标。跨国合作区共有 16 个区域，其中 12 个位于欧洲大陆，由 NUTS-0/NUTS-2/NUTS-3 区域组成，这些区域通过对应表确定哪些 NUTS 区域属于跨国合作区的一部分。这些对应表存储在工具的数据库系统中，并通过执行系统中预定义的操作自动重新计算各项指标的值（总和或取平均）。因此，用户会接收到所选跨国合作区的指标计算值。

（2）城市功能区（FUA）。城市功能区由城市及其通勤区组成，由不同的 LAU-2 区组成。这一地理单元部分指标已经存在，可直接纳入工具。

（3）港口。该工具中提供欧洲港口的 Shapefile 格式文件作为地理单元，以显示其指标。

（4）海洋区域。该工具中包含几个不同的海洋区域，以显示欧洲环境署、波罗的海海洋环境保护公约等指标。

4. 管理国土区域

（1）绘图引擎使用一个特殊的查询，只过滤必要的数据和地理单位来创建地图。因此有必要对工具上使用的边界所包含的元素进行维护。也就是说，如果宏观区域改变了边界（如 2020 年 4 月北马其顿的情况），系统需要识别到这些变化且绘制一组更新后的区域边界。

（2）修改一个国土区域。行政界面的国土区域部分提供了修改与给定周长相连的国土单位列表的方法。

（3）创建一个新的国土区域。这部分的国土区域还允许定义一个与任意数量的国土单位相连的新区域。新区域将自动用于定义工具上的任何地图的范围。

5. 保持描述的最新状态

该工具提供了许多与宏观区域测量（macro-regional strategy，MRS）组件和指标相链接的策略描述。如果发生了这些变化，则需要相应地更改描述。这个任务涉及起草一个新的文本，并通过使用在线编辑器来更改它，或者还可以通过报告部分使用管理界面来更改文本。

10.3.6 工具使用示例

1. 欧洲模块

欧洲一个地区政府的政策制定者希望了解"绿色欧洲"这一主题，并具体了解保护区的发展趋势，以估计宏观区域间的发展情况。

首先选择欧洲模块，如图 10-15 所示。

然后选择更绿色的欧洲主题，如图 10-16 所示。

选择指标。

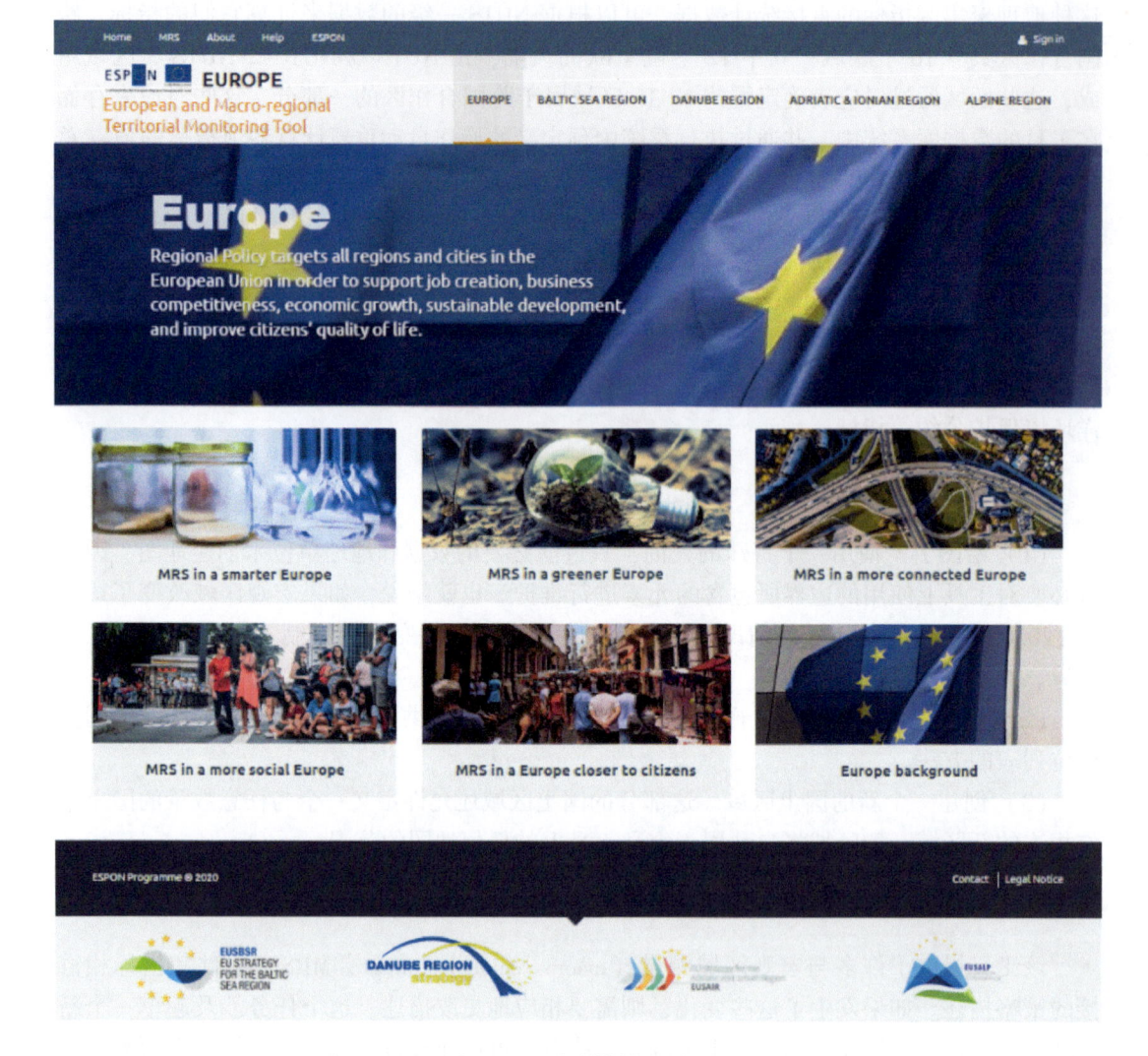

图 10-15　欧洲模块主界面

进入指标页面后，选择 2012 年作为开始年，选择 2018 年作为结束年，显示整个欧洲 NUTS-3 级别区域的演变。该工具还提供了对该指标政策相关的分析。

通过单击"下载"—"Excel"，你可以得到一个用于创建地图的数据表，以便用户可以使用 GIS 下载地图，如图 10-17 所示。

2. 宏观区域模块

宏观区域模块提供了根据每个宏观区域战略的治理结构进行组织的信息，如图 10-18 所示。通过登录页面作为单个入口点提供给用户，其中显示了配置此结构的所有元素，包括支柱、优先级区域和操作组。

图 10-16 欧洲模块政策选择主界面

选择 EUSALP 模块，如图 10-19 所示。
选择该行动领域，如图 10-20 所示。
选择指标，如图 10-21 所示。

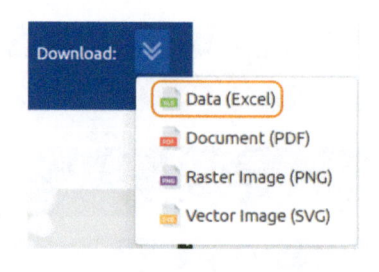

图 10-17 欧洲模块某一指标数据下载界面

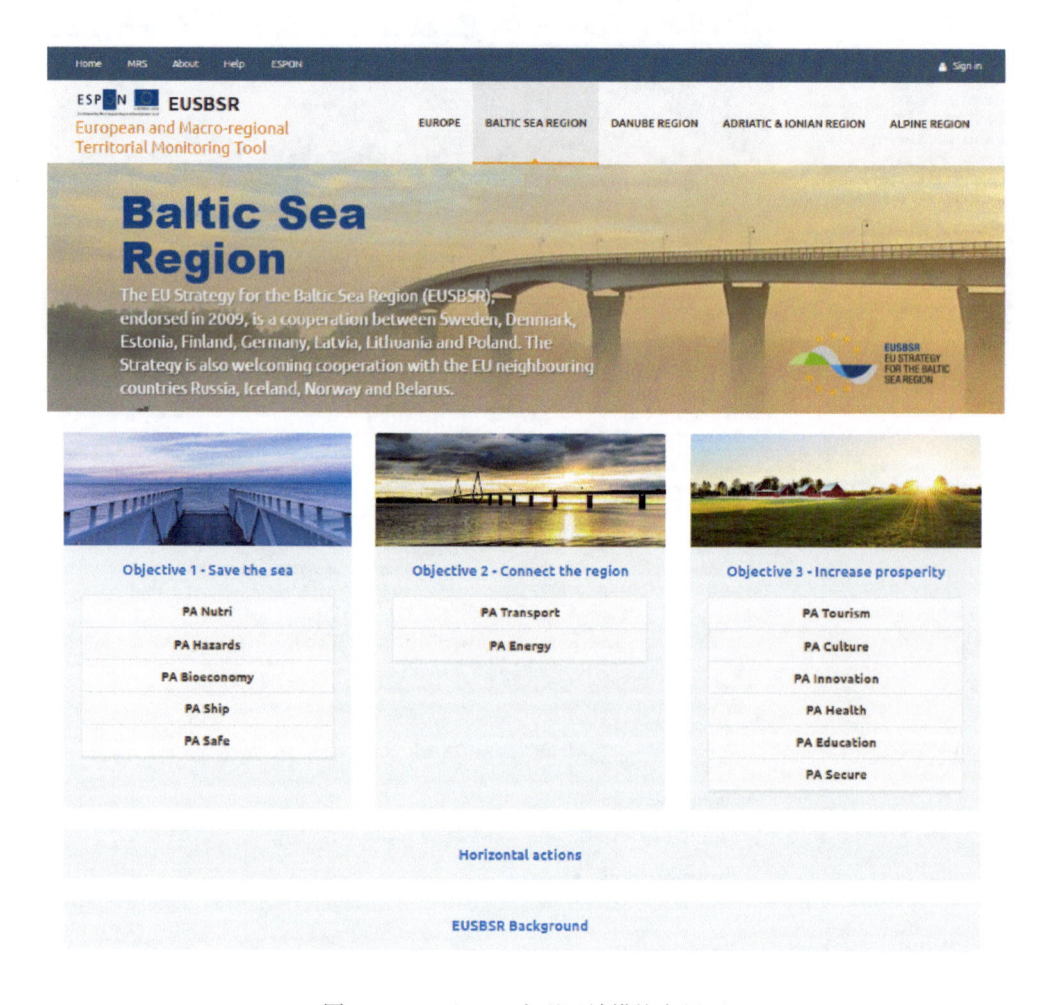

图 10-18 EUSBSR 宏观区域模块主界面

地图显示最近一年指标区域创新指标的情况。以下提供了该指标对行动领域的政策影响。

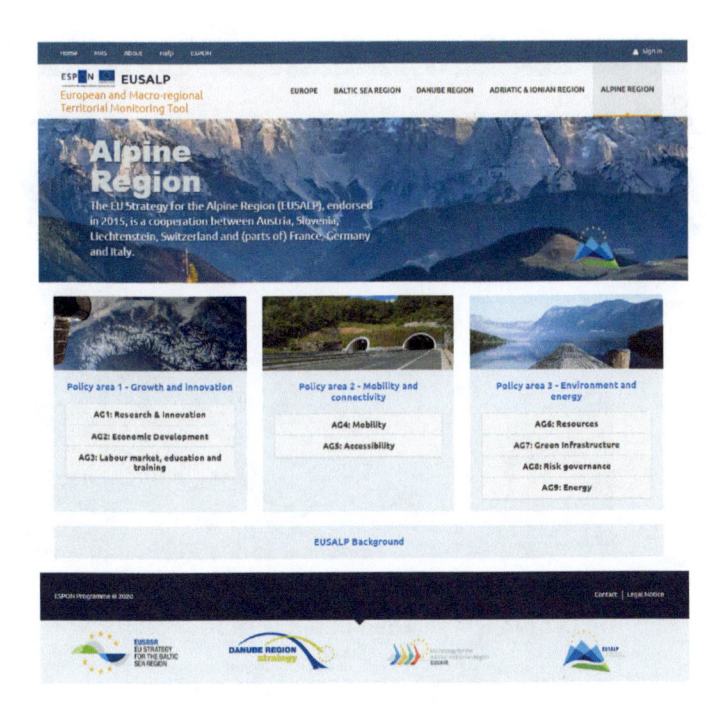

第 10 章 | 欧洲和宏观区域国土监测工具

图 10-19　EUSALP 宏观区域模块主界面

图 10-20　EUSALP 宏观区域模块行动领域界面

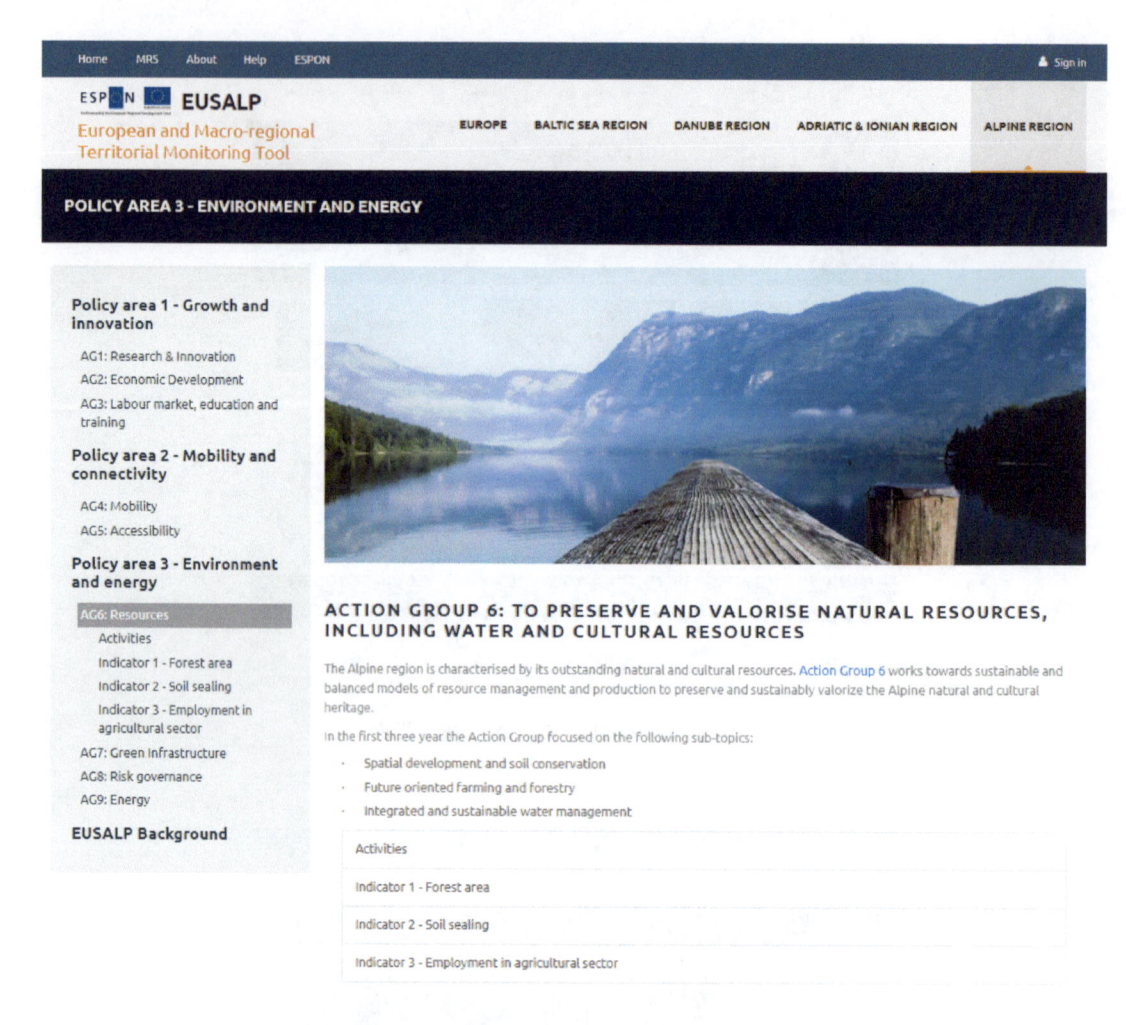

图 10-21 EUSALP 宏观区域模块指标选择界面
该图仅做网站功能展示，不作为地图国界的划线依据

选择 2011 年作为开始年，选择 2019 年作为结束年，可以显示该指标随时间的演变。如图 10-22 所示，地图显示了区域创新指标的演变，突出了哪些领域表现出积极的进步，哪些显示出消极的趋势。

单击"下载"—"pdf"，用户可以获得界面上显示地图的 pdf，并将其包含在报告中，如图 10-23 所示。

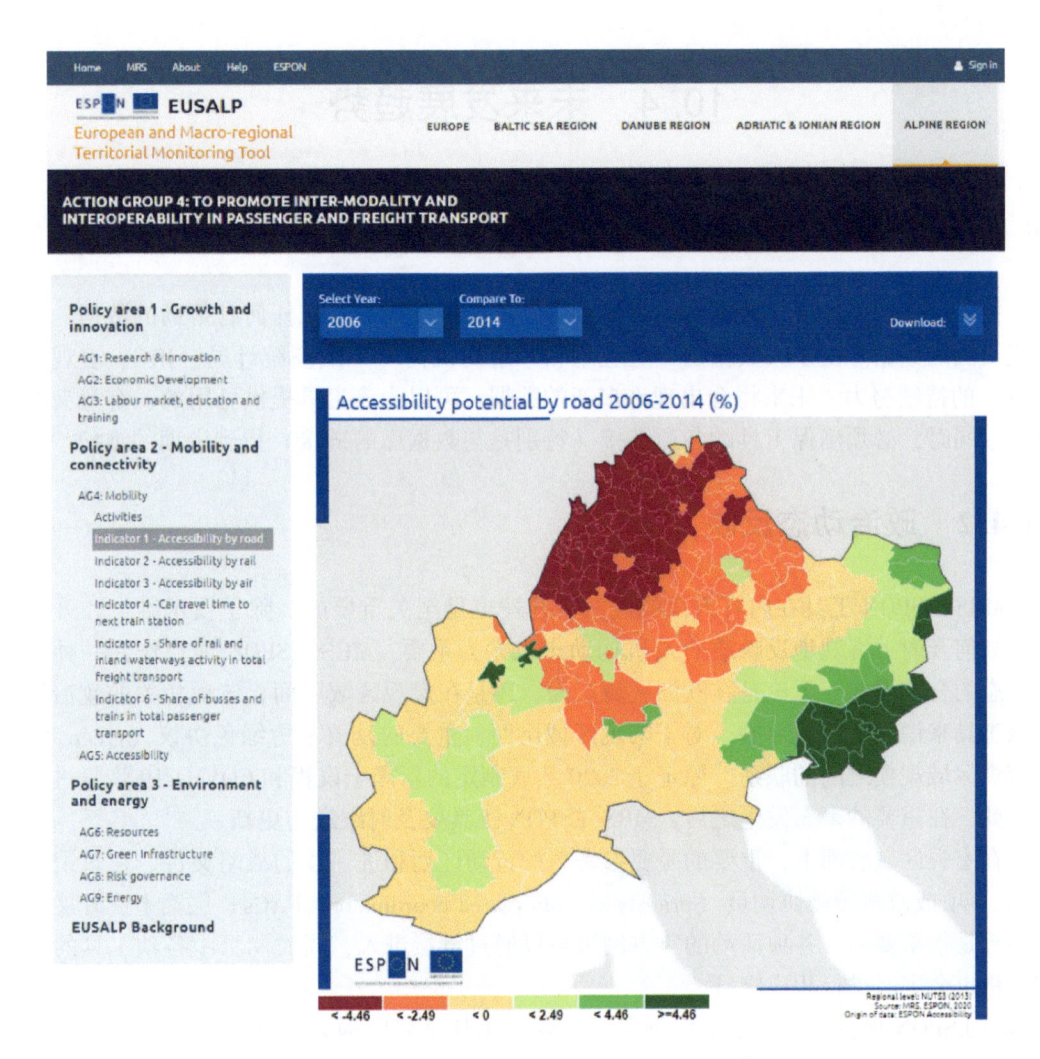

第 10 章 | 欧洲和宏观区域国土监测工具

图 10-22　EUSALP 宏观区域模块某一指标年份选择界面
该图仅做网站功能展示，不作为地图国界的划线依据

图 10-23　EUSALP 宏观区域模块某一指标地图下载界面

10.4 未来发展趋势

10.4.1 技术发展升级

技术升级首先体现在数据层面,在数据库及指标选择中补充任何有帮助的数据,包括非成员国的数据。由于大数据的广泛应用和一系列机构(如欧洲统计局、JRC、宏观区域本身)的持续努力,未来将会出现许多新的数据,可以为该工具提供可用的、有意义的数据集。同时,必须确保工具的各项链接(特别是与数据库的链接)得到定期的维护。

10.4.2 政治动态反映

MRS. ESPON 工具在内容方面的进一步开发也是至关重要的。除了技术维护和升级之外,如何及时、客观地反映政府及机构动态也尤为重要。MRS. ESPON 项目作为一种新生而动态的合作形式,无论是在欧洲区域层面,还是在宏观区域层面,体现相关的政治发展对该工具来说是至关重要的。对于宏观区域层面,重要的是要考虑绿色协议(green deal)与宏观区域规模之间的联系。原定于 2020 年底制定的新国土议程和 COVID-19 恢复进程也是如此,在重要的事态发生之后,MRS. ESPON 工具要及时跟进与更新。

在宏观区域层面上,重要的是要参考新的行动计划和进一步的战略文件。在政策领域/优先事项或政策领域协调员(priority or policy area coordinator, PACs)层面上,开展项目活动等是很重要的。各项活动的官方网页可以通过链接进入,同时网页中各项工具的文本和分析也会定时进行相应修订。

对 ESPON 项目来说,承上启下尤为重要。尤其是将跨国方案和部门政策的优先事项与发展背景联系起来,包括来自其他项目的结果,特别是那些具有潜在角色的项目(场景)。

10.4.3 确保参与过程

为了反映宏观区域的动态演变,该监测工具非常依赖于欧盟多层次治理系统中利益相关方的利益和需求。确保参与过程具有一系列影响:宏观区域动态涉及来自各级政治体系与部门层面的大量利益相关方。在项目执行阶段,不可能让所有人都参与进来。这就是为什么必须考虑一种可行的参与方法,以便利益相关方在工具中也能够及时提供反馈(如通过添加链接、修改文本等)。未来将考虑在修正、增加指标或纳入新数据和信息等方面增加投入。特别是对于那些利益相关方打算采取主动的情况。

与 MRS. ESPON 工具的利益相关方(特别是政治行动委员会)组织研讨会相比准备时事通信文本更为重要。因此,在工具开发使用过程中,利益相关方应考虑与政治行动委员会进行实时网络协商,以讨论潜在指标和现有文本的表述。

10.4.4　确保技术实施

该工具的最终报告所附的准则中提供了关于如何通过不同的管理工具进行信息更新。与利益相关方的持续对话可以提供以下反馈。

（1）及时更新四个宏观区域对应的优先领域。每当宏观区域的行动计划更新时，可能需要修改配置每个宏观区域对应的优先领域的结构或描述。

（2）及时更新优先领域对应的指标。只要有确定的相关数据，新指标就可以加入宏观区域的指标评价体系。

（3）及时更新报告的内容。例如，通过在地图/图表中添加最近几年的数据，更改文本描述以突出显示数据的特点及变化趋势。

第三部分 启 示 篇

第 11 章 案例启示与展望

建设全国国土空间规划实施监测网络,是建立国土空间规划体系并监督实施的迫切需求,是推进国土空间数字化转型的重要举措,是实现国土空间治理信息共享、业务协同和科学决策的基础保障。然而当前我国国土空间规划实施监测网络建设中仍面临如下三大问题:一是数据分散,标准化程度不够,国土空间数据的高频率监测和实时监测能力不足;二是国土空间规划相关的各方力量统筹不足,业务协同、联合攻关的机制尚未形成;三是缺乏对国土空间格局、风险和重大区域战略实施问题的高层次综合分析研究能力,无法对国土空间规划决策提供有效的支撑。本书通过回溯 ESPON 的产生背景、发展历程和政策保障体系,剖析了欧洲空间规划的基本地理单元,理清了 ESPON 的构建理念、政策主题、主要工作内容和特点,完成了 ESPON 体系归纳。按照有价值、能借鉴、可借鉴等原则,围绕 ESPON 的各项主要工作内容,从 ESPON 2020 项目中选取能够反映 ESPON 特点,又与我国国土空间规划实践相关性较高、借鉴性较强的欧洲地区的可持续城市化和土地利用实践,欧洲内部边缘地区的特征、进程与趋势,大都市区的空间动态和战略规划,生活质量测度方法和工具,区域住房动态大数据研究,欧洲和宏观区域国土监测工具 6 个项目作为案例开展研究和剖析,深化了对 ESPON 特点的理解。本章将通过案例研究和 ESPON 体系梳理,归纳总结可借鉴的理念和内容,为完善我国国土空间规划实施监测体系,建设标准统一、链接通畅的国土空间规划实施监测网络提供经验与启示。

11.1 案例启示

11.1.1 SUPER 项目启示

本案例重点从技术方法、欧洲地区的城市化和土地利用发展情况、促进可持续城市化和土地利用的干预措施及其效果、欧洲相关政策干预实践案例、未来的城市化情景及其可持续发展路径 5 个方面对 SUPER 项目的具体内容及取得的成果进行了剖析。在我国生态文明建设和快速城市化背景下,本案例对于探索可持续城市化路径选择和国土空间优化具有重要借鉴意义。对我国的国土空间规划体系建设具有如下几点启示。

(1)立足当前放眼长远制定国土空间可持续发展战略。在谋划国土空间可持续发展战略的过程中要有高瞻远瞩的思维模式,既要结合当前实际情况,也要考虑长远发展,站在全局和整体立场上看待国土空间开发利用和保护问题,对可持续发展想要实现的目标设定限制,对国土空间发展的路径作出明确取舍,避免在实践中忽视国情条件和全局而盲目追求局部的可持续。

（2）结合中国国情分层级制定干预政策促进可持续发展。欧洲的实践经验表明，政策干预可以对城市化和土地利用可持续产生影响，并且不同层级的政策各有优缺点，因此在开展国土空间规划和城市治理工作中，应结合我国国情从不同层级制定促进城市化和土地利用可持续发展的干预措施，解决不同层级的土地利用发展问题，如国家级、省级、市县级的干预政策或措施应该有所差异但又要有一定的包容性。

（3）积极主动探索不同发展路径以便为决策提供参考。在国土空间规划工作中，可以结合当地实际发展情况和面临的主要问题，因地制宜地设定不同的城市化发展模式，并进行情景模拟，系统地比较不同模式的可持续性，为政策制定者提供参考，以选择适用于当地发展的最优路径。

11.1.2 PROFECY 项目启示

该案例通过对欧洲内部边缘地区的概念、特征描述、划定方法的研究，分析不同类型内部边缘地区的主要特征，针对分析结果提出了内部边缘地区的发展策略，同时从地方、区域、国家以及欧洲多层级决策与管理机构视角下提出政策建议。该案例对于我国国土空间规划实施监督、城市体检评估等工作的开展具有以下参考价值。

（1）未来我国可参考该案例中对欧洲内部边缘地区进行监测、识别与划定的技术方法。通过分析不同地区的空间分布模式及发展趋势，对不同地区不同类型的内部边缘地区进行特征描述，同时对潜在内部边缘地区进行预测。

（2）选择典型地区作为试点区，探索我国内部边缘地区的一般发展趋势、存在问题及应对经验。通过对区域内部边缘地区监测与识别，发现城市发展过程中处于"边缘地带"的地区，及时干预并采取措施，从而缩小区域内部发展差异，实现区域均衡协调发展。

（3）地方、区域、国家等多层级均需采取行动。缺乏区域连通性是导致内部边缘地区地位相对较差的主要原因之一，因此需要提高地区发展潜力，督促不同层级利益相关方积极采取行动措施，加强在不同政策干预层面之间的合作。

11.1.3 SPIMA 项目启示

该案例通过剖析欧洲大都市区空间发展动态及战略规划，摸清不同地区城市核心区与城市功能区划定方法，以及大都市区 SOEI 分析方法，对于未来我国城市群、都市圈等重要区域发展提供以下启示。

（1）城市群、都市圈等重要区域划分需更多地考虑城市功能，而不是行政区域，即根据城市核心区和周边地区之间的流动来定义城市群、都市圈，以便更好地识别"实际上的城市"而不是"行政上的城市"。

（2）在城市群、都市圈等重要区域制定规划时，加强顶层设计。例如，该项目中首先确定大都市区规划的关键行动领域，再根据不同区域的发展情况分析并制定详细规划。

（3）深入调研，更好地了解存在的问题。未来我国城市群、都市圈等区域在国土空间规划过程中，可设计调查问卷并对当地相关人员访谈，更好地了解区域发展的战略重点、机遇与挑战以及激励措施，因地制宜且科学精准地提出未来空间发展的政策建议。

11.1.4　QoL 项目启示

该案例设计了一种生活质量科学测度方法。首先，定义了生活质量的概念；其次，运用潜在聚类方法定义了评价体系，从个人、社会经济和生态三个领域，美好生活的促进因素、生活维护、生活繁荣三个维度，选取了 9 个一级指标和 22 个二级指标，对生活质量进行评价。为了及时发现城市空间品质的短板和风险，为政府决策提供参考，我国定期开展城市体检评估。根据自然资源部发布的《国土空间规划城市体检评估规程》，从安全、创新、协调、绿色、开放、共享 6 个维度设置了城市体检评估的具体指标。我国"以人文本"的城市体检评估工作与"以公民为中心"的 ESPON 生活质量测度具有相似性。借鉴本案例中生活质量测度的内涵和指标等，对当前开展我国城市体检评估工作有以下几点启示。

（1）弹性制定评估指标。生活质量的测度指标体系需要量身定制。我国地域广阔，自然和人文环境地区差异较大。对于不同的研究地区、不同的研究尺度，因地制宜构建最合适的测度指标体系。

（2）融入可持续发展目标。ESPON 将生活质量指标体系融入了联合国可持续发展目标，旨在缩小生活质量与可持续发展目标中的指标的差距。在城市体检评估工作中，可结合我国实际情况，将联合国可持续发展目标中的部分指标纳入城市体检评估中，对标国际，识别我国城市发展问题。

（3）全民共建。"人民的城市为人民，人民的城市人民建"，生活质量测度结果需要人民积极地参与检验，使人民定义生活质量，共同致力于创建人民满意和可持续的生活。

（4）做好支撑保障。在我国优化国土空间规划部署中，政府、企业、公益组织等多方应联合提供相应的财务政策和指导方针，针对性地调整政府重点投资领域，确保人民获得可接受的生活质量，减少不同阶层生活质量的差距，进而提升城市治理水平。

11.1.5　BDTAHD 项目启示

在收入与住房负担差距日益加剧的背景下，为更好地了解城市居民住房可负担性，该案例采用官方发布的常规数据和互联网非常规数据结合的方式，扩充数据维度，将多源异构数据清洗、聚合等流程标准化，构建了 20 个核心城市指标和 14 个 FUA 指标，指标内容包含了经济、人口等特征，评估维度从宏观到微观。宏观指标主要体现房产市场特征，微观指标反映城市家庭经济特征，从 FUA 和 LAU 两种单元评估已有住房-收入负担与政策之间的关系。当前，我国国土空间规划涉及的数据具有多源、汇集方式多样、数据量大等特点，总结 ESPON 区域住房动态大数据研究，具有以下几点启示。

（1）统一数据规范。非常规数据维度广且数据量庞大，但数据具有不确定性。ESPON 对非常规数据清洗到聚合的全过程，降低了数据噪声的影响，丰富的住房评估指标库体现了海量数据的可用性，对我国 CSPON 建设具有参考价值。在数据建设过程中，为提高数据管理的协同性，管理部门应该在内容、层级及管理体系等方面加强协作，加强数据深度共享，减少部门监测与统计口径不一致等问题。

（2）发挥多源异构数据的优势。ESPON 利用多源异构数据从宏观到微观的评估方法，体现对数据特征的充分利用。发挥多源异构数据相互补充、相互完善的优势，呈现 1+1>2 的效果。针对不同来源的数据类型，进行多源数据融合及相互校核以提高数据的可用性和真实性，更深入地揭示数据背后的本质。

（3）提升大数据应用的自动化和可复制能力。该案例利用 R 语言全过程记录和实现对住房可负担性的全自动化评估，提升了评估的效率、可移植性和可复制能力，对未来各类型评估均具有借鉴意义。

11.1.6 MRS. ESPON 项目启示

该案例旨在开发一个在线网络工具，为欧洲，包括波罗的海、多瑙河、高山、亚得里亚海和爱奥尼亚四大宏观区域提供空间发展动态与国土依据，使政策制定者更及时地掌握区域主要发展趋势与存在问题，同时与欧盟及宏观区域的政策目标紧密结合，实时更新，在空间上对区域政策目标的实施和贡献进行呈现。该案例主要对项目的研究背景、研究目标和内容、技术特点、使用示例及未来发展趋势 5 个方面的核心内容进行剖析，对未来我国国土空间规划实施监督与预警工作具有如下几点启示。

（1）因地制宜，紧密结合政策目标，根据评估结果及时调整更新战略和规划。未来我国在国土空间规划与区域发展战略实施过程中，首先应该与战略目标、相关政策紧密结合，在空间层面及时监测、评估规划落实情况与存在问题，以便及时调整更新规划和战略。

（2）加强多源数据的整合与使用，包括自然资源调查监测数据、测绘地理信息数据、规划审批数据、统计数据等，旨在为保障我国国家安全和高质量发展提供有力的空间决策支撑。

（3）提高各方人员参与度。在国土空间规划实施监督过程中，需要加强各方人员参与度，包括政策制定者、管理人员与技术人员，提高公众参与程度，及时沟通，了解不同人群的需求。

11.2 我国国土空间规划实施监测网络建设的建议

（1）借鉴 ESPON 关注的前沿研究主题与框架，丰富国土空间规划实施监测指标体系。在研究主题层面，可借鉴 ESPON 2020 项目中相关的研究主题和框架，实现高质量发展和高品质生活，如关注生活质量测度、都市圈发展、交通可达性、绿色基础设施、衰退地区的振兴与可持续发展等主题。同时借鉴 ESPON 各项监测工具，如 SDG 本地化工具（sustainable development goals tool）——通过开发 Web 应用程序来支持地方和地区政府在实现区域可持续发展中发挥作用；大数据和住房（big data and housing）工具——利用大数据分析城市地区尤其是与住房相关的空间格局和动态变化，衡量城市住房动态和人民福祉；国土影响评估工具（territorial impact assessment tool）——通过定性或定量方法来衡量某项法律、政策和质量产生的国土影响，提高决策效率。同时，提高对海上空间规划的关注程度，促进海洋和沿海经济的可持续发展，以及海洋和沿海资源的可持续利用。在监测指标层面，借鉴 ESPON 平台的监测指标体系，关注全球热点领域及城市问题。监测指标构建要兼顾全国共性指标和区域特色指标。在制定全国范围普适性指标体系基础上，从区域特色及不同发展目标出发，充分考虑地域性、以人为本、时效性、多样性和区域凝聚力等特点，制定多尺度、差别化的监测指标体系，从而满足不同的监测需求。在我国现有的自然资源调查监测指标中，引入全球共同关注的问题与领域指标，丰富国土空间规划实施监测内容及前瞻性。具体指标建议如下：①适应气候变化主题。潜在的气候变化脆弱性、气候变化对环境的影响、减缓气候变化指数、温室气体排放、潜在绿色基础设施网络的空间分布、绿色基础设施可达性、人均绿色基础设施面积、绿色基础设施覆盖度、海洋/地面站点温度等指标。②生物多样性主题。海洋鱼类和贝类种群状况、各海域的物种数及观测值、沿海鱼类主要功能群体的丰富程度、繁殖季节水鸟数量丰富程度等指标。③贫困/社会包容主题。贫困风险率、社会进步指数、区域贫困指数、社会脆弱性综合指标等指标。

（2）建立内外网结合的数据汇聚、共享和融合技术机制，提升数据获取能力。

ESPON 中的数据来源多元化，包括欧洲统计局、欧盟委员会和世界银行，还包括联合国人类发展项目官网、欧盟委员会城市数据平台、国际移民组织在线平台、欧洲议会区域发展报告等组织机构的统计数据，四大宏观区域的数据来源还包括波罗的海海洋环境保护委员会、经济合作与发展组织官网、Knoema 数据库、多瑙河物流门户网站、河流信息服务网站、蓝皮书数据库、欧盟委员会城市数据平台、联邦统计局等组织机构。因此，面对全域、全要素、全尺度的国土空间管理，采用"内网""外网"结合的模式，满足不同应用对象的用户需求，充分集成各个部门和行业的多源数据，建立要素全面、内容完整、动态适应、更新及时、相互关联的数据体系，形成一批标准化核心数据集，实现数据在线共享，覆盖规划编制、实施、监测、评价和预警等全过程。

（3）构建汇聚众智、业务协同、合力创新的工作机制，打造国土空间治理研究生态。

ESPON 几乎所有的项目都是由多家单位共同协作完成，如 SUPER 项目是由荷兰环境评估局牵头，德国联邦建筑、城市事务和空间发展研究所，以及奥地利、克罗地亚、意大利、波兰、西班牙等 6 个国家的公司或者高等院校共同参与完成。因此，通过外网建设，建立相关单位数据共享、业务协同、联合攻关的工作机制，激发和凝聚体制内相关机构和市场主体的积极性和创造力，构建汇聚众智、合力创新的国土空间治理研究生态可解决国土空间规划相关的各方力量统筹不足的难题。外网可以提供相关数据展示、成果产品下载、可交互式的各类工具和模型，提高公众参与度，为各行业人员协同合作搭建桥梁。结合我国"五级三类"国土空间规划体系，建立健全国土空间规划网络化实施监督机制，逐步实现横向连通、上下层级衔接、区域统筹。上级国土空间规划主管部门要会同有关部门组织对下级国土空间规划中各类管控边界、约束性指标等管控要求的落实情况进行监督检查，帮助执政者更好地调整规划和优化国土空间，更好地服务国土空间规划"一张图"建设和规划实施的实时监督，提高国土空间规划的决策效率，实现智慧治理。

（4）借鉴 ESPON 中应用研究与目标分析等项目的设计理念，以及地图展示与工具项目中监测产品和可视化的多样性，提升项目支撑国土空间规划管理决策的水平。

以应用研究项目 PROFECY 为例，该项目通过对欧洲内部边缘地区特征的理解和经验总结，对内部边缘地区的多种表现形式进行识别、划定和特征描述，并回答一系列关键的政策问题。项目设计时考虑了内部边缘地区的定义、特点以及关键构成要素，并在地图上识别内部边缘地区，通过分析欧洲不同的国土背景下内部边缘区域的动态变化，预测未来可能的发展前景以及识别存在内部边缘风险的国家或地区。最值得借鉴的是，项目很好地将政策与现状进行了耦合分析，不仅对推动内部边缘地区的因素、内部边缘地区的潜力等进行剖析，还给出务实的解决方案。这对我国未来开展 CSPON（中国国土空间规划实施监测网络，China Spatial Planning Observation Network）专题研究项目的可行性方案论证，支撑国土空间规划综合分析和政府决策水平具有重要的借鉴意义。另外，从呈现方式层面，可以建立一套具有中国国土空间规划特色的地图展示与工具，包括数据库及导航、在线地图、地图检索、国土影响评价工具等。通过提供具有良好可视化表达界面的地图展示工具，更为清晰、客观地展示中国国土空间规划各流程、各方面的发展现状及空间分布，提高成果显示度，便于政府和公众理解。同时，可借鉴 ESPON 中多样化的监测产品，如空间分析案例、在线地图、分析报告、杂志、政策简报等，实现 CSPON 的在线共享，丰富未来国土空间规划实施监测产品的类型和呈现形式。

参考文献

蔡玉梅,黄宏源,王国力,等.2015.欧盟标准地域统计单元划分方法及启示.国土与自然资源研究,(1):4.
陈永春,李昊成.2020.非净地出让产生的法律纠纷探析.浙江国土资源,(3):48-50.
Christopher A,王听度,周序鸿.2022.建筑模式语言:城镇·建筑·构造.北京:知识产权出版社有限责任公司.
樊杰.2017.我国空间治理体系现代化在"十九大"后的新态势.中国科学院院刊,32(4):396-404.
江山.2020.欧洲空间规划可视化演进研究.建筑与文化,(3):70-71.
焦利民,刘耀林.2021.可持续城市化与国土空间优化.武汉大学学报:信息科学版,46(1):11.
焦胜,韩宗伟,金瑞,等.2021.信息化背景下国土空间规划刚性与弹性协同路径研究.中国土地科学,35(11):19-26.
景娟,钱云,黄哲姣.2011.欧洲一体化的空间规划:发展历程及其对我国的借鉴.城市发展研究,18(6):1-6.
李满春,陈振杰,周琛,等.2020.面向"一张图"的国土空间规划数据库研究.中国土地科学,34(5):69-75.
林坚,吴宇翔,吴佳雨,等.2018.论空间规划体系的构建——兼析空间规划、国土空间用途管制与自然资源监管的关系.城市规划,42(5):9-17.
刘慧,樊杰,王传胜.2008.欧盟空间规划研究进展及启示.地理研究,(6):1381-1389.
刘小丽.2012.跨界合作下的欧盟空间规划实践经验及对珠三角规划整合的启示.广州:华南理工大学.
刘洋,张伟,刘毅.2005.国外空间规划研究与实践的新动向及对我国的启示.地理科学进展,(3):79-90.
罗峰,李琪.2010.欧盟一体化发展对长三角协同发展的启示和思考.国家行政学院学报,(3):114-118.
孟鹏,王庆日,郎海鸥,等.2019.空间治理现代化下中国国土空间规划面临的挑战与改革导向——基于国土空间治理重点问题系列研讨的思考.中国土地科学,33(11):8-14.
施雯,王勇.2013.欧洲空间规划实施机制及其启示.规划师,29(3):98-102.
司劲松.2015.构建我国国土空间规划体系的若干思考.宏观经济管理,(12):14-17.
杨庆媛,罗奎,劳昕.2020.基于地理学视角的国际空间规划嬗变与启示.地理学报,75(6):1223-1236.
张丽君,李树枝,戈晚晴,等.2020a.欧洲国土评述:欧洲未来国土合作(上).国土资源情报,(3):3-10.
张丽君,李树枝,戈晚晴,等.2020b.欧洲国土评述:欧洲未来国土合作(下).国土资源情报,(4):3-10.
张丽君.2011.欧盟空间规划与凝聚政策的启示.国土资源情报,(11):36-43.
赵星烁,邢海峰,胡若函.2018.欧洲部分国家空间规划发展经验及启示.城乡建设,(12):74-77.
Albrechts L, Healey P, Kunzmann K R. 2003. Strategic Spatial Planning and Regional Governance in Europe. Journal of the American Planning Association, 69(2):113-129.
Anas A, Arnott R, Small K A. 1998. Urban Spatial Structure. Journal of Economic Literature, 36(3):

参 考 文 献

1426-1464.

André C, Chalaux T. 2018. Construire une typologie des systèmes de logement pouréclairer les politiques des Etats membres de l'OCDE et de l'UE, Economie et Statistique, (500-501-502). https: //doi. org/10. 187/ ecostat. 2018. 500t. 1943 [2018-10-29].

Aubert B. 2007. The France Law of Solidarity and Urban Renewal. Understanding a project approach. The concept of Trialogue. 43rd ISO-CARP Congress.

Balz V, Schrijnen J. 2016. From concept to projects: Stedenbaan, the Netherlands. In Transit Oriented Development: 95-110.

Barbosa A, Vallecillo S, Baranzelli C, et al. 2017. Modelling built-up land take in Europe to 2020: an assessment of the Resource Efficiency Roadmap measure on land. Journal of Environmental Planning and Management, 60 (8): 1439-1463.

Bartholomew K, Ewing R. 2011. Hedonic Price Effects of Pedestrian- and Transit-Oriented Development. Journal of Planning Literature, 26 (1): 18-34.

Batistae Silva F, Rosina K, Schiavina M, et al. 2018. From place of residence to place of activity: towards spatiotemporal mapping of population density in Europe. In Proceedings of the AGILE Conference 2018, Lund, Sweden.

Bennie J, Davies T W, Duffy J P, et al. 2014. Contrasting trends in light pollution across Europe based on satellite observed night time lights. Scientific Reports, 4 (3789).

Bock B. 2016. Rural marginalisation and the role of social innovation: A turn towards nexogenous development and rural reconnection. Sociologica Ruralis, 56 (4): 552-573.

Bonneval L, Robert F. 2013. L'immeuble de rapport, l'immobilier entre gestion et spéculation (Lyon 1860-1990). Rennes: Presses Universitaires de Rennes.

Boyer R. 2009. Feu lerégime d'accumulation tiré par la finance, in: Revue de larégulation. http: //regulation. revues. org/7367 [2012-03-09].

Boyko C T, Cooper R. 2011. Clarifying and reconceptualising density. Progress in Planning, 76 (1): 1-61.

Bright E A, Coleman P R, Amy N R. 2013. LandScan 2012 Global Population Database. Oak Ridge National Laboratory.

Bruegmann R. 2006. Sprawl: A Compact History. University of Chicago Press. https: //books. google. nl/books? id=HFjLm2BauZ8C [2008-09-15].

Bruhn-Tysk S, Eklund M. 2002. Environmental impact assessment—A tool for sustainable develop-ment?: A case study of biofuelled energy plants in Sweden. Environmental Impact Assessment Review, 22 (2): 129-144.

Buitelaar E, Leinfelder H. 2020. Public Design of Urban Sprawl: Governments and the Extension of the Urban Fabric in Flanders and the Netherlands. Urban Planning, 5 (1): 46.

Cervero R, Murakami J. 2009. Rail and Property Development in Hong Kong: Experiences and Exten-sions. Urban Studies, 46 (10): 2019-2043.

Cheshire P, Clark M, Burall P, et al. 2018. Broken market or broken policy? The unintended consequences of restrictive planning. Planning for a Sustainable Environment, 245 (1): 9-19.

Cinyabuguma M, McConnell V. 2013. Urban growth externalities and neighborhood incentives: Another cause of urban sprawl? Journal of Regional Science, 53 (2): 332-348.

Colini L, Tripodi L. 2010. Sustainable Urban Development. Implementation praxis of Art 8 Bruxelas: DG Regio.

Collinge C, Bentley G, Damsgaard O, et al. 2012. RISE: region integrated strategies in Europe (executive summary final report). ESPON Targeted Analysis 2013/2/11. ESPON & University of Birmingham.

Colsaet A, Laurans Y, Levrel H. 2018. What drives land take and urban land expansion? A systematic review. Land Use Policy, 79: 339-349.

Copus A. 2001. From Core-Periphery to Polycentric Development: Concepts of Spatial and Aspatial Peripherality. European Planning Studies, 9: 4, 539-552.

Couch C, Petschel-Held G, Leontidou L. 2008. Urban Sprawl in Europe: Landscape, Land-Use Change and Policy. New York: John Wiley and Sons.

Council O E. 1983. European Regional/Spatial Planning Charter. Brussels: Council of Europe.

Croci E. 2013. Local environmental taxation: An opportunity for Italy? Fourth IAERE Annual Conference, 25.

Dallhammer E, Schuh B, Tordy J, et al. 2012. ESPON ARTS Assessment of Regional and Territorial Sensitivity. ESPON.

Dammers E, Langeweg S. 2013. Scenario's maken voor milieu, natuur en ruimte: Een handreiking Nederlands: Den Haag: PB.

Dax T, Fischer M. 2017. An alternative policy approach to rural development in regions facing population decline, in: European Planning Studies. http://dx.doi.org/10.1080/09654313.2017.1361596 [2017-08-08].

Dax T. 2014. A new rationale for rural cohesion policy: Overcoming spatial stereotypes by addressing inter-relations and opportunities, Chapter 3. http://dx.doi.org/10.1787/9789264205390-en [2014-01-01].

de Montis A, Caschili S, Ganciu A, et al. 2016. Strategic envi-ronmental assessment implementation of transport and mobility plans. The case of Italian regions and provinces. Journal of Agricultural Engineering, 47 (2): 100.

de Nazelle A, Morton B J, Jerrett M, et al. 2010. Short trips: An opportunity for reducing mobile-source emissions? Transportation Research Part D: Transport and Environment, 15 (8): 451-457.

DeBono J. 2016. New heights policy paves way for property boom. MaltaToday. Com. Mt. http://www.maltatoday.com.mt/news/national/62913/new_heights_policy_paves_way_for_prop-erty_boom [2016-03-09].

Dembski S, Sykes O, Couch C, et al. 2019. Reurbanisation and suburbia in Northwest Europe: A comparative perspective on spatial trends and policy approaches. https://doi.org/10.1016/j.progress.2019.100462 [2019-10-24].

Dijkstra L, Poelman H. 2012. Cities in Europe: the new OECD-EC definition. Regional Focus, 1: 1-13.

du Logement M. 2016. Lücke sucht Wohnung Neue Chancen für den Wohnungsbau. https://gouvernement.lu/dam-assets/fr/actualites/communiques/2016/07-juillet/08-dudelange-bauluecken/SKMBT_C22416070511540.pdf [2016-12-30].

EEA, FOEN. 2016. Urban sprawl in Europe. European Environment Agency and Swiss Federal Office for the Environment. http://bookshop.europa.eu/uri?target=EUB: NOTICE: THAL16010: EN: HTML [2016-11-30].

ESPON, Spiekermann & Wegener, Urban and Regional Research (S&W). 2015. ESPON TRACC: Transport Accessibility at Regional/Local Scale and Patterns in Europe (2010-2012). TRACC Scientific Report. Volume 2.

ESPON. 2004. Transport services and networks: territorial trends and basic supply of infrastructure for territorial cohesion, final report for ESPON project 1.2.1. Luxembourg. https://www.espon.eu/programme/projects/espon-2006/thematic-projects/transport-services-and-networks-territorial-trends [2016-04-06].

ESPON. 2013. Database. http://database.espon.eu/db2/ [2017-09-01].

ESPON. 2018. Green infrastructure: Enhancing biodiversity and ecosystem services for territorial development—final report. https://www.espon.eu/sites/default/files/attachments/GRETA_Final%20Report.pdf [2020-01-01].

ESPON. 2019. Potentials of big data for integrated territorial policy development in the European growth corridors—final report. https：//www. espon. eu/sites/default/files/attachments/Big% 20Data% 20% 26% 20EGC _ Synthesis%20Report_ final. pdf ［2020-01-01］．

European Commission, Joint Commission Resources. 2019. The future of cities：Opportunities, challenges and the way forward. https：//data. eu-ropa. eu/doi/10. 2760/375209 ［2020-01-01］．

European Commission. 1999. The new programming period 2000-2006：Methodological working papers, indicators for monitoring and evaluation：An indicative methodology.

European Commission. 2006. The new programming period 2007-2013：methodological working papers indicators for monitoring and evaluation：A practical guide.

European Commission. 2011a. Europe 2020：A Strategy for Smart, Sustainable and Inclusive Growth. Revija Za Socijalnu Politiku, 18（1）：119-124.

European Commission. 2011b. Roadmap to a Resource Efficient Europe, 1067-8 final. http：//eur-lex. europa. eu/legal-content/EN/TXT/? uri=CELEX：52011DC0571 ［2011-09-20］．

European Commission. 2012. Guidelines on best practice to limit, mitigate or compensate soil sealing. http：//ec. europa. eu/environment/soil/pdf/soil_ sealing_ guidelines_ en. pdf ［2012-12-01］．

European Commission. 2017. Strengthening Innovation in Europe's regions：Strategies for resilient, inclusive and sustainable growth. Communication from the Commission to the European Parliament, the Council, the European Economic and Social Committee and the Committee of the Regions, COM（2017）376 final, Brussels.

European Forum for Geography and Statistics. 2017. GEOSTAT 3. http：//www. efgs. info/geostat/geostat-3/ ［2017-11-28］．

European Parliament. 2019. The European Parliament declares climate emergency | News | European Parliament. https：//www. europarl. europa. eu/news/en/press-room/20191121IPR67110/the-european-parliament-declares-climate-emergency ［2019-11-29］．

European Union, UN-Habitat. 2016. The State of European Cities 2016：Cities Leading The Way to A Better Future. London：PFD Media Group.

Eurostat. 2016. Urban Europe. Statistics on Cities, Towns and Suburbs. Luxembourg：European Union.

Evers D, de Vries J. 2013. Explaining Governance in Five Mega-City Regions：Rethinking the Role of Hierarchy and Government. European Planning Studies, 21（4）：536-555.

Evers D, Tennekes J. 2016. Europe exposed：Mapping the impacts of EU policies on spatial planning in the Netherlands. European Planning Studies, 24（10）：1747-1765.

Faludi A. 2007. Territorial Cohesion and the European Model of Society. Cambridge, MA：Lincoln Institute of Land Policy.

Farinós Dasí J. 2018. Territory and States：Essentials for the Coordination of Spatial Planning Policies in the XXIst Century. Tirant.

Friggit J. 2017. Prix immobilier-Evolution 1200-2017：CGEDD, Conseil Général de l'Environnement et du Développement Durable. http：//www. cgedd. developpement durable. gouv. fr/prix-immobilier-evolution-1200-a1048. html ［2017-09-30］．

García-Coll A, López-Villanueva C. 2018. The Impact of Economic Crisis in Areas of Sprawl in Spanish Cities. Urban Science, 2（4）：113.

Gibbs D, O'Neill K. 2017. Future green economies and regional development：A research agenda. Regional Studies, 51（1）：169.

Gielen E, Riutort-Mayol G, Garcia J, et al. 2021. Cost assessment of urban sprawl on municipal services using hierarchical regression. Environment and Planning B Urban Analytics and City Science, 48（2）：280-297.

Giezen M, Balikci S, Arundel R. 2018. Using Remote Sensing to Analyse Net Land-Use Change from Conflicting Sustainability Policies: The Case of Amsterdam. ISPRS International Journal of Geo-Information, 7（9）: 381.

Glaeser E L, Kahn M E. 2010. The greenness of cities: Carbon dioxide emissions and urban development. Journal of Urban Economics, 67（3）: 404-418.

Goodspeed T J. 1998. Tax competition, benefit taxes, and fiscal federalism. Natl Tax J, sl（3）: 579-586.

Guet J F. 2005. French urban planning tools and methods renewal. 41st ISOCARP Congress, 8.

Guthrie A, Fan Y. 2016. Developers' perspectives on transit-oriented development. Transport Policy, 51: 103-114.

Guérois M, Le Goix R. 2009. La dynamique spatio-temporelle des prix immobiliers à différentes échelles: le cas des appartements anciens à Paris（1990-2003）. Cybergeo: European Journal of Geography, 470: 25.

Hall P. 2005. Planning: Millennial retrospect and prospect. Progress in Planning,（57）: 63-84.

Hall P. 2014. Cities of Tomorrow: An Intellectual History of Urban Planning and Design Since 1880. New Jersey: Wiley-Blackwell.

Hautamäki R. 2019. Contested and constructed greenery in the compact city: A case study of the Helsinki city plan 2016. Journal of Landscape Architecture,（1）: 20-29.

Hayden D. 2004. A Field Guide to Sprawl. Manhattan: WW Norton & Company.

Hood C C, Margetts H Z. 2007. The Tools of Government in the Digital Age. Oxford: Macmillan International Higher Education.

Hortas-Rico M, Solé-Ollé A. 2010. Does urban sprawl increase the costs of providing local public services? Studies, 47（7）: 1513-1540.

Humer A, Sedlitzky R, Brunner D. 2019. When does population growth pay off? A case study of suburban land consumption to assess the Lower Austrian infrastructural cost calculator. Journal of Housing and the Built Environment, 34（1）: 331-344.

Jacobs J. 1961. The Death and Life of Great American Cities. New York: Random House.

Kah S, Mendez C, Bachtler J, et al. 2015. Strategic coherence of Cohesion Policy: Comparison of the 2007-13 and the 2014-20 Programming Periods. Report for the European Parliament, Directorate-General for Internal Policies. IP/B/REGI/IC/2014-029. Brussels.

Keeble D, Offord J, Walker S. 1988. Peripheral Regions in a Community of Twelve Member States. Luxembourg: Commission of the European Community.

Kemeny J. 2001. Comparative housing and welfare: Theorising the relationship. Journal of Housing and the Built Environment, 16（1）: 53-70.

Kenworthy J R. 2006. The eco-city: Ten key transport and planning dimensions for sustainable city development. Environment and Urbanization, 18（1）: 67-85.

Kenyon S. 2011. Transport and social exclusion: Access to higher education in the UK policy context. Journal of Transport Geography, 19（4）: 763-771.

Klug S, Hayashi Y. 2012. Urban Sprawl and local infrastructure in Japan and Germany. Journal of Infrastructure Systems, 18（4）: 232-241.

Knowles R D. 2012. Transit oriented development in Copenhagen, Denmark: From the finger plan to Ørestad. Journal of Transport Geography, 22: 251-261.

Kundzewicz Z W. 2014. Adapting flood preparedness tools to changing flood risk conditions: The situation in Poland. Oceanologia, 56（2）: 385-407.

Kötter T. 2018. A German perspective on land readjustment: A proper instrument of modern urban gov-ernance for efficient land use// Gerber J D, Hartmann T, Hengstermann A. Instruments of Land Policy: Dealing with

Scarcity of Land (1st: 164-170).

Larrue C, Bruzzone S, Lévy L, et al. 2016. Analysing and Evaluating Flood Risk Governance in France: From State Policy to Local Strategies. Tours: STAR-FLOOD Consortium.

Le Goix R, Giraud T, Cura R, et al. 2019. Who sells to whom in the suburbs? Home price inflation and the dynamics of sellers and buyers in the metropolitan region of Paris, 1996-2012. PLoSONE, 14 (3): e0213169.

Lierop D, Maat K, El-Geneidy A. 2017. Talking TOD: Learning about transit-oriented development in the United States, Canada, and the Netherlands. Journal of Urbanism: International Research on Placemaking and Urban Sustainability, 10 (1): 49-62.

Litman T. 2019. Guide to Valuing Walking and Cycling Improvements and Encouragement Programs (p. 88). Wellington: Victoria Transit Policy Institute.

Longley P, Batty M, Chin N. 2002. Sprawling Cities and Transport: Preliminary findings from Bristol, UK. European Regional Science Association.

Longley P A, Adnan M, Lansley G. 2015. The Geotemporal Demographics of Twitter Usage. Environment and Planning A: Economy and Space, 47 (2): 465-484.

Lord A. 2012. The Planning Game. London: Routledge.

Malpass P. 2011. Path Dependence and the Measurement of Change in Housing Policy. Housing, Theory and Society, 28 (4): 305-319.

Mantino F, Copus A, Dax T, et al. 2017. Strategies for inner peripheries. Annex 20, Final report, Version 24/10/2017. ESPON project Processes, Features and Cycles of Inner Peripheries in Europe (PROFECY).

Meijers E. 2005. Polycentric Urban Regions and the Quest for Synergy: Is a Network of Cities More than the Sum of the Parts? Urban Studies, 42 (4): 765-781.

Milczarek-Andrzejewska D, Zawalińska K, Czarnecki A. 2018. Land-use conflicts and the Common Agricultural Policy: Evidence from Poland. Land Use Policy, 73: 423-433.

Milego R, Ramos M J, Domingues F, et al. 2014. OLAP technologies applied to the integration of geographic, thematic and socioeconomic data in the context of ESPON, Universitat Autònoma de Barcelona (UAB) Technical Repor. 50p. http://database.espon.eu/db2/resource? idCat=21 [2014-06-30].

Montgomery C. 2013. Happy City: Transforming Our Lives Through Urban Design. New York: Farrar, Straus and Giroux.

Morency C, Trépanier M, Demers, M. 2011. Walking to transit: An unexpected source of physical activity. Transport Policy, 18 (6): 800-806.

Naess P. 2006. Urban Structure Matters: Residential Location, Car Dependence and Travel Behaviour. London: Routledge.

Nairobi. 2017. Methodologically this follows guidelines on urban and territorial planning, like United Nations Human Settlements Programme (UN-Habitat) (2015) International Guidelines on Urban and Territorial Planning, Towards a Compendium of Inspiring Practices. https://www.google.at/url? sa=t&rct=j&q=&esrc=s&source=web&cd=1&cad=rja&uact=8&ved=0ahUKEwjAtcGc58XXAhXrKcAKHYVTBbQQFggmMAA&url=https%3A%2F%2Funhabitat.org%2Fwpcontent%2Fuploads%2F2015%2F04%2FInternational%2520Guidelines%2520%2520-%2520Compendium%2520Inspiring%2520Practices.pdf&usg=AOvVaw34ROqw-wL01xdmTCpNnXSIZ [2017-11-17].

Nelson A C, Dawkins C J, Sanchez T W. 2004. Urban Containment and Residential Segregation: A Preliminary Investigation. Urban Studies, 41 (2): 423-439.

Neuman M, Churchill S W. 2015. Measuring sustainability. Town Planning Review, 86 (4): 457-482.

Newman P, Kenworthy J. 1999. Sustainability and cities: Overcoming automobile dependence. Landscape and

Urban Planning, 44（4）：219-226.

Nilsson I, Delmelle E C. 2018. Transit investments and neighborhood change: On the likelihood of change. Journal of Transport Geography, 66: 167-179.

Norman J, MacLean H L, Kennedy C A. 2006. Comparing high and low residential density: Life-cycle analysis of energy use and greenhouse gas emissions. Journal of Urban Planning and Development, 132（1）：10-21.

OECD. 2012b. Redefining "Urban": A New Way to Measure Metropolitan Areas. 19 April 2011.

OECD. 2018. Affordable Housing Database. https://www.oecd.org/housing/data/affordable-housing-database/［2018-12-30］.

OECD. 2012. Compact City Policies: A Comparative Assessment. htpp://dx.doi.org/10.1787/9789264167865-en［2012-05-14］.

Oppla. 2019. NBS for urban green connectivity and biodiversity（Berlin）. https://oppla.eu/casestudy/19454［2020-01-01］.

Oueslati W, Alvanides S, Garrod, G. 2015. Determinants of urban sprawl in European cities. Urban Studies, 52（9）：1594-1614.

Owen D. 2009. Green Metropolis. Why Living Closer, and Driving Less Are the Keys to Sustainability. Carcinogenesis, 34: 368.

O'Hara P. 2013. What Future for the Regions? Chapter 7//Reynolds B, Healy S. A Future Worth Living For, Sustainable Foundations and Frameworks. Dublin: Social JusticeIreland: 164.

Pagliarin S, de Decker P. 2018. Regionalised sprawl: Conceptualising suburbanisation in the European context. Urban Research & Practice, 14: 138-156.

Papa E, Bertolini L. 2015. Accessibility and transit-oriented development in European metropolitan areas. Journal of Transport Geography, 47: 70-83.

Piketty T. 2013. Le capital au XXIe siècle. Paris: Seuil.

Pojani D, Stead D. 2015. Transit-Oriented Design in the Netherlands. Journal of Planning Education and Research, 35（2）：131-144.

Pooley C G, Turnbull J. 2000. Modal choice and modal change: The journey to work in Britain since 1890. Journal of Transport Geography, 8（1）：11-24.

Porter M E. 1995. The Competitive Advantage of the Inner City. Harvard Business Review, 73: 3, 55-71.

Prokop G, Jobstmann H, Schönbauer A. 2011. European Commission, & Directorate-General for the Environment. Overview of best practices for limiting soil sealing or mitigating its effects in EU-27: Final report. Publications Office. http://dx.publications.europa.eu/10.2779/15146［2012-08-27］.

Préteceille E. 2016. Segregation, Social Mix and Public Policies in Paris//Maloutas T, Fujita K. Residential Segregation in Comparative Perspective Making Sense of Contextual Diversity. London, New York: Routledge: 153-177.

Rajamani J, Bhat C R, Handy S, et al. 2003. Assessing Impact of Urban Form Measures on Nonwork Trip Mode Choice After Controlling for Demographic and Level-of-Service Effects. Transportation Research Record, 1831（1）：158-165.

Reimer M. 2014. The Danish Planning System 1990—2010: Continuity and decay. In O. Dams-gaard, Spatial Planning Systems and Practices in Europe. London: Routledge.

Republic of Latvia. 2015. Procedures for the Implementation, Assessment and Financing of Regional Development Support Measures. https://faolex.fao.org/docs/pdf/lat172863.pdf［2015-12-30］.

RISE. 2012. Towards a Handbook. ESPON Targeted Analysis 2013/2/11. ESPON & University of Birmingham.

Rolnik R. 2013. Late Neoliberalism: The Financialization of Homeownership and Housing Rights. International

Journal of Urban and Regional Research, 37 (3): 1058-1066.

Ronald R. 2008. The Ideology of Home Ownership: Homeowner Societies and the Role of Housing. New York: Palgrave Macmillan.

Rondinella T, Segre E, Zola D. 2017. Participative processes for measuring progress: deliberation, consultation, and the role of civil society. Social Indicators Research, 130 (3): 959-982.

Rosenthal S S, Strange W C. 2008. The attenuation of human capital spillovers. Journal of Urban Economics, 64 (2): 373-389.

Rosina K F, Batista e Silva P, Vizcaino M, et al. 2018 Increasing the detail of European land use/cover data by combining heterogeneous data sets. International Journal of Digital Earth, 13: 5, 602-626.

Rothenberg J. 1977. Endogenous City-Suburb Governmental Rivalry through Household Location//Wallace O. The Political Economy of Fiscal Federalism Cambridge Mass.: M. I. T. Dept. of Economics.

Ruths D, Pfeffer J. 2014. Social media for large studies of behavior. Science, 346 (6213): 1063-1064.

Schulze Bäing A, Wong C. 2012. Brownfield Residential Development: What Happens to the Most Deprived Neighbourhoods in England? Urban Studies, 49 (14): 2989-3008.

Schwartz H. 2012. Housing, the Welfare State, and the Global Financial Crisis: What is the Connection? Politics and Society, 40 (1): 35-58.

Schürmann C, Spiekermann K, Wegener M. 1997. Accessibility indicators. Berichte aus dem Institut für Raumplanung 39. Dortmund: Institute of Spatial Planning.

Schürmann C, Spiekermann K. 2014. Update of maps: Travel time matrices on road, rail, air and multimodal for 2001, 2006, 2011 and 2016. ESPON Matrices. Final Report. Luxembourg and Dortmund: ESPON, S&W.

Servillo L, Atkinson R, Hamdouch A. 2017. Small and Medium-Sized Towns in Europe: Conceptual, Methodological and Policy Issues: SMALL AND MEDIUM-SIZED TOWNS IN EUROPE. Tijdschrift Voor Economische En Sociale Geografie, 108 (4): 365-379.

Shaw K, Robinson F. 2010. Centenary paper: UK urban regeneration policies in the early twenty-first century: Continuity or change? Town Planning Review, 81 (2): 123-150.

Shelton T, Poorthui A, Zook M. 2015. Social media and the city: rethinking urban socio-spatial inequality using user-generated geographic information. Landscape and Urban Planning, 142: 198-211.

Sider T, Alam A, Zukari M, et al. 2013. Land-use and socio-economics as determinants of traffic emissions and individual exposure to air pollution. Journal of Transport Geography, 33: 230-239.

Silva E, Acheampong R. 2015. Developing and Inventory and Typology of Land-Use Planning Systems and Policy Instruments in OECD Counties. http://dx.doi.org/10.1787/5jrp6wgxp09s-en [2015-12-03].

Simeonova V S. 2016. Shaping Tomorrow's Urban Environment Today: Environmental Policy Integration in urban planning: the Challenges of A Communicative Approach. Wageningen: Wageningen University.

Simeonova V, van der Valk. 2009. The need for a Communicative Approach to improve Environmental Policy integration in urban Land Use Planning, Journal of Planning Literature, 23 (3): 241-261.

Snel E, Aussen S, Berkhof F, et al. 2011. Views of gentrification from below: How Rotterdam local residents experience gentrification? International RC21 Conference.

Stone B, Hess J J, Frumkin H. 2010. Research urban form and extreme heat events: Are sprawling cities more vulnerable to climate change than compact cities? Environmental Health Perspectives, 118 (10): 1425-1428.

Storper M, Venables A J. 2004. Buzz: Face-to-face contact and the urban economy. Journal of Eco-nomic Geography, 4 (4): 351-370.

Thiel F, Wenner F. 2018. Land Taxation in Estonia An Efficient Instrument of Land Policy for Land Scarcity, Equity, and Ecology//Thiel F, Wenner F, Gerber T et al.. Instruments of Land Policy: Dealing with Scarcity of Land (1st ed.). London: Routledge.

Throgmorton J A. 1996. Planning as Persuasive Storytelling: The Rhetorical Construction of Chicago's Elec- tric Future. Chicago: University of Chicago Press.

Topalov C. 1987. Le logement en France. Histoire d'une marchandise impossible. Paris: Presses de la Fondation Nationale des Sciences Politiques.

Tosics I. 2007. Iván: City- regions in Europe: the potentials and the realities. Town Planning Review, 78: 775-796.

Tosics I. 2013. MAIA Study, City Sheet Brno. Budapest: Metropolitan Research Institute.

Tosics I. 2013. Sustainable Land Use in Peri- Urban Areas: Government, Planning and Financial Instruments//Nillson K, Pauleit S, Bell S, et al. Peri- Urban Futures: Scenarios and Models for Land Use Change in Europe. Berlin: Springer: 373-404.

Tutin C. 2013. Bulle spéculative ou changement structurel ? Etudes Foncières, (165): 41-42.

UNCRD. 2013. UNCRD Expert Group Meeting on Integrated Regional Development Planning, Report. 28-30 May, Nagoya, Japan. Figure based on considerations about principles and characteristics of National Sustainable De- velopment Strategies by Alvarez-Rivero (p. 6).

UNEP- WCMC, IUCN. 2017. Protected Planet: The World Database on Protected Areas (WDPA). Cambridge: UNEP- WCMC and IUCN.

United Nations Human Settlements Programme. 2016. World Cities Report 2016: Urbanization and Development Emerging Futures. UN. https://doi. org/10. 18356/d201a997-en [2016-07-30].

UN- GGIM Europe. 2019. The territorial dimension in SDG indicators: Geospatial data analysis and its in-tegration with statistical data. Lisboa: Instituto Nacional de Estatística.

van der Waals J. 2000. The compact city and the environment: A review. Tijdschrift Voor Economische En Sociale Geografie, 91 (2): 111-121.

van Donkelaar A, Martin R V, Brauer M, et al. 2016. Global estimates of fine particulate matter using a combined geophysical statistical method with information from satellites, models, and monitors. Environ Sci Technol, 50 (7): 3762-3772.

Vidan V A. 2014. Basic Facts About The New Croatian Construction Law. https://www. lexology. com/library/detail. aspx? g=443fcd8f-7544-44e5-8abe-0c2616c0cd5f [2014-04-30].

Weck S, Beißwenger S, Hans N, et al. 2017. Comparative Analysis of Case Study Reports. Annex 18, Final report, Version 12/10/2017. ESPON project Processes, Features and Cycles of Inner Peripheries in Europe (PROFECY). Dortmund: ILS.

Wegener M, Eskilinen H, Fürst F, et al. 2000. Geographical Position. Study Programme of European Spatial Planning. Working Group 1. 1. Final Report, Part 1. Dortmund: IRPUD.

Westerink J, Haase D, Bauer A, et al. B. 2013. Dealing with sustainability trade-offs of the compact city in peri- urban planning across European city regions. European Planning Studies, 21 (4): 473-497.

Wolch J R, Byrne J, Newell J P. 2014. Urban green space, public health, and environmental justice: The challenge of making cities 'just green enough'. Landscape and Urban Planning, 125: 234-244.

Xie Y, Gong H, Lan H, Zeng S. 2018. Examining shrinking city of Detroit in the context of socio-spatial inequali- ties. Landscape and Urban Planning, 177: 350-361.

Zonneveld W. 2007. Unraveling Europe's Spatial Structure through Spatial Visioning//Faludi A. Cohesion and the European Model of Society. Cambridge: Lincoln Institute of Land Policy: 191-208.